全国高职高专建筑工程技术专业规划教材

建筑构造

（第2版）

主　编　张爱云　张海燕
副主编　黄敬文　黄小涛　王　雪
王海龙　宿翠霞　曹玉升
主　审　张　玮

黄河水利出版社
·郑州·

内 容 提 要

本书是全国高职高专建筑工程技术专业规划教材之一，是根据目前高职高专院校建筑工程技术专业的教学计划和教学基本要求，以及国家现行的最新规范、规程和标准编写而成的。本书的主要内容包括：绪论、民用建筑构造概述、基础与地下室、墙体、楼地层、楼梯及其他垂直交通设施、屋顶、门和窗、变形缝、单层工业厂房构造等。

本书可作为高职高专院校土建类及相关专业的教材，也可作为相关工程技术人员的参考用书。

图书在版编目(CIP)数据

建筑构造/张爱云，张海燕主编．—2 版．—郑州：黄河水利出版社，2014.6

ISBN 978－7－5509－0777－5

Ⅰ．①建… Ⅱ．①张… ②张… Ⅲ．①建筑构造 Ⅳ．①TU22

中国版本图书馆 CIP 数据核字(2014)第 074126 号

出 版 社：黄河水利出版社

地址：河南省郑州市顺河路黄委会综合楼 14 层 邮政编码：450003

发行单位：黄河水利出版社

发行部电话：0371－66026940、66020550、66028024、66022620(传真)

E-mail：hhslcbs@126.com

承印单位：黄河水利委员会印刷厂

开本：787 mm×1 092 mm 1/16

印张：17.25

字数：420 千字　　印数：8 101—12 200

版次：2009 年 2 月第 1 版　　印次：2014 年 6 月第 3 次印刷

2014 年 6 月第 2 版

定价：35.00 元

再版前言

《建筑构造》自2009年第一版发行迄今已经五年。出版后受到兄弟院校的老师、同学以及社会同行们的关爱，这对我们既是鼓励也是鞭策。教材质量的提高和完善是逐步的，也是没有止境的。

五年来，随着我国职业教育改革的继续深入，在教材建设上，出现了重大改革。高职教育实施项目化教学的进程逐步推进，教材建设也应该协调统一，明确教学项目，任务要求等。

本书是在2009年出版的《建筑构造》第一版的基础上修订的，包括部分内容的增加、删减和更新，但全书仍保持第一版的整体构架和风格。本书在保证基本理论的系统性和完整性的同时，使其能够与新修订颁布的国家标准和规范相适应，修订的原则是：

(1)明确了知识目标和能力目标。

(2)按现行规范修订了第一版中的部分表格和数据。

(3)便于实施项目化教学。

(4)提高了学生分析问题和解决问题的能力。

本书编写任务及编写分工如下：山东水利职业学院张爱云编写绪论、项目五；三门峡职业技术学院张海燕编写项目二、项目四；甘肃工业职业技术学院黄小涛编写项目三；商丘职业技术学院曹玉升编写项目一；山东水利职业学院宿翠霞编写项目六；沈阳农业大学高等职业技术学院王雪编写项目七；山东水利职业学院王海龙编写项目八；山东水利职业学院黄敬文编写项目九。

本书由张爱云、张海燕主编，并由张爱云负责统稿，由黄敬文、黄小涛、王雪、王海龙、宿翠霞、曹玉升担任副主编，由山东水利职业学院张玮高级工程师主审。

在本书编写过程中，得到了兄弟院校老师和社会有关专家的指导和帮助，在此表示衷心感谢。

由于编者水平所限，书中难免有不足之处，恳请读者批评指正，以便再次修订。

编　者

2014年3月

前 言

建筑构造是高职高专院校土建类各专业的主要课程，是一门内容繁多、涉及面广、实践性强的学科。

本书介绍了一般工业与民用建筑的常用构造，其中以民用建筑构造为重点。为了满足职业技术教育的要求，本书紧密结合新规范、规程和标准，以实用为主，突出了新材料、新技术、新工艺、新方法的应用，内容新颖，图文并茂，文字通俗易懂。本书插入了大量图片，目的在于进一步提高高职高专学生的识读建筑施工图和通用图集的能力。

本书由山东水利职业学院张爱云任第一主编，并编写了绪论及第五章、第六章；三门峡职业技术学院张海燕任第二主编，并编写了第二章、第四章；甘肃工业职业技术学院黄小涛任副主编，并编写了第三章；商丘职业技术学院曹玉升任副主编，并编写了第八章；沈阳农业大学高等职业技术学院王雪任副主编，并编写了第一章、第七章；山东水利职业学院王海龙、陶登科任副主编，并编写了第九章。全书由张爱云进行统稿并修改定稿。全书由山东水利职业学院孔凡亮教授主审。

由于编者水平所限，书中难免有不足之处，恳请读者批评指正，以便修改。

编 者

2008 年 11 月

目 录

再版前言
前 言
绪 论 ……………………………………………………………………………………(1)
任务一 本课程的任务和学习方法 ……………………………………………………(1)
任务二 建筑的构成要素 ………………………………………………………………(1)
任务三 建筑的分类与等级 ……………………………………………………………(2)
思考题 …………………………………………………………………………………(9)
项目一 民用建筑构造概述 ……………………………………………………………(10)
任务一 民用建筑物的构造组成及其作用 ……………………………………………(10)
任务二 影响建筑构造的因素及设计原则 ……………………………………………(12)
任务三 建筑模数协调统一标准 ………………………………………………………(14)
思考题 …………………………………………………………………………………(19)
项目二 基础与地下室 …………………………………………………………………(20)
任务一 预备知识 ………………………………………………………………………(20)
任务二 基础的埋置深度 ………………………………………………………………(21)
任务三 基础的类型与构造 ……………………………………………………………(24)
任务四 地下室构造 ……………………………………………………………………(32)
思考题 …………………………………………………………………………………(36)
综合实训一 绘制基础详图 ……………………………………………………………(36)
项目三 墙 体 …………………………………………………………………………(37)
任务一 墙体的分类和作用 ……………………………………………………………(37)
任务二 砖墙构造 ………………………………………………………………………(38)
任务三 隔墙的分类和构造 ……………………………………………………………(49)
任务四 砌块墙构造 ……………………………………………………………………(54)
任务五 墙面装修 ………………………………………………………………………(58)
思考题 …………………………………………………………………………………(64)
综合实训二 墙身构造设计 ……………………………………………………………(65)
项目四 楼地层 …………………………………………………………………………(66)
任务一 预备知识 ………………………………………………………………………(66)
任务二 钢筋混凝土楼板 ………………………………………………………………(69)
任务三 楼地面构造 ……………………………………………………………………(77)
任务四 顶棚构造 ………………………………………………………………………(85)
任务五 阳台与雨篷构造 ………………………………………………………………(89)
思考题 …………………………………………………………………………………(93)

综合实训三　绘制梁板布置图 ……………………………………………………（94）
项目五　楼梯及其他垂直交通设施 ……………………………………………（95）
任务一　预备知识 ……………………………………………………………………（95）
任务二　楼梯的组成和类型 …………………………………………………………（96）
任务三　楼梯的尺度要求 ……………………………………………………………（99）
任务四　钢筋混凝土楼梯构造 ………………………………………………………（105）
任务五　楼梯细部构造 ………………………………………………………………（111）
任务六　台阶与坡道 …………………………………………………………………（115）
任务七　电梯与自动扶梯 ……………………………………………………………（118）
思考题 …………………………………………………………………………………（122）
综合实训四　楼梯构造设计 …………………………………………………………（122）
项目六　屋　顶 ……………………………………………………………………（124）
任务一　预备知识 ……………………………………………………………………（124）
任务二　平屋顶构造 …………………………………………………………………（129）
任务三　坡屋顶构造 …………………………………………………………………（152）
思考题 …………………………………………………………………………………（171）
综合实训五　平屋顶构造设计 ………………………………………………………（171）
项目七　门和窗 ……………………………………………………………………（173）
任务一　门窗的类型和尺寸 …………………………………………………………（173）
任务二　门窗构造 ……………………………………………………………………（178）
任务三　门窗的安装 …………………………………………………………………（182）
任务四　遮阳构造 ……………………………………………………………………（187）
思考题 …………………………………………………………………………………（189）
项目八　变形缝 ……………………………………………………………………（190）
任务一　变形缝的作用、分类及设置原则 …………………………………………（190）
任务二　变形缝构造 …………………………………………………………………（193）
思考题 …………………………………………………………………………………（198）
项目九　单层工业厂房构造 ………………………………………………………（199）
任务一　工业建筑的特点和分类 ……………………………………………………（199）
任务二　单层工业厂房结构类型和组成 ……………………………………………（201）
任务三　厂房内部起重运输设备 ……………………………………………………（203）
任务四　单层工业厂房的柱网及定位轴线 …………………………………………（205）
任务五　单层工业厂房结构构件 ……………………………………………………（214）
任务六　单层工业厂房的外墙 ………………………………………………………（227）
任务七　单层工业厂房的侧窗与大门 ………………………………………………（236）
任务八　单层工业厂房的屋面 ………………………………………………………（241）
任务九　单层工业厂房的天窗 ………………………………………………………（250）
思考题 …………………………………………………………………………………（265）
参考文献 ……………………………………………………………………………（267）

绪 论

任务一 本课程的任务和学习方法

“建筑构造”是专门研究建筑物各个组成部分的构造原理、构造方法和不同材料做法的一门课程。“建筑”的含义是组织和创造人们生活和生产的空间环境,通常认为是建筑物和构筑物的总称。其中,建筑物是指供人们生活、生产或进行其他活动的建筑,如住宅、办公楼、教学楼、商场、影剧院、车间等,既有实用功能又有艺术性,除具有外部造型外还有内部空间,人们习惯于将建筑物称为建筑;而构筑物则是人们不直接在其中进行生产、生活或其他活动的建筑,如烟囱、水塔等。

学习建筑构造课程的目的是掌握建筑构造的基本原理、基本做法,能识读和绘制建筑施工图,并能根据建筑物的功能、技术、经济、美观等要求提出合理的构造方案,作为解决建筑设计中各种技术问题及进行施工图设计的依据。

“建筑构造”是建筑工程技术、工程监理、工程造价等建筑类专业的一门重要技术基础课。它以“建筑材料”、“建筑制图”和“建筑测量”等课程为基础,同时又为学习“建筑结构”、“建筑施工”、“建筑工程造价”等专业课程提供必要的基础知识。它在专业系列课程中起着承前启后的重要作用。

“建筑构造”是一门实用性、综合性很强的技术基础课,要学好它必须注意做到以下几点:

(1)从简单的建筑构造入手,逐步掌握建筑构造的基本原理和方法,牢记建筑各组成部分常用的构造做法;

(2)要注意了解建筑新材料、新技术和新工艺,加深对常用典型构造做法和标准图集的理解,以便于正确施工;

(3)应多参观已建成和正在施工的建筑,多参与现场实际施工操作,在实践中验证、充实和记忆所学的理论知识;

(4)重视制图和识图的技能锻炼,认真完成每个习题和综合实训作业,不断提高自己识读和绘制施工图的能力。

任务二 建筑的构成要素

构成建筑的基本要素是建筑功能、建筑技术和建筑形象,即建筑三要素。

一、建筑功能

建筑功能是建筑三要素中最重要的一个因素,人们在建造房屋时总是为了满足具体的目的和使用要求,这在建筑上称做功能。由于各类建筑的用途不尽相同,因此便产生了不同的建筑，例如，教学楼是满足教学活动的需要，而工业厂房则是为了满足生产的要求。建筑功能往往会对建筑的结构材料、平面空间构成、空间尺度、建筑形象产生直接影响，另外，各类建筑的建筑功能随着社会的发展和物质文化水平的提高也会有不同的要求。

二、建筑技术

建筑技术是建筑功能得以实现的主要手段和措施，包括建筑结构、建筑材料、建筑施工技术等条件。因此，建筑技术是实现建筑设计构想的条件和手段，是体现建筑功能的保证，没有技术作保证，建筑设计构想只能停留在图纸上，不能成为建筑实物。在建筑技术方面应考虑采用合理的结构、施工方案，使建筑坚固耐久、建造方便，以满足人们对建筑不同使用功能的要求。

三、建筑形象

建筑形象是建筑物内外观感的具体体现，它包括内外空间的组织、建筑体型和立面的处理、材料、装饰、色彩等内容。建筑物是社会的物质和文化财富，建筑设计要努力创造具有我国时代精神的建筑空间组合与建筑形象，应当反映时代特征、民族特点、地方特色。建筑形象处理得当能产生良好的艺术效果，使人们产生某种共鸣，如有些建筑给人以庄严、雄伟、肃穆或亲切、宁静、优雅的艺术感受。

建筑功能、建筑形象、建筑艺术作为建筑三要素，既不可分割，又相互制约。同时，由于建造房屋是一个复杂的物质生产过程，需要大量人力、物力和资金，而单体建筑又是总体规划中的组成部分，还要充分考虑和周围环境的关系，与之相协调。因此，一个建筑是多方面的错综复杂的综合体，各种因素既不能偏废，也不能平均对待，既要满足使用需要，又要考虑结构、设备合理；既要适用、经济，又要美观、大方，各种因素应综合考虑，以求得和谐与统一。

任务三　建筑的分类与等级

一、建筑的分类

(一) 按建筑的使用功能分类

1. 工业建筑

工业建筑是供人们进行生产活动的建筑，包括直接生产用建筑和辅助生产用建筑。

2. 农业建筑

农业建筑是供人们进行农牧业的种植、养殖、贮存等用途的建筑。

3. 民用建筑

1) 居住建筑

居住建筑主要是指供家庭和集体生活起居用的建筑物，包括住宅、宿舍、公寓等。

2) 公共建筑

公共建筑主要是指供人们进行各种社会活动的建筑物，包括行政办公建筑、文教建筑、托幼建筑、科研建筑、医疗建筑、商业建筑、办公建筑、交通建筑、通讯广播建筑、体育建筑、观演建筑、展览建筑、旅馆建筑、园林建筑、纪念性建筑等。

（二）按建筑规模分类

1. 大量性建筑

大量性建筑指建筑数量较多，占国家基本建设的投资额比重较大，6层以下，单方造价较低，内部空间较小，同类型房间较多，标准构件比重大，结构比较简单，设备不复杂，用材以砖、混凝土为主的建筑。这类建筑如一般居住建筑、教学楼、小型商店、诊所、食堂等。

2. 大型性建筑

大型性建筑指多层和高层公共建筑和大厅型公共建筑。这类建筑一般是单独设计的，它们的功能要求高，结构和构造复杂，设备考究，外观突出个性，单方造价高，用材以钢材、混凝土、料石及高档装饰材料为主。如大型火车站、机场候机厅、大型体育场馆、大型影剧场、大型展览馆等建筑。

（三）按主要承重构件的材料和结构形式分类

1. 砖石结构

砖石结构是以砖或石做成的墙体和屋顶支承的结构。由于受材料特性的限制，这种结构的层高、总高、开间、跨度均较小，抗震性差，但造价较低，适用于低矮的民居、库房等。

2. 木结构

木结构是指竖向承重结构和横向承重结构均为木材的建筑。它由木柱、木屋架、木檩条组成骨架；内外墙可用砖、石、坯、木板、席箔等材料做成，均为不承重的围护性构件。木结构建筑施工简单，取材方便，抗震性尚好，造价较低，但耗木材较多，耐火性差，多见于传统少数民居和寺庙。由于我国木材资源有限，现应控制建造木结构建筑。

3. 砖木结构

砖木结构承重墙体为砖墙，楼层及屋顶由木材承重的建筑。楼层由木龙骨、木楼板组成，屋顶由木屋架、木檩条、木望板组成。这种结构的建筑使用舒适，屋顶较轻，取材方便，造价较低，但防火和防震较差，楼层刚度较差，多用于3层以下的民居和办公室，在木材紧缺的地区不宜使用。

4. 砖混结构

砖混结构是指承重墙体为砖墙，楼层和屋顶为钢筋混凝土梁板的建筑。墙体中可设置钢筋混凝土圈梁和构造柱，均属构造做法。楼层和屋顶结构可用现浇或预制梁板，屋顶可做成坡顶或平顶。这类结构整体性较好，耐久性和耐火性较好，取材方便，施工不需大型起重设备，造价一般，在产砖地区及地震烈度小于Ⅶ度的地区广为采用，但自重较大，耗砖较多，因而仅适用于7层以下、空间小、投资较少的住宅和办公建筑。

5. 钢筋混凝土结构

钢筋混凝土结构是指用钢筋混凝土柱、梁、板作为垂直方向和水平方向的承重构件的建筑。例如，将钢筋混凝土柱和梁用刚接的方法连成一个整体，组成空间框架结构。在一幢建筑物中，全部布置成框架结构时叫做全框架结构；局部布置成框架结构时叫做半框架结构。半框架结构建筑的另一部分使用砖混结构，这样可以减少水泥和钢筋的用量，并降低工程造价。

1）全框架承重结构

全框架承重结构用钢筋混凝土柱、梁和板组成承重框架并布满整幢建筑中。这种结构形式的整体性好，承载能力强，抗震与抗振性较好，由于墙体不承重，故便于开设大面积的门窗，房间利用灵活，可自由分隔和拆除。但这种结构耗钢量大，施工技术要求高，造价较高，适用于高层、大空间及多功能建筑等。

2）内框架承重结构

内框架承重结构是指房屋的内部用钢筋混凝土框架承重，外侧则利用外墙承重的建筑，属于半框架承重结构的一种。这种结构形式可节约钢材、降低造价，但外墙为承重砖墙开设门窗受到与砖混结构同样的限制，同时仍应设置圈梁和构造柱。另外，这类结构形式受力分配较复杂，变形不均匀，因此不是理想的结构形式，常用于层数不多的商店、车间等。

3）底层框架承重结构

底层框架承重结构是指只有底层或下部几层为框架承重结构，而上部均为砖混结构的建筑，属于半框架承重结构的一种。这种结构形式是为了利用底层大空间作商场等使用，上部小开间房间用做住宅、宿舍等，因住宅、宿舍均可充分利用内砖墙承重，可节约大量钢材和降低造价。但这种结构形式的布局要受到上下功能区别的制约，使用不够方便。底层框架空间大，上层砖混内墙密，造成头重脚轻，重心偏高，对抗震不利，故在地震区应慎重选用。

4）钢筋混凝土剪力墙结构

在高层和超高层建筑中，框架结构往往抵御不了大的风荷载和地震荷载，因为这两种荷载多以侧向力作用在结构上，势必使建筑产生很大的剪应力。虽然框架结构的柱与梁的交接处、梁与梁的交接处均为“固接”构造，但当强大的水平冲击波降临时，它们也会因超越了自身的抗剪能力而变形或破坏。为此，将建筑的全部墙体或部分墙体用坚实的材料制成无孔洞的或少孔洞的实墙，这种结构形式即称为剪力墙结构。剪力墙的厚度一般不小于200 mm，混凝土的强度等级不低于C30，配置双排密集的钢筋网，必须整体浇筑，且对开设洞口有严格限制，因而剪力墙结构的建筑使用功能和外观形式都受到一定影响。

按剪力墙设置的位置和数量大致可分为如下几种：

（1）全剪力墙结构：建筑的墙体均为剪力墙，这种结构的建筑整体刚度极好，但造价高，多在特殊情况下采用。

（2）框架剪力墙结构：简称“框－剪结构”，建筑以框架结构为主，只是在适当的位置设置必要长度的剪力墙，多用于柱距较大和层高较高的公共建筑中。

（3）框架核心筒结构：简称“框－筒结构”，建筑的核心部位设置封闭式剪力墙，周边为框架结构，核心筒内多作为电梯、楼梯和垂直管线的通道，多用于超高层塔式建筑，如图0-1所示。

（4）筒中筒结构：建筑的核心和周边均设置筒形剪力墙，内外筒之间用连梁连接，形成一种刚性极好的结构体系，适用于超高层且体量较大的建筑，如图0-2所示。

6. 装配式钢筋混凝土大型板材建筑

装配式钢筋混凝土大型板材建筑是指由预制的大型外墙板、内墙板、隔墙板、楼板、屋面板、阳台板等构件组合装配而成的建筑，简称大板建筑。按结构布置方案的不同，内外墙板可分承重和非承重两种，内墙板兼分隔作用，外墙板兼围护作用。墙板与墙板、墙板与楼板、楼板与楼板之间的结合处可用焊接和局部浇筑的方法使其成为整体。这种结构形式工业化生产程度高，现场湿作业少，施工速度快，宜用于高层小开间建筑，如住宅、旅馆、宿舍、办公

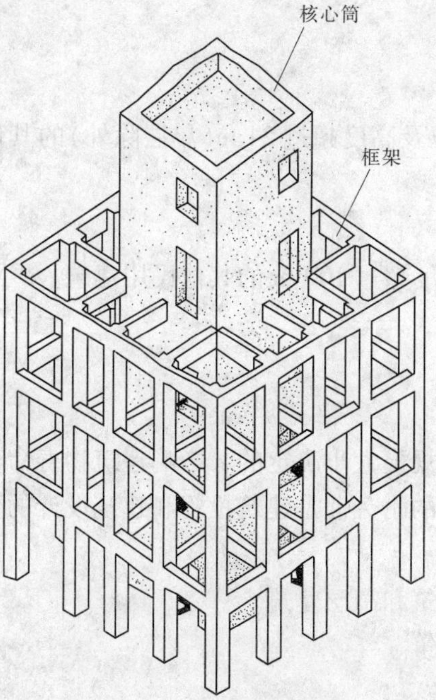

图 0-1　框架核心筒结构

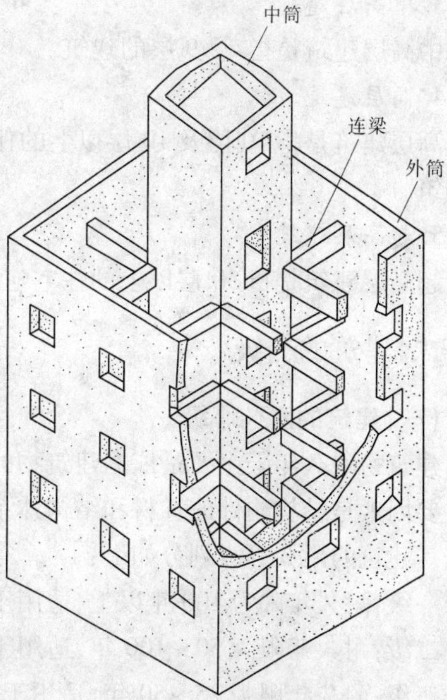

图 0-2　筒中筒结构

楼等。

7. 钢结构

钢结构是指用钢材组成骨架，用轻质块材、板材作围护外墙和分隔内墙的建筑。这种结构的整体性、刚度和柔性均好，自重较轻，工业化施工程度高，施工受季节影响小，但耗钢量大，施工难度高，耐火性较差，受气温变化引起的变形较大，多用于超高层建筑、特大跨度公共建筑。

8. 混合结构

用钢筋混凝土结构组成竖向承重体系，用钢结构组成水平承重体系，即为混合结构。其中，钢结构承重体系又分为网架式、箱板式等多种。

9. 膜结构

膜结构建筑的墙体或屋顶是由两层或多层膜中间充入气体形成的，如我国的国家游泳中心——“水立方”。

(四)按层数或高度分类

在这方面的分类，各国的标准不尽相同。分类的主要依据是层数或高度，涉及结构选型、防火标准、抗震措施、抗风要求、垂直交通工具的设置、水暖电卫生设备的选用、建筑环境的配套等。按规范的要求，不同层数或不同高度等级的建筑，必须符合相应的技术要求。

1. 低层建筑

低层建筑是指 1 ~ 3 层的建筑。

2. 多层建筑

多层建筑是指 4 ~ 6 层的建筑。

3. 中高层建筑

中高层建筑是指 7 ~ 9 层的建筑。

4. 高层建筑

高层建筑是指 10 层及 10 层以上的住宅建筑，以及高度超过 24 m（单层除外）的其他民用建筑。

5. 超高层建筑

超高层建筑是指 30 层以上的住宅建筑，以及高度超过 100 m 的其他民用建筑。

二、建筑的分级

（一）建筑的耐久等级

建筑物耐久年限主要是依据建筑物的重要性和规模大小决定的。影响建筑物寿命长短的主要因素是结构构件的选材和结构体系。建筑物的耐久性是建筑投资和建筑设计的重要依据。建筑的耐久等级划分如下：

一级：耐久年限为 100 年以上，适用于重要的建筑和高层建筑。

二级：耐久年限为 50 ~ 100 年，适用于一般性建筑。

三级：耐久年限为 25 ~ 50 年，适用于次要的建筑。

四级：耐久年限为 15 年以下，适用于临时性建筑。

（二）建筑的耐火等级

建筑的耐火等级取决于房屋主要构件的燃烧性能和耐火极限，分为四级。各级建筑物所用构件的燃烧性能和耐火极限不应低于规定的级别和限额，见表 0-1。

1. 燃烧性能

建筑构件按材料的燃烧性能分为燃烧体、难燃体和非燃烧体（或称不燃烧体）。

1）燃烧体

燃烧体是指用燃烧材料做成的构件，燃烧材料是指在空气中受到火烧或高温作用时立即起火或燃烧，且火源移走后仍燃烧或微燃的材料，如木材等。

2）难燃体

难燃体是指用难燃烧材料做成的构件，难燃烧材料是指在空气中受到火烧或高温作用时难起火、难燃烧、难炭化，当火源移走燃烧立即停止的材料，如沥青混凝土等。

3）非燃烧体

非燃烧体是指用非燃烧材料做成的构件，非燃烧材料是指在空气中受到火烧或高温作用时不起火、不微燃、不炭化的材料，如金属材料、无机矿物材料等。

2. 耐火极限

构件的耐火极限是指对任一建筑构件进行耐火试验，从受到火的作用起，到失去支持能力或发生穿透性裂缝或背火一面温度升高到 220 ℃时所延续的时间，用小时（h）表示。

我国《建筑设计防火规范》（GB 50016—2006）规定，不同等级建筑物主要构件的燃烧性能和耐火极限不应低于表 0-1 的规定。

表 0-1　建筑物构件的燃烧性能和耐火极限

构件名称		下列耐火等级下的燃烧性能和耐火极限(h)			
		一级	二级	三级	四级
墙	防火墙	不燃烧体 3.00	不燃烧体 3.00	不燃烧体 3.00	不燃烧体 3.00
	承重墙	不燃烧体 3.00	不燃烧体 2.50	不燃烧体 2.00	难燃烧体 0.50
	非承重外墙	不燃烧体 1.00	不燃烧体 1.00	不燃烧体 0.50	燃烧体
	楼梯间的墙 电梯井的墙 住宅单元之间的墙 住宅分户墙	不燃烧体 2.00	不燃烧体 2.00	不燃烧体 1.50	难燃烧体 0.50
	疏散走道两侧的隔墙	不燃烧体 1.00	不燃烧体 1.00	不燃烧体 0.50	难燃烧体 0.25
	房间隔墙	不燃烧体 0.75	不燃烧体 0.50	不燃烧体 0.50	难燃烧体 0.25
柱		不燃烧体 3.00	不燃烧体 2.50	不燃烧体 2.00	难燃烧体 0.50
梁		不燃烧体 2.00	不燃烧体 1.50	不燃烧体 1.00	难燃烧体 0.50
楼板		不燃烧体 1.50	不燃烧体 1.00	不燃烧体 0.50	燃烧体
屋顶承重构件		不燃烧体 1.50	不燃烧体 1.00	燃烧体	燃烧体
疏散楼梯		不燃烧体 1.50	不燃烧体 1.00	不燃烧体 0.50	燃烧体
吊顶(包括吊顶搁栅)		不燃烧体 0.25	难燃烧体 0.25	难燃烧体 0.15	燃烧体

(三)按建筑的重要性和规模分级

建筑按其重要性、规模、使用要求的不同,分成特等、一级、二级、三级、四级、五级等 6 个等级,见表 0-2。

表 0-2　民用建筑的等级

工程等级	工程主要特征	工程范围举例
特级	(1)列为国家重点项目或以国际性活动为主的特高级大型公共建筑 (2)有全国性历史意义或技术要求特别复杂的中小型公共建筑 (3)30 层以上的建筑 (4)高大空间有声、光等特殊要求的建筑物	国宾馆、国家大会堂、国际会议中心、国际体育中心、国际贸易中心、国际大型空港、国际综合俱乐部、重要历史纪念建筑、国家级图书馆、博物馆、美术馆、剧院、音乐厅、三级以上人防
一级	(1)高级大型公共建筑 (2)有地区性历史意义或技术要求复杂的中小型公共建筑 (3)16 层以上 29 层以下或超过 50 m 高的公共建筑	高级宾馆、旅游宾馆、高级招待所、别墅、省级展览馆、博物馆、图书馆、科学实验研究楼(包括高等学校)、高级会堂、高级俱乐部、≥300 床位的医院和疗养院、医疗技术楼、大型门诊楼、大中型体育馆、室内游泳馆、室内滑冰馆、大城市火车站、航运站、候机楼、摄影棚、邮电通讯楼、综合商业大楼、高级餐厅、四级人防、五级平战结合人防
二级	(1)中高级、大中型公共建筑 (2)技术要求较高的中小型建筑 (3)16 层以上 29 层以下的住宅	大专院校教学楼、档案楼、礼堂、电影院、部省级机关办公楼、300 床位以下的医院和疗养院、地市级图书馆、文化馆、少年宫、俱乐部、排演厅、报告厅、风雨操场、大中城市汽车客运站、中等城市火车站、邮电局、多层综合商场、风味餐厅、高级小住宅等
三级	(1)中级、中型公共建筑 (2)7 层以上(包括 7 层)15 层以下有电梯的住宅或框架结构的建筑	重点中学、中等专科学校教学实验楼、电教楼、社会旅馆、饭馆、招待所、浴室、邮电所、门诊部、百货楼、托儿所、幼儿园、综合服务楼、一二层商场、多层食堂、小型车站等
四级	(1)一般中小型公共建筑 (2)7 层以下无电梯的住宅,宿舍及砖混结构建筑	一般办公楼、中小学教学楼、单层食堂、单层汽车库、消防车库、消防站、蔬菜门市部、粮站、杂货店、阅览室、理发室、水冲式公共厕所等
五级	一两层单一功能、一般小跨度结构建筑	

思考题

1. 什么是建筑？什么是建筑物？什么是构筑物？
2. 建筑物按使用性质如何分类？
3. 建筑物按层数如何分类？
4. 建筑物的耐久等级是如何划分的？
5. 建筑物按照其重要性如何划分？
6. 民用建筑的耐火等级是如何划分的？耐火极限的含义是什么？

项目一　民用建筑构造概述

【知识目标】

1. 了解影响建筑构造的因素。

2. 熟悉建筑构造的设计原则。

3. 掌握民用建筑的构造组成及各自的作用；建筑模数协调标准的意义及定位轴线和建筑构配件的定位线的确定。

【能力目标】

1. 能够使学生具有分析民用建筑构造组成及其作用的能力。

2. 能够使学生具有确定定位轴线和建筑构配件定位线的能力。

任务一　民用建筑物的构造组成及其作用

一幢民用建筑，一般是由基础、墙或柱、楼板层和地坪、楼梯、屋顶、门与窗等六个主要部分组成的，如图 1-1 所示。它们在不同的部位有着不同的作用。房屋除上述主要组成部分

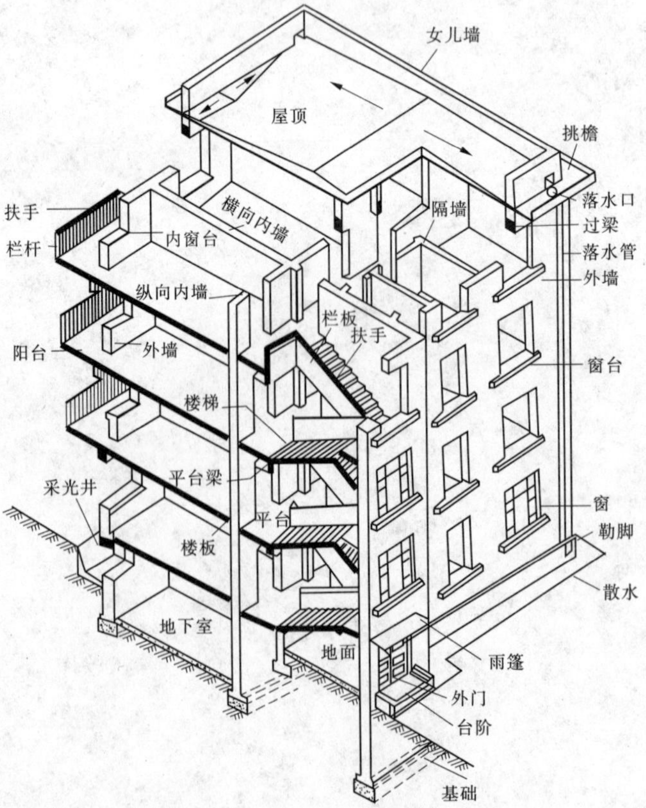

图 1-1　房屋的构造组成

之外，往往还有其他的构配件和设施，以保证建筑可以充分发挥其功能，如阳台、雨篷、散水、台阶、坡道、烟道、通风道等。

一、基础

基础是建筑物埋在地面以下最下部的承重构件，其作用是承受建筑物的全部荷载，并将这些荷载传给地基。因此，基础必须具有足够的强度，并能抵御地下各种有害因素的侵蚀。

二、墙或柱

墙或柱是建筑物的竖向承重构件，其作用是承受屋顶、楼层等构件传来的荷载，并将这些荷载传给基础。承重墙体不仅具有承重作用，同时具有围护和分隔的作用。承重外墙兼起承重与围护作用，非承重外墙则只起分隔建筑物内外空间、抵御自然界各种因素对室内侵袭的作用；承重内墙兼起承重与分隔作用，非承重内墙只起分隔建筑内部空间及保证室内具有舒适环境的作用。因此，墙体应满足强度、稳定性、保温、隔热、防水、防火、耐久及经济等性能的要求。在框架结构建筑中，柱起承重作用，墙仅起围护和分隔作用，这样可以提高空间布局的灵活性，扩大建筑的使用空间。

三、楼板层和地坪

楼板是水平方向的承重构件，按房间层高将整幢建筑物沿水平方向分为若干层；楼板层承受家具、设备和人体荷载以及本身的自重，并将这些荷载传给墙或柱；同时楼板层支承在墙或柱上，对墙或柱起着水平支撑的作用。因此，要求楼板层应具有足够的抗弯强度、刚度和隔声、防潮、防水的性能。

地坪是底层房间与地基土层相接的构件，起承受底层房间荷载的作用，并将这些荷载传给其下的地基。要求地坪具有耐磨、防潮、防水、防尘和保温的性能。

四、楼梯

楼梯是楼房建筑的垂直交通设施，供人们上下楼层和紧急疏散之用。故要求楼梯具有足够的通行能力，并且防滑、防火，能保证安全使用。

五、屋顶

屋顶是建筑物顶部的围护构件和承重构件。屋顶既抵抗风、雨、雪、霜、冰雹等的侵袭和太阳辐射热的影响，又承受风雪荷载及施工、检修等屋顶荷载，并将这些荷载传给墙或柱。故屋顶应具有足够的强度、刚度及防水、保温、隔热等性能。

六、门与窗

门与窗均属非承重构件，也称为配件。门主要起供人们出入、分隔建筑空间、疏散、采光和通风等作用；窗主要起通风、采光、日照、眺望、围护、分隔等作用。处于外墙上的门窗又是围护构件的一部分，要满足热工及防水的要求；某些有特殊要求的房间，门和窗应具有保温、隔声、防火的能力。

一座建筑物除上述六大基本组成部分外，对不同使用功能的建筑物，还有许多特有的构件和配件，如阳台、雨篷、台阶、排烟道等。

任务二　影响建筑构造的因素及设计原则

一、影响建筑构造的因素

为了提高建筑物的使用质量，延长建筑物的使用寿命，更好地满足建筑物的功能要求，在进行建筑构造设计时，必须充分考虑影响建筑构造的各种因素，尽量利用有利因素，避免或减轻不利因素的影响，针对不同影响，采取相应的构造措施和构造方案。

影响建筑构造的因素很多，大致可分为以下几方面。

(一)外界环境的影响

1. 外力作用的影响

作用在建筑物上的各种外力统称为荷载。荷载可分为恒荷载(如结构自重)和活荷载(如人群、家具、风雪及地震荷载)两类。荷载的大小是建筑结构设计的主要依据，也是结构选型及构造设计的重要基础，起着决定构件尺度、用料多少的重要作用。

2. 气候条件的影响

我国各地区地理位置及环境不同，气候条件有许多差异。太阳的辐射热，自然界的风、雨、雪、霜、地下水等不可抗拒的自然现象构成了影响建筑物的多种因素。如果对自然气候因素估计不足，设计不当，就会出现建筑物的构配件因热胀冷缩而开裂，出现渗漏，或因室内温度不宜而影响正常工作生活等。故在进行构造设计时，应该针对建筑物所受影响的性质与程度，对各有关构配件及部位采取必要的防范措施，如防潮、防水、保温、隔热、设变形缝、设“隔气层”等，以防患于未然。

3. 各种人为因素的影响

人们在生产和生活活动中，往往遇到火灾、爆炸、机械振动、化学腐蚀、噪声等人为因素的影响，故在进行建筑构造设计时，必须针对这些影响因素采取相应的防火、防爆、防振、防腐、隔声等构造措施，以防止建筑物遭受不应有的损失。

(二)结构上的作用的影响

结构上的作用的大小是结构设计的主要依据，决定着建筑物组成构件的选材、形状、尺度，而这些又与建筑构造设计密切相关。因此，在构造设计时，必须考虑结构上的作用这一影响因素，采取一些措施，保证建筑物的安全和正常使用。

在结构上的作用中，风力的影响不可忽视。风力一般随距离地面高度的增加而增大，特别是沿海地区，风力影响更大，它往往是高层建筑水平荷载的主要因素。此外，我国是世界上地震多发国家之一，地震区分布相当广泛。因此，在构造设计中，必须高度重视地震作用的影响。

(三)建筑技术条件的影响

由于建筑材料技术的日新月异，建筑结构技术的不断发展，建筑施工技术的不断进步，建筑构造技术也不断创新、丰富多彩。例如，悬索、薄壳、网架等空间结构建筑，点式玻璃幕墙，彩色铝合金等新材料的吊顶，采光天窗中庭等现代建筑设施的大量涌现。从中可以看出，建筑构造没有一成不变的固定模式，因而在构造设计中要以构造原理为基础，在利用原有的、标准的、典型的建筑构造的同时，不断发展或创造新的构造方案。

（四）经济条件的影响

随着建筑技术的不断发展和人们生活水平的日益提高，人们对建筑的使用要求也越来越高。建筑标准的变化使建筑的质量标准、建筑造价等也出现较大差别。对建筑构造的要求也将随着经济条件的改变而发生巨大的变化。根据经济条件进行建筑构造设计是建筑设计的原则。我国目前经济还比较落后，在进行建筑构造设计时，应综合地、全面地考虑经济问题，在确保建筑功能、工程质量的前提下，降低建筑造价，对于节约国家投资、积累建设资金意义重大。同时，对于不同等级和质量标准的建筑物，在经济问题上的考虑应区别对待，既要避免出现忽视标准、盲目追求豪华而带来的浪费，又要杜绝片面讲究节约所造成的安全隐患。

二、建筑构造的设计原则

在满足建筑物各项功能要求的前提下，必须综合运用有关技术知识，并遵循以下设计原则。

（一）必须满足建筑的功能要求

满足建筑的功能要求是建筑构造设计的主要依据。我国幅员辽阔、民族众多，各地自然条件、生活习惯等都不尽相同。不同地域、不同类型的建筑物往往存在不同的功能要求。北方地区要求建筑物在冬季能保温，南方地区则要求建筑物在夏季能通风、隔热；住宅要有良好的居住环境，剧院要有良好的视觉效果和声音效果；有振动的建筑要隔振，有水侵蚀的构件要防水等。随着科学技术的发展，建筑功能要求的发展是无止境的。因此，在建筑构造设计中，必须依靠科学技术知识，不断研究新问题，及时掌握和运用现代科技新成就，最大限度地满足人们越来越多、越来越高的物质需求和精神需求。

（二）必须确保结构的坚固、安全

在进行建筑构造设计时，除根据荷载的大小、结构的要求确定构件的必须尺度外，在构造上还必须采取一定的措施，来保证构件的整体性和构件之间连接的可靠性。对一些配件的设计，如阳台或楼梯的栏杆、顶棚、墙面、地面的装修配件，门、窗与墙体的结合部分等，也必须在构造上采取必要的措施，以确保建筑物和构配件在使用时的安全。

（三）适应建筑工业化需要

建筑工业化把建筑业落后的、分散的手工业生产方式改变为集中的、先进的现代化工业生产方式，从而加快了建设速度，降低了劳动强度，提高了生产效率和施工质量。尽快实现建筑工业化是摆在我们建筑工作者面前的迫切任务。因此，在建筑构造设计时，应大力推广先进技术，选用各种新型的建筑材料，采用标准设计和定型构件，为构配件的生产工业化以及现场施工的机械化创造有利条件。

（四）讲求建筑经济的综合效益

各种构造设计均要注重整体建筑物的经济、社会和环境三个方面的效益，即要注重综合效益。构造设计时应该注意建筑物的整体经济效益，既要降低建筑的造价，节约材料消耗，又要考虑建筑使用期间的运行、维修和管理的费用，考虑其综合的经济效益。另外，在经济上既要注意节约建筑造价、降低材料的能源消耗，又必须保证工程质量，不能单纯追求效益而偷工减料、降低质量标准，应做到合理降低造价。

（五）必须注意美观

建筑物是人们的劳动产品，在满足了人们社会活动、生产和生活需要的同时，又要满足人们一定的审美要求。建筑的艺术造型能反映时代精神，体现社会风貌。建筑物的形象除取决于建筑设计中的体型组合和立面处理外，一些建筑细部的构造设计对整体美观也有很大影响。在构造方案的处理上，还要考虑其造型、尺度、质感、色彩等艺术和美观问题。将艺术的构思与材料、结构、施工等条件巧妙地结合起来，丰富建筑艺术的表现力。

（六）必须贯彻建筑方针，执行技术政策

我们国家的建筑方针是"适用、安全、经济、美观"。它反映了建筑的科学性及其内在的联系，符合建筑发展的基本规律。设计时，必须将它们有机地、辩证地统一起来。

技术政策是国家在一定时期的技术政策规定。例如，鉴于我国不少地区面临黏土资源严重不足的情况，国家作出了节约耕地、限制或禁止使用黏土砖的规定。构造设计时，就必须避免使用黏土砖，尽可能采用轻质高强的工业废渣替代黏土作为砖的原料。

任务三　建筑模数协调统一标准

建筑设计标准化、系列化、通用化是建筑工业化的重要前提。众所周知，任何一项社会生产活动，要达到高质量、高速度，就必须实行机械化、工业化。为了实现建筑设计标准化、生产工厂化、施工机械化、管理科学化，提高建筑工业化的水平，使不同材料、不同形式和不同制造方法的建筑构配件、组合件具有一定的通用性和互换性，在建筑业中必须共同遵守《建筑模数协调统一标准》（GBJ 2—86）。

建筑模数是指选定的尺寸单位，作为尺度协调中的增值单位，也是建筑设计、建筑施工、建筑材料与制品、建筑设备、建筑组合件等各部门进行尺度协调的基础，其目的是使构配件安装吻合，并有互换性。

一、建筑模数制

（一）基本模数

基本模数的数值规定为100 mm，表示符号为M，即1M等于100 mm，整个建筑物或其中一部分以及建筑组合件的模数化尺寸均应是基本模数的倍数。

（二）扩大模数

扩大模数是指基本模数的整倍数。扩大模数的基数应符合下列规定。

1. 水平扩大模数

水平扩大模数为3M、6M、12M、15M、30M、60M等6个，其相应的尺寸分别为300 mm、600 mm、1 200 mm、1 500 mm、3 000 mm、6 000 mm。

2. 竖向扩大模数

竖向扩大模数的基数为3M、6M两个，其相应的尺寸为300 mm、600 mm。

（三）分模数

分模数指整数除基本模数的数值。分模数的基数为M/10、M/5、M/2等3个，其相应的尺寸为10 mm、20 mm、50 mm。

（四）模数数列

模数数列指由基本模数、扩大模数、分模数为基础扩展成的一系列尺寸，模数数列的幅度及适用范围如下。

1. 水平基本模数数列

水平基本模数数列的幅度为（1～20）M，主要适用于门窗洞口和构配件断面的尺寸。

2. 竖向基本模数数列

竖向基本模数数列的幅度为（1～36）M，主要适用于建筑物的层高、门窗洞口、构配件断面等尺寸。

3. 水平扩大模数数列

水平扩大模数数列的幅度：3M 为（3～75）M，6M 为（6～96）M，12M 为（12～120）M，15M 为（15～120）M，30M 为（30～360）M，60M 为（60～360）M，必要时幅度不限。主要适用于建筑物的开间或柱距、进深或跨度、构配件断面的尺寸和门窗洞口的尺寸。

4. 竖向扩大模数数列

竖向扩大模数数列的幅度不受限制，主要适用于建筑物的高度、层高、门窗洞口的尺寸。

5. 分模数数列

分模数数列的幅度：M/10 为（1/10～2）M，M/5 为（1/5～4）M，M/2 为（1/2～10）M，主要适用于缝隙、构造节点、构配件断面的尺寸。

二、模数尺寸与定位轴线

（一）建筑设计中各种尺寸的关系

为了保证建筑制品、构配件等有关尺寸间的统一与协调，在建筑模数协调中，尺寸分为标志尺寸、构造尺寸和实际尺寸。

1. 标志尺寸

标志尺寸应符合模数数列的规定，用以标注建筑物定位轴线之间的距离（如跨度、柱距、层高等），以及建筑制品、构配件、有关设备位置界限之间的尺寸。

2. 构造尺寸

构造尺寸是建筑制品、构配件等生产的设计尺寸。一般情况下，构造尺寸加上缝隙尺寸等于标志尺寸。缝隙尺寸的大小，宜符合模数数列的规定。

3. 实际尺寸

实际尺寸是建筑制品、构配件等的实有尺寸。实际尺寸与构造尺寸之间的差数，应由允许偏差值加以限制。

标志尺寸、构造尺寸和缝隙尺寸之间的关系如图 1-2 所示。当有分隔构件时，尺寸间的关系如图 1-3 所示。

（二）定位轴线的划分

定位轴线是确定建筑构配件位置及相互关系的基准线。

1. 墙体的平面定位轴线

1）承重外墙定位轴线

承重外墙定位轴线与顶层外墙内缘距离为 120 mm，并通过构件端部，如图 1-4 所示。

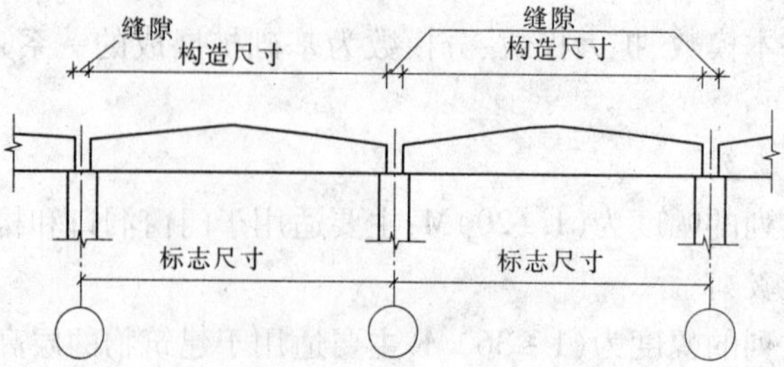

图 1-2　标志尺寸、构造尺寸和缝隙尺寸间的关系

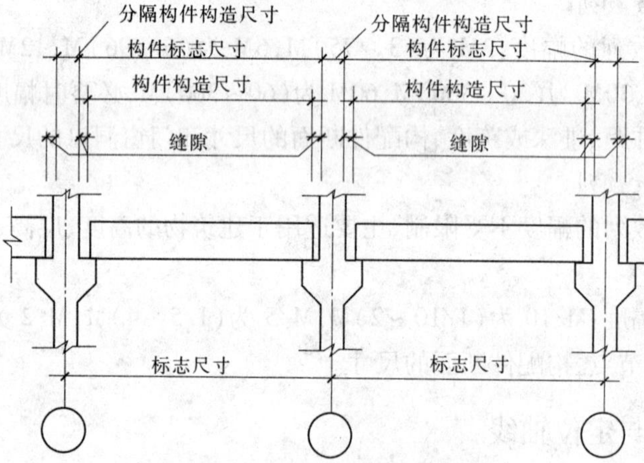

图 1-3　有分隔件时尺寸间的关系

2）承重内墙定位轴线

承重内墙定位轴线与顶层墙体中线重合，如图 1-5 所示。

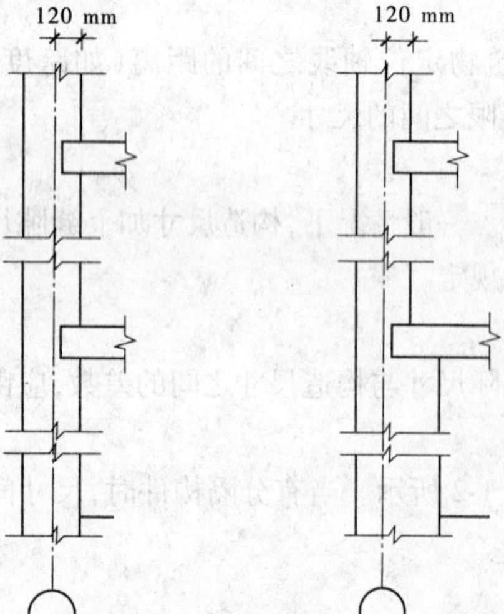

(a)底层与顶层墙厚相同　(b)底层与顶层墙厚不相同

图 1-4　承重外墙定位轴线

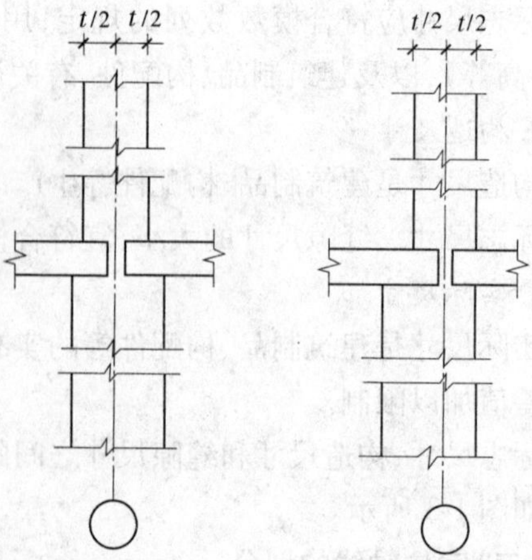

(a)定位轴线中分底层墙身　(b)定位轴线偏分底层墙身

图 1-5　承重内墙定位轴线

t—墙体厚度

3) 非承重墙定位轴线

非承重墙定位轴线位置灵活。非承重墙除可按承重墙定位轴线的规定定位外，还可以使墙身内缘与平面定位轴线相重合。

4) 变形缝处定位轴线

变形缝处定位轴线通常设置双轴线。变形缝处一侧为墙，另一侧为墙垛时的定位轴线如图 1-6(a)、(b)所示，变形缝处两侧为墙的定位轴线如图 1-6(c)、(d)所示。变形缝处双墙带联系尺寸的定位轴线如图 1-7 所示。

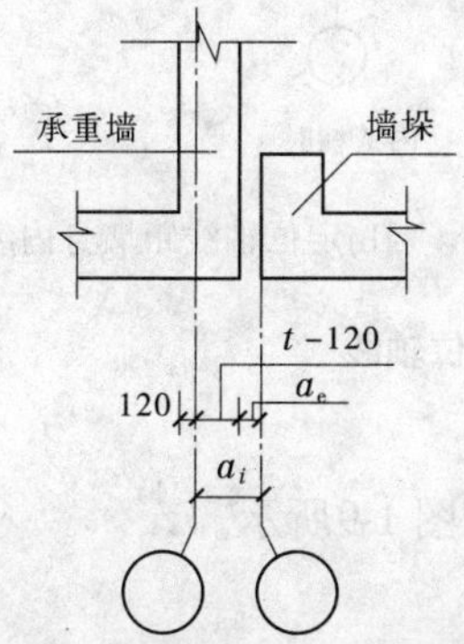

(a)一侧为承重墙，另一侧为墙垛

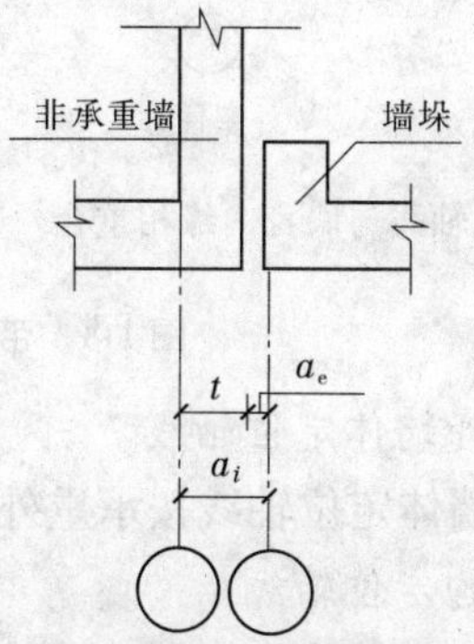

(b)一侧为非承重墙，另一侧为墙垛

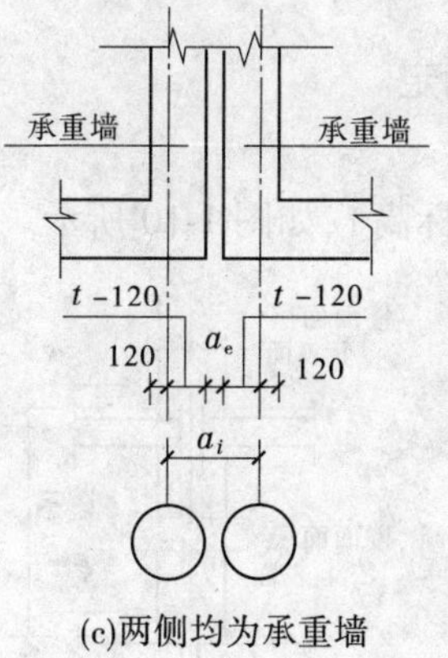

(c)两侧均为承重墙

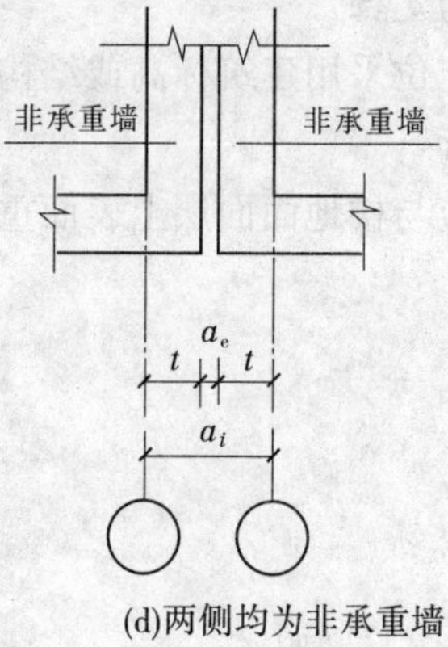

(d)两侧均为非承重墙

图 1-6　变形缝处砖墙的定位轴线

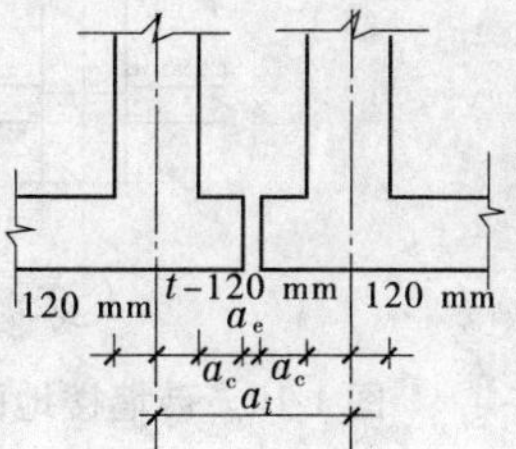

(a)按外承重墙处理

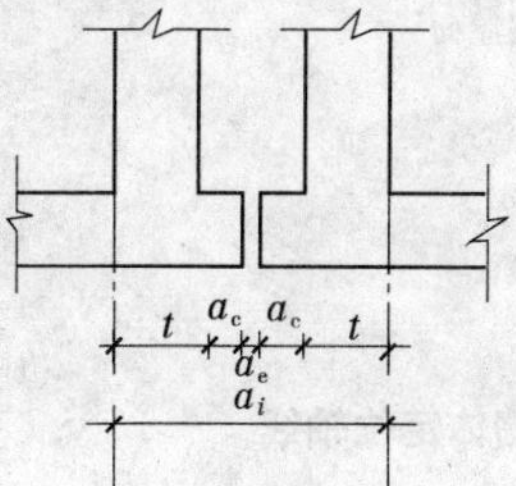

(b)按非承重墙处理

图 1-7　变形缝处双墙带联系尺寸的定位轴线

a_c—墙垛长度；a_e—变形缝宽度；a_i—变形缝两侧定位轴线之间的距离

5) 带壁柱墙体定位轴线

带壁柱墙体定位轴线与墙体内缘重合或距墙体内缘 120 mm,如图 1-8 所示。

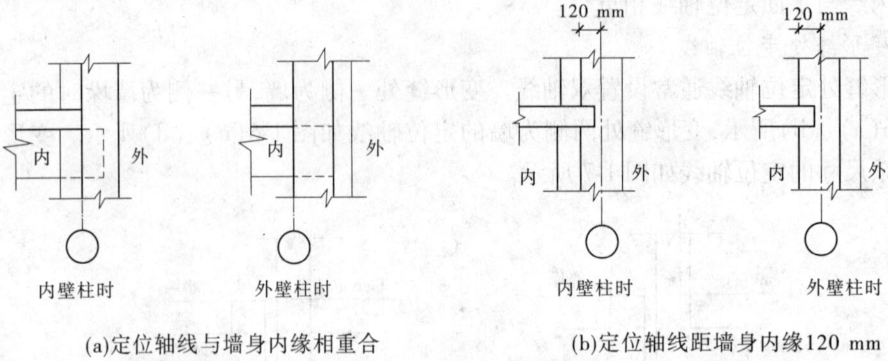

图 1-8　带壁柱墙体定位轴线

6) 高低层分界处墙体定位轴线

高低层分界处墙体定位轴线按承重外墙处理,如图 1-9所示。

7) 底层框架结构定位轴线

底层框架结构定位轴线与上部砖混结构一致。

2. 墙体的竖向定位

墙体的竖向定位采用建筑标高或结构标高来确定。

1) 砖墙楼地面

竖向定位线应与楼地面面层上表面重合(建筑标高),如图 1-10 所示。

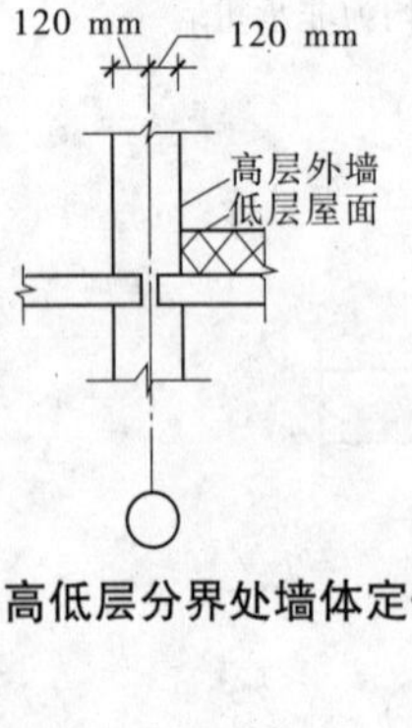

图 1-9　高低层分界处墙体定位轴线

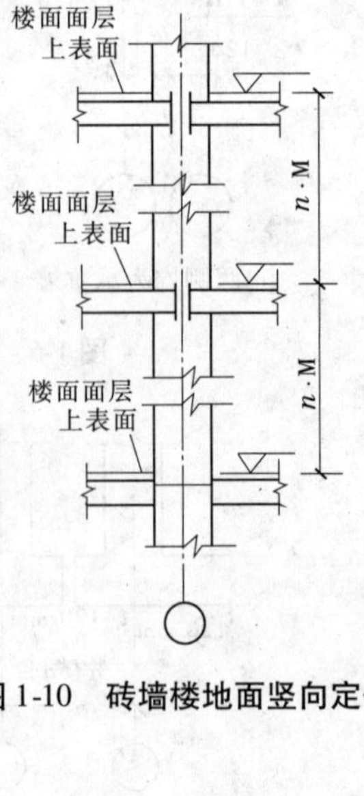

图 1-10　砖墙楼地面竖向定位

2) 屋面竖向定位线

屋面竖向定位线应为屋面结构层上表面与距墙内缘 120 mm 的外墙定位轴线的相交处,如图 1-11 所示。

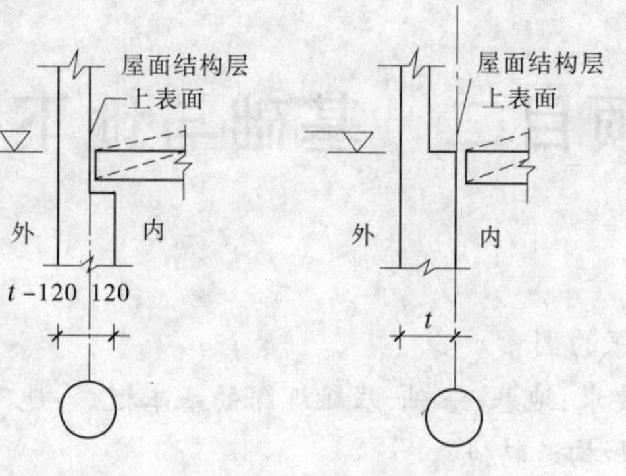

(a)距内缘120 mm处定位　(b)与墙内缘重合处定位

图 1-11　屋面竖向定位

三、标高

建筑物在竖向对结构构件(楼板、梁)的定位,常用标高来表示,一般将建筑物底层地面标高定为 ±0.000(标高单位为 m),楼房各层标高一般在各层楼地板表面。上下各层标高之间竖向距离(即层高),其标高一般称为建筑标高(在建筑图中表示),而楼板结构表面标高一般称为结构标高(在结构图中表示)。建筑标高减去楼地面的厚度即为结构标高。

层高的统一有利于墙板、柱、楼板等构件的定型化,便于施工。

思考题

1. 研究建筑构造的目的是什么?
2. 建筑物的基本组成及其主要作用是什么?
3. 影响建筑构造的主要因素是什么?
4. 建筑构造设计应遵循的原则有哪些?
5. 什么是模数、基本模数、扩大模数、分模数?

项目二　基础与地下室

【知识目标】

1. 了解影响基础埋深的因素。
2. 熟悉基础的设计要求;地基、基础、基础埋深的基本概念;地下室的防潮、防水构造措施。
3. 掌握基础的类型和构造特点。

【能力目标】

1. 能够使学生具有分析各种类型基础的适用情况的能力。
2. 能够使学生具有识读和绘制基础构造图的能力。

任务一　预备知识

一、地基、基础及其与荷载的关系

基础是将结构所承受的各种作用传递到地基上的结构组成部分。它的作用是承受上部结构的全部荷载,并把这些荷载连同本身的重量一起传给地基。

地基是基础底面以下受到建筑物荷载作用影响范围内的部分土体或岩体。它只是承受建筑物荷载的土体或岩体而不是建筑物的组成部分。其中,具有一定的承载能力,直接承受建筑荷载,并需进行力学计算的土层称为持力层,持力层以下的土层称为下卧层,如图 2-1 所示。

建筑物的全部荷载是通过基础传给地基的,而地基承受荷载的能力有一定的限度。我们把地基每平方米所承受的最大压力称为地基承载力(也称地耐力)。当基础对地基的压力超过地基承载力时,地基将出现较大的沉降变形,甚至地基土会滑动挤出而破坏。因此,为了保证建筑物的稳定和安全,必须控制建筑物基础底面的平均压力不超过地基承载力,即满足下列不等式:

$$A \geqslant N/f \qquad (2\text{-}1)$$

式中　N——建筑物总荷载;

　　f——地基承载力;

　　A——基础底面积。

图 2-1　地基与基础

从式(2-1)可以看出:当地基承载力不变时,建筑物总荷载越大,基础底面积也越大;当建筑物总荷载不变时,地基承载力越小,基础底面积越大。

二、地基的分类

地基可分为天然地基和人工地基两大类。

天然地基是指天然土层具有足够的承载能力,不需要经人工改良加固,可直接在上面建造房屋的地基。岩石、碎石、砂土、黏性土等一般可作为天然地基。反之,当天然土层不能满足承载力要求时,必须预先对土壤进行人工加固才能在上面建造房屋的地基称为人工地基。人工处理地基的方法通常有压实法、换填法、挤密法、排水固结法、化学加固法、真空预压法、强夯法、振冲法、深层搅拌法等。

地基土是由土颗粒、空气和水三相组成的。压实后空气将被挤出,地基被压缩,对承载力差的土,可以采用预先人工压缩的方法,排除土中的空气,提高土的密实度,从而提高地基承载力,这种方法称为压实法。因为这种方法不用其他材料,所以较为经济。

当地基的全部或部分有一定厚度的软弱土层时,可将软弱土层挖除,填上好土、砂石、灰土、混凝土、工业废渣等抗压强度较高的材料,这种方法称为换填法。

挤密法是指采用砂石桩、灰土桩或水泥土桩等把土挤实,由桩与桩间土一起组成复合地基,从而提高地基承载力,减少沉降量。

真空预压法是指在建筑物基础施工前,对地基土预先进行加载预压,使地基土预先被压实,从而提高地基土强度和抵抗沉降的能力。

强力夯实法简称强夯法,是将重锤(一般重 50 ~ 400 kN,最重为 2 000 kN)起吊到一定的高度(一般为 6 ~ 30 m)后使其自由落下,利用强大的夯击功,对土进行强力夯实,以提高其强度、降低其压缩性的一种地基加固方法。

三、地基基础设计要求

(一)地基应具有足够的承载力和均匀程度

建筑物的建造地址应尽可能选在地基承载力较高且均匀的地段,如岩石、碎石等。地基土质均匀,才能保证有均匀的沉降,否则,基础处理不当会引起墙身开裂、建筑物倾斜,甚至倒塌破坏等情况。在可能的情况下,应优先考虑采用天然地基。

(二)基础应具有足够的强度和耐久性

基础是建筑物的重要承重构件,对整个建筑的安全起保证作用。因此,基础必须具有足够的强度才能保证将建筑物的荷载可靠地传给地基。另外,基础是埋在地下的隐蔽工程,建成后检查和维修困难,所以在选择基础的材料和构造形式时应与上部结构的耐久性相适应。

(三)经济要求

基础工程一般占建筑总造价的 10% ~40%,甚至更高。因此,降低基础工程的造价是减少建筑总投资的有效方法。这就要求选择土质好的地段,以减少地基处理的费用。需要特殊处理的地基,也应尽可能选用地方材料和合理的构造形式,从而降低工程投资。

任务二　基础的埋置深度

一、基础的埋置深度

基础的埋置深度是指从室外设计地面至基础底面的垂直距离,简称基础的埋深,如图 2-2所示。

根据基础埋置深度的不同,基础可分为浅基础和深基础。基础埋深不超过 5 m 时称为浅基础。浅基础构造简单,施工方便,造价低廉且不需要特殊施工设备,因此在保证安全使用的前提下，应优先选用浅基础，以降低工程造价。但当基础埋深过小时，有可能在地基受到压力后把基础四周的土挤出，使基础产生滑移而失去稳定，同时易受到自然因素的侵蚀和影响使基础破坏，故基础的最小埋置深度不应小于500 mm。

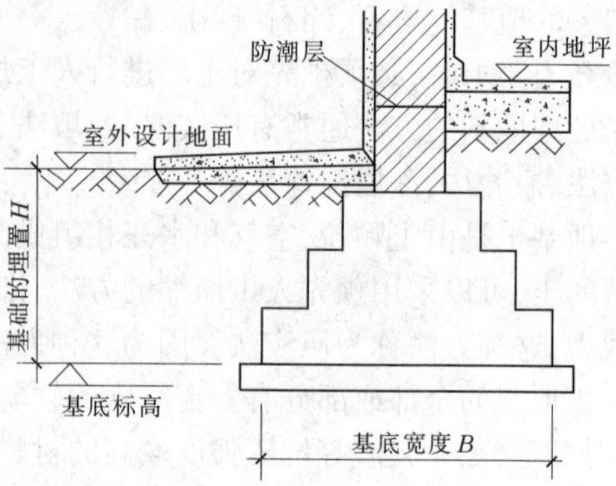

图2-2 基础的埋置深度

二、影响基础埋深的因素

影响基础埋深的因素很多，根据《建筑地基基础设计规范》(GB 50007—2002)，主要有以下几个方面：①建筑物的用途，有无地下室、设备基础和地下设施，基础的型式和构造；②作用在地基上的荷载大小和性质；③工程地质条件和水文地质条件；④相邻建筑物的基础埋深；⑤地基土冻胀和融陷的影响。

(一)建筑物的用途，有无地下室、设备基础和地下设施，基础的型式和构造；作用在地基上的荷载大小和性质

一般高层建筑的基础埋置深度为地面以上建筑物总高度的1/10～1/20，高层建筑筏形基础和箱形基础埋置深度应满足地基承载力、变形和稳定要求。在抗震设防区，除岩石地基外，天然地基上的筏形基础和箱形基础埋置深度不宜小于建筑物高度的1/15；桩箱或桩筏基础的埋置深度(不计桩长)不宜小于建筑物高度的1/18。位于岩石地基上的高层建筑，其基础埋深应满足抗滑要求。而多层建筑则根据地下水位及冻土深度等来确定埋置深度。若建筑物设置地下室、地下设施或有特殊设备基础，则应根据不同的要求确定基础埋深。

(二)工程地质条件

基础应建造在常年未经扰动而且坚实平坦的土层或岩石上，俗称“老土层”。地基的土层构造比较复杂，常见的有以下几种情况：

(1)地基土层均匀、压缩性小且承载力能满足建筑物的总荷载，基础可按最小埋深处理，如图2-3(a)所示。

(2)地基土上层为软弱土且厚度在2 m以内，下层为好土时，基础应跨越软弱土层，埋置在好土上，如图2-3(b)所示。

(3)上层为软弱土且厚度在2～5 m，下层为好土时，对于低层或轻型建筑物，可加大基础底面积或采取人工处理地基等措施，尽量将基础埋置在弱土层内，以减少土方开挖，降低造价，如图2-3(c)所示；对于荷载较大的建筑，其基础应埋置在好土层上。

(4)若软弱土层大于5 m，对于低层或轻型建筑物，应尽量利用表层的软弱土层作地基，必要时可加强上部结构或采用人工加固地基，如换填法、挤密法等；对于荷载较大的建筑物，应根据技术经济比较结果选择合理的基础类型，如图2-3(d)所示。

(5)地基土上层为好土，下层为软弱土时，若好土层厚度足够，基础尽量浅埋，同时要对软弱土下卧层进行验算。若好土层厚度不够，无法浅埋，则可采用摩擦桩基础，如图2-3(e)所示。

(6)地基土层为好土和软弱土交替构成时，总荷载较小的建筑物应尽可能将基础埋置在好土层上；对于荷载较大的建筑物可采用桩基础等，将基础埋置在好土层上，如图2-3(f)所示。

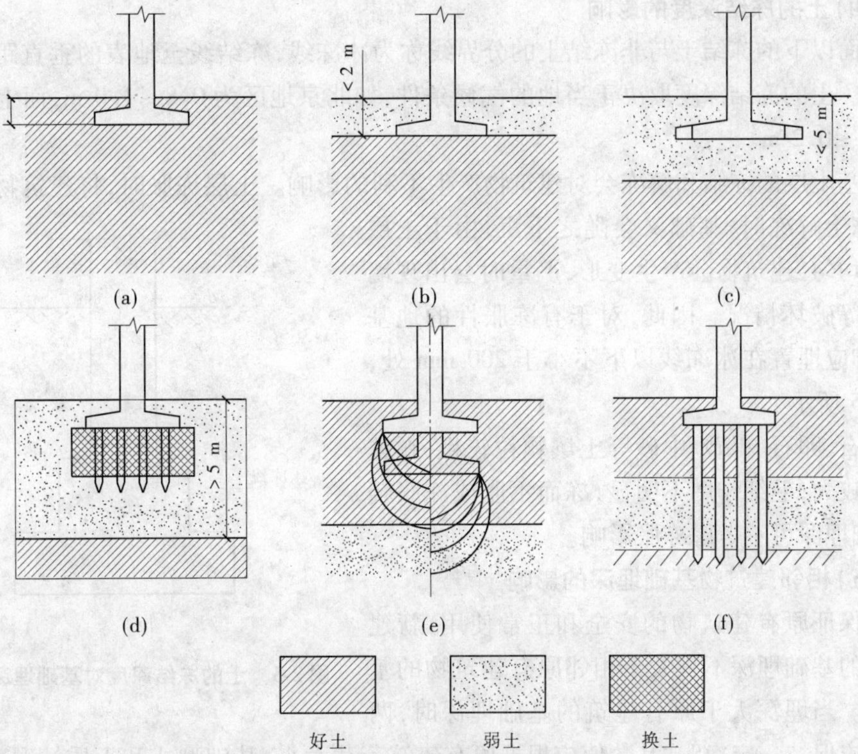

图 2-3　地质构造与基础埋深的关系

(三)地下水位的影响

基础的埋深必须考虑地下水位的影响。在地下水位较低的场地,建筑物基础应尽量埋置在最高地下水位以上不小于 200 mm 处;在地下水位较高的场地,当基础不能埋在最高地下水位以上时,为避免地下水位的变化对基础产生影响,应把基础埋置在最低地下水位以下不小于 200 mm 处,如图 2-4 所示。

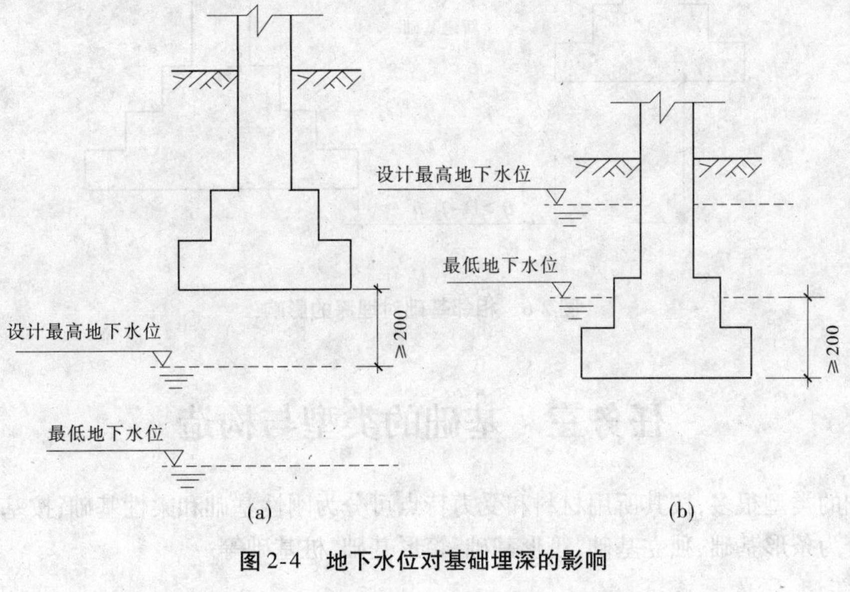

图 2-4　地下水位对基础埋深的影响

(四)土的冻结深度的影响

地面以下的冻结土与非冻结土的分界线称为冰冻线,冻结线至地表的垂直距离称为冻结深度。土的冻结深度取决于当地的气候条件,如北京地区为0.8~1.0 m,而上海地区仅为0.12~0.2 m。

地基土层的冻结和解冻会对建筑物产生不利的影响。土层冻胀时,将建筑物基础向上拱起;冻土解冻时,基础又会随之下沉,由于土层冻融不均匀,建筑物会产生变形,严重时会出现墙体开裂等破坏情况。因此,对于有冻胀性的地基土,基础应埋置在冰冻线以下不小于200 mm处,如图2-5所示。

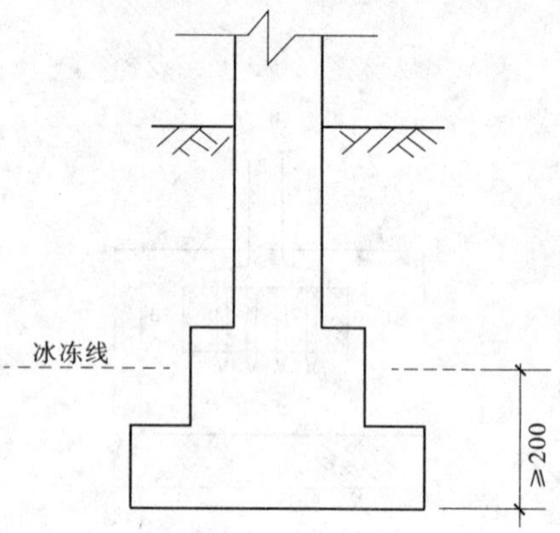

图2-5 土的冻结深度对基础埋深的影响

碎石、卵石、粗砂、中砂等土壤颗粒较粗,颗粒间孔隙较大,毛细作用不明显,冻而不胀或冻胀轻微,基础埋深可不考虑冻胀影响。

(五)相邻建筑物基础埋深的影响

为保证原有建筑物的安全和正常使用,新建建筑物的基础埋深不宜大于相邻原有建筑物的基础埋深。当埋深大于原有建筑的基础埋深时,两基础间应保持一定净距,其数值应根据原有建筑荷载大小、基础型式和土质情况确定,一般为相邻基础底面高差的1~2倍,如图2-6所示。当上述要求不能满足时,应采取分段施工,设临时加固支撑、打板桩,地下连续墙等施工措施,或加固原有建筑物地基。

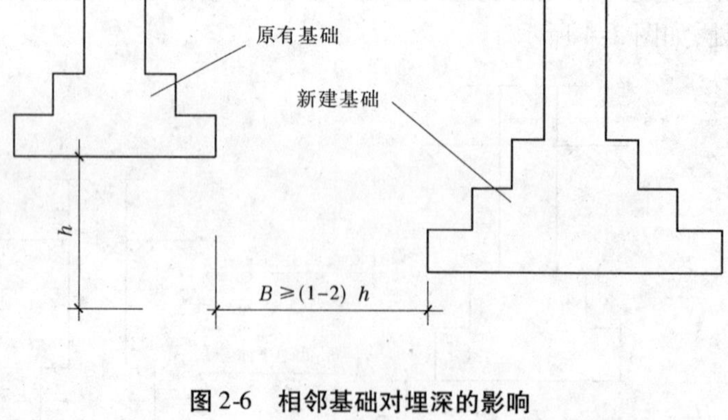

图2-6 相邻基础对埋深的影响

任务三 基础的类型与构造

基础的类型很多,按其所用材料和受力特点可分为刚性基础和柔性基础;按基础的构造型式可分为条形基础、独立基础、筏形基础、箱形基础、桩基础等。

一、按所用材料和受力特点分类

（一）无筋扩展基础（也称刚性基础）

无筋扩展基础是指由砖、毛石、灰土、混凝土或毛石混凝土、三合土等材料组成的墙下条形基础或柱下独立基础。无筋扩展基础适用于多层民用建筑或轻型厂房，这种基础抗压强度高，而抗拉、抗剪强度较低。由于受地基承载力的限制，当基础承受墙或者柱传来的荷载时，为使单位面积所传递的力与地基的允许承载力相适应，需要加大基础的底面积。根据试验可知，上部结构的压力在基础中的传递是沿一定角度分布的，这个传力角度称为压力分布角或刚性角，可用 α 表示，如图 2-7 所示。

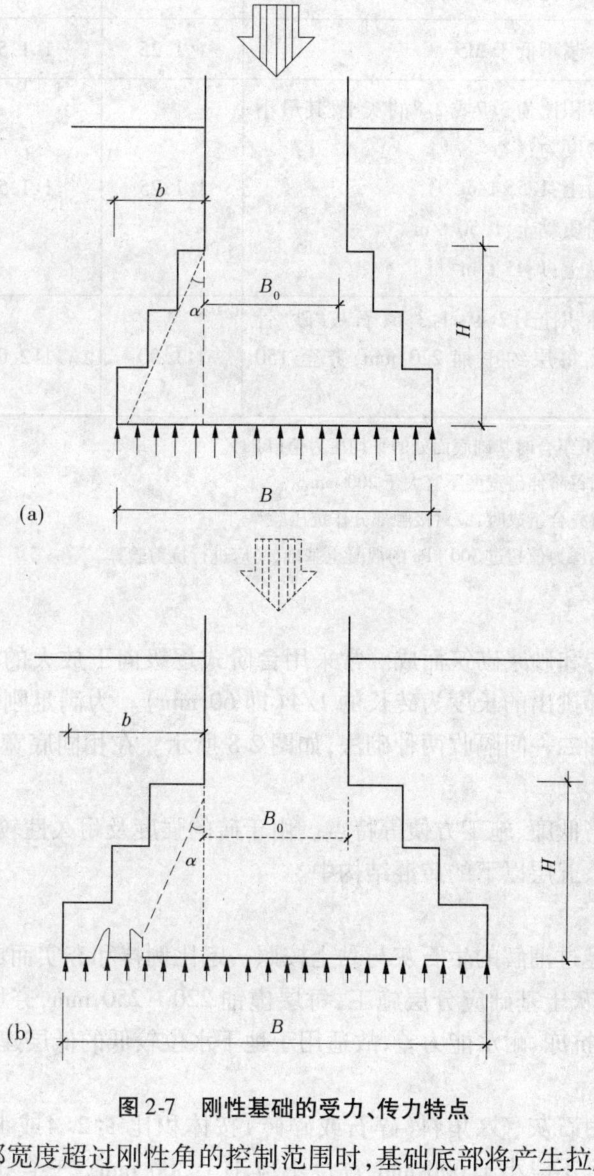

图 2-7　刚性基础的受力、传力特点

当刚性基础底部宽度超过刚性角的控制范围时，基础底部将产生拉应力而破坏。因此，当基础扩大时，为了保证基础底面不受拉，必须保证基础放大部分在刚性角范围内。为设计施工方便，将刚性角换算成 α 的正切值 b/H，即用宽高比表示刚性角。不同材料和不同压力条件下，刚性基础台阶的允许高宽比也不同，见表 2-1。

表 2-1　无筋扩展基础台阶高宽比的允许值

基础材料	质量要求	台阶宽高比的允许值		
		$P_k \leqslant 100$	$100 < P_k \leqslant 200$	$200 < P_k \leqslant 300$
混凝土基础	C15 混凝土	1∶1.00	1∶1.00	1∶1.25
毛石混凝土基础	C15 混凝土	1∶1.00	1∶1.25	1∶1.50
砖基础	砖不低于 MU10、砂浆不低于 M5	1∶1.50	1∶1.50	1∶1.50
毛石基础	砂浆不低于 M5	1∶1.25	1∶1.50	—
灰土基础	体积比为 3∶7或 2∶8的灰土，其最小干密度为： 粉土：1.55 t/m^3 粉质黏土：1.50 t/m^3 黏土：1.45 t/m^3	1∶1.25	1∶1.50	—
三合土基础	体积比 1∶2∶4 ~ 1∶3∶6（石灰∶砂∶骨料），每层约虚铺 220 mm，夯至 150 mm	1∶1.50	1∶2.00	—

注：① P_k 为荷载效应标准组合时基础底面处的平均压力值（kPa）。

②阶梯形毛石基础的每阶伸出宽度不宜大于 200 mm。

③当基础由不同材料叠合组成时，应对接触部分作抗压验算。

④基础底面处的平均压力值超过 300 kPa 的混凝土基础，尚应进行抗剪验算。

1. *砖基础*

砖基础一般用砖和砂浆砌筑而成。常采用台阶式逐级向下放大的砌筑方法，称为大放脚。大放脚每一阶梯挑出的长度为砖长的 1/4（即 60 mm）。为满足刚性角的限制，大放脚一般采用两皮一收和二一间隔收两种砌法，如图 2-8 所示。在相同底宽的情况下，二一间隔收可减少基础高度。

砖基础具有价格低廉、施工方便等特点。由于砖的强度及耐久性较差，故常用于地基土质好、地下水位较低、五层以下的砖混结构中。

2. *灰土基础*

灰土基础是用经过消解的生石灰与黏土按照一定比例拌和夯实而成的。常用的灰土体积比为 2∶8或 3∶7。灰土基础应分层施工，每层虚铺 220 ~ 250 mm，夯压密实后厚度为 150 mm。由于灰土基础抗冻、耐水能力差，故适用于地下水位较低的低层建筑，如图 2-9 所示。

3. *三合土基础*

三合土基础是由石灰、砂、集料（碎石或碎砖）按体积比 1∶2∶4或 1∶3∶6拌和夯实而成的。三合土基础宽度不应小于600 mm，高度不应小于 300 mm。三合土基础一般用于地下水位较低的四层和四层以下的民用建筑中，如图 2-10 所示。

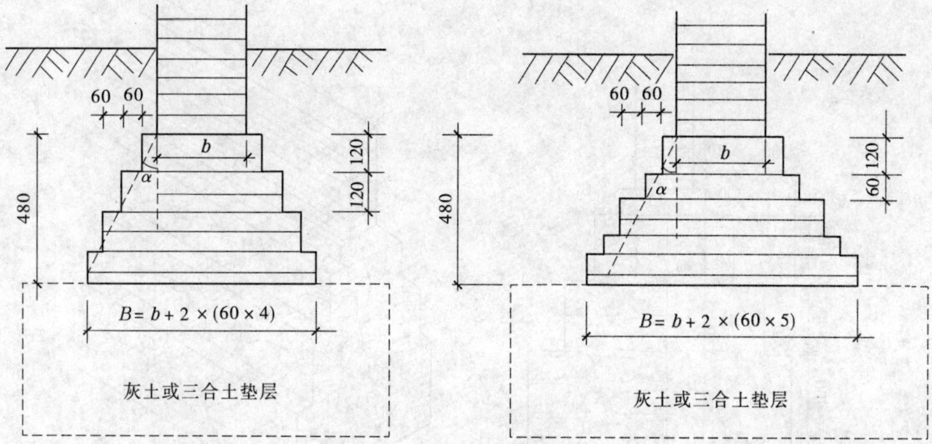

(a)两皮一收　　　　(b)二一间隔收

图 2-8　砖基础

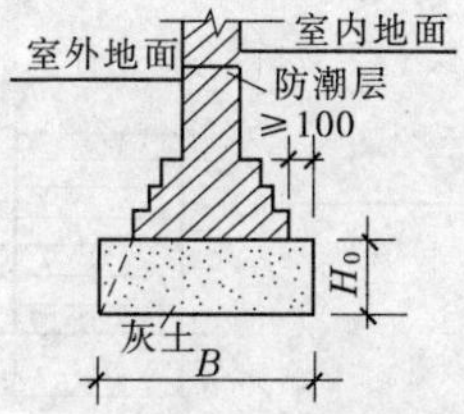

图 2-9　灰土基础

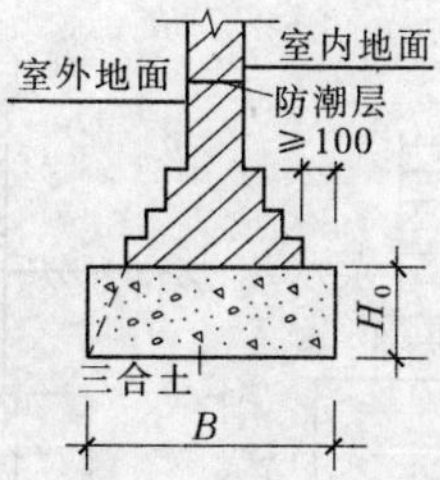

图 2-10　三合土基础

4. 毛石基础

毛石基础是由未加工成型的石块和砂浆砌筑而成的。其剖面形式多为阶梯形，如图 2-11所示。基础顶面要比墙或柱每边宽出 100 mm，为满足刚性角要求，每个台阶挑出的宽度不应大于200 mm，高度不应小于400 mm；当宽度小于700 mm 时，毛石基础可做成矩形截面。

毛石基础具有强度较高、抗冻、耐水、经济等特点，故可以用于受地下水侵蚀和冰冻作用的多层建筑，但其整体性欠佳，不宜用于有振动的建筑。

5. 混凝土基础

混凝土基础断面有矩形、台阶形和锥形几种形式。当基础高度小于 350 mm 时，多做成矩形；当基础高度大于等于 350 mm 但不超过 1 000 mm 时，多做成台阶形，每阶高度 350 ~ 400 mm；当基础高度大于 1 000 mm 或基础底面宽度大于 2 000 mm 时，可做成锥形，如图 2-12所示。混凝土基础具有坚固、耐久、耐水、耐腐蚀等特点，常用于地下水位高，受冰冻影响的建筑物。

6. 毛石混凝土基础

为了节约水泥用量，对于体积较大的混凝土基础，可以在浇筑混凝土时加入 20% ~ 30% 的粒径不超过 300 mm 的毛石，这种基础称为毛石混凝土基础。所用毛石尺寸应小于基础宽度的 1/3，且毛石在混凝土中应均匀分布。

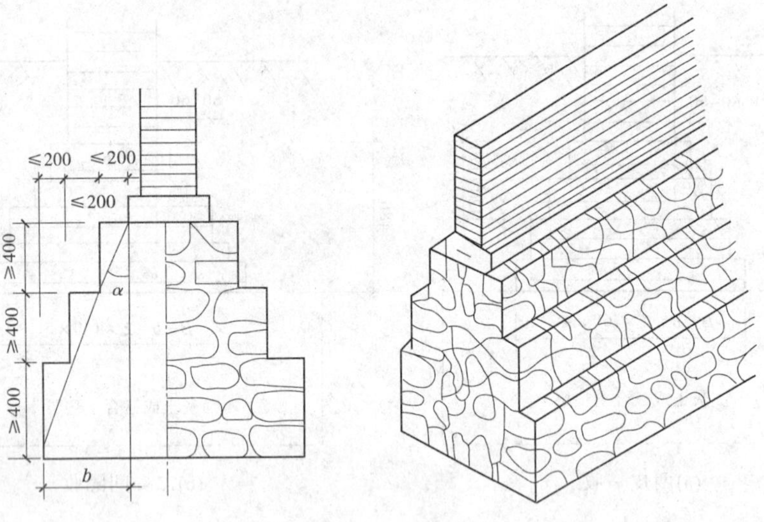

(a)毛石基础构造　　　　　　　　(b)毛石基础示意

图 2-11　毛石基础

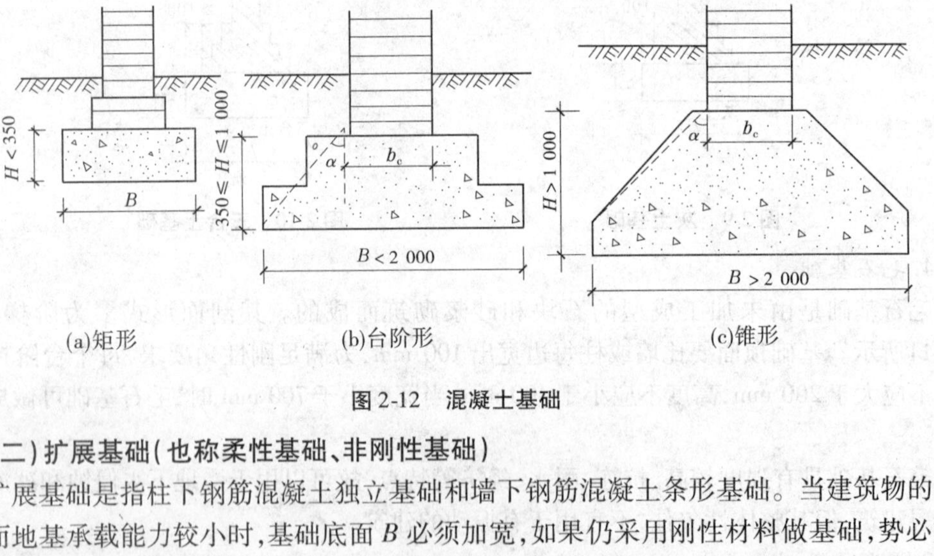

(a)矩形　　　　　　(b)台阶形　　　　　　(c)锥形

图 2-12　混凝土基础

(二)扩展基础(也称柔性基础、非刚性基础)

扩展基础是指柱下钢筋混凝土独立基础和墙下钢筋混凝土条形基础。当建筑物的荷载较大而地基承载能力较小时,基础底面 B 必须加宽,如果仍采用刚性材料做基础,势必加大基础的深度,这样很不经济。如果在混凝土基础的底部配以钢筋,利用钢筋来承受拉应力,使基础底部能够承受较大的弯矩,这时基础宽度不再受刚性角的限制,故称钢筋混凝土基础为柔性基础或非刚性基础,如图 2-13 所示。在同样条件下,采用钢筋混凝土基础较混凝土基础可节约大量的混凝土和挖土工作量,如图 2-14 所示。

扩展基础的构造应符合下列要求:

(1)锥形基础的边缘高度不宜小于 200 mm,阶梯形基础的每阶高度宜为 300 ~ 500 mm。

(2)垫层的厚度不宜小于 100 mm,垫层混凝土强度等级不应低于 C15。

(3)扩展基础底板受力钢筋的最小直径不宜小于 10 mm;间距不宜大于 200 mm,也不宜小于 100 mm。墙下钢筋混凝土条形基础纵向分布钢筋的直径不小于 8 mm;间距不大于 300 mm;每延米分布钢筋的面积应不小于受力钢筋面积的 15%。当有垫层时,钢筋保护层的厚

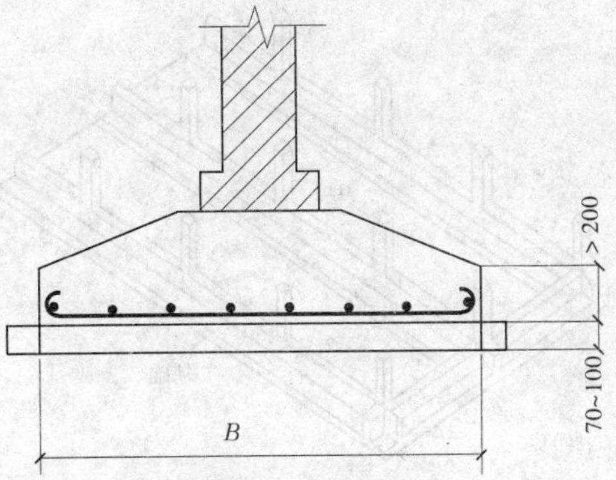

图 2-13　扩展基础

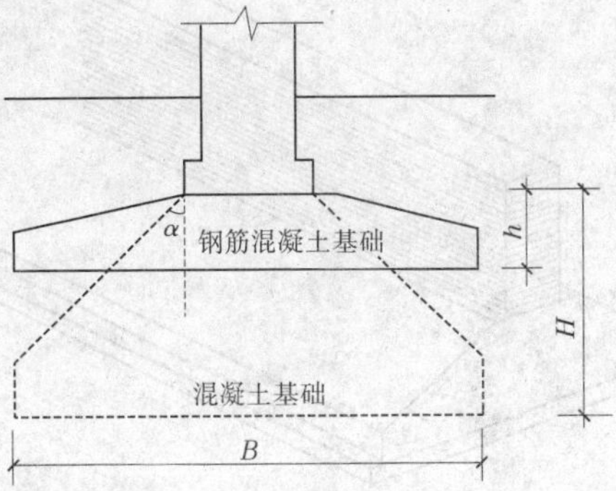

图 2-14　钢筋混凝土基础与混凝土基础的比较

度不小于 40 mm；无垫层时，钢筋保护层厚度不小于 70 mm。

（4）混凝土强度等级不应低于 C20。

二、按构造形式分类

（一）独立基础

独立基础呈独立的块状形式。当建筑物上部结构采用框架结构或单层排架及门架结构承重时，其基础常采用方形或矩形的独立基础。独立基础是柱下基础的基本形式，常用的断面形式有踏步形、锥形、杯形等。柱可预制，也可现浇。当柱为预制时，将基础做成杯口形，然后将柱子插入，并嵌固在杯口内，故称为杯口基础，如图 2-15 所示。

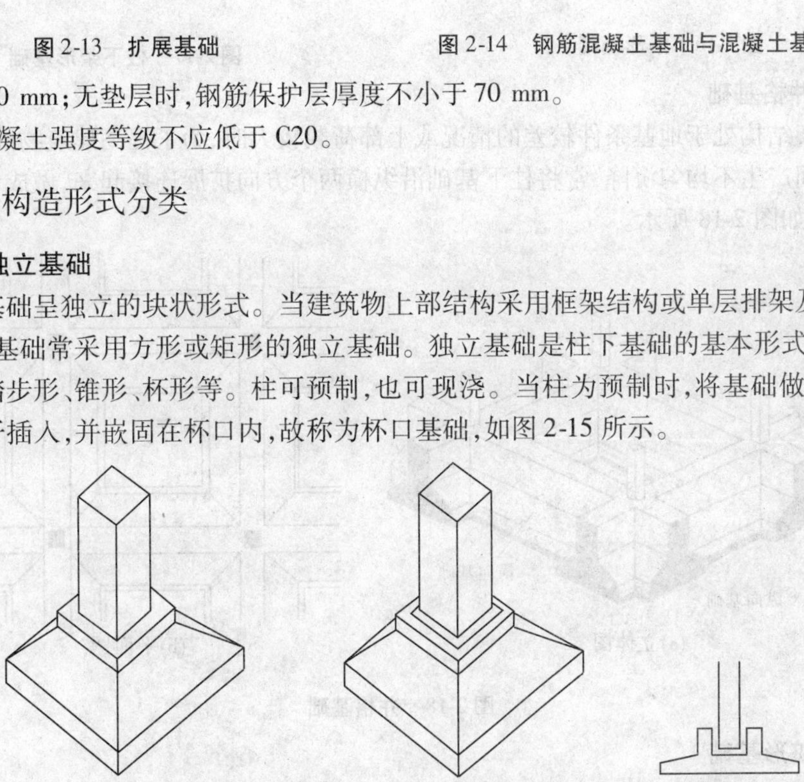

(a)现浇柱基础　(b)预制柱基础　(c)杯口基础

图 2-15　独立基础

（二）条形基础

条形基础呈连续的带形，也称为带形基础，有墙下条形基础和柱下条形基础两类。墙下条形基础一般用于多层砌体结构的承重墙下，低层或小型建筑常用砖、混凝土等刚性条形基础；当上部为钢筋混凝土墙，或地基较差、荷载较大时，可采用钢筋混凝土条形基础，如图 2-16 所示。

柱下条形基础常用于框架结构或排架结构。当建筑物荷载较大或荷载分布不均匀或地基承载力偏低时，为增加基底面积或增强整体刚度，可将柱下基础连接在一起，形成钢筋混凝土条形基础，如图 2-17 所示。

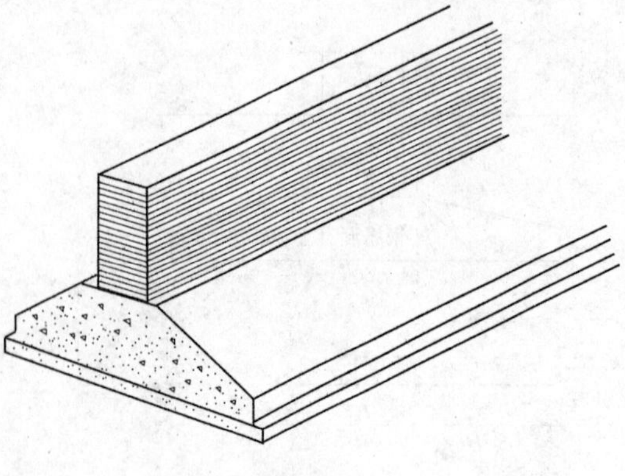

图 2-16　条形基础

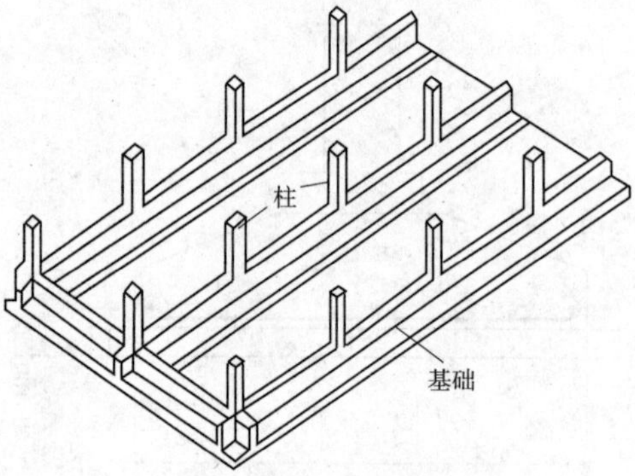

图 2-17　柱下条形基础

（三）井格基础

当框架结构处于地基条件较差的情况或上部荷载较大时，为了提高建筑物的整体性，防止柱子之间产生不均匀沉降，常将柱下基础沿纵横两个方向扩展连接起来，做成十字交叉的井格基础，如图 2-18 所示。

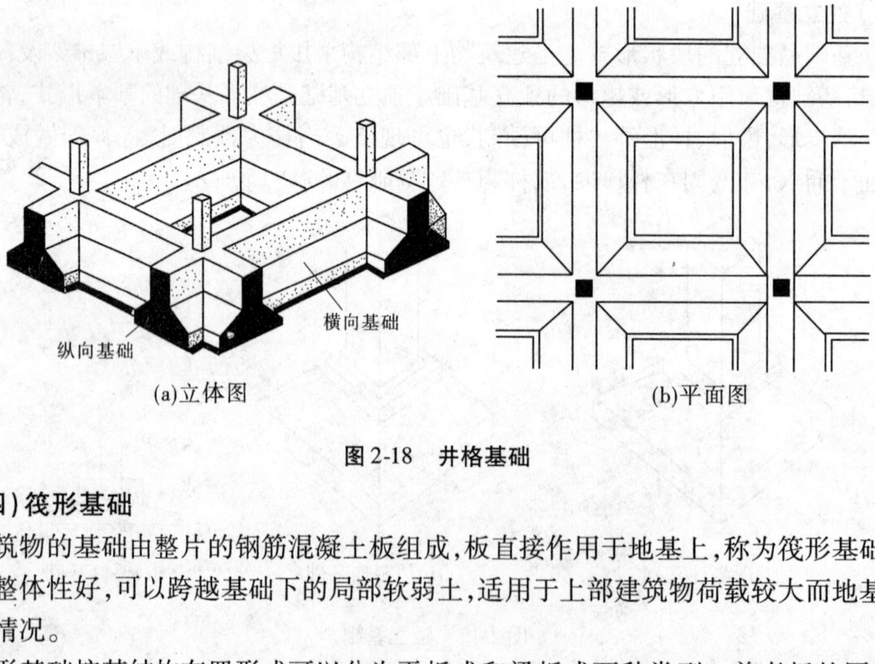

图 2-18　井格基础

（四）筏形基础

建筑物的基础由整片的钢筋混凝土板组成，板直接作用于地基上，称为筏形基础。筏形基础的整体性好，可以跨越基础下的局部软弱土，适用于上部建筑物荷载较大而地基承载力较差的情况。

筏形基础按其结构布置形式可以分为平板式和梁板式两种类型。前者板的厚度较大，构造简单；后者板的厚度相对较小，但增加了双向梁，构造较复杂，如图 2-19 所示。

板式基础可设置成不埋板式基础，即直接在经过平整、碾压密实的地表上浇筑钢筋混凝土平板基础。

这种基础形式可以大量减少土方工程量，适用于软弱地基的多层砌体结构、框架结构、剪力墙结构的建筑，以及上部结构荷载较大且不均匀或地基承载力低的情况。

（五）箱形基础

当上部建筑物为荷载大、对地基不均匀沉降要求严格的高层建筑、重型建筑以及软弱土

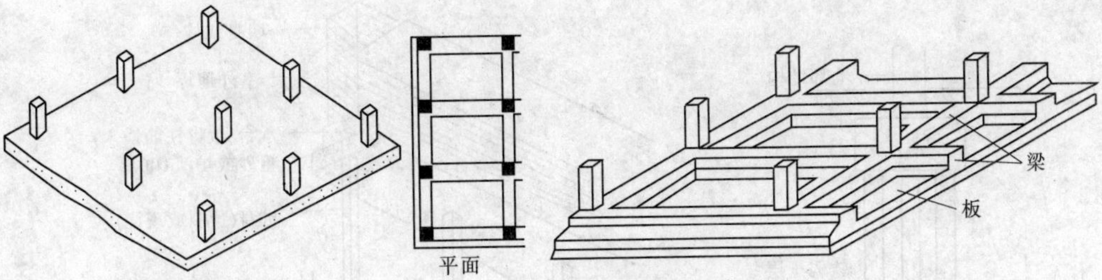

(a)平板式筏形基础　(b)梁板式筏形基础

图 2-19　**筏形基础**

地基上的多层建筑时，为增加基础刚度，可将基础做成由钢筋混凝土底板、顶板和若干纵横墙组成的箱子状的结构，称为箱形基础。箱形基础是高层建筑的一种较好的基础类型，其内部空间可以作为地下室使用，如图 2-20 所示。

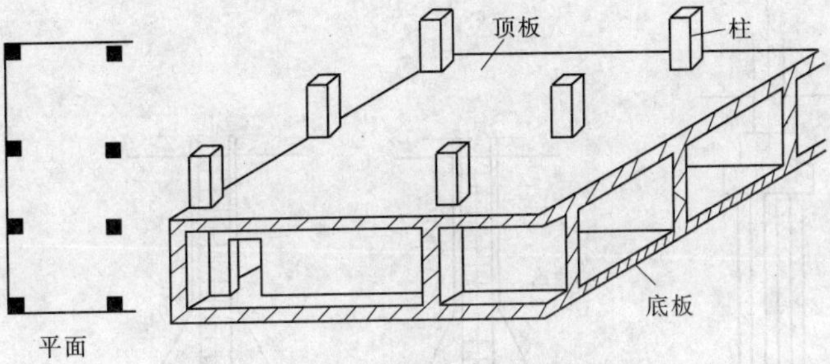

图 2-20　**箱形基础**

（六）桩基础

当浅层地基土不能满足建筑物对地基承载力和变形的要求，而又不适宜采取地基处理措施时，就可考虑以下部坚实土层或岩层作为持力层的深基础，桩基础是一种常用的深基础形式，如图 2-21 所示。

桩基础由承台和桩柱两部分组成，桩柱全部或部分埋入土中，顶部由承台连成一体。承台是在桩柱顶现浇的钢筋混凝土梁或板。上部支承墙的为承台梁，上部支承柱的为承台板，承台板的厚度一般不小于 300 mm。在寒冷地区，承台梁下一般铺设 100 ~ 200 mm 厚的粗砂或炉渣，以防止土壤冻胀反拱作用引起承台的破坏。

桩基础的类型很多，按照桩的受力特征可分为端承桩和摩擦桩，如图 2-22 所示；按制作工艺可分为预制桩和灌注桩，灌注桩又分为振动灌注桩、钻孔灌注桩、扩底灌注桩、爆扩灌注桩等，如图 2-23和图 2-24 所示；按照桩身的材料不同可分为钢筋混凝土桩、钢桩、木桩等，按截面形式又可分为方形桩和圆形桩等。

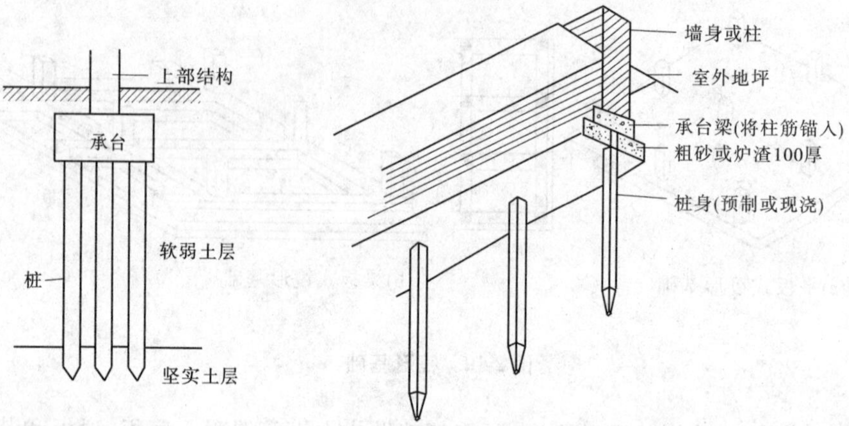

图 2-21　桩基础组成示意

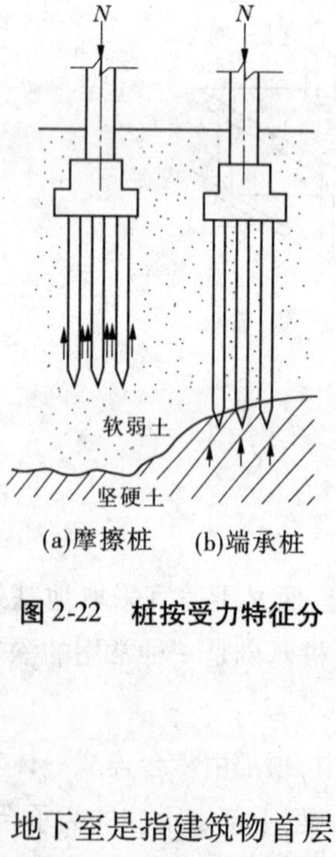

图 2-22　桩按受力特征分

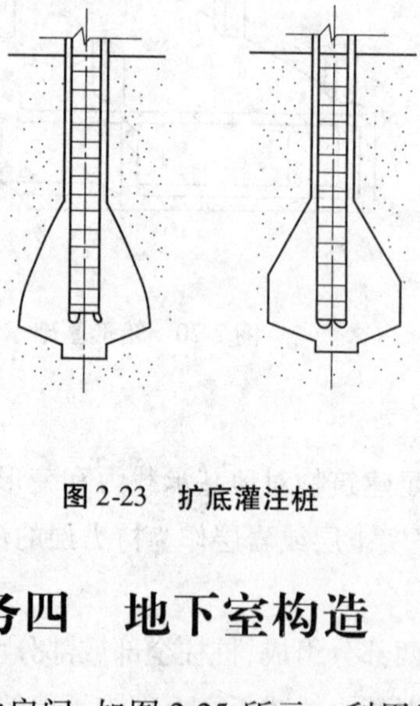

图 2-23　扩底灌注桩

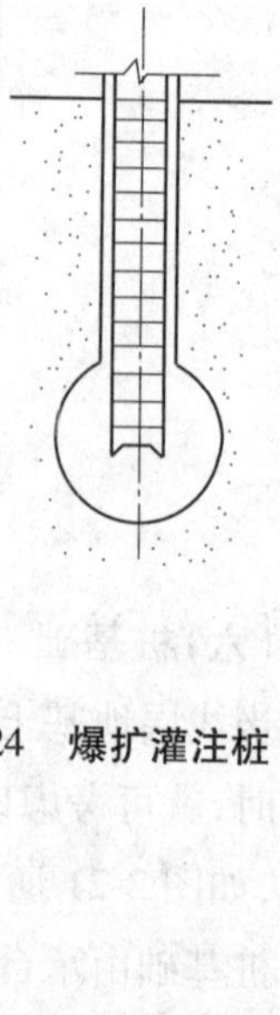

图 2-24　爆扩灌注桩

任务四　地下室构造

地下室是指建筑物首层下面的房间，如图 2-25 所示。利用地下空间，可以节约用地。地下室可作为商场、车库、设备间、餐厅及人防工程等使用。地下室可以专门设置，也可以利用高层建筑的深基础形成。

一、地下室的分类

地下室按使用性质可分为普通地下室和防空地下室。前者是指普通的地下空间，后者是指有防空要求的地下空间。采用平战结合的地下室，两种功能兼而有之。按埋入地下深度可分为全地下室和半地下室。全地下室是指地下室地坪低于室外地坪的高度超过房间净高的 1/2；半地下室是指地下室地坪低于室外地坪的高度超过房间净高的 1/3，但不超过

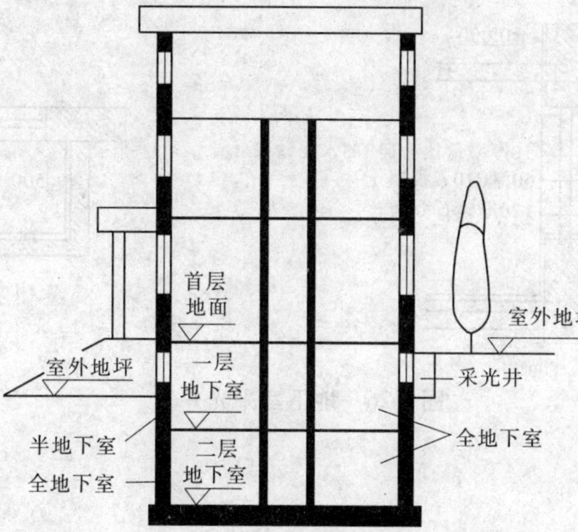

图 2-25　地下室示意

1/2。按结构材料可分为砖混结构地下室和钢筋混凝土结构地下室。

二、地下室的组成

地下室一般由墙体、顶板、底板、门窗、楼梯五部分组成。

(一)墙体

地下室的外墙不仅承受垂直荷载,还承受土体和地下水侧压力的作用,因此地下室的外墙应按挡土墙设计。钢筋混凝土墙体最小厚度不应低于 300 mm,砖墙厚度不应低于 490 mm。外墙还应做防潮或防水处理。

(二)顶板

顶板可用预制板、现浇板,或者在预制板上做现浇层(装配整体式楼板)。若为防空地下室,则必须采用现浇板,并按有关规定确定厚度和混凝土强度等级。在无采暖的地下室顶板上,即首层地板处应设置保温层,以利于首层房间的使用。

(三)底板

当底板处于最高地下水位以上,并且无压力产生作用的可能时,可按一般地面工程处理,即垫层上现浇混凝土 60 ~ 80 mm 厚,再做面层;若底板处于最高地下水位以下,底板不仅承受上部垂直荷载,还承受地下水的浮力作用,因此应采用钢筋混凝土底板,并应双层配筋,底板下垫层上还应设置防水层,以防渗漏。

(四)门窗

普通地下室的门窗与地上房间的门窗相同,地下室外窗如在室外地坪以下,应设置采光井和防护箅,如图 2-26 所示。防空地下室一般不允许设窗,若需开窗,应设置战时堵严措施。防空地下室的外门应按防空等级要求,设置相应的防护构造。

(五)楼梯

楼梯可与地面上的房间结合设置,层高小或用做辅助房间的地下室,可设置单跑楼梯。有防空要求的地下室至少要设置两部楼梯通向地面的安全出口,并且必须有一个是独立的安全出口,这个安全出口周围不得有较高建筑物,以防空袭倒塌,堵塞出口,影响疏散。

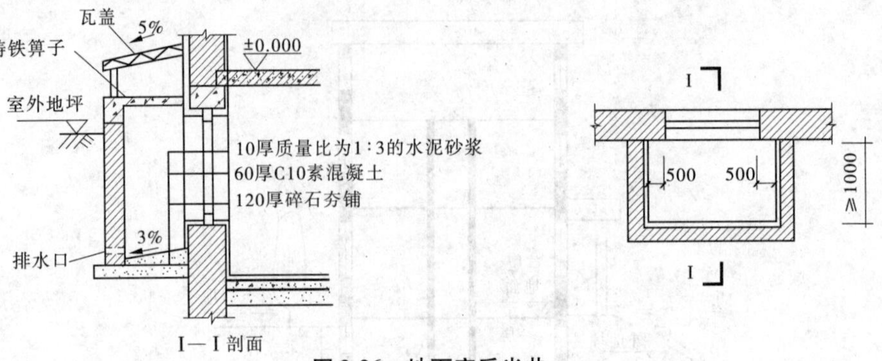

图 2-26　地下室采光井

三、地下室的构造

地下室外墙和底板都埋在地下,如果地下水通过围护结构渗入室内,不仅影响使用,而且会影响建筑物的耐久性。因此,防潮、防水构造是地下室构造处理的重点。

(一)地下室防潮构造

当地下室最高地下水位低于地下室底板,且周围土层为强透水性的土,无形成上层滞水的可能时,地下水不会浸入地下室内部,地下室外墙和底板只需做防潮处理。地下室防潮只适用于防无压水。

地下室防潮的构造要求是:砖墙体必须采用水泥砂浆砌筑,灰缝必须饱满,在外墙外侧设垂直防潮层。防潮层的做法一般为:1∶2.5 水泥砂浆找平、刷冷底子油一道、热沥青两道,防潮层做至室外散水处,然后在防潮层外侧回填低渗透性土壤(如黏土、灰土等),并逐层夯实,底宽 500 mm 左右。此外,地下室所有墙体,必须设两道水平防潮层,一道设在底层地坪附近,一般设置在结构层之间;另一道设在室外地面散水以上 150 ~ 200 mm 的位置,如图 2-27所示。

外墙为钢筋混凝土结构的地下室,可利用混凝土结构的自防潮作用,不必再做防潮处理,但在外墙穿管、接缝等处应嵌入油膏防潮。

(二)地下室防水构造

当设计最高地下水位高于地下室底板标高,或地下室周围土层属弱透水性土存在滞水可能时,应采取防水措施。

目前,采取的防水措施有卷材防水、混凝土构件自防水、涂料防水、塑料防水板防水、金属防水层等。选用何种材料防水,应根据地下室的使用功能、结构形式、环境条件等因素合理确定。一般处于侵蚀介质中的工程应采用耐腐蚀的防水混凝土、防水砂浆或涂料等;结构刚度较差或受振动影响的工程应采用卷材、涂料等柔性防水材料。

1. 卷材防水

卷材防水是以防水卷材和相应的黏结剂分层粘贴,铺设在地下室底板垫层至墙体顶端的基面上,形成封闭防水层的做法。其根据防水层铺设位置的不同分为外防水和内防水。

卷材铺贴在地下室外墙外表面(即迎水面)的做法称为外防水。这种方法防水效果较好,但维修困难,常用于新建工程。具体做法是,先在混凝土垫层上铺设底板防水层,再浇筑混凝土底板。底板下防水卷材必须留出足够的长度,以便与墙面垂直防水卷材逐层搭接。

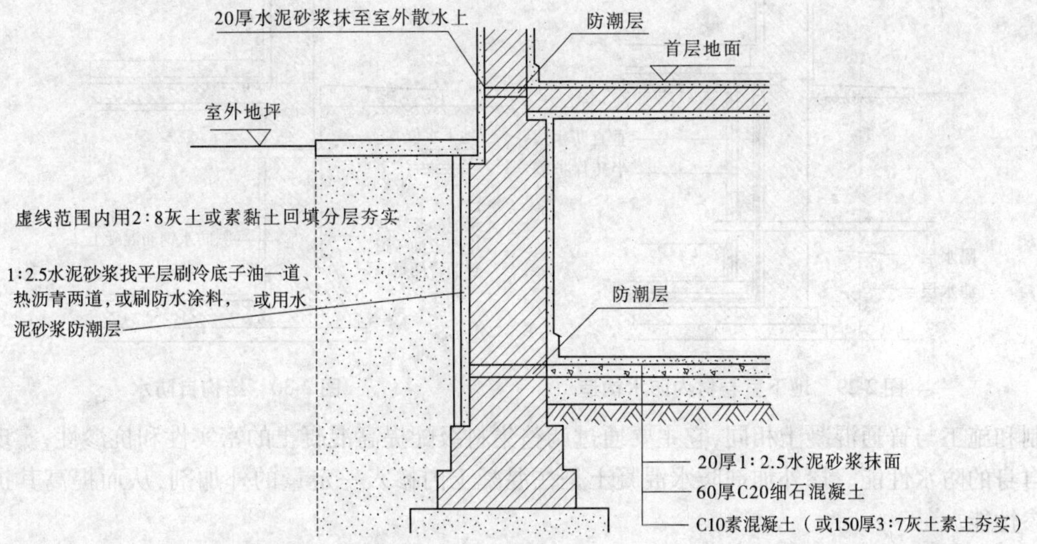

图 2-27 地下室防潮构造

防水卷材自底板下包上来，沿墙身由下而上连续密封粘贴，在地下室设计最高水位 500 ~ 1 000 mm处收头。然后在防水层外侧砌厚为 120 mm 的保护墙，以保护防水层并使防水层均匀受压，在保护墙与防水层之间缝隙中灌水泥砂浆。保护墙下干铺油毡一层，并沿其长度方向每隔 3 ~5 m 设一通高竖向断缝，以保证压紧防水层，如图 2-28 所示。

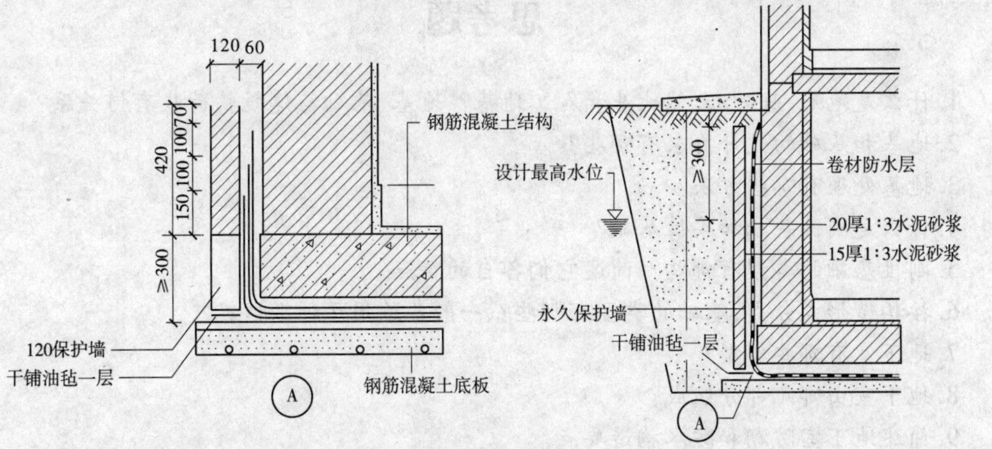

图 2-28 地下室卷材外防水构造

卷材粘贴于结构内表面时称为内防水，这种做法防水效果较差，但施工简单，便于修补，常用于修缮工程，如图 2-29 所示。

2. 钢筋混凝土结构自防水

钢筋混凝土结构自防水就是利用防水混凝土自身的抗渗性和密实性进行防水，结构自身既是承重、围护结构，又是防水层，具有施工方便，工期较短，节省造价等优点，如图 2-30 所示。

防水混凝土主要有普通防水混凝土和掺外加剂防水混凝土两类。普通防水混凝土的配

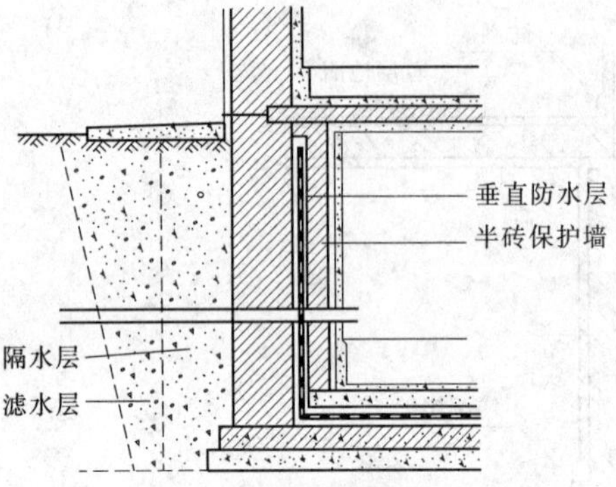

图 2-29　地下室卷材内防水构造

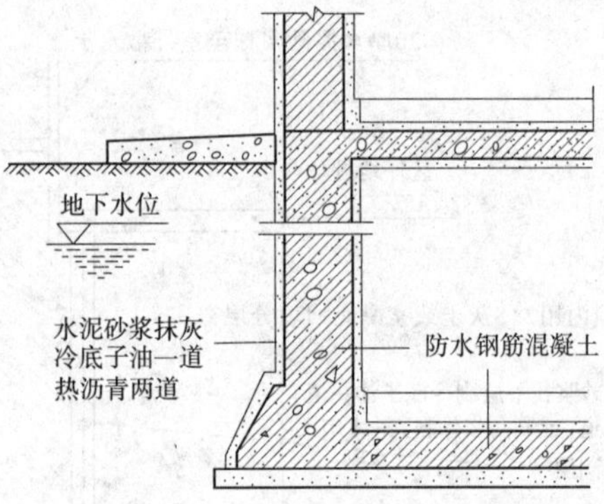

图 2-30　结构自防水

制和施工与普通混凝土相同,它主要通过调整集料级配提高混凝土的密实性和抗渗性,实现自身的防水性能。掺外加剂防水混凝土是在混凝土内掺入一定量的外加剂,从而提高其抗渗性能。

3. 涂料防水

涂料防水是指在施工现场以刷涂、刮涂、滚涂等方法将无定型液态冷涂料在常温下涂敷于地下室结构表面的一种防水方法。涂料防水适用于新建结构的迎水面或已建防水或防潮建筑物外围护结构内侧,作为补漏措施。防水涂料施工前,应将结构表面先用水泥砂浆找平,一般为多层敷设。涂料层的外侧应做砂浆保护层或砖墙保护层。

思考题

1. 什么是地基、基础、天然地基和人工地基？地基、基础与建筑物荷载有何关系？
2. 地基和基础的设计要求有哪些？
3. 地基处理有哪些方法？
4. 什么是刚性基础和柔性基础？
5. 刚性基础的类型有哪些？简述它们各自的特点。
6. 按构造形式分类,基础的类型有哪些？一般各适用于什么情况？
7. 地下室有哪些类型？
8. 地下室由哪几部分组成？
9. 简述地下室防潮和防水构造要点。

综合实训一　绘制基础详图

某工程采用条形砖基础,上部砖墙厚 240 mm,基础埋深 1 000 mm,基础底宽 1 200 mm,室内外高差 450 mm,3∶7 灰土垫层厚 100 mm,试分别绘制砌两皮一收、砌两皮和一皮间隔收的砖基础详图,标注尺寸、材料和标高,达到施工图要求。

A4 图纸,铅笔作图,比例 1∶30。

项目三　墙　体

【知识目标】

1. 了解隔墙的类型和构造。

2. 熟悉墙体的作用、分类。

3. 掌握墙体的砌筑方式和常见的细部构造;墙面装修构造。

【能力目标】

1. 能够使学生具有分析不同类型墙体的构造原理的能力。

2. 能够使学生具有识读和绘制墙体各个部位构造图的能力。

任务一　墙体的分类和作用

一、墙体的类型

根据墙体在建筑物中的位置、受力情况、材料、构造形式、施工方法的不同,可将墙体分为不同的类型。

(一)墙体按位置分类

墙体按所处的位置不同可分为外墙和内墙,外墙又称为外围护墙。墙体按布置方向又可以分为纵墙和横墙。沿建筑物长轴方向布置的墙称为纵墙,沿建筑物短轴方向布置的墙称为横墙,外横墙又称为山墙,外纵墙又称为檐墙。另外,窗与窗、窗与门之间的墙称为窗间墙,窗洞下部的墙称为窗下墙,屋顶上部的外墙称为女儿墙等,如图 3-1 所示。

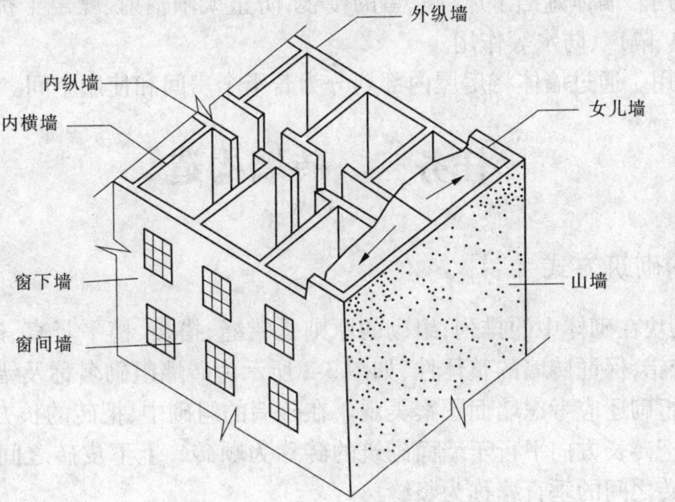

图 3-1　墙体各部分名称

(二)墙体按受力情况分类

根据墙体的受力情况不同可将其分为承重墙和非承重墙。

凡直接承受楼板(梁)、屋顶等传来的荷载的墙称为承重墙,不承受这些外来荷载的墙称为非承重墙。

在非承重墙中,不承受外来荷载,仅承受自身重力并将其传至基础的墙称为自承重墙;仅起分隔空间的作用、自身重力由楼板或梁来承担的墙称为隔墙;在框架结构中,填充在柱子之间的墙称为填充墙,内填充墙是隔墙的一种;悬挂在建筑物外部的轻质墙称为幕墙,有金属幕墙、玻璃幕墙等。幕墙和外填充墙虽不能承受楼板和屋顶的荷载,但承受着风荷载并把风荷载传给骨架结构。

(三)墙体按材料分类

按所用材料的不同,墙体可分为砖和砂浆砌筑的砖墙、利用工业废料制作的各种砌块砌筑的砌块墙、现浇或预制的钢筋混凝土墙、石块和砂浆砌筑的石墙等。

(四)墙体按构造形式分类

按构造形式不同,墙体可分为实体墙、空体墙和复合墙三种。实体墙是由普通黏土砖及其他实体砌块砌筑而成的墙;空体墙内部的空腔可以靠组砌形成(如空斗墙),也可用本身带孔的材料组合而成(如空心砌块墙等);复合墙由两种以上材料组合而成(如加气混凝土复合板材墙,其中混凝土起承重作用,加气混凝土起保温、隔热作用)。

(五)按施工方法分类

根据施工方法不同,墙体可分为块材墙、板筑墙和板材墙三种。块材墙是用砂浆等胶结材料将砖、石、砌块等组砌而成的墙体,如实砌砖墙。板筑墙是在施工现场立模板现浇而成的墙体,如现浇混凝土墙。板材墙是预先制成墙板,在施工现场安装、拼接而成的墙体,如预制混凝土大板墙。

二、墙体的作用

墙体是房屋的重要组成部分。民用建筑中的墙体一般有以下三个方面的作用:

(1)承重作用。墙体承受着自重以及屋顶、楼板(梁)传给它的荷载和风荷载。

(2)围护作用。墙体遮挡了风、雨、雪的侵袭,防止太阳辐射、噪声干扰及室内热量的散失,起保温、隔热、隔声、防水等作用。

(3)分隔作用。通过墙体将房屋内部划分为若干个房间和使用空间。

任务二　砖墙构造

一、砖墙的砌筑方式

组砌是指砌块在砌体中的排列,组砌的原则是错缝、搭接、横平竖直、砂浆饱满,使上下皮砖的垂直缝交错,保证砖墙的整体性,如图 3-2 所示为砖墙组砌名称及错缝。当墙面不抹灰做清水墙时,组砌还应考虑墙面图案美观。在砖墙的组砌中,把砖的长方向垂直于墙面砌筑的称为丁砖,把砖长方向平行于墙面砌筑的砖称为顺砖。上下皮砖之间的水平灰缝称为横缝,左右两块砖之间的垂直缝称为竖缝。

(一)实心砖墙的组砌

普通黏土砖墙常用的组砌方式如图 3-3 所示。通常采用一顺一丁、多顺一丁、梅花丁(也称十字式)、全顺式等砌筑方式。

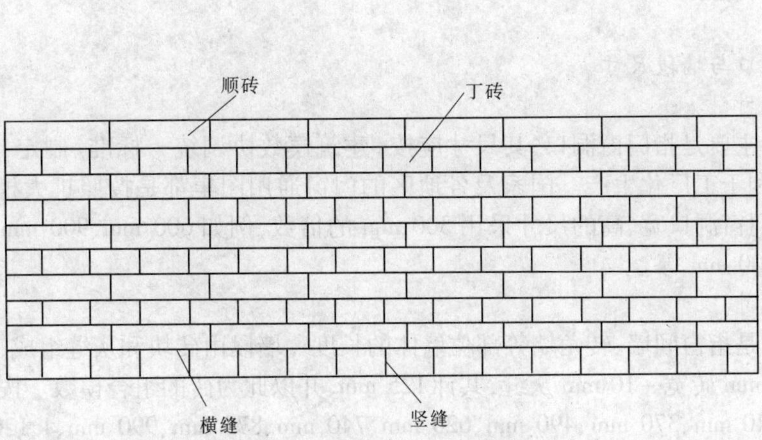

图 3-2　砖墙组砌名称及错缝

(a)一砖墙一顺一丁砌法

(b)一砖墙三顺一丁砌法

(c)一砖墙梅花丁砌法

(d)一砖半墙砌法

(e)半砖墙全顺不丁砌法

(f)3/4砖墙砌法

图 3-3　砖墙组砌方法

1. 墙厚

标准砖的规格为 240 mm × 115 mm × 53 mm，用砖块的长、宽、高作为砖墙厚度的基数，在错缝或墙厚超过砖块尺寸时，均按灰缝 10 mm 进行组砌。从尺寸上不难看出，它以砖厚加灰缝、砖宽加灰缝后与砖长形成 1∶2∶4的比例为其基本特征，组砌灵活。墙厚与砖规格的关系如图 3-4 所示。

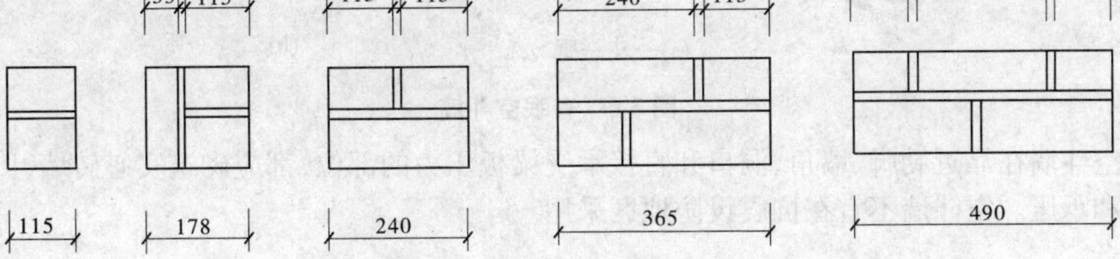

图 3-4　墙厚与砖规格的关系

2. 砖墙洞口与墙段尺寸

1) 洞口尺寸

砖墙洞口主要是指门窗洞口，其尺寸应按《建筑模数协调统一标准》制定，这样可减少门窗规格，有利于工厂化生产。国家及各地区的门窗通用图集都是按照扩大模数 3M 的倍数，因此一般门窗洞口宽、高的尺寸采用 300 mm 的倍数，例如 600 mm、900 mm、1 200 mm、1 500 mm、1 800 mm 等。

2) 墙段尺寸

墙段尺寸是指窗间墙、转角墙等部位墙体的长度。墙段由砖块和灰缝组成，普通黏土砖最小单位 115 mm 砖宽 + 10 mm 灰缝，共计 125 mm，并以此为砖的组合模数。按此砖模数的墙段尺寸有 240 mm、370 mm、490 mm、620 mm、740 mm、870 mm、990 mm、1 120 mm、1 240 mm 等数列。

可通过灰缝的大小(8 ~ 12 mm)调整墙段尺寸。墙段超过 1.5 m 时，可不用考虑砖的模数，在施工图设计中应考虑此特征，以减少砌筑墙体时的砍砖。

(二) 空心砖墙组砌

空心砖为横孔，用于非承重墙的砌筑。因为空心砖有孔洞，故其自重较普通砖小，保温、隔热性能好，造价低。

用空心砖砌墙时，多用整砖顺砌法，即上下皮错开半砖。在砌转角、内外墙交接壁柱和独立砖柱等部位时，都不需砍砖，如图 3-5 所示。

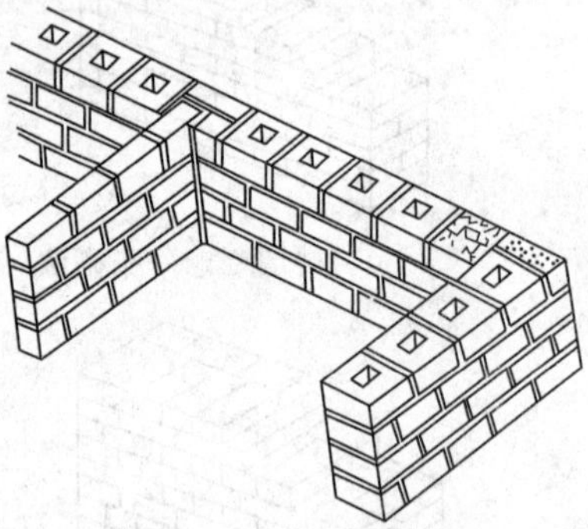

图 3-5　空心砖墙

(三) 空斗砖墙组砌

空斗砖墙是用普通砖侧砌或平砌与侧砌结合砌成的，墙体内部形成较大的空心。在空斗砖墙中，侧砌的砖称为斗砖，平砌的砖为眠砖，空斗墙的砌法有两种，如图 3-6和图 3-7 所示。

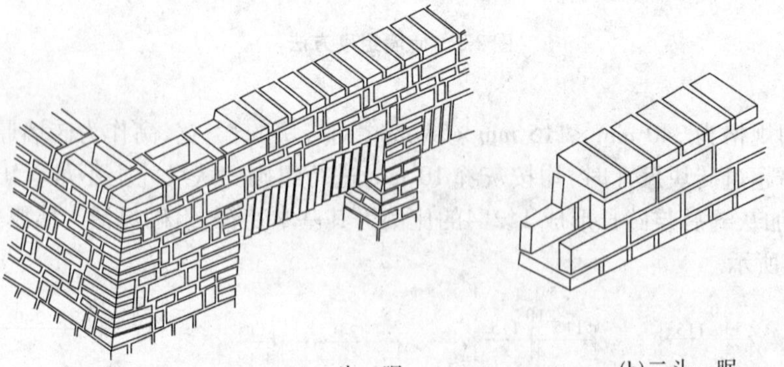

(a)一斗一眠　(b)二斗一眠

图 3-6　有眠空斗墙

空斗墙在靠近勒脚、墙角、洞口和直接承受梁板压力的部位，都应砌筑实心砖墙，以保证拉结和承压。空斗墙不宜在抗震设防地区采用。

二、砖墙的细部构造

墙体的细部构造包括保温层、防潮层、勒脚、散水、过梁、窗台、圈梁、构造柱等内容。

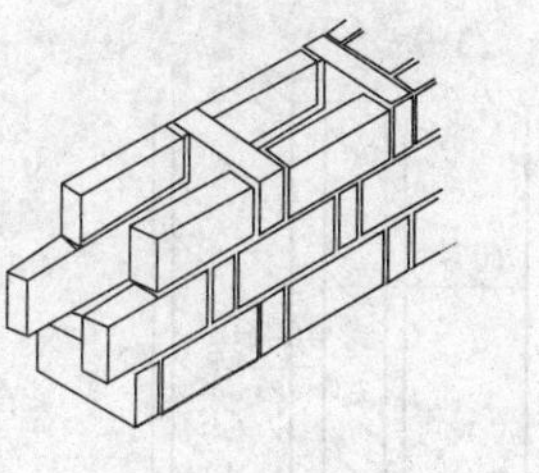

(a)一丁斗一顺斗

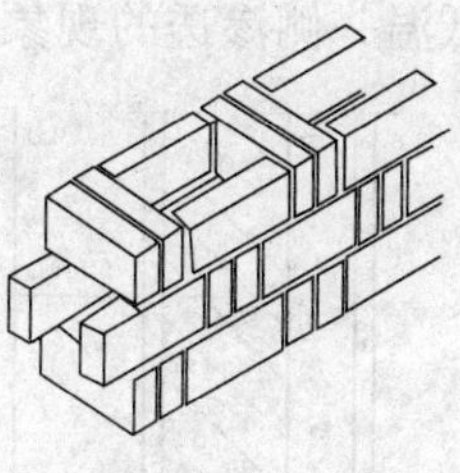

(b)二丁斗一顺斗

图 3-7　无眠空斗墙

（一）保温层

1. 保温要求

（1）建筑物宜设在避风、向阳地段，尽量争取主要房间有较好日照。

（2）建筑物的体型系数（外表面积与包围的体积之比）应尽可能小。体型上不能出现过多的凹凸面。

（3）严寒地区的居住建筑不应设冷外廊和开敞式楼梯间；公共建筑的主要出入口应设置转门、热风幕等避风设施；寒冷地区的居住建筑和公共建筑应设门斗。

（4）严寒和寒冷地区北向窗户的面积应予以控制，其他朝向的窗户面积也不宜过大，并尽量减少窗户的缝隙长度，以保证窗户的密封性。

（5）严寒和寒冷地区的外墙和屋顶应进行保温验算，并保证不低于所在地区要求的总热阻值。

（6）对室温要求相近的房间宜集中布置。对热桥部分（主要传热渠道）应通过保温验算，并作适当的保温处理。

2. 保温层的设置原则与方法

1）设置原则

在节能住宅的外墙设计中，一般都是用高效保温材料与结构材料、饰面材料复合以形成复合的节能外墙，使结构材料承重，让轻质材料保温、饰面材料装饰，实现各用所长，共同工作。这样，不仅墙厚小，可以增加房屋的使用面积，而且保温性能好，更有利于墙体节能。

2）设置方法

（1）内保温：保温层设置在外墙的室内一侧。

（2）外保温：保温层设置在外墙的室外一侧。

（3）夹心保温：保温层设置在外墙的中间部位，如图 3-8 所示。

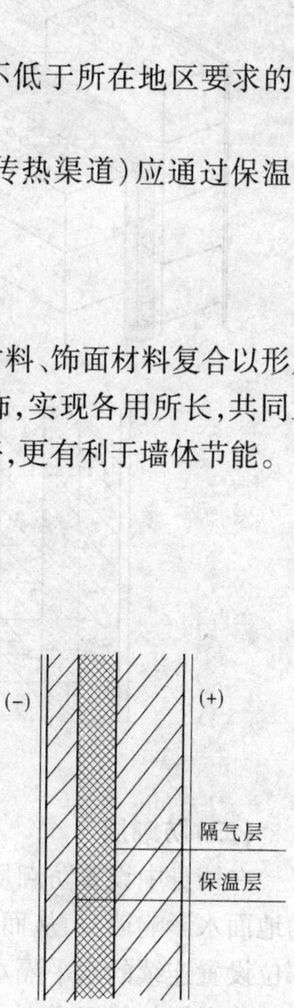

图 3-8　墙体保温构造

3. 墙体的保温措施

墙体的保温采取以下措施：

（1）增加墙体厚度。

（2）选择导热系数小的墙体材料。

（3）采取隔气措施：为防止墙体产生内部凝结，常在墙体的保温层靠高温的一侧，即蒸气渗入的一侧设置隔气层，如图 3-9 所示。隔气层一般采用沥青、卷材、隔气涂料等。

蒸气渗透：冬季时，由于墙外两侧存在温度差，室内高温一侧的水蒸气会向室外低温一侧渗透的现象。

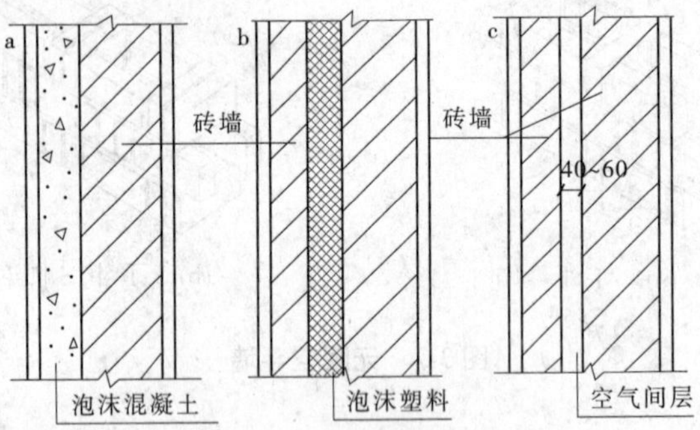

图 3-9 墙体隔汽措施

凝结水：在蒸气渗透过程中，遇到漏点温度时蒸气会凝结成水，又称为结露。

为了满足墙体的保温要求，在寒冷地区外墙的厚度与做法应由热工计算来确定。采用单一材料的墙体，其厚度应由计算确定，并按模数统一尺寸。为减轻墙体自重，还可以采用夹心保温墙（见图 3-10）、空气间层墙及外贴保温材料的做法。

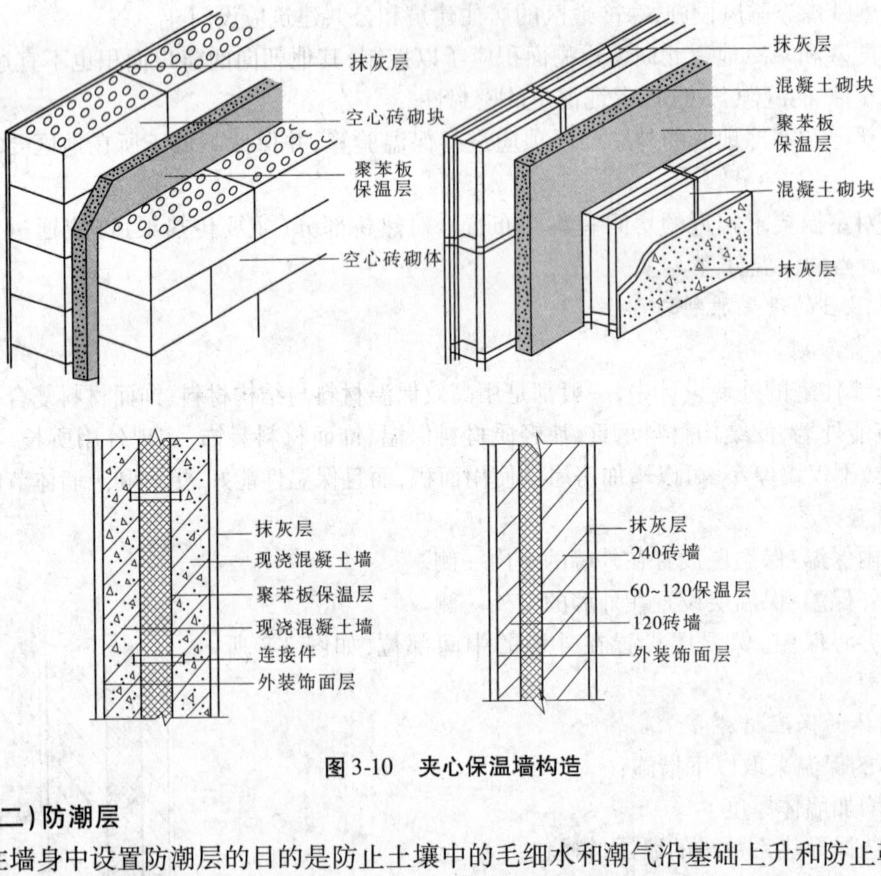

图 3-10 夹心保温墙构造

（二）防潮层

在墙身中设置防潮层的目的是防止土壤中的毛细水和潮气沿基础上升和防止勒脚部位的地面水影响墙身，从而提高建筑物的坚固性和耐久性，并保持室内干燥卫生。通常在勒脚部位设置连续的水平隔水层，称为墙身水平防潮层，简称防潮层。

防潮层的位置应在室内地面与室外地面之间，以在地面垫层中部为最理想。当内墙两侧地面有高差时，防潮层应分别设在两侧地面以下 60 mm 处，并在两防潮层间墙靠土的一侧加设垂直防潮层。防潮层的做法有以下几种。

1. 防水砂浆防潮层

防水砂浆防潮层的做法有以下两种：一种是抹一层 20 mm 厚的 1∶3 水泥砂浆加 5% 防水剂而成的防水砂浆；另一种是用防水砂浆砌筑 3 ~5 皮砖，如图 3-11 所示。

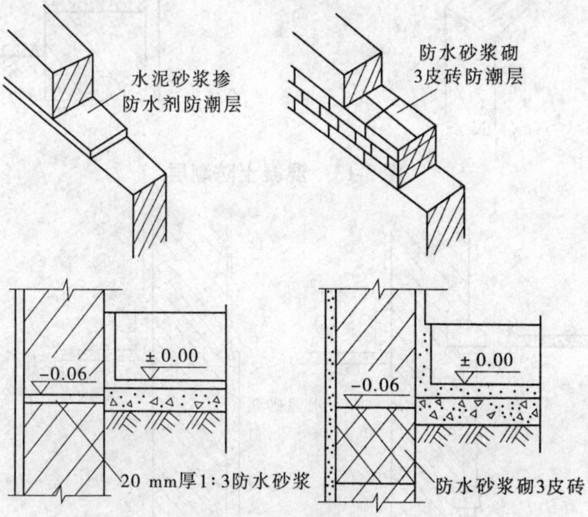

图 3-11　防水砂浆防潮层

2. 卷材防潮层

在防潮层部位先抹 20 mm 厚的砂浆找平层，然后干铺卷材一层，卷材的宽度应与墙厚一致或稍大些，卷材沿长度铺设，搭接长度大于等于 100 mm。卷材防潮较好，但抗震能力差，一般用于非地震地区，如图 3-12 所示。

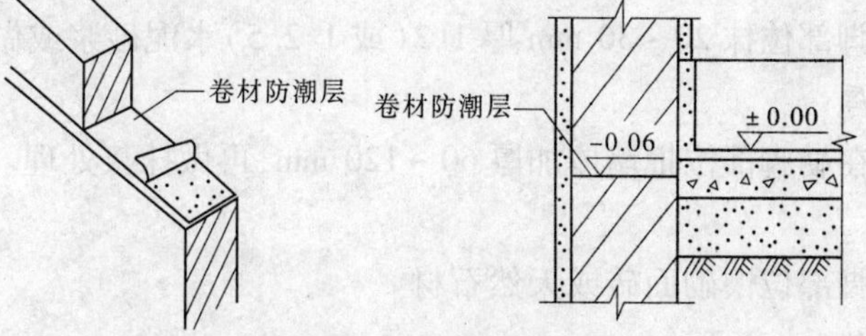

图 3-12　卷材防潮层

3. 混凝土防潮层

混凝土防潮层即在室内外地面之间浇筑一层厚 60 mm 的细石混凝土防潮层，内放纵筋 3 Φ6 或 3 Φ8，分布筋Φ4@250 的钢筋网，如图 3-13 所示。

（三）勒脚

外墙墙身下部靠近室外地面的部分叫做勒脚。勒脚具有保护外墙脚、防止机械碰伤、防止雨水侵蚀而造成墙体风化的作用，并有美观等作用。勒脚的高度不低于 500 mm，一般为室内地坪与室外地面之差，可以根据立面的需要增加勒脚的高度尺寸，如图 3-14 所示。勒脚的做法有以下几种。

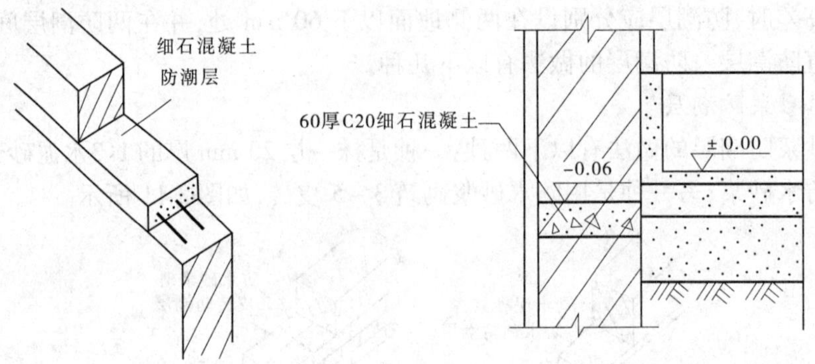

图 3-13 混凝土防潮层

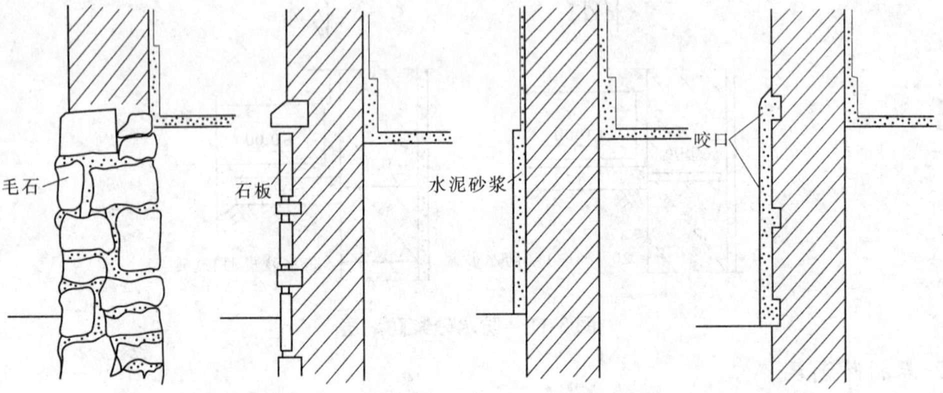

(a)毛石勒脚　(b)石板贴面勒脚　(c)抹灰勒脚　(d)带咬口抹灰勒脚

图 3-14 勒脚

1. 抹灰

抹灰是指在勒脚部位抹 20 ~ 30 mm 厚 1∶2(或 1∶2.5)水泥砂浆或做水刷石。

2. 局部墙体加厚

局部墙体加厚在勒脚部位把墙体加厚 60 ~ 120 mm,再做抹灰处理。

3. 贴面

贴面是指在勒脚部位镶砌面砖或天然石材。

4. 天然石材砌筑

勒脚部位可用毛石或料石砌筑。

(四)明沟和散水

1. 明沟(又称阴沟)

明沟位于建筑物外墙的四周,其作用在于将通过雨水管流下的屋面雨水有组织地导向地下排水集井而流入下水道。

2. 散水

室外地面靠近勒脚下部所做的排水坡称为散水,其作用是迅速排除从屋檐和墙面流下的雨水,防止因积水渗入地基而造成建筑物的下沉或浸湿基础。散水的宽度一般为 600 ~ 1 200 mm,应比屋檐挑出的尺寸大 200 mm,散水坡度一般为 3% ~5%,外缘高出室外地面

20 ~ 50 mm，每隔 6 ~ 12 m 设伸缩缝一道，缝宽 20 mm，散水与外墙间设通长缝，缝宽 10 mm，缝内满灌嵌缝膏。

明沟和散水是用混凝土现浇或用砖石等材料铺砌而成的，如图 3-15 所示。

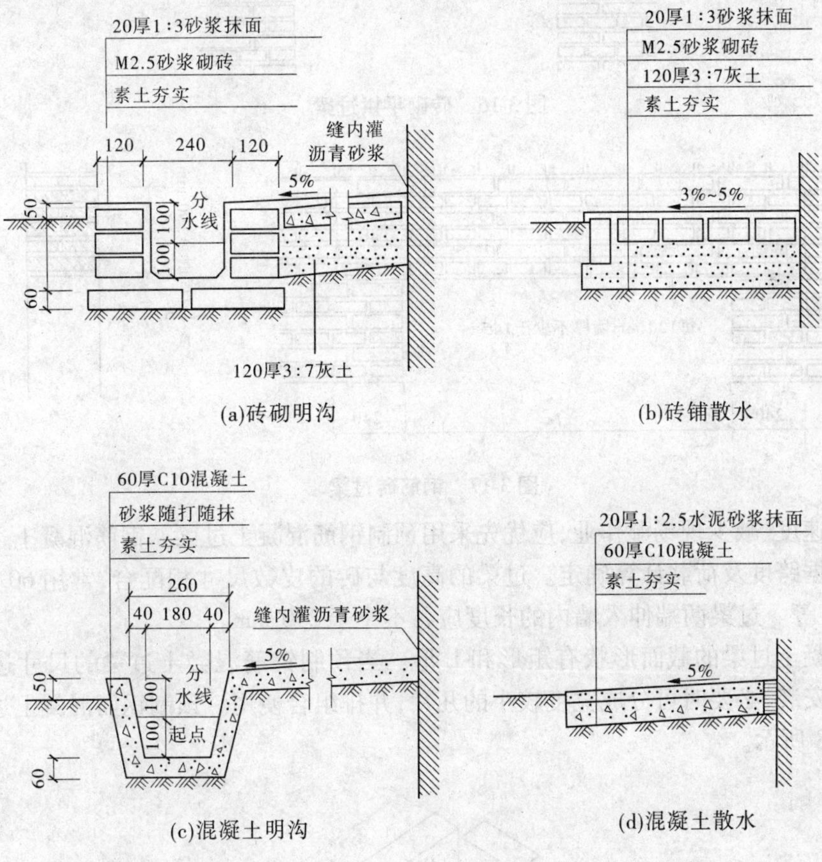

图 3-15　明沟与散水

(五) 过梁

为了承受门窗洞口上部墙体的重力和楼盖传来的荷载，在门窗洞口上沿设置的梁称为过梁。过梁分砖砌过梁和钢筋混凝土过梁两类。其中，砖砌过梁有砖砌平拱过梁和钢筋砖过梁两种。

1. 砖砌平拱过梁

这种过梁是采用竖砌的砖做成拱券。这种券是水平的，故称平拱。砖不应低于 MU10，砂浆不低于 M5。这种平拱的最大跨度为 1.2 m，如图 3-16 所示。

2. 钢筋砖过梁

这种过梁用砖应不低于 MU10，砂浆不低于 M5。洞口上部应先支木模，铺 30 mm 厚的水泥砂浆后在上面放直径不小于 5 mm 的钢筋，间距不大于 120 mm，伸入两边墙内应不小于 240 mm，钢筋上下应抹砂浆层，最大跨度为 2 m，如图 3-17 所示。

3. 钢筋混凝土过梁

钢筋混凝土过梁是应用比较普遍的一种过梁。钢筋混凝土过梁分为现浇和预制两种。

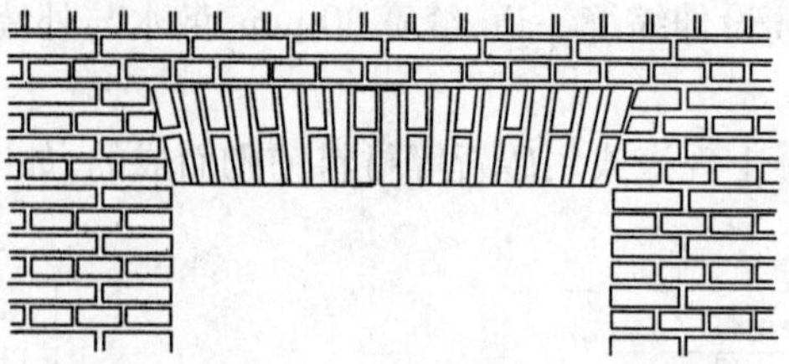

图 3-16　砖砌平拱过梁

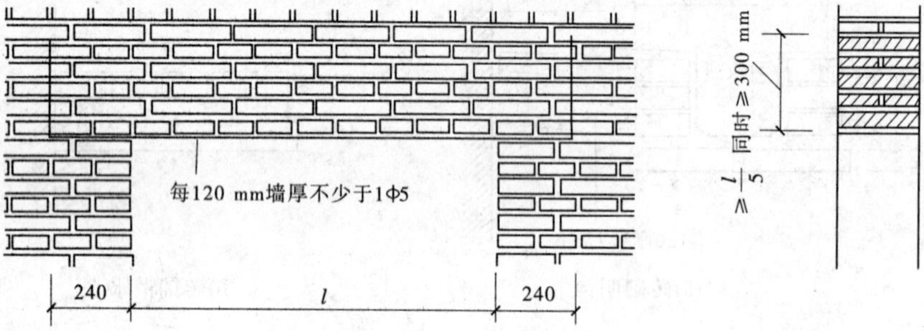

图 3-17　钢筋砖过梁

为加快施工速度、减少现场湿作业，应优先采用预制钢筋混凝土过梁。钢筋混凝土过梁的截面尺寸应根据跨度及荷载计算确定。过梁的高度与砖的皮数尺寸相配合，常用 60 mm、120 mm、240 mm 等。过梁两端伸入墙内的长度应各不小于 240 mm。

钢筋混凝土过梁的截面形状有矩形和 L 形。当预制钢筋混凝土过梁的尺寸过大时不便于搬运和安装，必要时可分成宽度较小的几片，并排组合使用。预制钢筋混凝土过梁的构造，如图 3-18 所示。

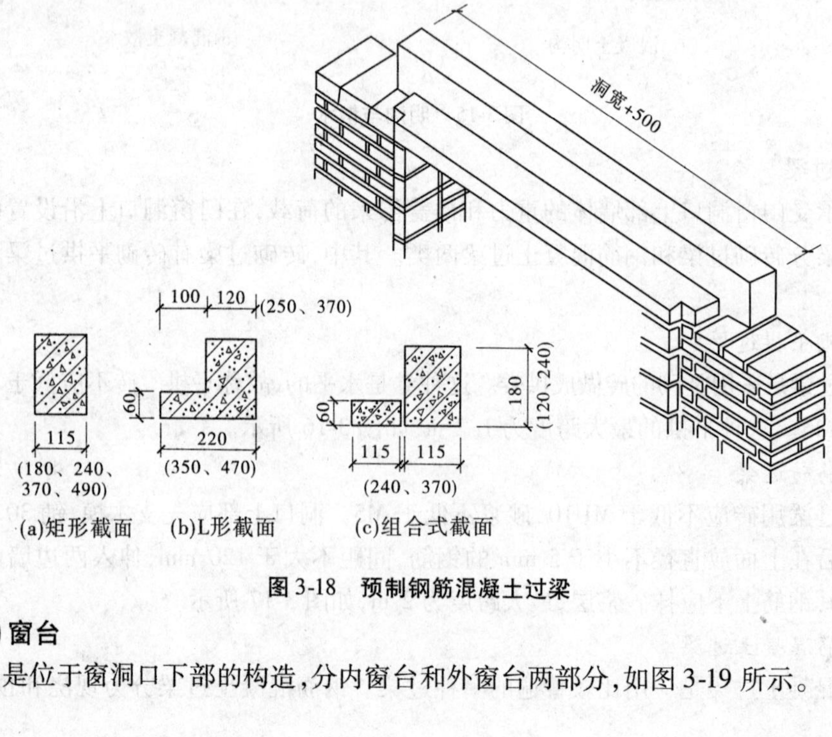

图 3-18　预制钢筋混凝土过梁

(六)窗台

窗台是位于窗洞口下部的构造，分内窗台和外窗台两部分，如图 3-19 所示。

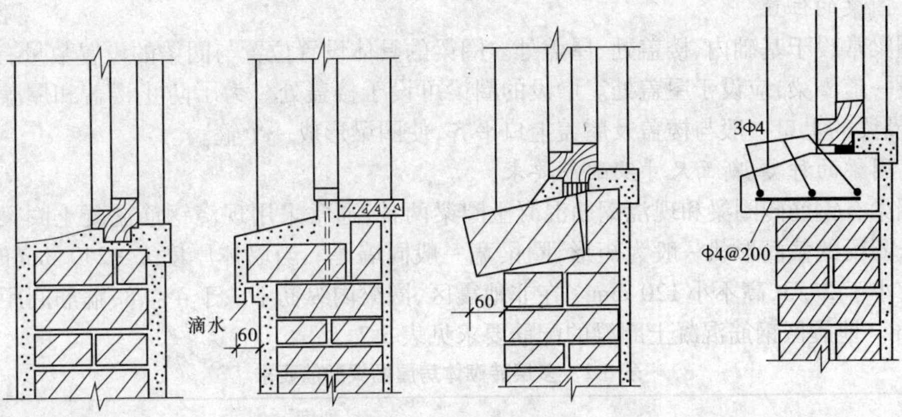

图 3-19　窗台构造

外窗台应向外形成 5% ~20% 的坡度，并用不透水材料做面层，以利于排水，以保护窗框和窗下部的墙体不受雨水侵蚀。外窗台有悬挑和不悬挑两种，悬挑窗台常用砖砌或采用预制钢筋混凝土板、预制水磨石板等，其挑出的尺寸应不小于 60 mm，悬挑窗台底部边缘处抹灰时应做宽度和深度均不小于 10 mm 的滴水线或滴水槽。

内窗台一般为水平设置，通常结合室内装修做成水泥砂浆抹灰、木窗台板等形式。在寒冷和严寒地区，一般在窗下墙体预留壁龛安装暖气片，此时，应采用预制钢筋混凝土板或预制水磨石板等形成内窗台。

(七) 圈梁

圈梁是沿房屋外墙、内纵墙和部分横墙在墙内设置的连续封闭的梁。它的作用是增加墙体的稳定性，加强房屋的空间刚度及整体性，防止由基础的不均匀沉降、振动荷载等引起的墙体开裂，提高房屋抗震性能。

1. 圈梁的设置数量

圈梁的数量与房屋层数、高度、地基土状况及地震烈度(指地震波的传递，使某一点建筑受到影响的强弱程度)等因素有关，见表 3-1。

表 3-1　砖房现浇钢筋混凝土圈梁设置要求

圈梁设置及配筋		设计烈度		
		6、7 度	8 度	9 度
圈梁设置	沿外墙及内纵墙	屋盖处必须设置，楼盖处每层设置	屋盖处及每层楼盖处设置	屋盖处及每层楼盖处设置
	沿内横墙	屋盖处必须设置；楼盖处每层设置；屋盖处间距不大于 7 m；楼盖处间距不大于 15 m；构造柱对应部位	屋盖处及每层楼盖处设置；屋盖处沿所有横墙且间距不大于 7 m；楼盖处间距不大于 7 m；构造柱对应部位	屋盖处及每层楼盖设置；各层所有横墙
配筋		4Φ8、Φ6@250	4Φ10、Φ6@200	4Φ12、Φ6@150

2. 圈梁的位置

圈梁常设于基础内、楼盖处、屋盖处。圈梁的具体设置位置与圈梁的设置数量有关。如果只设一道圈梁,应设于屋盖处。增设的圈梁可设于楼盖处。为了防止楼盖和屋盖的水平错动,圈梁的上口一般与楼盖及屋盖上口平齐,使圈梁形成一个箍。

3. 圈梁的种类、断面尺寸及配筋要求

圈梁有钢筋砖圈梁和现浇钢筋混凝土圈梁两种,通常采用现浇钢筋混凝土圈梁。钢筋混凝土圈梁的截面形状一般为矩形,圈梁宽一般同墙厚。当墙体厚度 $h \geqslant 240$ mm 时,圈梁宽不宜小于 $2h/3$,高不小 120 mm。在非地震区,圈梁内纵筋不少于 4 Φ 8,箍筋间距不大于 300 mm。地震区钢筋混凝土圈梁的配筋要求见表 3-2。

表 3-2 多层砖砌体房屋圈梁配筋要求

配筋	烈度		
	6、7	8	9
最小纵筋	4 Φ 10	4 Φ 12	4 Φ 14
箍筋最小间距(mm)	250	200	150

4. 附加圈梁

圈梁应连续地设在同一水平面上,并形成封闭状态,如圈梁遇门窗洞口必须断开时,应在洞口上部增设相应截面的附加圈梁,并满足搭接补强的要求,如图 3-20 所示。

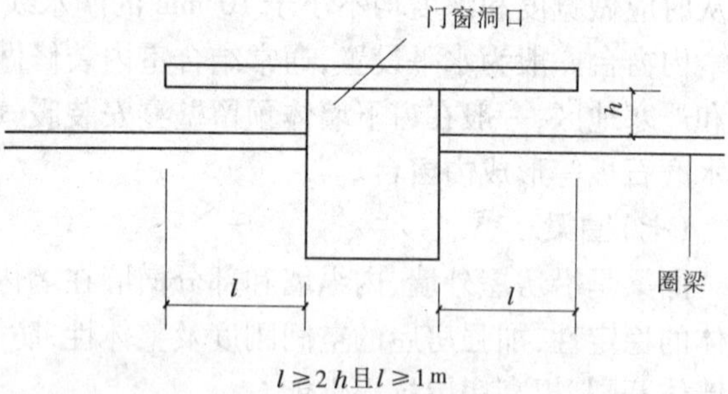

图 3-20 附加圈梁的长度

(八)构造柱

构造柱是设在墙体内的钢筋混凝土现浇柱,其主要作用是与圈梁共同形成空间骨架,以增加房屋的整体刚度,提高抗震能力。

构造柱的设置要求见表 3-3。

表 3-3 砖房构造柱设置要求

房屋层数				设置部位	
6 度	7 度	8 度	9 度		
四、五	三、四	二、三		外墙四角,错层部位横墙与外纵墙交接处,较大洞口两侧,大房间内外墙交接处	7、8 度时,楼、电梯间的四角;隔 15m 或单元横墙与外纵墙交接处
六、七	五	四	二		隔开间横墙(轴线)与外墙交接处,山墙与内纵墙交接处;7 ~ 9 度时,楼、电梯间的四角
八	六、七	五、六	三、四		内墙(轴线)与外墙交接处,内墙的局部较小墙垛处;7 ~ 9 度时,楼、电梯间的四角;9 度时,内纵墙与横墙(轴线)交接处

钢筋混凝土构造柱不单设基础,但应伸入室外地面以下 500 mm 的基础内,或锚固于地圈梁内,构造柱断面尺寸不小于 240 mm × 180 mm,主筋不小于 4 Φ 12,箍筋不小于Φ 6,间

距不宜大于 200 mm。为了加强构造柱与墙体的连接，墙与柱之间沿墙高度每 500 mm 设 2 Φ 6钢筋拉结，每边伸入墙内不小于 1 m，构造柱在施工时，应先放置构造柱的钢筋骨架，后砌墙并留马牙槎，随着墙体的升高，逐段浇筑钢筋混凝土构造柱，构造柱混凝土标号一般为 C20，如图 3-21 所示。

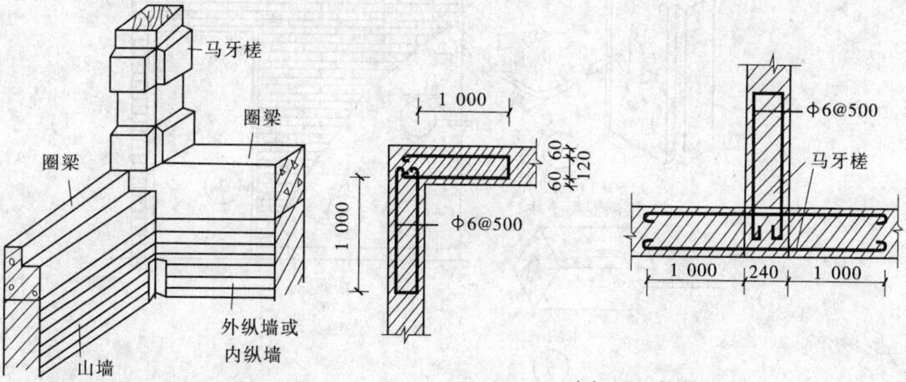

(a)构造柱马牙槎示意　　(b)墙与柱的拉筋处理

图 3-21　构造柱

任务三　隔墙的分类和构造

隔墙是分隔室内空间的非承重构件。在现代建筑中，为了提高平面布局的灵活性，大量采用隔墙以适应建筑功能的变化。由于隔墙不承受任何外来荷载，且本身的质量还要由楼板或梁来承受，因此应注意以下要求：

（1）自重轻，有利于减轻楼板的荷载；

（2）厚度薄，增加建筑的有效空间；

（3）便于拆卸，能随使用要求的改变而变化；

（4）有一定的隔声能力，使各使用房间互不干扰；

（5）满足不同部位的使用要求，如卫生间的隔墙要求防水、防潮，厨房的隔墙要求防潮、防火等。

隔墙的类型很多，按其构造方式可分为块材隔墙、轻骨架隔墙、板材隔墙三大类。

一、块材隔墙

块材隔墙是用普通砖、空心砖、加气混凝土等块材砌筑而成的，常用的有普通砖隔墙和砌块隔墙。

（一）普通砖隔墙

普通砖隔墙有半砖（120 mm）隔墙和 1/4 砖（60 mm）隔墙两种。

1. 半砖隔墙

半砖隔墙用普通砖顺砌，砌筑砂浆应不低于 M5。在墙体高度超过 5 m 时应加固，一般沿高度每隔 0. 5 m 砌入Φ4 钢筋 2 根，或每隔 1. 2 ~1. 5 m 设一道 30 ~50 mm 厚的水泥砂浆层，内放 2 根Φ6 钢筋。顶部与楼板相接处用立砖斜砌，填塞墙与楼板间的空隙。隔墙上有门时，要预埋铁件或将带有木楔的混凝土预制块砌入隔墙中以固定门框。半砖隔墙下一般应设梁，如图 3-22 所示。

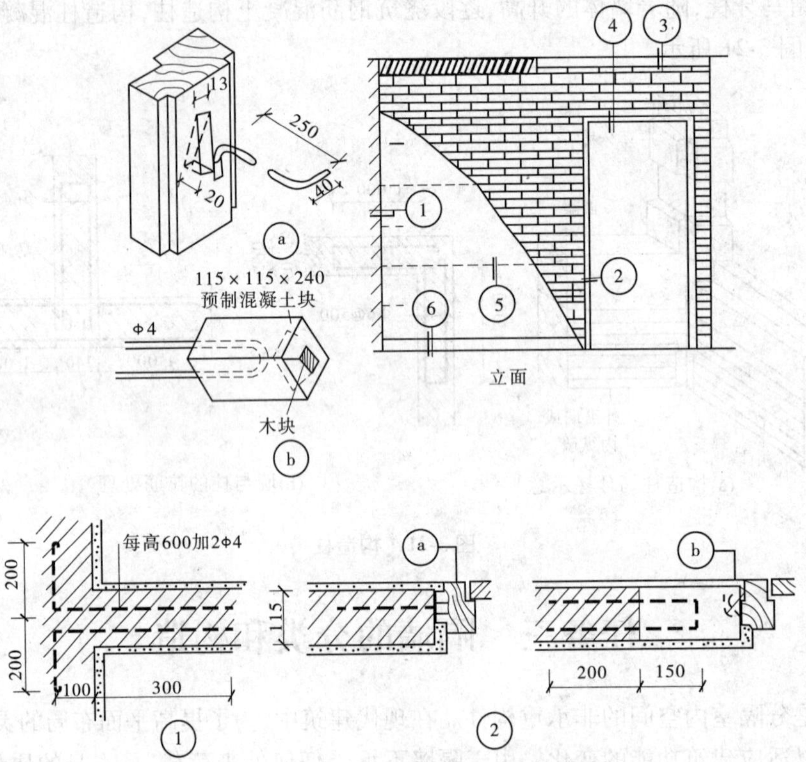

图 3-22　半砖隔墙

2. 1/4 砖隔墙

1/4 砖隔墙是由普通砖侧砌而成的，由于厚度较薄，稳定性差，对砌筑砂浆强度要求较高，一般不低于 M5，隔墙的高度和长度不宜过大，且常用于不设门窗洞的部位，如厨房与卫生间之间的隔墙。当面积大且需开设门窗洞时，须采取加固措施，常用的方法是在高度方向每隔 500 mm 砌入Φ6 钢筋 1 根，使之能与两端墙连接。

（二）砌块隔墙

为了减轻隔墙的质量，可采用质量较轻、块大的各种砌块，目前最常用的就是用加气混凝土砌块、粉煤灰硅酸盐砌块、水泥炉渣空心砖等砌筑的隔墙。隔墙厚度由砌块尺寸而定，一般为 90 ~ 120 mm。砌块大多具有质量轻、孔隙率大、隔热性能好等优点，但吸水性强，因此砌筑时应在墙下先砌 3 ~ 5 皮黏土砖。

砌块隔墙厚度较薄，也需采取加强稳定性措施，其方法与砖隔墙类似，如图 3-23 所示。

二、轻骨架隔墙

（一）骨架

常用的骨架有木骨架和型钢骨架。近年来，为节约木材和钢材，出现了不少采用工业废料和地方材料及轻金属制成的骨架，如石棉水泥骨架、浇筑石膏骨架、水泥刨花骨架、轻钢和铝合金骨架等。图 3-24 为一种薄壁轻钢骨架的隔墙。

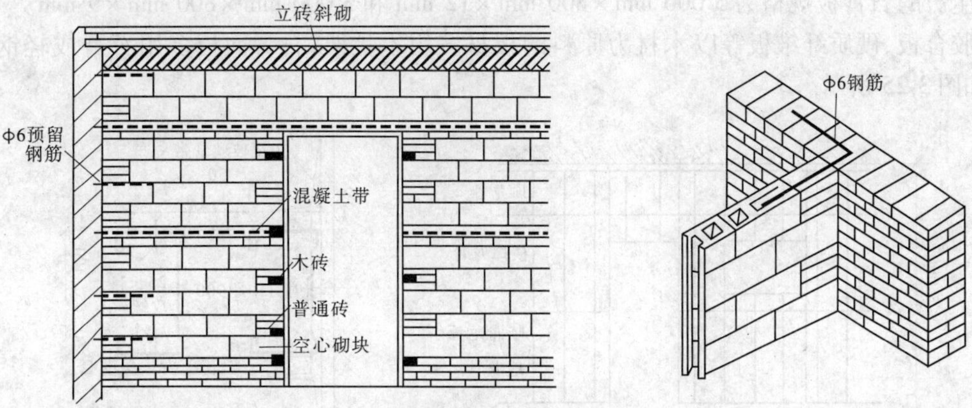

图 3-23　砌块隔墙

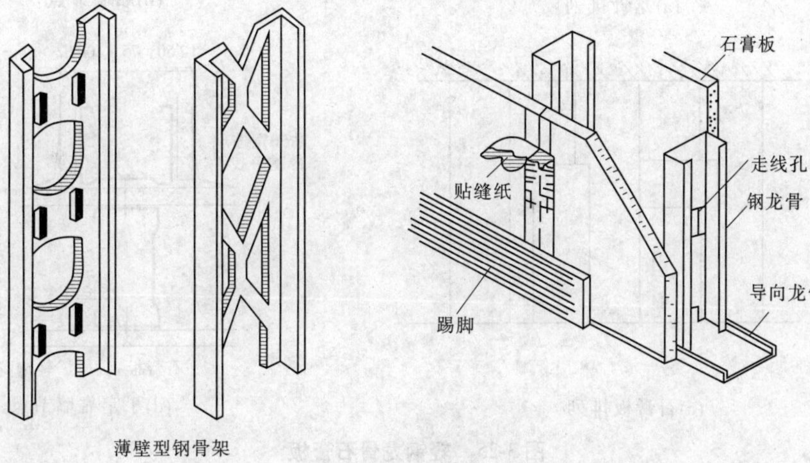

图 3-24　薄壁轻钢骨架

(二)面层

隔墙的面层有抹灰面层和人造板材面层。抹灰面层常用木骨架,即传统的板条灰隔墙;人造板材面层可用木骨架或轻钢骨架。隔墙的名称以面层材料而定。

1. 木骨架板条抹灰面层

板条抹灰面层是在木骨架上钉灰板条,然后抹灰,灰板条尺寸一般为 1 200 mm ×24 mm ×6 mm。板条间留出 7 ~10 mm 的空隙,使灰浆能挤到板条缝的背面,咬住板条,为了黏结牢固可用麻刀灰面层或纸筋灰面层。

2. 人造板材面层

人造板材面层轻钢骨架隔墙的面板多为人造面板,如胶合板、硬质纤维板、石膏板等。

胶合板是用阔叶树或松木经旋切、胶合等多种工序制成的,常用的是 1 830 mm ×915 mm ×4 mm(三合板)和 2 135 mm ×915 mm ×7 mm(五合板)。

硬质纤维板是用碎木加工而成的,常用的规格是 1 830 mm ×1 220 mm ×3(或 4.5) mm 和 2 135 mm ×915 mm ×4(或 5) mm。

石膏板是用一、二级建筑石膏加入适量纤维、胶粘剂、发泡剂等经辊压等工序制成的。

我国生产的石膏板规格为3 000 mm×800 mm×12 mm和3 000 mm×800 mm×9 mm。

胶合板、硬质纤维板等以木材为原料的板材多用木骨架，石膏面板多用石膏或轻钢骨架，如图3-25所示。

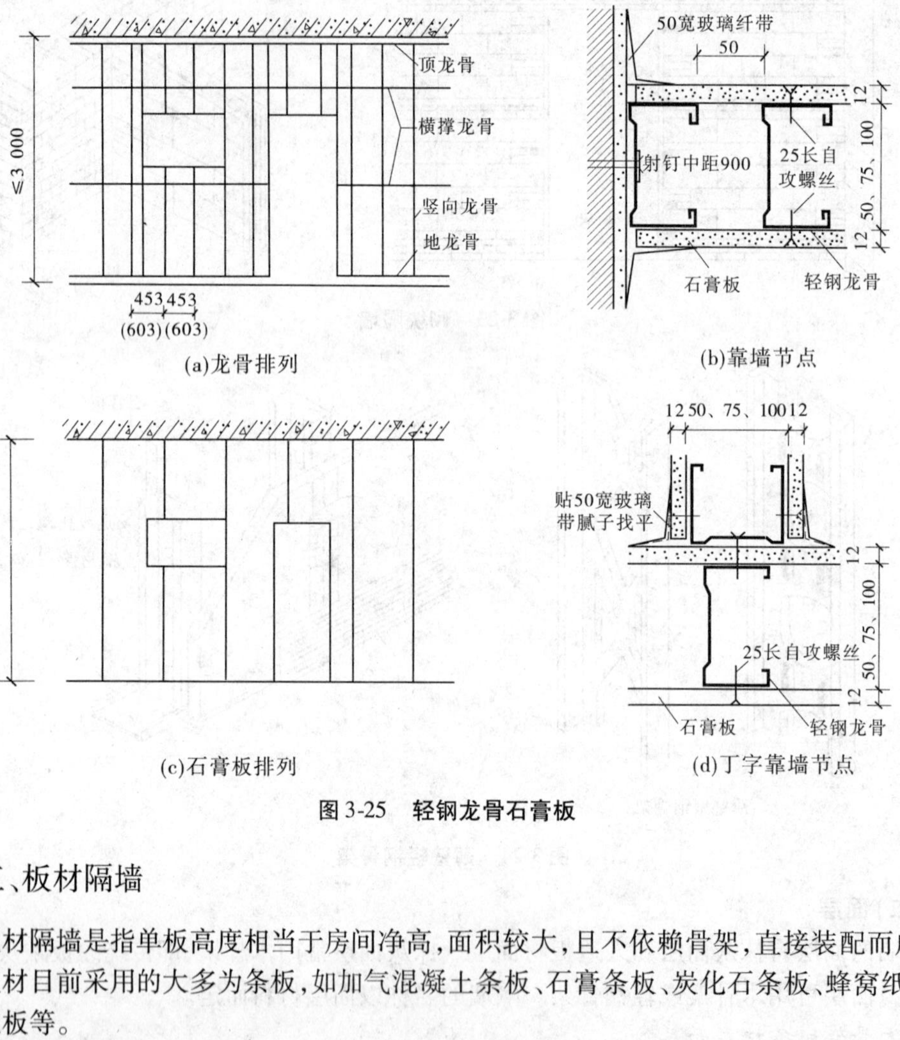

图3-25　轻钢龙骨石膏板

三、板材隔墙

板材隔墙是指单板高度相当于房间净高，面积较大，且不依赖骨架，直接装配而成的隔墙。板材目前采用的大多为条板，如加气混凝土条板、石膏条板、炭化石条板、蜂窝纸板、水泥刨花板等。

（一）加气混凝土条板隔墙

加气混凝土条板具有自重轻，节省水泥，运输方便，施工简单，可锯、刨、钉等优点，但吸水性大，耐腐蚀性差，强度较低，运输、施工过程中易损坏，不宜用于具有高温、高湿或有化学及有害空气介质的建筑中。加气混凝土条板规格为长2 700～3 000 mm、宽600～800 mm、厚80～100 mm。隔墙板之间用水玻璃砂浆或107胶砂浆黏结。

（二）增强石膏空心板隔墙

增强石膏空心板分为普通条板、钢木窗框条板和防水条板三类，规格为600 mm宽、60 mm厚、2 400～3 000 mm长，9个孔、孔径38 mm，能满足防火、隔声及抗撞击的要求，如图3-26所示。

（三）复合板隔墙

用几种材料制成的多层板为复合板。复合板的面层有石棉水泥板、石膏、铝板、树脂板、

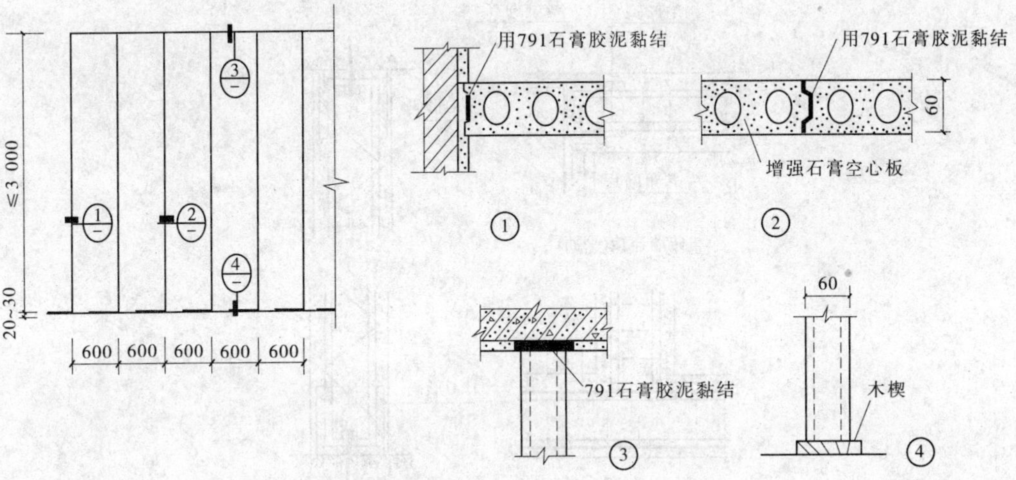

图 3-26　增强石膏空心条板

硬质纤维板、压型钢板等。夹心材料可用矿棉、木质纤维、泡沫塑料和蜂窝状材料等。复合板能充分利用材料的性能,大多具有强度高、耐火、防水、隔声性能好的优点,且安装、拆卸简便,有利于建筑工业化。

(四) 泰柏板隔墙

泰柏板是由Φ14 低碳冷拔镀锌钢丝焊接成三维空间网笼,中间填充聚苯乙烯泡沫塑料构成的轻制板材。

泰柏板隔墙与楼、地坪的固定连接如图 3-27 和图 3-28 所示。

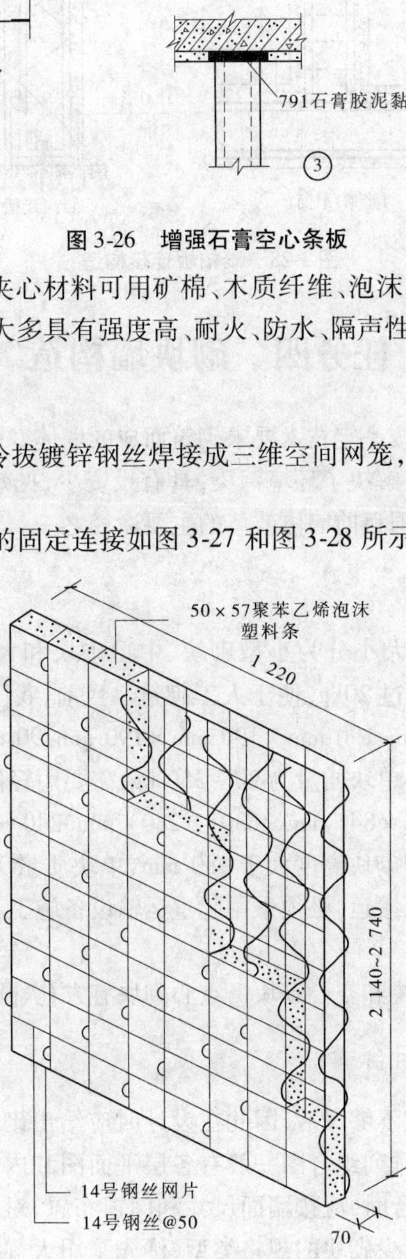

图 3-27　泰柏板隔墙

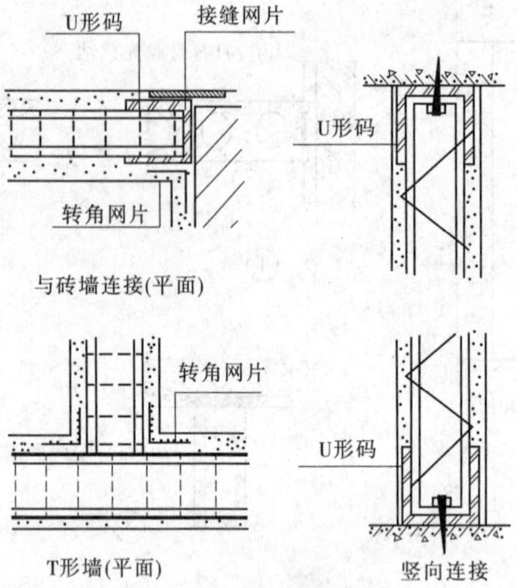

图 3-28 泰柏板连接构造

任务四 砌块墙构造

砌块墙是采用预制块材按一定技术要求砌筑而成的墙体。预制砌块利用工业废料和地方材料制成,既不占用耕地又解决了环境污染,具有投资少、见效快、生产工艺简单、节约能源等优点。利用砌块墙是我国目前墙体改革的主要途径之一。

一、砌块的类型与规格

砌块按单块质量和幅面大小分为小型砌块、中型砌块和大型砌块。小型砌块高度为115~380 mm,单块质量不超过20kg,便于人工砌筑。目前,我国采用的小型砌块外形尺寸为190 mm×190 mm×390 mm、190 mm×190 mm×190 mm、90 mm×190 mm×190 mm。中型砌块高度为380~980 mm,单块质量为20~350 kg,需要用轻便机具搬运和砌筑。中型砌块外形尺寸常见的有180 mm×845 mm×630(1 280) mm、240 mm×380 mm×280 mm(430 mm、580 mm、880 mm)。大型砌块高度大于980 mm,单块质量大于350 kg。大型砌块由于体积和质量较大,不便于人工搬运,必须采用起重运输设备施工。我国目前采用的砌块以中型和小型为主。

砌块按形式分为实心砌块和空心砌块。空心砌块有方孔、圆孔和窄孔等多种。

二、砌块墙的排列与组合

砌块的尺寸比较大,砌筑不够灵活,因此在设计时应给出砌块的排列组合图,以便施工时按图进料和安装。砌块的排列组合图一般有各层平面图和内外墙立面分块图,如图3-29所示。在进行砌块的排列组合时,应按墙面尺寸和门窗布置,对墙面进行合理的分块,正确选择砌块的规格尺寸,尽量减少砌块的规格类型,优先采用大规格的砌块作主要砌块,并且尽量提高主要砌块的使用率,减少局部补填砖的数量。

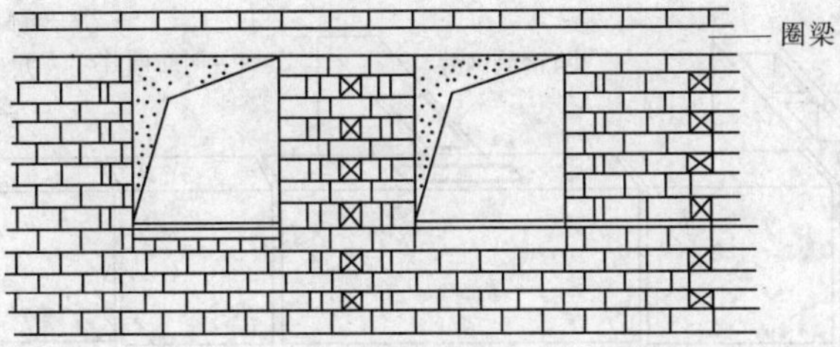

(a)小型砌块排列

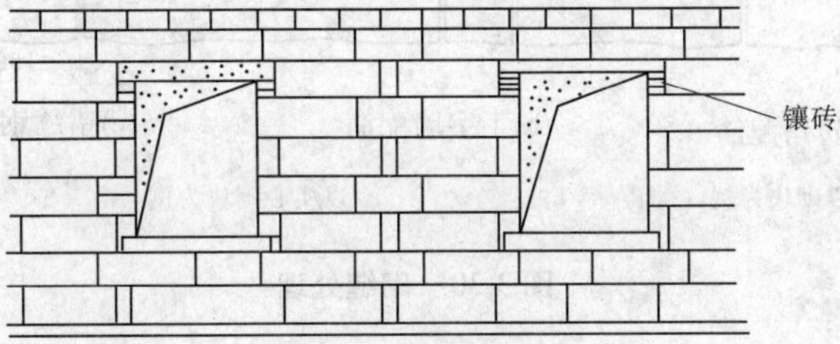

(b)中型砌块排列

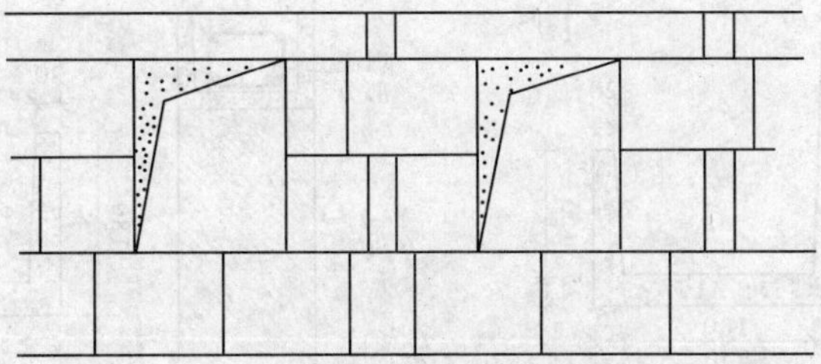

(c)大型砌块排列

图 3-29　砌块的排列组合图

三、砌块墙构造

(一)增加墙体整体性的措施

1. 砌块墙的接缝处理

砌块在厚度方向一般没有搭接,因此对砌块的长向错缝搭接要求比较高。中型砌块上下皮搭接长度不少于砌块高度的1/3,且不小于150 mm。小型空心砌块上下皮搭接长度不小于90 mm。当搭接长度不足时,应在水平灰缝内设置不小于2 Φ 4 的钢筋网片,网片每端均应超过该垂直缝不小于300 mm,如图3-30 所示。

砌筑砌块的砂浆一般采用强度不小于M5.0 的水泥砂浆。灰缝的宽度主要根据砌块材料和规格大小确定,一般情况下,小型砌块为10 ~ 15 mm,中型砌块为15 ~ 20 mm。当竖缝宽大于30 mm 时,须用C20 细石混凝土灌实。

2. 设置圈梁和构造柱

为加强砌块墙的整体性,砌块建筑应在适当的位置设置圈梁。当圈梁与过梁位置接近时,往往用圈梁代替过梁。圈梁分现浇和预制两种。现浇圈梁整体性好,对加固墙身有利,但施工复杂。预制圈梁一般采用U 形预制块代替模板,然后在凹槽内配筋,再现浇混凝土,如图3-31 所示。

砌块墙的竖向加强措施是在外墙转角以及内外墙交接处设置构造柱,将砌块在垂直方

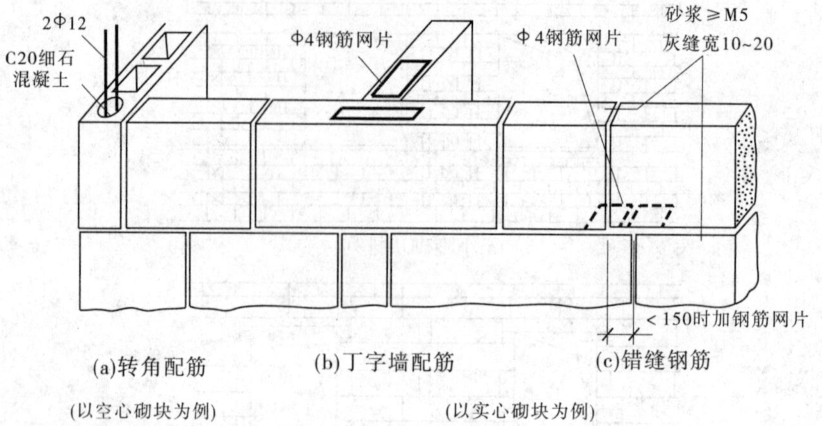

图 3-30　砌缝处理

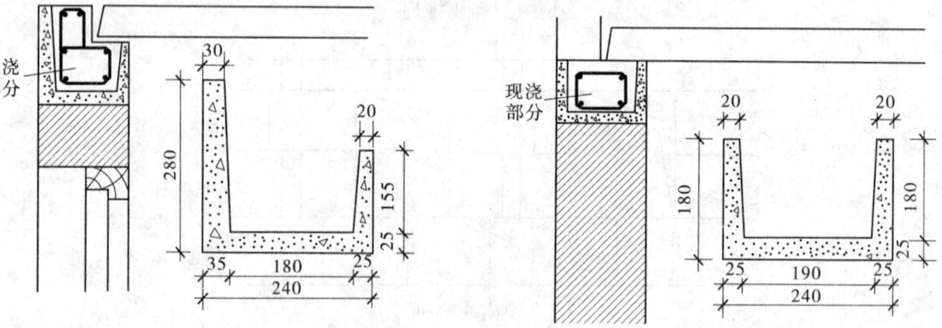

图 3-31　砌块预制圈梁

向连成整体。构造柱多利用空心砌块上下孔洞对齐,并在孔中用直径为 12 ~ 14 mm 的钢筋分层插入,再用不低于 Cb20 细石混凝土分层灌实。构造柱与砌块墙连接处的拉接钢筋网片,每边伸入墙内不小于 1 m。混凝土小型砌块房屋可采用Φ4 点焊钢筋网片,沿墙高每隔 600 mm 设置;中型砌块可采用Φ6 钢筋网片,并隔皮设置,如图 3-32 所示。

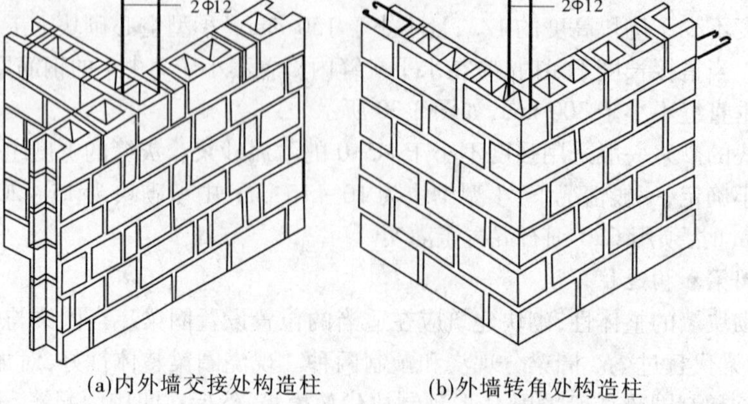

图 3-32　砌块墙构造柱

(二)门窗框与墙体连接

由于砌块的块体较大且不宜砍切,或因空心砌块边壁较薄,门窗框与墙体的连接方式,除采用在砌块内预埋木砖的做法外,还有利用膨胀木楔、膨胀螺栓、铁件锚固以及利用砌块凹槽固定等做法,如图 3-33 所示。

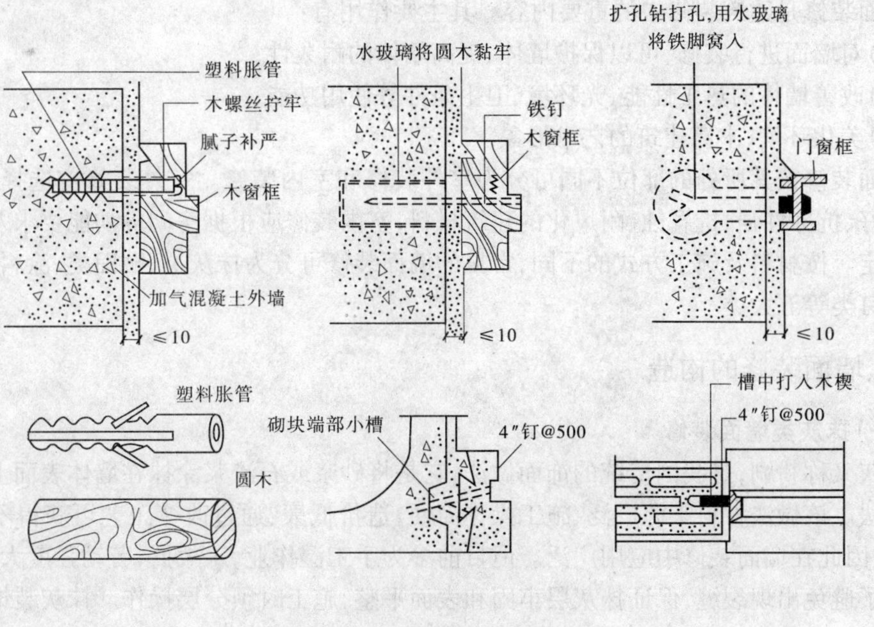

图 3-33　门窗框与砌块墙连接

(三)勒脚防潮构造

砌块建筑在室内地坪以下部分的墙体,应做好防潮处理。除应设置防潮层外,对砌块材料也有一定的要求,通常应选用密实而耐久的材料,不能选用吸水性强的砌块材料,如图 3-34 所示。

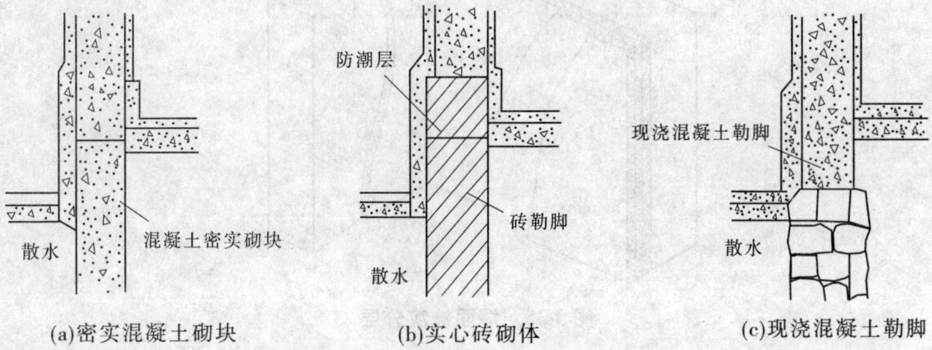

图 3-34　勒脚防潮构造

任务五　墙面装修

一、墙面装修的作用及分类

墙面装修是建筑装修中的重要内容。其主要作用有：

(1)对墙面进行装修，可以保护墙体、提高墙体的耐久性；

(2)改善墙体的热工性能、光环境、卫生条件等使用功能；

(3)美化环境，丰富建筑的艺术形象。

墙面装修按其所处的部位不同可分为室外装修和室内装修。室外装修应选择强度高、耐水性好、抗冻性强、抗腐蚀、耐风化的建筑材料，室内装修应根据房间的功能要求及装修标准来确定。按材料及施工方式的不同，常见的墙面装修可分为抹灰类、贴面类、涂料类、裱糊类和铺钉类等五大类。

二、墙面装修的构造

(一)抹灰类墙面装修

抹灰又称粉刷，是我国传统的饰面做法，它是将砂浆或石渣浆涂抹在墙体表面上的一种装修做法。该做法材料来源广泛、施工操作简便、造价低廉、通过改变工艺可获得不同的装饰效果，因此在墙面装修中应用广泛。但目前多为手工湿作业，工效低，劳动强度大。

为了避免出现裂缝，保证抹灰层牢固和表面平整，施工时须分层操作。抹灰装饰层由底层、中层和面层三个层次组成，如图3-35所示。普通抹灰分底层和面层；对一些标准较高的中级抹灰和高级抹灰，在底层和面层之间还要增加一层或数层中间层。各层抹灰不宜过厚，总厚度一般为15～20 mm。

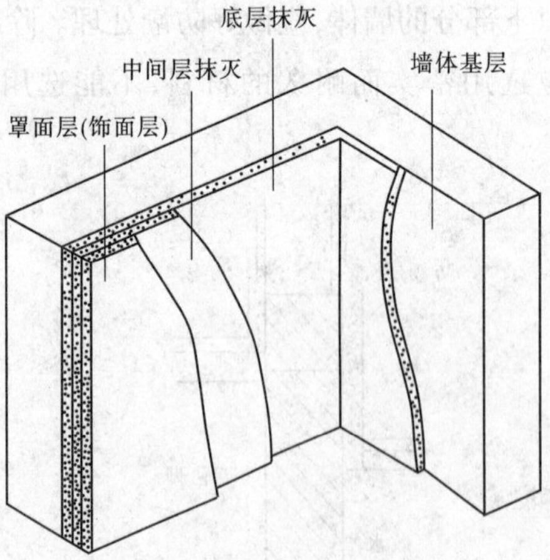

图3-35　墙面抹灰分层

底层抹灰的作用是与基层(墙体表面)黏结和初步找平，厚度为5～15 mm。底层灰浆用料视基层材料而异：普通砖墙常用石灰砂浆和混合砂浆；混凝土墙应采用混合砂浆和水泥砂浆；板条墙的底灰用麻刀石灰浆或纸筋石灰砂浆；另外，对湿度较大的房间或有防水、防潮要求的墙体,底灰应选用水泥砂浆或水泥混合砂浆。

中层抹灰主要起找平作用,其所用材料与底层基本相同,也可以根据装修要求选用其他材料,厚度一般为 5 ~ 10 mm。

面层抹灰主要起装修作用,要求表面平整、色彩均匀、无裂纹、可以做成光滑或粗糙等不同质感的表面。根据面层所用材料,抹灰装修有很多类型,常见抹灰的具体构造做法见表 3-4。

表 3-4 墙面抹灰做法举例

抹灰名称	做法说明	选用范围
水泥砂浆墙面(1)	8 厚 1:2.5 水泥砂浆抹面 12 厚 1:3水泥砂浆打底扫毛 刷界面处理剂一道(随刷随抹底灰)	混凝土基层的外墙
水刷石墙面(1)	8 厚 1:1.5 水泥石子(小八厘)罩面,水刷露出石子刷素水泥浆一道 12 厚 1:3水泥砂浆打底扫毛 刷界面处理剂一道(随刷随抹底灰)	混凝土基层的外墙
水刷石墙面(2)	8 厚 1:1.5 水泥石子(小八厘)罩面,水刷露出石子刷素水泥浆一道 6 厚 1:1:6水泥石灰膏砂浆抹平扫毛 6 厚 1:0.5:4水泥石灰膏砂浆打底扫毛 刷加气混凝土界面处理剂一道	加气混凝土等轻型外墙
斩假石(剁斧石)墙面	剁斧斩毛两遍成活 10 厚 1:1.25 水泥石子抹平(米粒石内掺 30% 石屑) 刷素水泥浆一道 10 厚 1:3水泥砂浆打底扫毛 清扫集灰,适量洇水	砖基层的外墙
水泥砂浆墙面(2)	刷(喷)内墙涂料 5 厚 1:2.5 水泥砂浆抹面,压实赶光 13 厚水泥砂浆打底	砖基层的内墙
水泥砂浆墙面(3)	刷(喷)内墙涂料 5 厚 1:2.5 水泥砂浆抹面,压实赶光 5 厚 1:1:6水泥石膏砂浆扫毛 6 厚 1:0.5:4水泥石膏砂浆打底扫毛 刷界面处理剂一道	加气混凝土等轻型内墙

续表 3-3

抹灰名称	做法说明	选用范围
纸筋(麻刀)灰墙面(1)	刷(喷)内墙涂料 2 厚纸筋(麻刀)灰抹面 6 厚 1∶3石灰膏砂浆 10 厚 1∶3∶9水泥石膏砂浆打底	砖基层的内墙
纸筋(麻刀)灰墙面(2)	刷(喷)内墙涂料 2 厚纸筋(麻刀)灰抹面 9 厚 1∶3石灰膏砂浆 5 厚 1∶3∶9水泥石膏砂浆打底划出纹理 刷加气混凝土界面处理剂一道	加气混凝土等轻型内墙

注:表中(1)、(2)、(3)用来区分同一种材料的不同做法。

在室内抹灰中,对人群活动频繁、易受碰撞的墙面,或有防水、防潮要求的墙身,常采用1∶3水泥砂浆打底,1∶2水泥砂浆或水磨石罩面,高约 1.5 m 的墙裙,如图 3-36 所示。

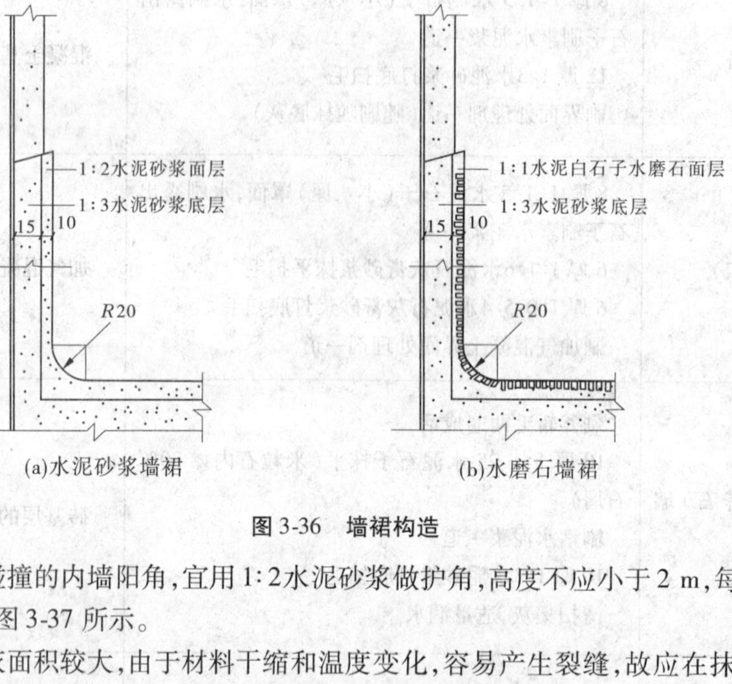

(a)水泥砂浆墙裙　　(b)水磨石墙裙

图 3-36　墙裙构造

对于易被碰撞的内墙阳角,宜用 1∶2水泥砂浆做护角,高度不应小于 2 m,每侧宽度不应小于 50 mm,如图 3-37 所示。

外墙面抹灰面积较大,由于材料干缩和温度变化,容易产生裂缝,故应在抹灰面层做分格,称为引条线。引条线的做法是,在底灰上埋放不同形式的木引条,面层抹灰完毕后及时取下引条,再用水泥砂浆勾缝,以提高抗渗能力,如图 3-38 所示。

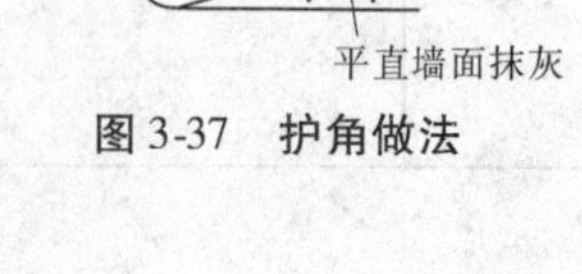

图 3-37　护角做法

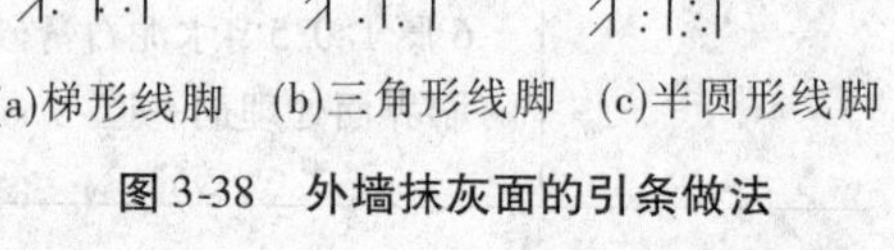

(a)梯形线脚　(b)三角形线脚　(c)半圆形线脚

图 3-38　外墙抹灰面的引条做法

(二)贴面类墙面装修

贴面类墙面装修是指将各种天然石材或人造板、块,通过绑、挂或直接黏于基层表面的装修做法。它具有耐久性好、装饰性强、容易清洗等优点。常用的贴面材料有花岗岩板和大理石板等天然石板;水磨石板、水刷石板、剁斧石板等人造石板;以及面砖、瓷砖、锦砖等陶瓷和玻璃制品。质地细腻、耐酸性差的各种大理石、瓷砖等一般适用于内墙面的装饰,而质感粗糙、耐酸性好的材料,如面砖、锦砖、花岗岩板等适用于外墙装饰。

1. 面砖、锦砖墙面装修

面砖多数是以陶土和瓷土为原料,压制成型后煅烧而成的饰面块,面砖分挂釉和不挂釉、平滑和有一定纹理质感等不同类型。无釉面砖主要用于高级建筑外墙面装修,釉面砖主要用于高级建筑内外墙面及厨房、卫生间和墙裙贴面。面砖质地坚固、防冻、耐蚀、色彩多样。陶土面砖常用的规格有 113 mm×77 mm×17 mm、145 mm×113 mm×17 mm、223 mm×113 mm×17 mm 和 265 mm×113 mm×17 mm 等多种;瓷土面砖常用的规格有 108 mm×108 mm×5 mm、152 mm×152 mm×5 mm、100 mm×200 mm×7 mm 和 200 mm×200 mm×7 mm 等。

陶瓷锦砖又名马赛克,陶瓷锦砖是以优质陶土烧制而成的小块瓷砖,有挂釉和不挂釉之分。常用规格有 18.5 mm×18.5 mm×5 mm、39 mm×39 mm×5 mm 和 39 mm×18.5 mm×5 mm 等,有方形、长方形和其他不规则形状。锦砖一般用于内墙面装修,也可用于外墙面装修。锦砖与面砖相比造价低。与陶瓷锦砖相似的玻璃锦砖是透明的玻璃质饰面材料,它质地坚硬、色泽柔和,具有耐热、耐蚀、不龟裂、不褪色、造价低等特点。

面砖等类型贴面材料通常是直接用水泥砂浆黏于墙上。面砖安装前应先将墙面清洗干净,然后将面砖放入水中浸泡,贴前取出擦干或晾干。面砖安装时,先抹 15 mm 厚 1∶3水泥砂浆打底找平,再抹 5 mm 厚 1∶1水泥细砂浆粘贴面层制品。镶贴面砖需留出缝隙,面砖的排列方式和接缝大小对立面效果有一定影响,通常有横铺、竖铺、错开排列等几种方式。锦砖一般按设计图纸要求在工厂反贴在标准尺寸为 325 mm×325 mm 的牛皮纸上,施工时将纸面朝外整块粘贴在 1∶1水泥细砂砂浆上,用木板压平,待砂浆硬结后,洗去牛皮纸即可。

此外,在严寒地区选择贴面类外墙饰面砖时应注意其抗冻性能,按规范规定外墙饰面砖的吸水率不得大于 10%,否则因其吸水率过大易造成冻裂脱落而影响美观。凡镶贴于室外突出的檐口、窗口、雨篷等处的面砖饰面,均应做出流水坡度和滴水线(槽)。粘贴于外墙的饰面砖在同一墙面上的横竖排列,均不得有一行以上的非整砖。非整砖行应排在次要部位或阴角处。

2. 天然石板及人造石板墙面装修

常见的天然石板有花岗岩板、大理石板两类。它们具有强度高、结构密实、不易污染、装修效果好等优点。但由于加工复杂、价格昂贵,故多用于高级墙面装修中。

人造石板一般由水泥、彩色石子、颜料等配合而成,具有天然石材的花纹和质感,同时有质量轻、表面光洁、色彩多样、造价较低等优点,常见的有水磨石板、仿大理石板等。

天然石材和人造石材的安装方法相同,由于石板面积大、质量大,为保证石板饰面的坚固和耐久,一般应先在墙身或柱内预埋Φ6 铁箍,在铁箍内立直径为 8 ~ 10 mm 的竖筋和横筋,形成钢筋网,再用双股铜线或镀锌铁丝穿过事先在石板上钻好的孔眼(人造石板则利用预埋在板中的安装环)将石板绑扎在钢筋网上。上下两块石板用不锈钢卡销固定。石板与墙之间一般留 30 mm 缝隙，上部用定位活动木楔作临时固定，校正无误后，在板与墙之间分层浇筑 1:2.5 水泥砂浆，每次灌入高度不应超过 200 mm。待砂浆初凝后，取掉定位活动木楔，继续上层石板的安装，如图 3-39 所示。由于湿贴法施工的天然石板墙面具有基底透色、板缝砂浆污染等缺点，在一些装饰要求较高的工程中常采用干挂法施工。

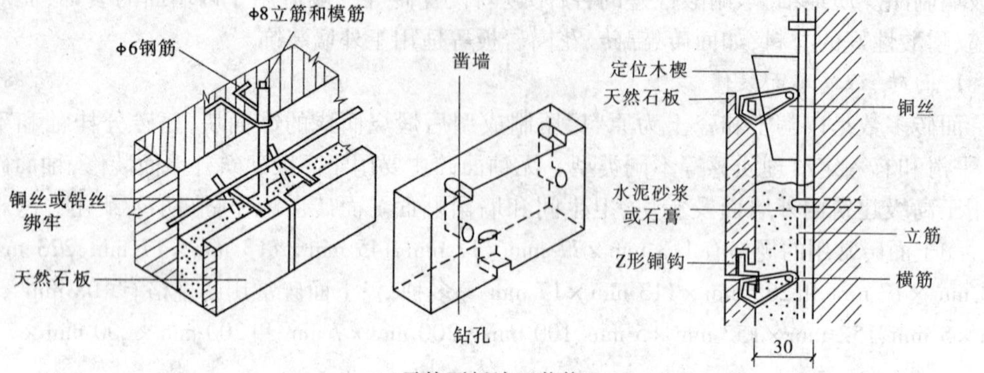

(a)天然石板墙面装修

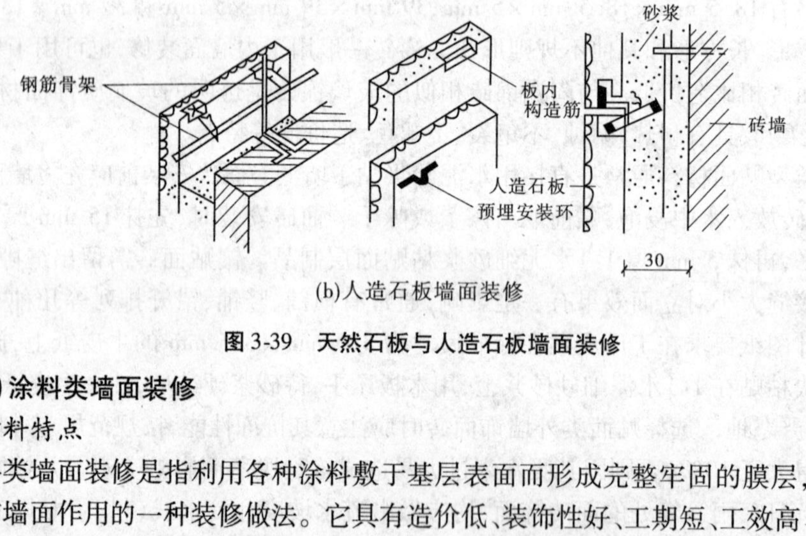

(b)人造石板墙面装修

图 3-39　天然石板与人造石板墙面装修

(三)涂料类墙面装修

1. 材料特点

涂料类墙面装修是指利用各种涂料敷于基层表面而形成完整牢固的膜层，从而起到保护和装饰墙面作用的一种装修做法。它具有造价低、装饰性好、工期短、工效高、自重轻以及操作简单、维修方便、更新快等特点，因而在建筑上得到广泛的应用和发展。

涂料按其成膜物的不同可分为无机涂料和有机涂料两大类。

1)无机涂料

无机涂料有普通无机涂料和无机高分子涂料两种。普通无机涂料如石灰浆、大白浆、可赛银浆等，多用于一般标准的室内装修。无机高分子涂料有耐水、耐酸碱、耐冻融、装修效果好、价格较高等特点，多用于外墙面装修和有耐擦洗要求的内墙面装修。

2)有机涂料

有机涂料依其主要成膜物质与稀释剂不同，有溶剂型涂料、水溶性涂料和乳液性涂料、过氯乙烯内墙涂料等；常见的水溶性涂料有聚乙烯醇水玻璃内墙涂料(即 106 涂料)、聚合物水泥砂浆饰面涂层、改性水玻璃内墙涂料、108 内墙涂料、ST－803 内墙涂料、JGY－821 内墙涂料、801 内墙涂料等；乳液涂料又称乳胶漆，常见的有乙丙乳胶涂料、苯丙乳胶涂料等，多用于内墙装修。

2. 构造做法

建筑涂料的施涂方法一般分刷涂、滚涂和喷涂。施涂溶剂型涂料时,后一遍涂料必须在前一遍涂料干燥后进行,否则易发生起皮、开裂等质量问题。施涂水溶性涂料时,要求与做法同上。每遍涂料均应涂施均匀,各层结合牢固。当采用双组分和多组分的涂料时,施涂前应严格按产品说明书规定的配合比,根据使用情况可分批混合,并在规定的时间内用完。

在湿度较大,特别是遇明水部位的外墙和厨房、厕所、浴室等房间内施涂料时,为确保涂层质量,应选用耐洗刷性较好的涂料和耐水性能好的腻子材料(如聚醋酸乙烯乳液水泥腻子等)。涂料工程使用的腻子应坚实牢固,不得粉化、起皮和裂纹,待腻子干燥后,还应打磨平整光滑,并清理干净。

用于外墙的涂料,考虑到长期直接暴露于自然界中经受日晒雨淋的侵蚀,因此要求外墙料层除应具有良好的耐水性、耐碱性外,还应具有良好的耐洗刷性、耐冻融循环性、耐久性和耐玷污性。当外墙施涂料面积过大时,可以外墙的分格缝、墙的阴角处或落水管等处为分界线。在同一墙面应用同一批号的涂料,每遍涂料不宜施涂过厚,涂料要均匀,颜色应一致。

(四)裱糊类墙面装修

裱糊类墙面装修是将各种装饰性的墙纸、墙布、织锦等卷材类的装饰材料裱糊在墙面上的一种装修做法。常用的装饰材料有 PVC 塑料壁纸、复合壁纸、玻璃纤维墙布等。裱糊类墙体饰面装饰性强、造价较经济、施工方法简捷高效、材料更换方便,并且在曲面和墙面转折处粘贴可以顺应基层,获得连续的饰面效果。

在裱糊工程中,基层涂抹的腻子应坚实牢固,不得粉化、起皮和裂缝。当有铁帽等凸出时,应先将其嵌入基层表面并涂防锈涂料,钉眼接缝处用油性腻子填平,干后用砂纸磨平。为达到基层平整效果,通常在清洁的基层上用胶皮刮腻子数遍。刮腻子遍数视基层的情况不同而定,抹完最后一遍腻子时应打磨,光滑后再用软布擦净。对有防水或防潮要求的墙体,应对基层做防潮处理,在基层涂刷均匀的防潮底漆。

墙面应采用整幅裱糊,并统一预排对花拼缝。不足一幅的应裱糊在较暗不明显的部位。裱糊的顺序为先上后下、先高后低,应使饰面材料的长边对准基层上弹出的垂直准线,用刮板或胶辊赶平压实。阴阳转角应垂直,棱角分明。阴角处墙纸(布)搭接顺光,阳角处不得有接缝,并应包角压实。裱糊工程的质量标准是粘贴牢固,表面色泽一致,无气泡、空鼓、翘边、褶皱和斑污,斜视无胶痕,正视(距墙面 1.5 m 处)不显拼缝。

(五)铺钉类墙面装修

铺钉类墙面装修是将各种天然或人造薄板镶钉在墙面上的装修做法,其构造与骨架隔墙相似,由骨架和面板两部分组成。施工时先在墙面上立骨架(墙筋),然后在骨架上铺钉装饰面板。

骨架分为木骨架和金属骨架两种。采用木骨架时为考虑防火安全,应在木骨架表面涂刷防火涂料。骨架间及横档的距离一般根据面板的尺度而定。为防止因墙面受潮而损坏骨架和面板,常在立筋前先在墙面抹一层 10 mm 厚的混合砂浆,并涂刷热沥青两道,或粘贴油毛毡一层。

室内墙面装修用面板一般采用硬木条板、胶合板、纤维板、石膏板及各种吸声板等。硬木条板装修是将各种截面形式的条板密排竖直镶钉在横撑上，其构造如图 3-40 所示。胶合板、纤维板等人造薄板可用圆钉或木螺丝直接固定在木骨架上，板间留有 5 ~ 8 mm 缝隙，以保证面板有微量伸缩的可能，也可用木压条或铜、铝等金属压条盖缝。石膏板与金属骨架之间一般用自攻螺丝或电钻钻孔后用镀锌螺丝进行连接。

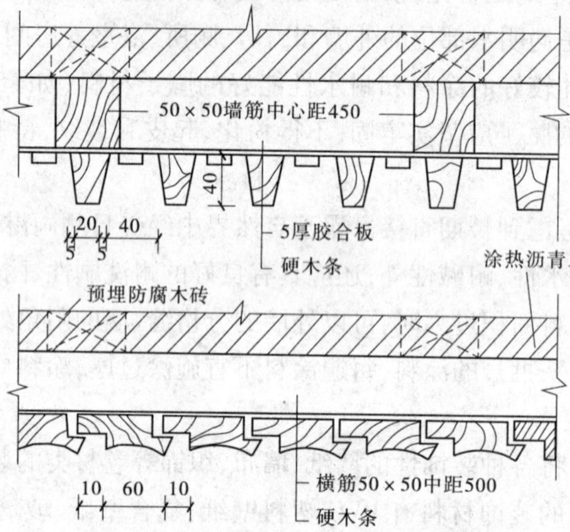

图 3-40　硬木条板墙面装修构造

思考题

1. 简述墙体的分类方式及类别。

2. 墙体的作用有哪些？

3. 砖墙组砌的原则是什么？

4. 常见勒脚的构造做法有哪些？

5. 试述散水和明沟的作用和一般做法。

6. 过梁的构造特点是什么？

7. 墙身加固措施有哪些？有何设计要求？

8. 常见隔墙有哪些？简述其构造做法。

9. 砌块墙的组砌要点有哪些？

10. 墙面装修的作用是什么？按材料和施工工艺分几种？

11. 简述抹灰类墙面的构造层次。

12. 简述贴面类墙面的构造层次。

13. 涂料如何分类？涂料类墙面的构造要点有哪些？

14. 卷材墙面的种类有哪些？构造如何？

综合实训二　墙身构造设计

一、设计条件

某两层建筑物，外墙采用砖墙或砌块墙，墙厚按学生所在地区自定，墙上有窗。室内外高差450 mm，室内地面层次从下向上依次为：素土夯实，3∶7灰土垫层100 mm厚，C15素混凝土垫层80 mm厚，水泥砂浆面层20 mm厚。采用钢筋混凝土楼板。

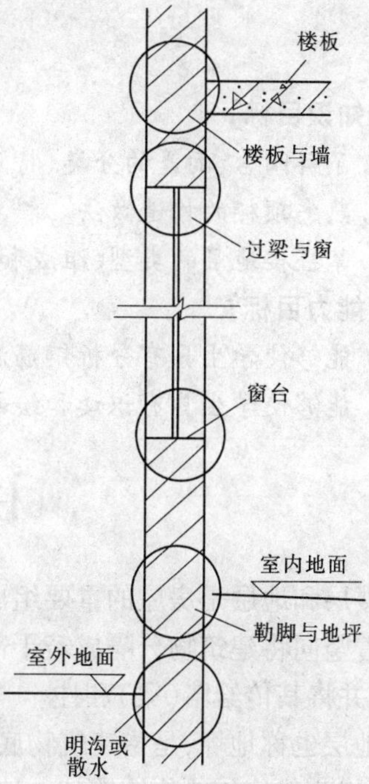

图3-41　墙身节点示意图

二、设计内容

墙身节点示意图如图3-41所示。要求沿外墙的窗部位纵剖，直至基础以上，绘制墙身剖面图。重点绘制以下详图，比例1∶10。

(1)勒脚及其墙身防潮处理；

(2)散水或明沟；

(3)窗台；

(4)过梁；

(5)楼板与墙面相交处理。

三、图纸要求

用一张A3图纸，比例自定，如果图纸尺寸不够，可在节点与节点之间用折断线断开。图中必须注明尺寸、材料等，达到施工图要求。

项目四　楼地层

【知识目标】

1. 了解阳台、雨篷的分类、特点和构造。

2. 熟悉顶棚的构造做法。

3. 掌握楼地层的类型、组成和常见楼板的构造特点；地面的构造做法。

【能力目标】

1. 能够使学生具有分析钢筋混凝土楼板类型的能力。

2. 能够使学生具有识读和绘制楼地面构造图的能力。

任务一　预备知识

楼层和地层是房屋的重要组成部分。楼层是建筑物中用来分隔空间的水平分隔构件，它沿着竖向将建筑物分隔成若干部分。同时，楼层又是承重构件，承受着自重和楼面的使用荷载，并将其传给墙(梁)和柱。

地层也称地坪，是指建筑物底层与土壤直接相接触的水平构件，它承受作用在其上的荷载，并将荷载均匀地传给地基。地层有空铺类地层和实铺类地层两类。

阳台和雨篷也是建筑物中的水平构件。阳台是楼层延伸至室外的部分，用于室外活动。雨篷设置在建筑物外墙出入口的上方，用于遮挡雨雪。

一、楼地层的构造要求

(一)楼层的构造要求

1. 满足强度和刚度要求

楼层应具有足够的强度和刚度，以保证结构的安全。强度要求是指楼板应保证在自重和使用荷载作用下安全可靠，不发生任何破坏。刚度要求是指楼板在一定荷载作用下不发生过大变形，保证正常使用。

2. 功能性要求

1)满足隔声要求

为避免上下楼层之间的相互干扰，楼层应具备一定的隔声能力。楼板传声有空气传声和固体传声两种途径。选用空心构件可以隔绝空气传声，如采用空心楼板等。在楼层下做隔声吊顶也能获得较好的隔声效果。减弱固体物对楼板的撞击是减少固体传声的有效途径，一般可在楼面上加铺弹性材料，如软木地板、橡胶、地毯等。

2)满足防火要求

楼层的防火应满足建筑耐火等级的要求。除四级耐火建筑物外，楼板一般应为非燃烧体。

3)满足防水、防潮要求

对于厨房、厕所和卫生间等易积水、潮湿的房间，楼层应具备一定的防水、防潮能力。

3. 满足经济要求

一般工程中,楼地层造价占建筑物总造价的 20% ~30% ,因此在选用楼板时应考虑就地取材和提高装配化程度等问题,以降低工程成本。

(二)地层的构造要求

地层是建筑中直接承受荷载,经常受到摩擦、清扫和冲洗的装修部分,因此应满足在其上各种荷载作用下而不破坏、不变形的要求,此外,还应满足防水、防潮以及热工方面的设计要求。在地层处于地下水位以下时,必须做防水处理。

二、楼地层的构造组成

(一)楼层的构造组成

楼层一般由面层、结构层和顶棚层组成,根据工程实际需要可在楼板层里设置附加层,如图 4-1 所示。

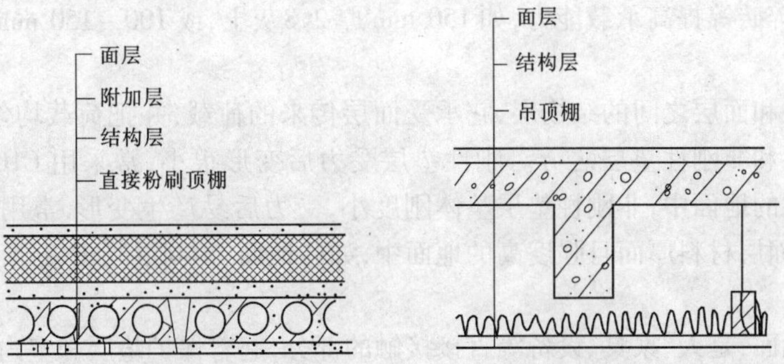

(a)预制钢筋混凝土楼板层　　(b)现浇钢筋混凝土楼板层

图 4-1　楼层的组成

1. 面层

面层又称为楼面,是楼层的上表面部分。其作用是保护楼板,承受并传递荷载,面层同时对室内有很重要的装饰作用。

2. 结构层

结构层即楼板,是楼层的承重部分。其主要功能是承受楼层上的全部荷载并将这些荷载传给墙(梁)或柱;同时还对墙身起水平支撑作用,以加强建筑物的整体刚度。一般包括板、梁等构件。

3. 顶棚层

顶棚层位于楼层的最下部分,主要作用是保护楼板、安装灯具、装饰室内、敷设管线等。顶棚层有直接式顶棚和悬吊式顶棚两类。

4. 附加层

附加层又称为功能层,根据使用功能的要求可设置在结构层的上部或下部。主要满足隔热、保温、防水、防潮、防腐蚀、防静电等功能要求。

(二)地层的构造组成

地层一般由基层、垫层和面层组成。对有特殊要求的地层,可在面层与垫层之间增设一附加层,如图 4-2 所示。

1. 基层

基层是直接支承垫层的土壤层,也称为地基。当土壤条件较好或地层上荷载不大时,一

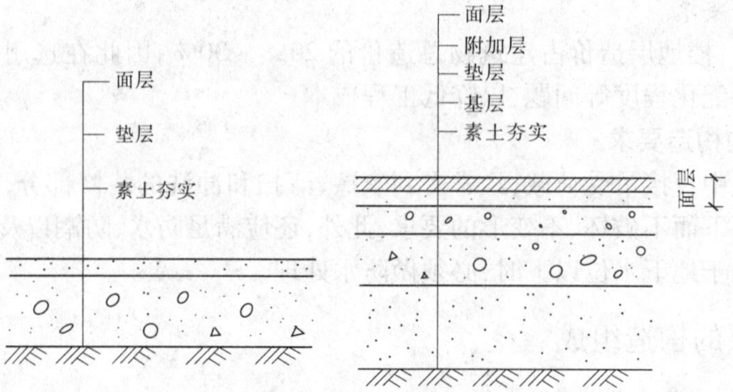

图 4-2　地层的组成

般采用原土夯实或填土分层夯实。当地层上荷载较大或土壤条件较差时,需对土壤进行换土或夯入砾石、碎砖等提高承载能力,如 150 mm 厚 2∶8灰土,或 100 ~ 150 mm 厚三合土等。

2. 垫层

垫层是基层和面层之间的结构层,它承受面层传来的荷载,并把荷载均匀地传给地基。垫层有刚性垫层和非刚性垫层之分。刚性垫层受力后变形很小,常采用 C10 混凝土做成,适用于整体面层的地面中;非刚性垫层整体刚度小,受力后易产生变形,常用砂、炉渣、碎石等做成,适用于面层材料厚而且强度高的地面中,如砖地面、预制混凝土板地面等。

3. 面层

面层又称地面,是人、家具、设备等直接接触的部分,起着保护垫层和室内装饰的作用。

4. 附加层

附加层同楼板层一样,是为满足建筑物某些特殊要求而设置的构造层。

三、楼层的类型

楼层按所用材料不同可分为木楼板、砖拱楼板、钢筋混凝土楼板、压型钢板组合楼板等多种类型,如图 4-3 所示。

(一)木楼板

木楼板是在木搁栅上下铺钉木板,并在搁栅之间设置剪力撑以加强整体性和稳定性的楼板。这种楼板构造简单、施工方便、自重轻,但因防火及耐久性差,且木材消耗量大,目前已极少采用。

(二)砖拱楼板

砖拱楼板是用砖砌成拱形结构来承受楼板层的荷载。这种楼板节约木材、钢筋和水泥,但自重大、抗震性能差,施工较复杂,现已趋于不用。

(三)钢筋混凝土楼板

钢筋混凝土楼板强度高、整体性好,有较强的耐火、耐久和可塑性能,便于机械化施工和工业化生产,是一种广泛应用的结构形式。

(四)压型钢板组合楼板

压型钢板组合楼板是利用压型钢板作为衬板与混凝土浇筑在一起而成的组合楼板。用钢衬板作为楼板的承重构件和底模,既提高了楼板的强度和刚度,又加快了施工进度,是目

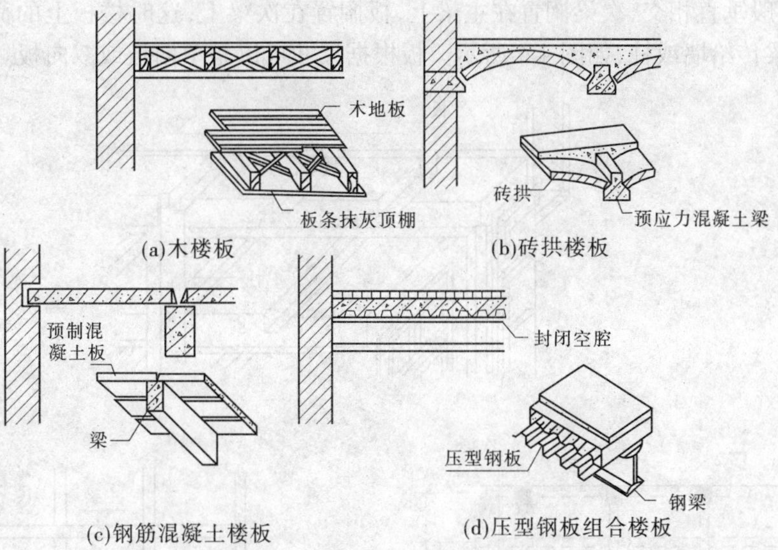

图 4-3　楼层的类型

前大力推广的一种新型楼板。

任务二　钢筋混凝土楼板

钢筋混凝土楼板按其施工方法不同,可分为现浇钢筋混凝土楼板、预制装配式钢筋混凝土楼板和装配整体式钢筋混凝土楼板三种。

一、现浇钢筋混凝土楼板

现浇钢筋混凝土楼板是在施工现场经支模、绑扎钢筋、浇筑混凝土、养护等工序而成型的楼板。它具有整体性好、抗震能力强、可以是不规则形状、便于留孔洞、布置管线方便等优点,但模板用量大,施工速度慢。近年来,由于工具式模板的采用和现场机械化程度的提高,现浇钢筋混凝土楼板的应用越来越广泛。

现浇钢筋混凝土楼板按受力和传力的方式可分为板式楼板、肋形(即梁板式)楼板、井字楼板和无梁楼板。

(一)板式楼板

板内不设置梁,将板直接搁置在墙上的楼板,称为板式楼板。按受力不同,有单向板和双向板之分。当板的长边与短边之比大于 2 时,称为单向板,反之称为双向板。

板式楼板底面平整,便于支模施工,多适用于厨房、厕所或走道等尺寸较小的房间。板式楼板的厚度不小于 60 mm,一般不超过 120 mm,经济跨度在 3 m 以内。

(二)肋形楼板

对平面尺寸较大的房间或门厅,若仍采用板式楼板,会因板跨较大而增加板厚。这不仅使材料用量增多,板的自重加大,而且使板的自重在楼板荷载中所占的比重增加。此时,通常是在楼板下设置梁,形成梁板式楼板,即肋形楼板。

肋形楼板有时在纵横两个方向都设置梁,有主梁和次梁之分。主梁沿房间短跨布置,次梁与主梁一般垂直相交,次梁搁置在主梁上,板搁置在次梁上,这时楼板上的荷载先由板传给梁,再由梁传给墙或柱,如图 4-4 所示。板根据尺寸可以是单向板或双向板。

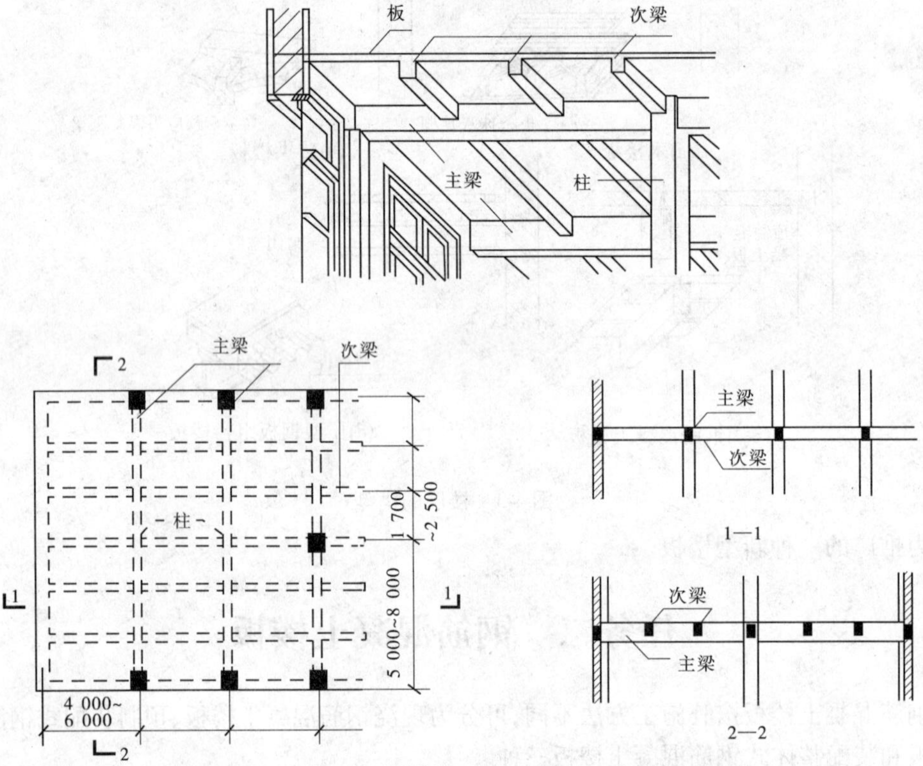

图 4-4　肋形楼板

楼板结构尺寸的选择,直接影响到楼板结构的合理性和工程造价的高低。根据工程实践,肋形楼板的参考经济尺寸见表 4-1。

表 4-1　肋形楼板的经济尺寸

构件名称	跨度 L(m)	截面高度 h	截面宽度 b
主梁	5 ~ 8	(1/8 ~ 1/14)L	(1/2 ~ 1/3)h
次梁	4 ~ 6	(1/12 ~ 1/18)L	(1/2 ~ 1/3)h
板	1.5 ~ 3	简支板　1/35L 连续板　1/40L(60 ~ 80 mm)	

(三)井字楼板

当房间的尺寸较大且形状接近方形时,沿两个方向布置等距离、等截面尺寸的梁,无主次之分,这种楼板称为井字楼板,如图 4-5 所示。

井字楼板是肋形楼板的一种特殊情况。井字楼板的布置形式有正井式和斜井式。梁与墙之间成正交梁系的为正井式;梁与墙之间成斜向布置的为斜井式。

(四)无梁楼板

无梁楼板是将楼板直接支承在柱子上,不设主梁或次梁,如图 4-6 所示。为增加柱端的

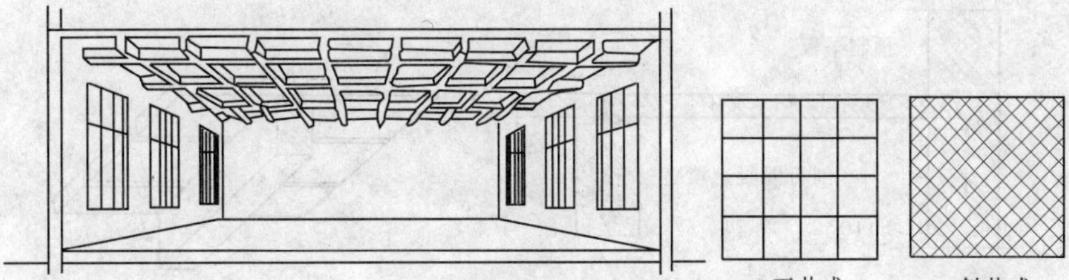

图 4-5　井字楼板示意

支承面积和减小板的跨度，一般需在柱顶加设柱帽和托板，当楼面荷载较小时，可采用无柱帽楼板。无梁楼板的柱网一般布置为正方形或矩形，经济柱距为 6 m 左右。无梁楼板具有顶棚平整、室内空间大、采光通风好等特点，适用于楼面活荷载较大的商场、展览馆、仓库等建筑。

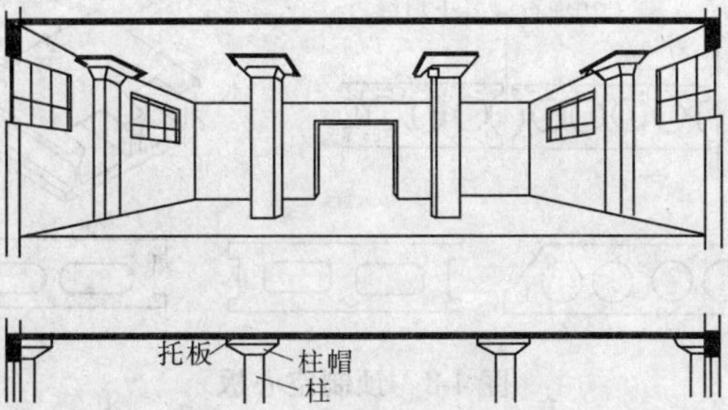

图 4-6　无梁楼板示意

二、预制装配式钢筋混凝土楼板

预制装配式钢筋混凝土楼板是将楼板在构件预制加工厂或施工现场预制，然后在施工现场安装而成的。这种楼板现场湿作业少，可节省模板，提高机械化程度，缩短施工工期，但楼板整体性较差。

(一)预制钢筋混凝土楼板的类型

常用的预制钢筋混凝土楼板按截面形式分有实心平板、空心板和槽形板三种。

1. 实心平板

实心平板的上下板面平整，制作简单，但板跨受到限制，板的隔声效果较差，多用于平面尺寸较小的房间。实心平板的两端支承在墙或梁上，板厚一般为 50 ~ 80 mm，跨度在 2.4 m 以内为宜，板宽一般为 500 ~ 900 mm，如图 4-7 所示。由于构件小，对起吊机械要求不高。

2. 空心板

空心板是将平板沿纵向抽空而成的。孔的断面形状有圆形、长圆形和矩形等，如图 4-8 所示。由于圆孔空心板制作过程中抽心脱模容易，不宜产生板面开裂，故应用最广。

空心板的跨度一般为 2.1 ~ 7.2 m，板厚与板跨有关，常见的有 120 mm、150 mm、180 mm、200 mm 等，板宽有 500 mm、600 mm、900 mm、1 200 mm 等几种。目前，常用预应力空心板。

空心板上下平面平整，隔声效果较实心平板和槽形板好，但空心板上不能任意开洞，故

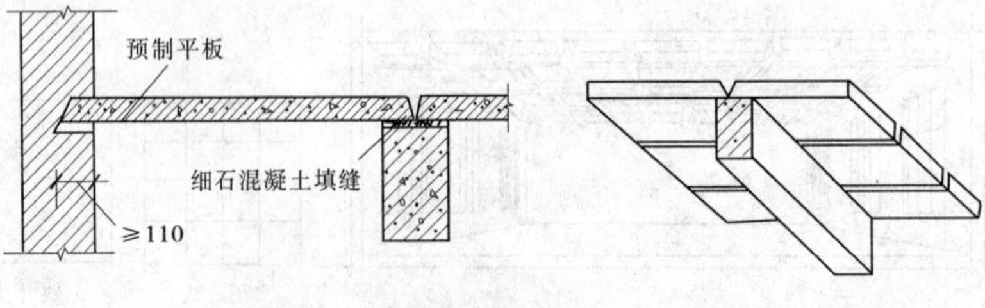

图 4-7　预制钢筋混凝土实心平板

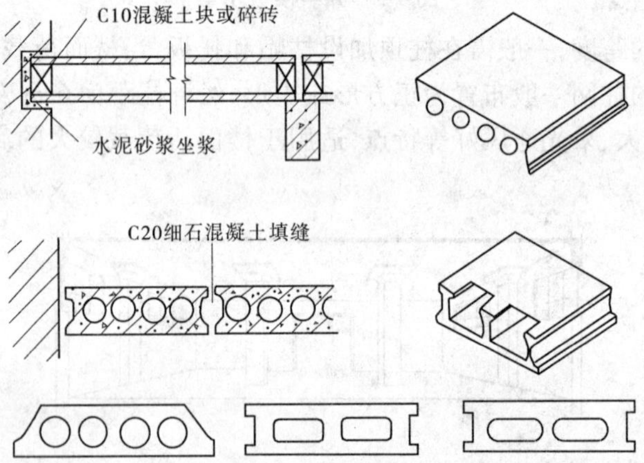

图 4-8　预制空心板

不宜用于管道穿越较多的房间。为避免板端孔壁被压坏并避免灌注端缝时漏浆,可在空心板端伸入墙内部分用混凝土块或砖块填实。

3. 槽形板

槽形板是一种梁板结合构件,即在实心平板的两侧设置相当于小梁的边肋,构成槽形截面。槽形板的搁置方式有正槽板和倒槽板两种。正槽板的边肋向下放置,板底不平,常用于天棚平整要求不高的房间,否则应做吊顶处理,如图 4-9（a)所示;倒槽板的边肋向上放置,板底平整,但受力不甚合理,并需做面板,如图 4-9(b)所示。倒槽板根据需要可在板内填充轻质材料,满足保温、隔声等要求。

槽形板的板厚一般为 25 ~ 30 mm,肋高为 150 ~ 300 mm,板宽为 500 ~ 1 200 mm,跨度为 3 ~ 6 m,为提高槽形板的刚度和便于搁置,常在板的两端设与纵向肋相连的端肋。当板跨大于 6 m 时,应在槽形板中部每隔 500 ~ 1 500 mm 增设一横肋。为避免板端肋被挤压,可在板端伸入墙内部分堵砖填实。槽形板具有自重轻、省材料、造价低、便于开孔等优点,但隔声性能差。

(二)预制钢筋混凝土楼板的布置与细部构造

1. 结构布置

在进行楼板结构布置时,应根据房间的开间和进深尺寸确定构件的支承方式,选择板的规格,合理安排板的布置。楼板的结构布置应注意以下几个原则:

(1)尽量减少板的规格、类型。过多的规格与类型会给施工带来麻烦。

(2)为减少板缝的现浇混凝土量,应优先选用宽板,窄板可作为调剂使用。

(3)遇有上下水管线、烟道、通风道穿过楼板时,为防止空心板开洞过多,应尽量做成现

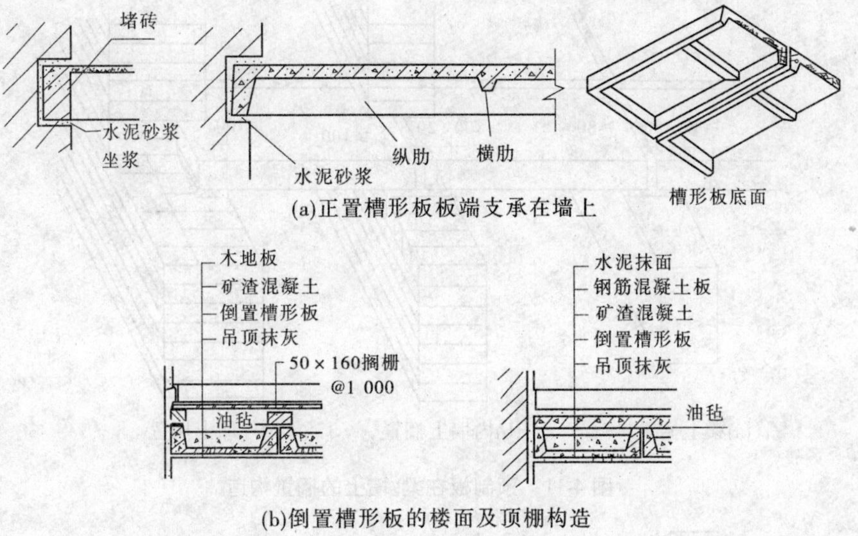

(a)正置槽形板板端支承在墙上

(b)倒置槽形板的楼面及顶棚构造

图 4-9　槽形板

浇钢筋混凝土板或局部现浇。

(4)板的布置应避免三边支承情况,即板的长边不得搁置在墙体或梁上,否则会引起板的开裂,如图 4-10 所示。

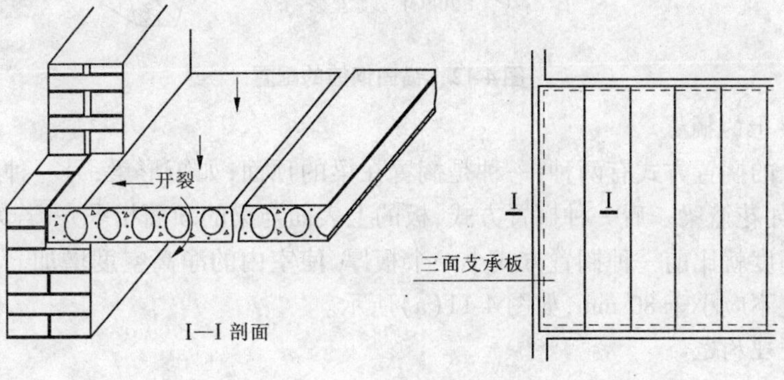

图 4-10　三面支承的板

2. 板的搁置构造

板的搁置方式有两种:一种是板直接搁置在墙上,形成板式结构;另一种是板搁置在梁上或柱上,形成梁式结构。板的搁置方式视结构的布置方案而定。

1)板在墙上的搁置

为保证楼板与墙体有可靠的连接,板端必须有足够的支承长度。板支承在墙上时的搁置长度不应小于 100 mm;板在搁置前应在墙上铺厚度为 20 mm 的 M5 水泥砂浆,即坐浆,其作用是保证板的平稳和受力均匀,板安装后,板端缝内须用细石混凝土或水泥砂浆灌实,如图 4-11 所示。

为增加建筑物的整体刚度和抗震性能,板与墙、梁与板或板与板之间可用钢筋拉结,如图 4-12 所示。拉结钢筋的设置与锚固做法应满足抗震要求。

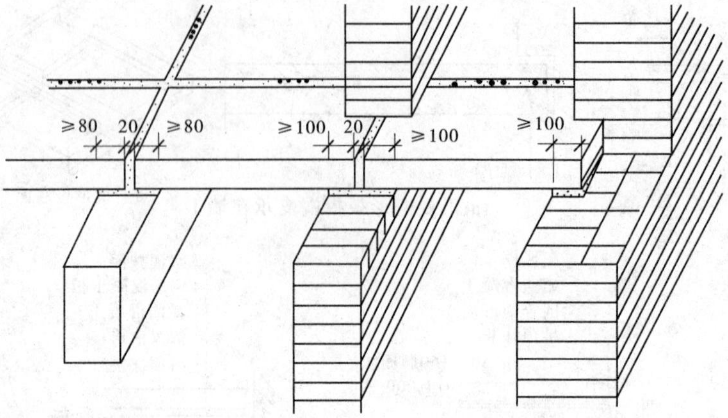

(a)梁上搁置　　(b)内墙上搁置　　(c)外墙上搁置

图 4-11　预制板在梁、墙上的搁置构造

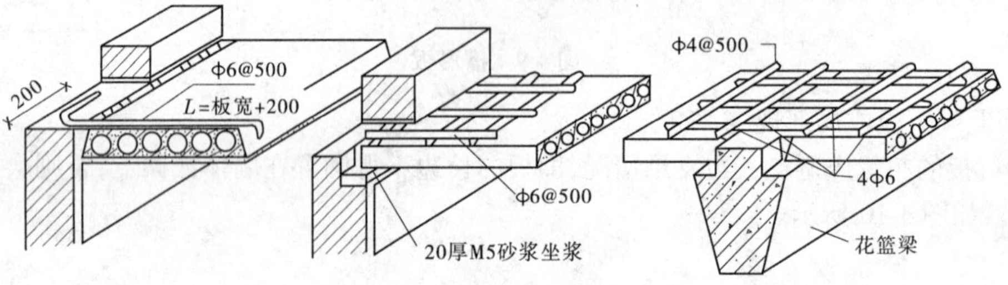

图 4-12　锚固钢筋的配置

2）板在梁上的搁置

板在梁上的搁置方式有两种：一种是搁置在梁的顶面，如矩形梁；另一种是搁置在梁出挑的翼缘上，如花篮梁。后一种搁置方式，板的上表面与梁的顶面相平齐，若梁高不变，楼板结构所占的高度就比前一种搁置方式小一个板厚，使室内的净高空度增加。板支承在梁上时的搁置长度不应小于 80 mm，如图 4-11（a）所示。

3. 板缝处理构造

1）板的侧缝

板的侧缝起着协调板与板之间共同工作的作用。一般有 V 形缝、U 形缝和凹槽缝，如图 4-13 所示。V 形缝和 U 形缝容易灌浆，适用于厚度较薄的板；凹槽缝连接牢固，整体性好，但灌缝捣实困难。

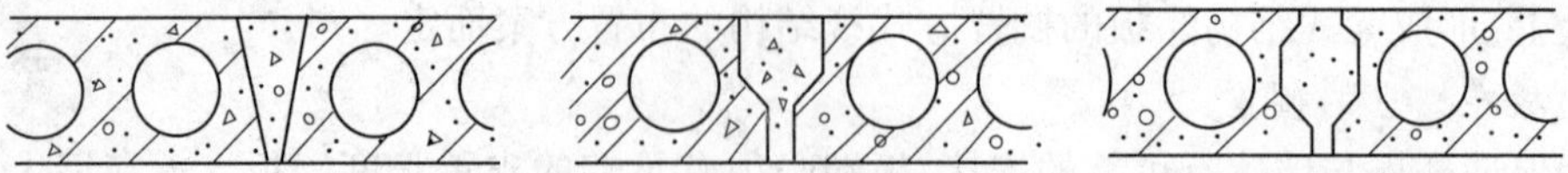

(a)V形缝　　(b)U形缝　　(c)凹槽缝

图 4-13　侧缝接缝形式

2）板缝差

房间内楼板的块数是按墙或梁的净尺寸计算得出的，不够整块数的尺寸称为板缝差，一般可通过调整板缝、局部现浇等办法解决板缝差，如图 4-14 所示。

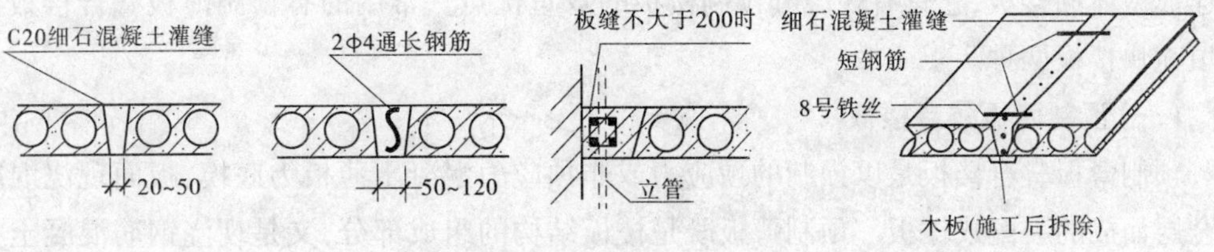

图 4-14　预制板缝的处理

(1)当板缝差较小时,可调整增大楼板之间的缝隙。调整后的板缝隙宽度小于 50 mm 时,直接用细石混凝土浇筑;若调整后的板缝隙大于或等于 50 mm,应在灌缝中配置钢筋。

(2)当板缝差为 120 ~ 200 mm,或有竖向管道沿墙边穿过时,可用局部现浇带的方法解决;当板缝差超过 200 mm 时,需重新选择板的规格。

4. 板上隔墙的处理

预制钢筋混凝土板上设置隔墙时,宜采用轻质隔墙,由于其自重轻,隔墙可搁置在楼板的任何位置,荷载一般由楼板直接承担。若用自重较大的隔墙,如砖隔墙、砌块隔墙等,则应避免将隔墙搁置在一块楼板上。当隔墙与板跨平行时,一般将隔墙设在两块板的接缝处,可在楼板间设置配筋板带或用槽形板肋作支承,必要时可在楼板间或板下设置梁,如图 4-15 所示。

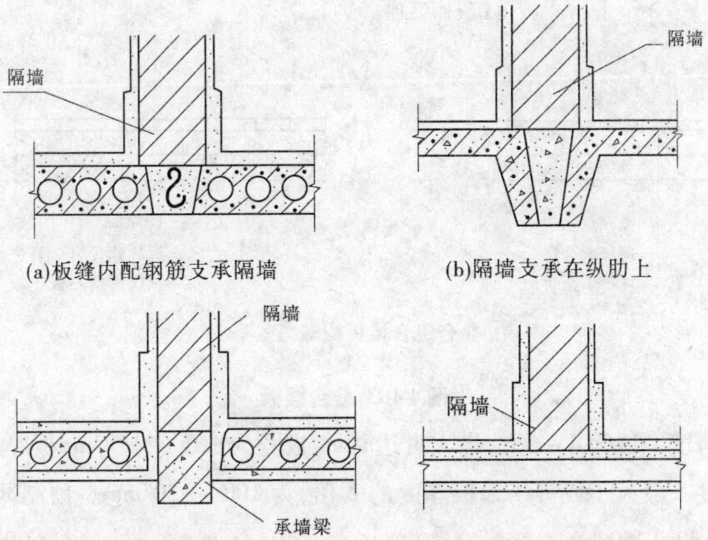

(a)板缝内配钢筋支承隔墙　(b)隔墙支承在纵肋上

(c)隔墙支承在梁上　(d)隔墙与板跨垂直

图 4-15　隔墙在楼板上的搁置

当自重较大的隔墙与板跨垂直时,应通过结构计算选择合适的预制板型号,并在板面加配构造钢筋。

三、装配整体式钢筋混凝土楼板

装配整体式钢筋混凝土楼板是先预制部分构件,然后现场安装,再以整体浇筑的方法将其连成一体的楼板，它具有现浇和预制楼板的双重优点。常用的有预制薄板叠合楼板和密肋填充块楼板两种。

(一)预制薄板叠合楼板

预制薄板叠合楼板是以预制的预应力或非预应力混凝土薄板为底模，板面现浇混凝土叠合层而成的装配式楼板。预制薄板既是楼板结构的组成部分，又是现浇钢筋混凝土叠合层的永久性模板。为保证预制薄板与现浇叠合层之间有较好的连接，可在预制薄板的上表面刻槽，或预留较规则的三角形结合筋，如图 4-16 所示。这种楼板底面平整，施工速度快，整体性好，自重较轻。

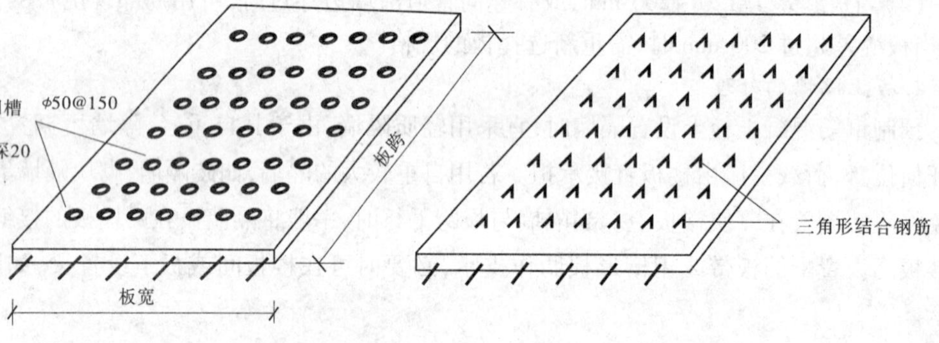

(a)板面处理

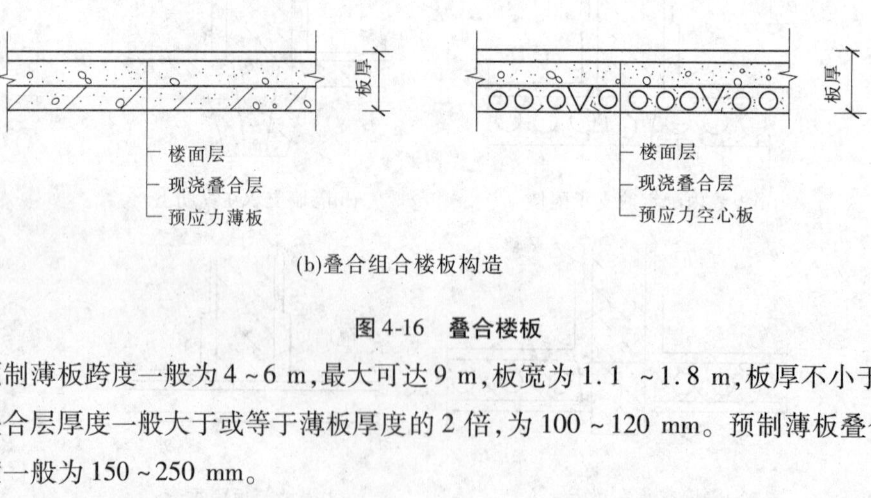

(b)叠合组合楼板构造

图 4-16 叠合楼板

预制薄板跨度一般为 4 ~ 6 m，最大可达 9 m，板宽为 1.1 ~ 1.8 m，板厚不小于 50 mm。现浇叠合层厚度一般大于或等于薄板厚度的 2 倍，为 100 ~ 120 mm。预制薄板叠合楼板的总厚度一般为 150 ~ 250 mm。

(二)密肋填充块楼板

密肋填充块楼板是采用间距较小的密肋小梁作为楼板的承重构件，梁间填充轻质混凝土砌块、矿渣混凝土实心砖等，并用混凝土浇筑成整体的装配整体式楼板。密肋小梁可以是预制的，安装后填充块材，如图 4-17(a)所示；也可以和面层浇筑在一起，内部填充空心砖和玻璃钢壳等，如图 4-17(b)所示。这种楼板可充分发挥不同材料的力学性能，隔声效果较好，节约模板。

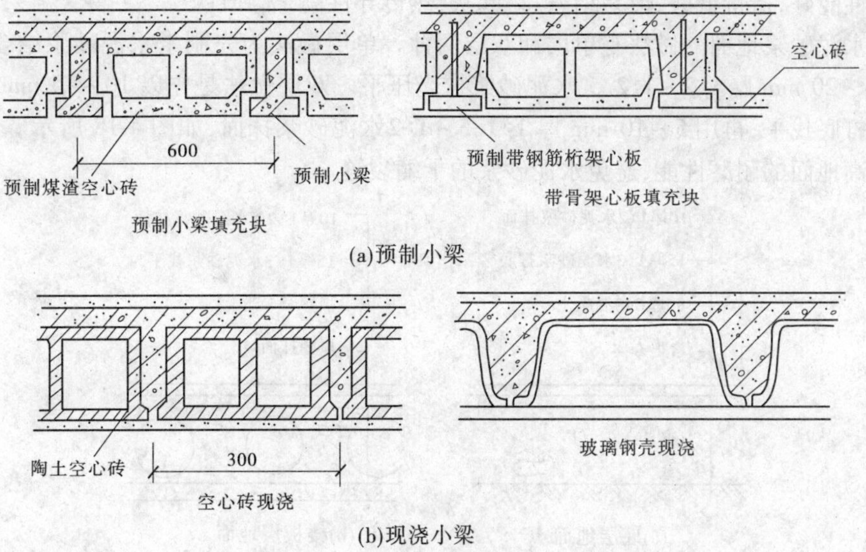

图4-17 密肋填充块楼板

任务三 楼地面构造

一、楼地面的构造要求

楼面、地面分别为楼层与地层的面层，是日常生活、工作和生产时必须接触的部分。它们的构造要求和做法基本相同，对室内装修而言，又统称为地面。地面的构造要求体现在以下几个方面：

(1)有足够的刚度，保证在各种外力作用下不被磨损，且表面平整光洁、易清扫、不起灰。

(2)具有良好的吸声、消声和隔声能力，能有效地控制室内噪声，满足不同功能房间的要求。

(3)有良好的热工性能，使人行走时感到温暖舒适。

(4)对于有水作用的房间，地面应做好防水、防潮；对实验室等有酸碱作用的房间，地面应具有耐腐蚀能力；在某些遇火房间，地面还要有较高耐火性能。

(5)地面是建筑物空间的重要组成部分，应满足室内装饰的美观要求。

二、常见地面的构造做法

地面按材料和构造做法可分为整体浇筑地面、块材地面、卷材地面、涂料地面等。

(一)整体浇筑地面

整体浇筑地面是指在现场用浇筑的方法做成的整片地面。常用的有水泥砂浆地面、细石混凝土地面、水磨石地面和菱苦土地面等。

1. 水泥砂浆地面

水泥砂浆地面又称水泥地面，通常是用水泥砂浆抹压而成的。其构造简单，坚固耐磨，防水性能好，造价低廉，但易结露、易起灰，热传导性高，无弹性。

水泥砂浆地面的做法有单层和双层两种。单层做法为先刷素水泥砂浆结合层一道，再用 15 ~ 20 mm 厚 1∶2 ~ 1∶2.5 水泥砂浆抹光压平。双层做法是先以 10 ~ 15 mm 厚 1∶3水泥砂浆打底找平，再用 5 ~ 10 mm 厚 1∶1.5 ~ 1∶2水泥砂浆抹面，如图 4-18 所示。双层抹面可以提高地面的耐磨性能，避免水泥砂浆的干缩裂缝。

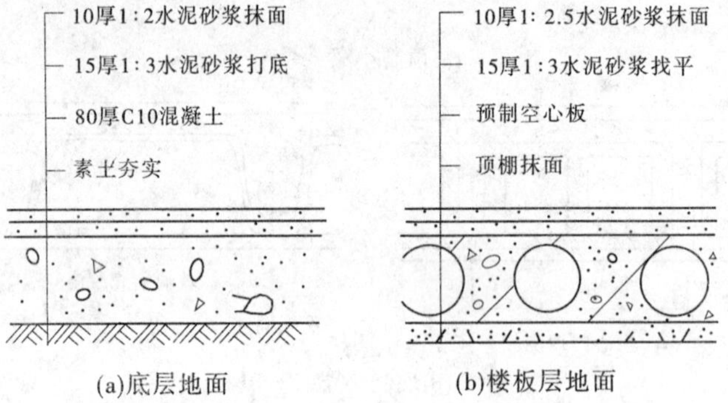

图 4-18　水泥砂浆地面

2. 水磨石地面

水磨石地面是用天然石料的石屑作集料形成的水泥石屑浆浇筑抹平结硬后再磨光、打蜡而成的地面。水磨石地面坚硬、耐磨、光洁、美观，一般应在完成顶棚和墙面抹灰后再施工。

水磨石地面是分层构造，先在结构层上用 10 ~ 20 mm 厚 1∶3水泥砂浆打底找平，面层铺不小于石子粒径 1.5 倍厚度的 1∶1.5 ~ 1∶2.5 的水泥石子浆，底层和面层之间刷素水泥浆结合层。待强度达 70% 以上时用磨光机打磨，再用草酸清洗，打蜡保护。

为便于施工和维修，并防止地面变形引起面层开裂，水磨石地面应设分隔条，如图 4-19 所示。分隔条有玻璃条、塑料条和铝、铜等金属条，分隔条的高度与水磨石面层的厚度相同。分隔条在浇筑面层之前用 1∶1水泥砂浆固定。水泥砂浆应形成八字角，高应比分隔条高度低 3 ~ 5 mm。

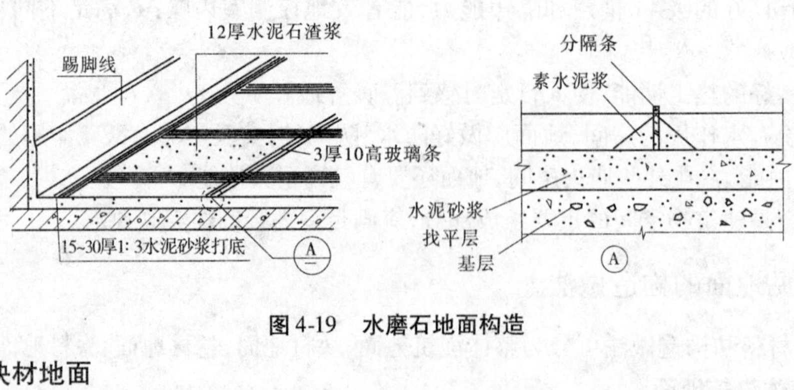

图 4-19　水磨石地面构造

(二) 块材地面

块材地面是利用各种预制块材或板材镶铺在基层地面上的地面。常见的有陶瓷板块地面、石板地面、木地面等。

1. 陶瓷板块地面

用于地面的陶瓷板块有缸砖、釉面砖、无釉防滑地砖、抛光同质地砖和陶瓷锦砖等类型。

这类地面具有表面光洁、质地坚硬、耐压耐磨、抗风化、耐酸碱等特点。常用陶瓷地面砖的性能及适用场合见表4-2。

表4-2　陶瓷地面砖的性能及适用场合

品种	性能	适用场合
彩釉砖	吸水率不大于10%，制器材质，强度高，化学稳定性、热稳定性好，抗折强度不小于20 MPa	室内地面铺贴，以及室内外墙面装饰
釉面砖	吸水率不大于22%，精陶材质，釉面光滑，化学稳定性良好，抗折强度不小于17 MPa	多用于厨房、卫生间
仿石砖	吸水率不大于5%，质地酷似天然花岗岩，外观似花岗岩粗磨板或剁斧板；具有吸声、防滑和特别装饰功能，抗折强度不低于25 MPa	室内地面及外墙装饰，庭院小径地面铺贴及广场地面铺贴
仿花岗岩抛光地砖	吸水率不大于1%，质地酷似天然花岗岩，外观似花岗岩抛光板，抗折强度不低于27 MPa	适用于宾馆、饭店、剧院、商业大厦、娱乐场所等室内大厅走廊的地面、墙面
瓷质砖	吸水率不大于2%，烧结程度高，耐酸耐碱，耐磨度高，抗折强度不小于25 MPa	特别适用于人流量大的地面、楼梯踏步的铺帖
劈开砖	吸水率不大于8%，表面不挂釉的风格粗犷，耐磨性好；有釉面的则花色丰富，抗折强度大于18 MPa	室内外地面、墙面铺贴，釉面劈开砖不宜用于室外地面
红地砖	吸水率不大于8%，具有一定吸湿防潮性	适宜地面铺贴

陶瓷板块地面的铺贴方法是在结构层找平的基础上，用5～10 mm厚1∶1水泥砂浆粘贴，用白水泥扫缝，必要时在砖块间留有一定宽度的灰缝，称为离缝，如图4-20所示。

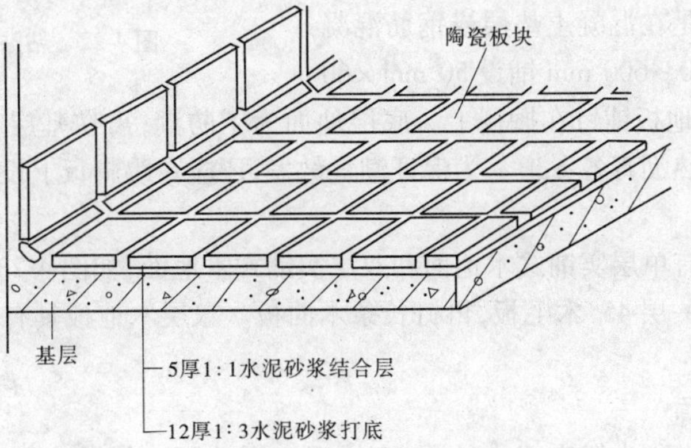

图4-20　陶瓷板块地面

2. 石板地面

石板地面包括天然石板地面和人造石板地面。

天然石板有花岗岩和大理石等。它们具有很高的抗压性能，耐磨、色彩艳丽，属高档地面装饰材料。天然石板的尺寸较大，铺设时需预先试铺，合适后再正式粘贴，粘贴表面的平整度要求较高。一般是用 30 mm 厚 1∶3～1∶4 干硬性水泥砂浆结合层黏结，板缝用稀水泥砂浆擦缝，如图 4-21 所示。

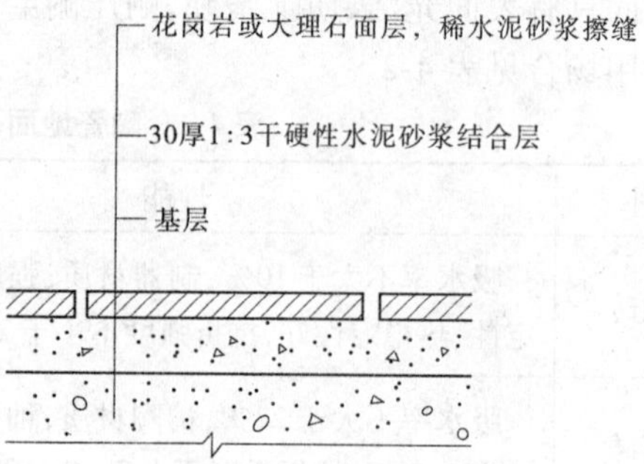

图 4-21　天然石板地面

人造石板有人造大理石板、预制水磨石板等，其构造做法与天然石板地面基本相同。

3. 木地面

木地面是由木板粘贴或铺钉形成面层的地面。木地面具有弹性良好、耐磨、不起尘、易清扫等特点。

木地面按构造方式有实铺式和空铺式两种。实铺式木地面又有粘贴式和铺钉式两种做法。

1）实铺式木地面

a. 粘贴式木地面

粘贴式木地面是在基层上做好找平层，然后用环氧树脂、乳胶或热沥青等黏结材料将木板直接粘贴而制成的，如图 4-22 所示。若是底层地面，为了防潮，可在找平层上涂热沥青一道或 20～30 mm 厚沥青砂浆层。粘贴式木地面省去搁栅，具有防水、耐蚀、施工方便、造价经济等特点。

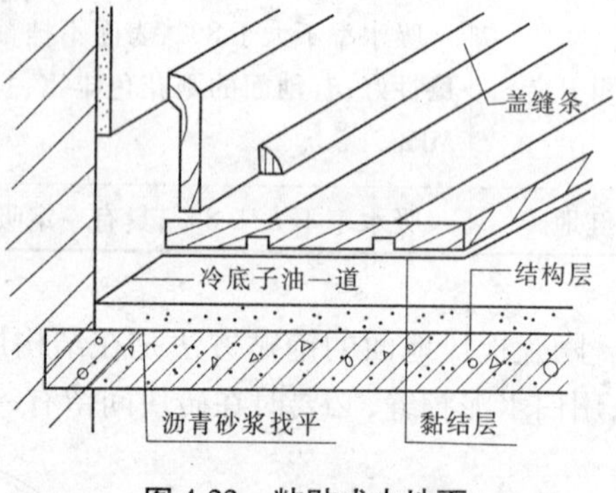

图 4-22　粘贴式木地面

b. 铺钉式木地面

铺钉式木地面是在混凝土垫层或钢筋混凝土结构层上每隔 300～600 mm 铺设 50 mm×60 mm 的木搁栅，将木地板铺钉在搁栅上。底层地面为了防潮，需在基层和木搁栅的侧面、底面刷涂冷底子油和热沥青各一道。为保证潮气散发，还应在踢脚板上设置通风口，使地板下的空气流通。

实铺式木地面有单层实铺式木地面和双层实铺式木地面，如图 4-23 所示。双层木地板是在木搁栅上先铺一层 45°木毛板，再钉长条木面板。双层木地板具有更好的弹性，但消耗木材较多。

2）空铺式木地面

空铺式木地面也称为架空式木地面，多用于底层地面。其做法是，先砌筑地垄墙或砖墩，在其上搁置木搁栅，再做面层。搁栅与砖砌体之间应设垫木，垫木满涂沥青防腐。为增加整个地面的刚度，可根据需要在木搁栅间增设剪刀撑。为防止土壤中潮气和杂草生长，地垄间夯填 100 mm 厚的灰土，空铺木地面应在勒脚和地垄墙上留通风口，如图 4-24 所示。

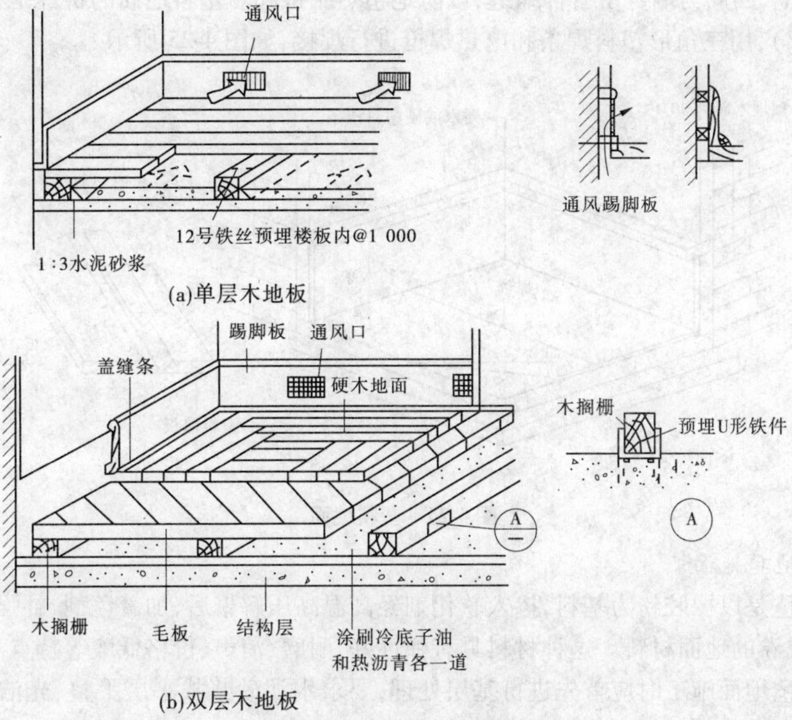

图 4-23　铺钉式木地面

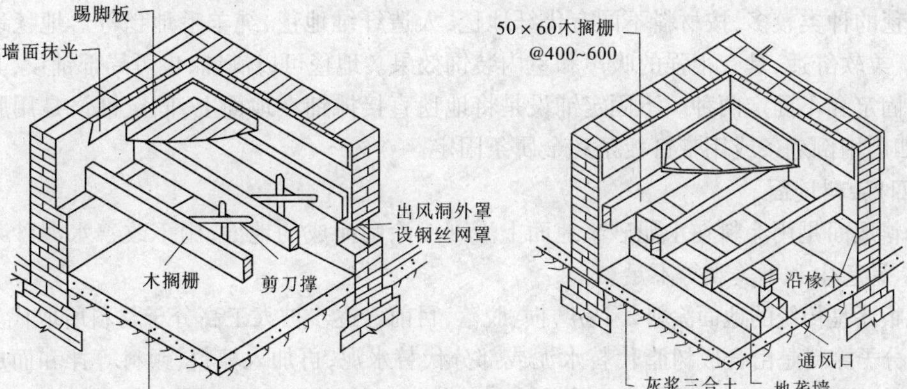

图 4-24　空铺木地面

(三)卷材地面

卷材地面是用成卷的材料铺贴而成的。常见的卷材地面有塑料地板地面、橡胶地毡地面和地毯地面等。

1.塑料地板地面

塑料地板地面是用聚氯乙烯树脂塑料地板为饰面材料铺设的楼地面。塑料地板地面具有美观、耐磨、消声、柔韧性强、保暖、易清洗和有一定弹性等特点。

塑料地板铺贴前一般要求地面干燥,基层表面平整、坚硬结实、不空鼓、不起砂。塑料地板可以用胶粘剂与基层粘贴牢固,也可以用拼焊法将塑料地面接成整张地毡,不用胶粘剂空铺于找平层上，四周与墙身留有伸缩缝，以防地毡热胀拱起。塑料地面的拼焊是将拼接边切成斜口（V形），用三角形塑料焊条和电热焊枪进行焊接，如图4-25所示。

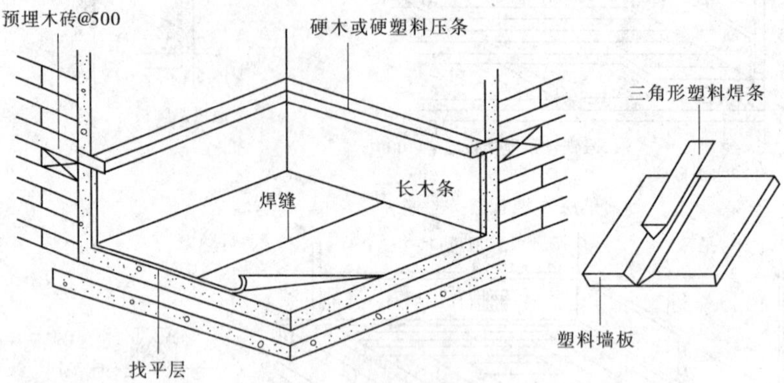

图4-25　塑料地面

2. 橡胶地毡地面

橡胶地毡是以橡胶粉为基料，掺入软化剂经高温高压解聚后，加着色剂、补强剂，经混炼塑化、压制成卷的地面材料。这种材料具有弹性好、耐磨、消声、价格低廉等特点。

橡胶地毡地面施工时应首先进行基层处理，要求水泥砂浆找平层平整、光洁、无灰尘和砂粒等。橡胶地毡地面可以干铺或用胶粘剂粘贴在找平层上。

3. 地毯地面

地毯的种类较多，按材料不同有化纤地毯、人造纤维地毯、纯羊毛地毯等。地毯地面平整美观、柔软舒适，具有很强的吸声和室内装饰效果。地毯可以满铺，也可局部铺设，其铺设方法有固定和不固定两种。不固定铺设是将地毯直接摊铺在地面上，固定铺设是用胶粘剂粘贴，四周用倒刺条或用带钉板条和金属条固定。

（四）涂料地面

涂料地面是用涂料在水泥砂浆地面上涂刷或涂刮而成的地面，用于改善水泥砂浆地面易开裂、易起尘和不美观等不足。

地板漆是传统的地面涂料，因易磨损、脱落，目前已逐步被人工高分子材料所取代。人工合成高分子涂料是由合成树脂代替水泥或部分代替水泥，再加入填料、颜料等拌和而成的材料，经现场涂布施工，硬化后形成整体的涂料地面。它的特点是无缝，易于清洁，施工方便，造价较低，同时可以提高地面的耐磨性、韧性和防水性能。其适用于一般建筑水泥地面装修。

三、地面的细部构造

（一）踢脚线

在地面与墙面相交处的垂直部位，通常按地面做法进行处理，即作为地面的延伸，这部分称为踢脚线或踢脚板。踢脚线所用的材料一般与地面材料相同，并与地面一起施工。踢脚线的作用是保护墙脚，防止脏污或碰坏墙面。踢脚线的高度一般为100～150 mm。目前，踢脚线的高度有所降低，有66 mm、70 mm等。常用材料有水泥砂浆、水磨石、木材、石材、塑料等。踢脚线构造做法如图4-26所示。

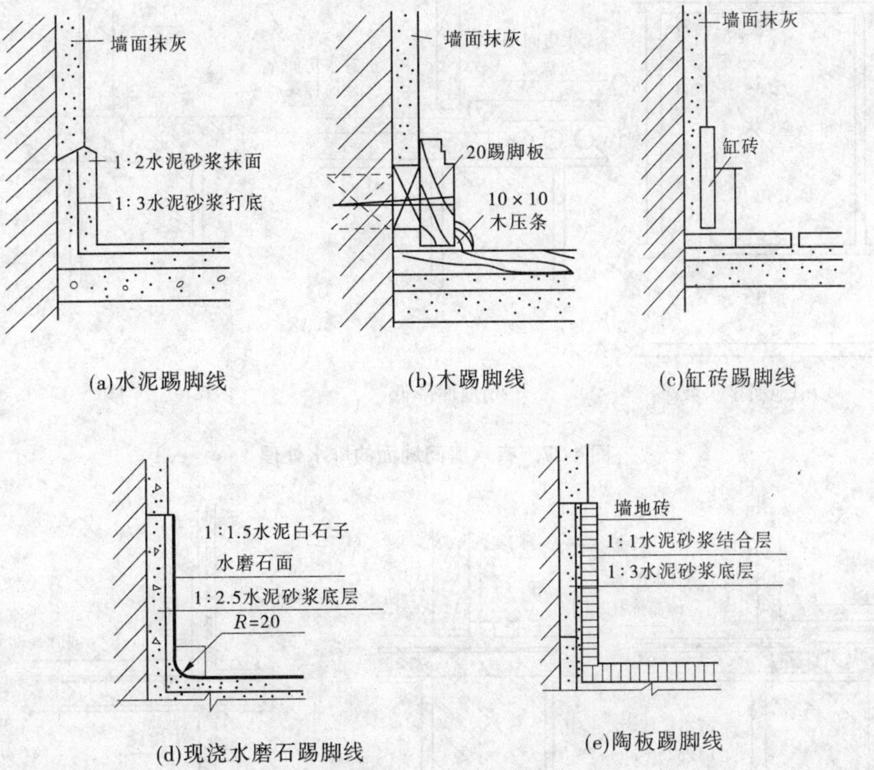

图 4-26　踢脚线构造做法

(二)楼地面防水

在厕所、盥洗室、淋浴室和实验室等用水频繁的房间,地面容易积水,应做好防水处理。地面防水有楼地面排水和楼地面防水两种措施。

1. 楼地面排水

楼地面排水的通常做法是将面层按需要设置 1% ~ 1.5% 的坡度,坡向地漏,如图 4-27 (a)所示。为防止用水房间积水外溢,用水房间地面应比相邻房间或走道等地面低 20 ~ 30 mm;也可用门槛挡水,如图 4-27(b)、(c)所示。

2. 楼地面防水

采用现浇钢筋混凝土楼板和防水性能较好的水磨石、瓷砖等地面面层材料是用水房间防水的常用做法。当房间有较高的防水要求时,还需在现浇楼板上设置一道防水层,再做地面面层。为防止积水沿房间四周侵入墙身,应将防水层沿墙角向上翻起成泛水,高度一般高出楼地面 150 ~ 200 mm,如图 4-28 所示。当遇到门洞时,应将防水层向外延伸 250 mm 以上。

3. 管道穿过楼板的防水构造

当房间内有设备管道穿过楼地层时,必须做好防水密封。对常温普通管道的做法是,将管道穿过的楼板孔洞用 C20 干硬性细石混凝土捣实,再用卷材或涂料做密封处理;也可在管道上焊接钢板止水片,如图 4-29(a)所示。当热力管道穿过楼板时,为保证热力管自由伸缩,防止温度变化引起混凝土开裂,常在穿管位置预埋比竖管管径稍大的热力套管,套管应高出地面面层 30 mm 左右,如图 4-29(b)所示。

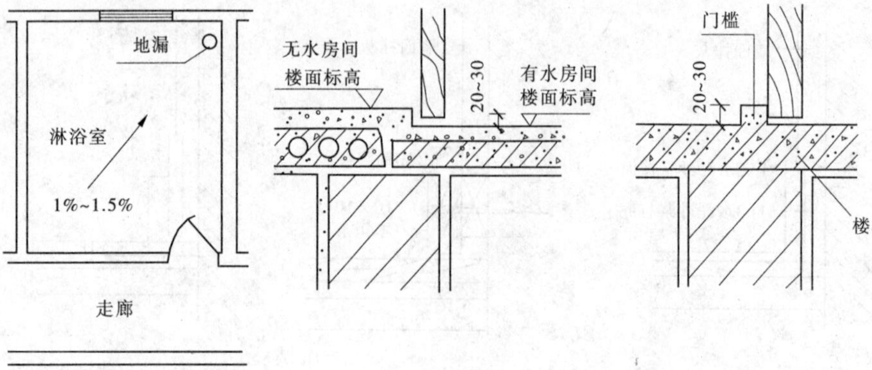

(a)地面排水坡　　(b)地面降低　　(c)设置门槛

图 4-27　有水房间地面的排水处理

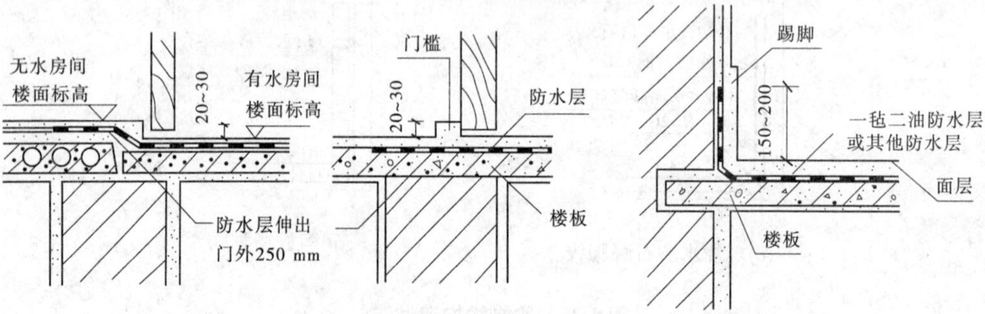

(a)防水层外伸至门外　　(b)楼板层与墙身防水

图 4-28　地面防水构造

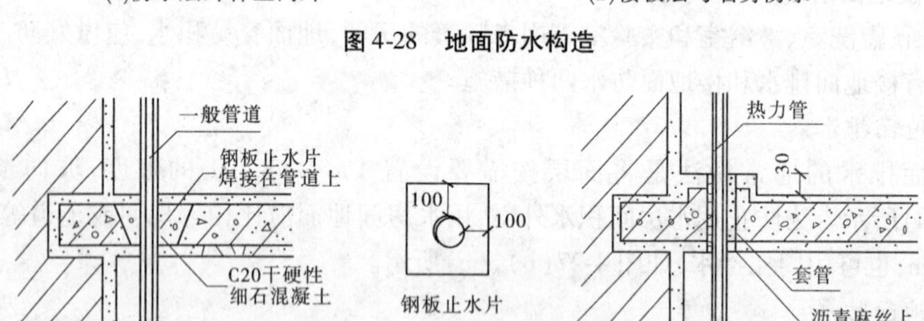

(a)普通管道的处理　　(b)热力管道的处理

图 4-29　管道穿过楼板时的处理

(三)地层防潮

地层一般与土壤直接接触,土壤中的水分会通过毛细作用引起地面受潮,从而影响地层正常使用。为避免潮湿对地层的影响,应做防潮处理。对防潮要求较高的房间,一般是在地面垫层与面层之间铺设防潮层,并在垫层下设置粒径均匀的卵石、碎石或粗砂等切断毛细水的通道,如图 4-30(a)所示。

在空气相对湿度较大的地区,由于地表温度低于室内空气温度,地面上易产生凝结水,引起地面返潮。在必要时可在垫层上设保温层并在其下设置防水层,如图 4-30(b)所示,或选用大阶砖、陶土板等材料做面层改善冷凝水现象，如图 4-30(c)所示；对温差较大、地下水位高的房间，可采用架空式地坪构造，将地层底板搁置在地垄墙上，形成通风层，但造价较高，如图 4-30(d)所示。

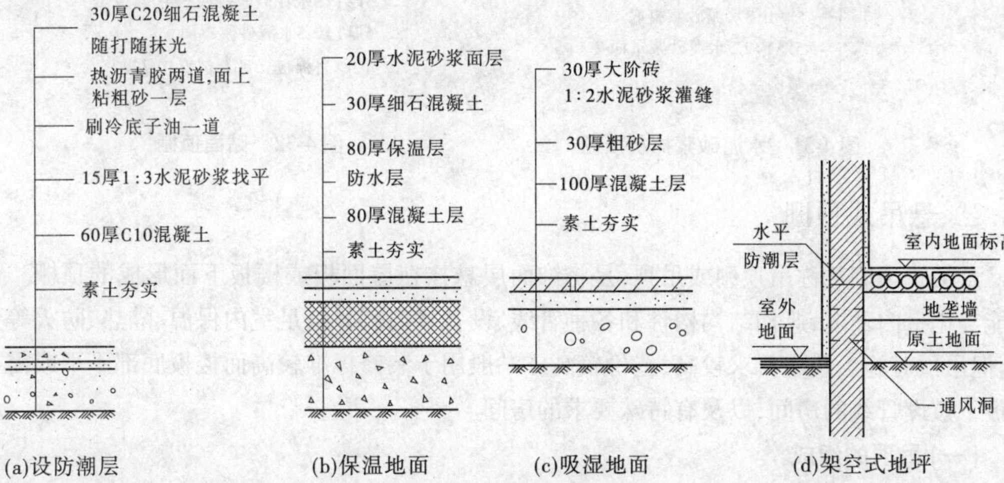

图 4-30 地层防潮处理

任务四 顶棚构造

顶棚又称天棚或天花板，是屋面和楼板层下面的装饰层。作为普通房间的顶棚，要求其表面平整、光洁，能够改善室内的光环境，对某些有特殊要求的房间还要具有防火、隔声、保温和隐蔽管线等功能。

顶棚按构造方式可分为直接式顶棚和悬吊式顶棚两大类。

一、直接式顶棚

直接式顶棚是指直接在屋面板、楼板下做饰面层的顶棚；或者是如网架结构等结构式顶棚。这种顶棚施工方便，造价低，构造层次少，能节省室内空间。

(一)直接喷刷涂料顶棚

当屋面板或楼板底面平整，室内装饰要求不高时，可以直接或稍加修补刮平后在其底面直接喷刷大白浆、石灰浆等涂料，以增强顶棚的反射光照作用。

(二)直接抹灰顶棚

当屋面板或楼板底面不够平整或室内装饰要求较高时，可在板底抹灰后再喷刷涂料。常用的抹灰材料有水泥砂浆、混合砂浆和纸筋灰(麻刀灰)等。

水泥砂浆抹灰的做法如图 4-31 所示。

(三)直接贴面顶棚

对于某些有保温、隔热、吸声要求的房间，以及楼板底不需要敷设管线而装修要求又高的房间，可在屋面板或楼板的底面用砂浆打底找平后，用胶粘剂粘贴壁纸、泡沫塑料板、铝塑板或装饰吸音板等形成贴面顶棚，如图 4-32 所示。

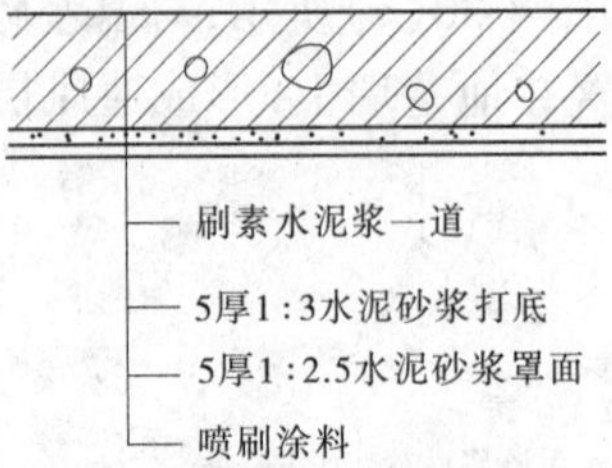

图4-31　水泥砂浆抹灰顶棚

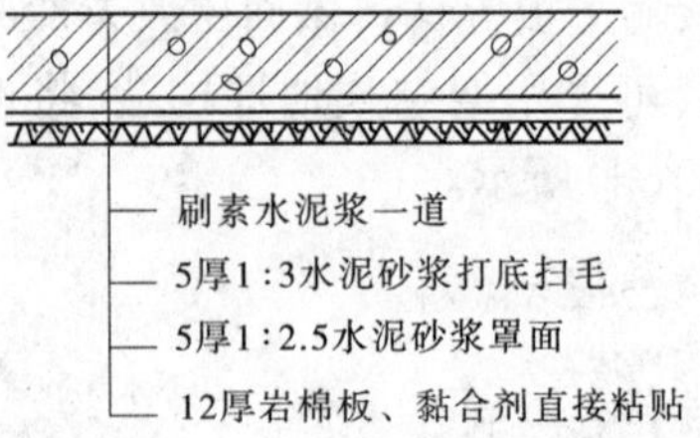

图4-32　贴面顶棚

二、悬吊式顶棚

悬吊式顶棚又称吊顶棚或吊顶，是将饰面层悬挂在屋面板或楼板下面形成的顶棚。吊顶能美化室内环境，遮挡结构构件和各种管线、设备、灯具，并满足室内保温、隔热、防火等要求，但吊顶对施工技术要求较高，造价较高。一般用于装修标准较高而楼板底部不平或需在楼板下敷设管线的房间，以及有特殊要求的房间。

(一)吊顶的组成

吊顶由吊筋、龙骨和面层三部分组成。

1.吊筋

吊筋是连接龙骨与楼板的承重传力构件。其作用是承受吊顶面层和龙骨的荷载，并将这一荷载传递给屋面板、楼板或屋架等构件；利用吊筋还能调节吊顶的悬挂高度，满足不同的吊顶要求。

吊筋的材料和形式与吊顶的荷载和龙骨形式有关，常用的吊筋有直径不小于4～6 mm的圆钢，也可采用40 mm×40 mm或50 mm×50 mm的方木。

吊筋与屋面板或楼板的连接固定方式有预埋钢筋锚固、顶埋锚件锚固、膨胀螺栓锚固和射钉锚固等，如图4-34所示。

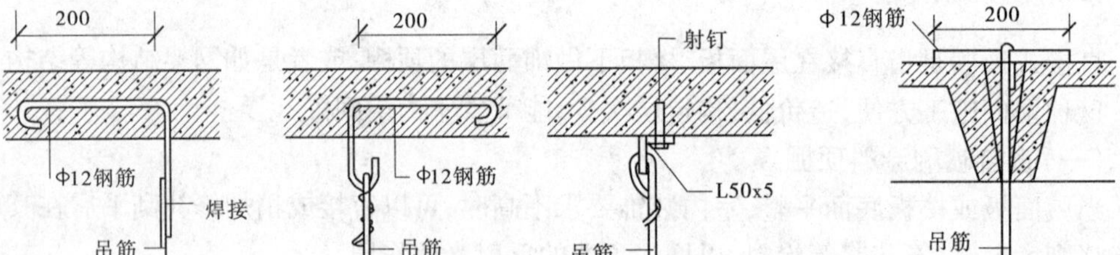

图4-33　吊筋的固定

2.龙骨

龙骨又称搁栅。龙骨与吊筋连接，承担吊顶的面层荷载，并为面层装饰板提供安装节点。

吊顶龙骨一般由主龙骨、次龙骨和小龙骨组成，主龙骨由吊筋固定在屋面板或楼板等构件上，一般单向布置，次龙骨固定在主龙骨上，小龙骨固定在次龙骨上并起支承和固定面板的作用。龙骨按材料不同有木龙骨和金属龙骨，常用的金属龙骨有铝合金龙骨和轻钢龙骨。龙骨断面的大小应根据结构计算确定。

3. 面层

吊顶的面层分为抹灰类、板材类和格栅类。抹灰面层为湿作业,有板条抹灰、板条钢丝网抹灰等;板材面层有木质板、防火石膏板、铝合金板等;格栅类面层吊顶也称为开敞式吊顶,有木格栅、金属格栅和灯饰格栅等。格栅类吊顶具有既遮又透的效果,可减少吊顶的压抑感。

(二)金属龙骨吊顶构造

金属龙骨吊顶具有自重轻、刚度大、防火性能好、施工速度快等特点,应用较为广泛。

1. 铝合金龙骨吊顶构造

铝合金龙骨吊顶根据面层与骨架的关系,分为明装系统铝合金龙骨吊顶和暗装系统铝合金龙骨吊顶。明装系统铝合金龙骨吊顶是将面板直接搁置在骨架内,铝合金骨架部分外露;暗装系统铝合金龙骨吊顶是将面层固定在龙骨外侧,龙骨隐蔽在面层内。明装 T 形铝合金龙骨吊顶构造如图 4-34 所示。

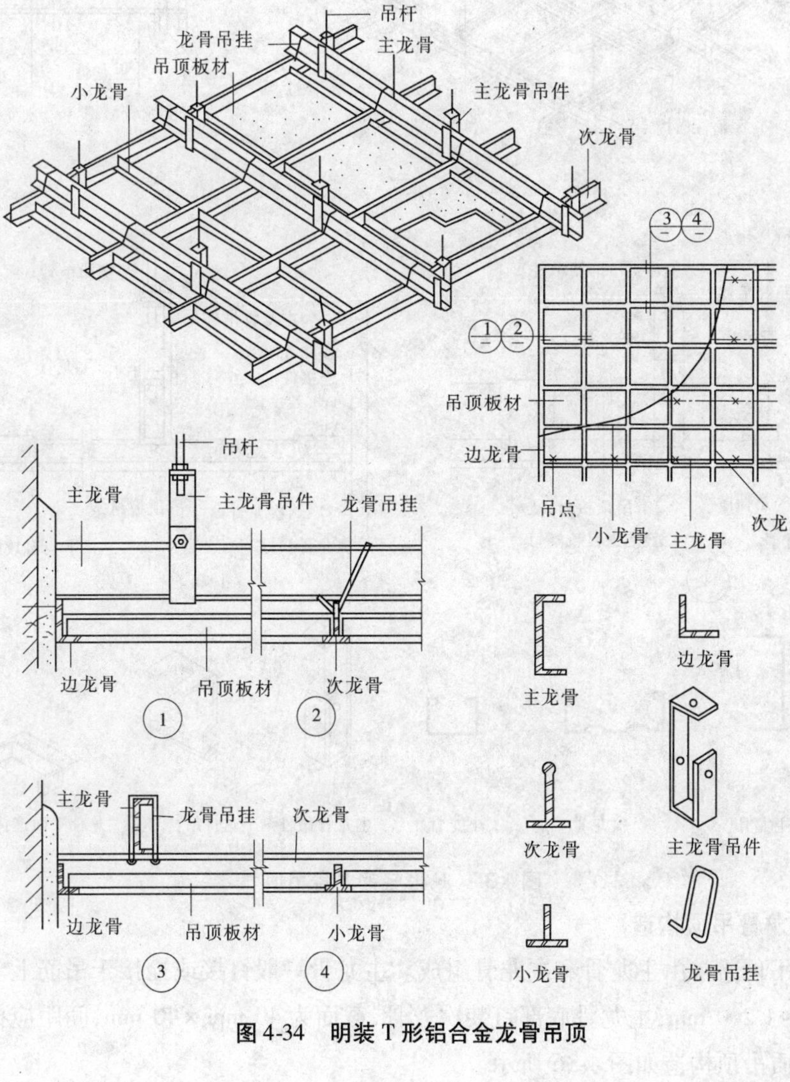

图 4-34　明装 T 形铝合金龙骨吊顶

2. 轻钢龙骨吊顶构造

轻钢龙骨吊顶的轻钢龙骨截面形式多为U形。一般在主龙骨下悬吊次龙骨，为铺钉装饰面板和保证龙骨的整体刚度，可在龙骨之间增设横撑，并根据面板类型和规格确定间距，面层板材用自攻螺丝固定或直接搁置在龙骨上。U形轻钢龙骨吊顶构造如图4-35所示。

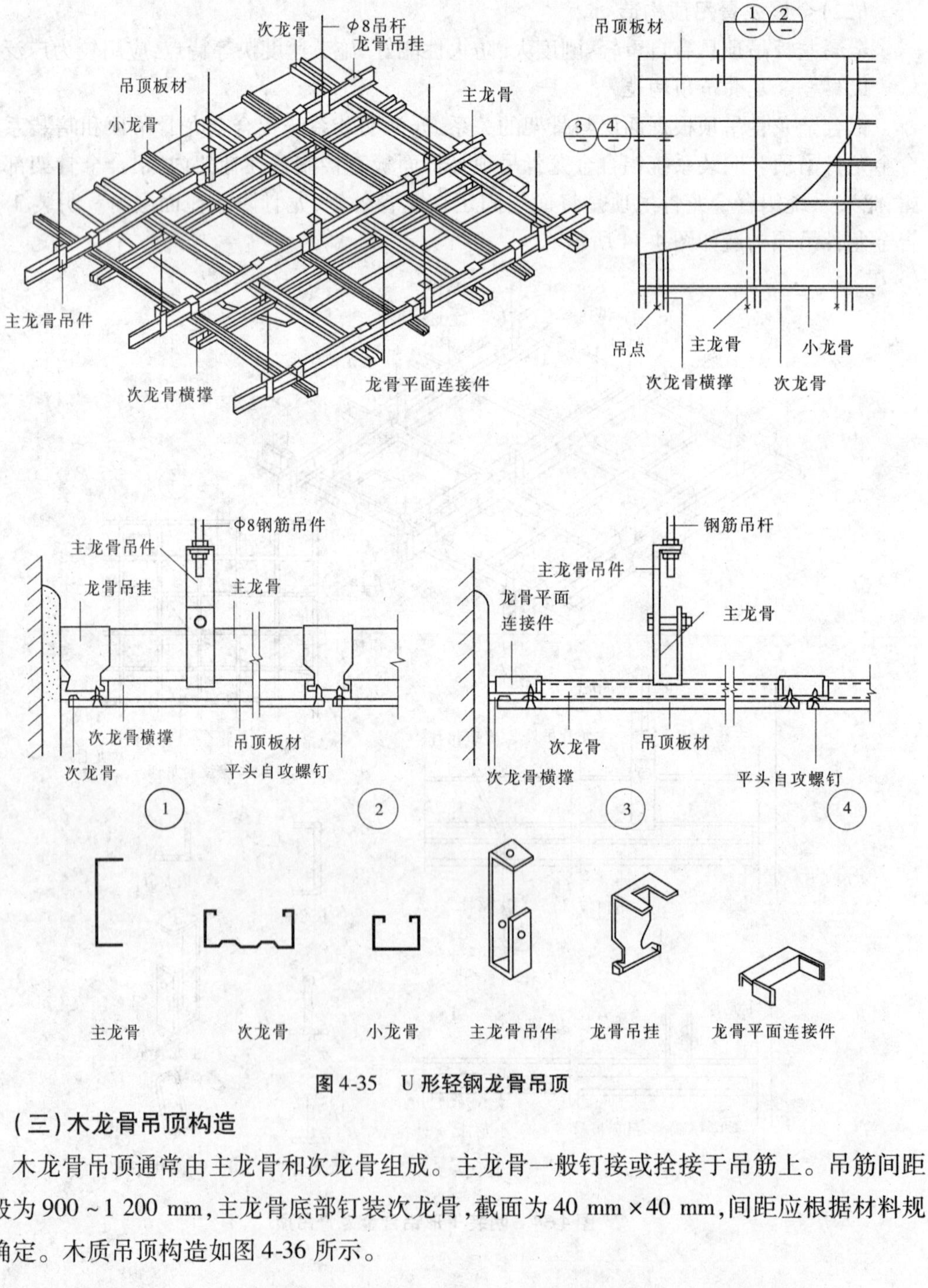

图4-35　U形轻钢龙骨吊顶

(三)木龙骨吊顶构造

木龙骨吊顶通常由主龙骨和次龙骨组成。主龙骨一般钉接或拴接于吊筋上。吊筋间距一般为900~1 200 mm，主龙骨底部钉装次龙骨，截面为40 mm×40 mm，间距应根据材料规格确定。木质吊顶构造如图4-36所示。

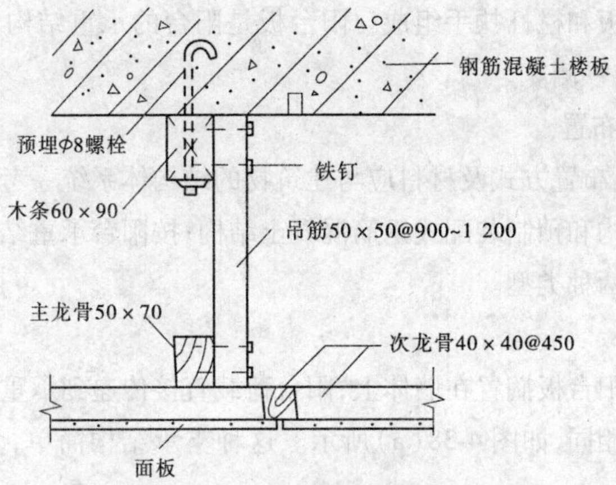

图 4-36　木龙骨吊顶

任务五　阳台与雨篷构造

一、阳台

阳台是多层或高层建筑物中人们接触室外的平台，是联系室内外空间、改善居住条件的重要组成部分。良好的阳台外观造型，还能丰富和改善建筑立面效果。

（一）阳台的类型与组成

阳台按其与外墙的相对位置有挑阳台、凹阳台、半挑半凹阳台和转角阳台，如图 4-37 所示。

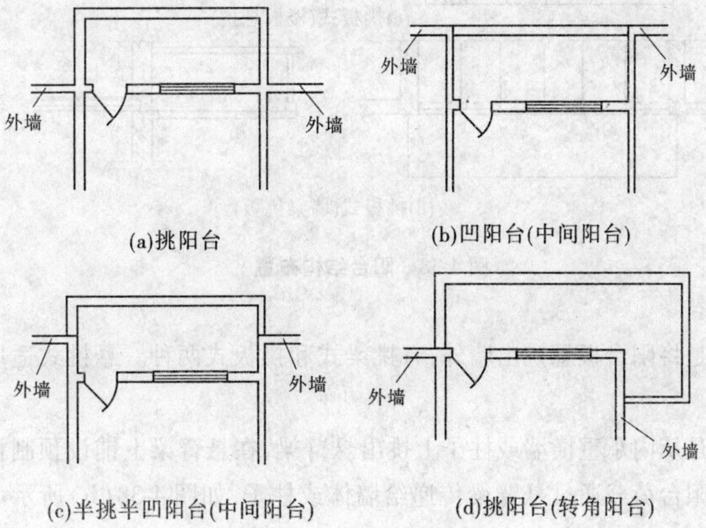

图 4-37　阳台的类型

阳台主要由阳台板和栏杆扶手组成。阳台板是阳台的承重结构,栏杆扶手是阳台的围护构件,设于阳台临空一侧。

(二)阳台结构的布置

阳台的结构形式、布置方式及材料应与建筑物的结构体系统一考虑。按施工方法,阳台有现浇钢筋混凝土结构和预制装配式钢筋混凝土结构;按阳台承重结构的支承方式,有墙承式阳台和悬挑式阳台两种类型。

1. 墙承式阳台

墙承式阳台是将阳台板搁置在墙体上,阳台荷载直接传递到承重墙上,阳台板的跨度和板型一般与房间楼板相同,如图 4-38(a)所示。这种支承结构简单,多用于凹阳台,也可用于带两侧墙的凸阳台。

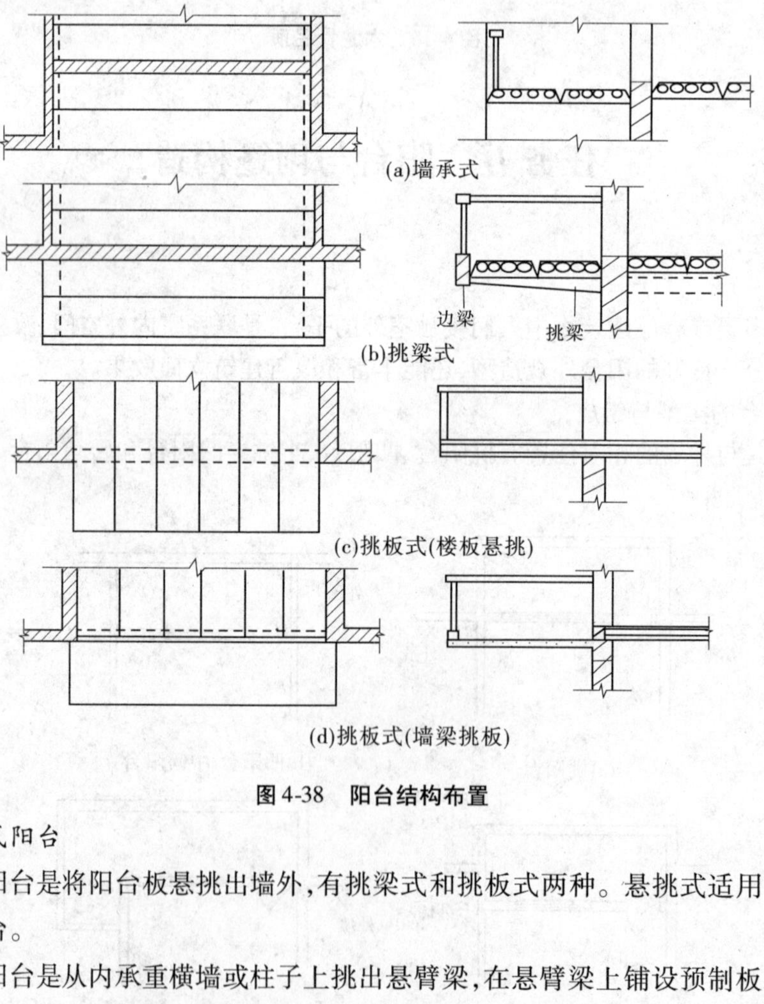

图 4-38　阳台结构布置

2. 悬挑式阳台

悬挑式阳台是将阳台板悬挑出墙外,有挑梁式和挑板式两种。悬挑式适用于挑阳台或半挑半凹阳台。

挑梁式阳台是从内承重横墙或柱子上挑出悬臂梁,在悬臂梁上铺设预制板或直接现浇钢筋混凝土板。阳台荷载通过悬臂梁传递给墙体或柱子,如图 4-38(b)所示。这种结构受力合理,阳台的长度可延长到几个房间形成通长阳台。

挑板式阳台的一种做法是将房间楼板直接向墙外悬挑形成阳台板,如图 4-38(c)所示。

这种做法构造简单，阳台底部平整，外形轻巧，但楼板受力复杂。

挑板式阳台的另一种做法是将阳台板与墙梁现浇到一起，利用梁上部的墙体或楼板重量平衡阳台板，以防止阳台倾覆，如图 4-38(d)所示。这种结构板底平整，外形轻巧，阳台宽度不受房间开间限制，但梁受力复杂，阳台悬挑不宜过长，一般在 1.2 m 以内。

(三)阳台的细部构造

1. 阳台栏杆与扶手

阳台栏杆与扶手是阳台的围护结构，起着保护阳台上人的安全及装饰作用，因此应具有足够的刚度和合适的高度。栏杆的形式有空花栏杆、实心栏板以及由空花栏杆和实心栏板组合而成的组合式栏杆，如图 4-39 所示。

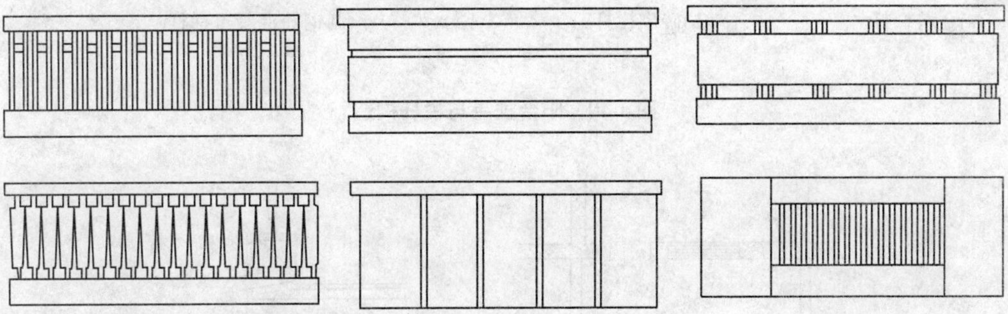

(a)空花栏杆　(b)实心栏板　(c)组合式栏杆

图 4-39　阳台栏杆形式

一般建筑物栏杆(板)的净高不小于 1.05 m；高层建筑物栏杆(板)的净高不小于 1.1 m。空花栏杆垂直杆件之间的净距离不大于 110 mm。

栏杆按材料可分为金属栏杆、钢筋混凝土栏杆(板)、砖砌栏板等。

阳台扶手按材料有金属扶手和混凝土扶手两种类型。阳台扶手与栏杆(板)的连接构造如图 4-40 所示。

2. 阳台的排水处理

为防止阳台上的积水流入室内，阳台地面应较室内地面低 20 ~ 50 mm。阳台的排水方式有外排水和内排水两种。外排水适用于低层和多层建筑，阳台地面向排水口处做出 0.5% 的坡度，在阳台外侧设置泄水管。泄水管为 ϕ50 的镀锌铁管或塑料管，外挑长度不少于 80 mm，以防落水溅入下层的阳台上，如图 4-41(a)所示。内排水适用于高层建筑或有特殊要求的建筑，一般是在阳台内侧设置地漏和排水立管，将积水引入地下管网，如图 4-41(b)所示。

3. 阳台保温

北方寒冷地区居住建筑阳台需进行保温处理。一般采用封闭阳台，为通风排气，封闭阳台应有一定数量的可启窗扇。此外，可选用保温的阳台栏板材料，或对阳台进行保温处理，亦可将阳台与主体分开，形成分离式阳台。

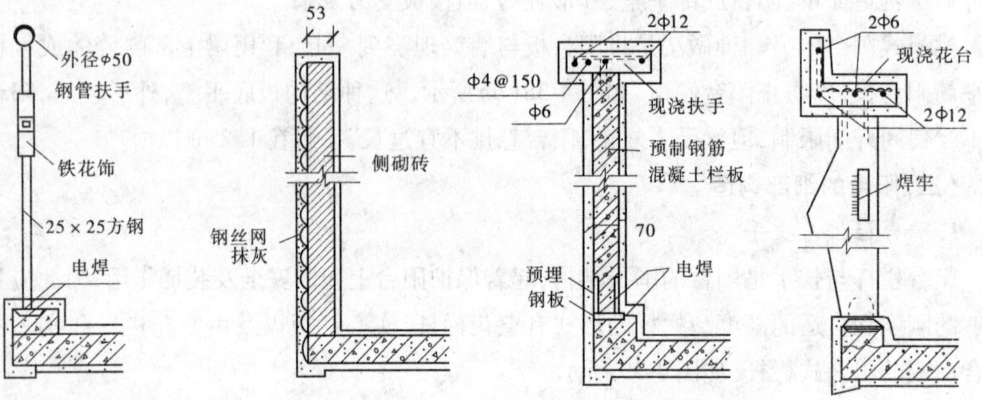

(a)金属栏杆　　(b)砖砌栏杆　　(c)预制钢筋混凝土栏杆

图 4-40　阳台扶手与栏杆构造

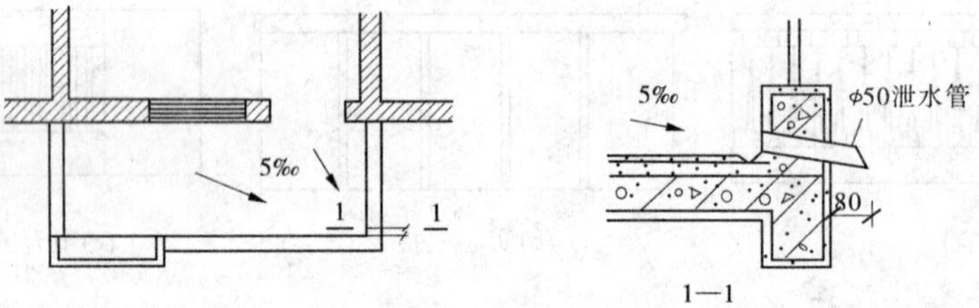

(a)阳台外排水

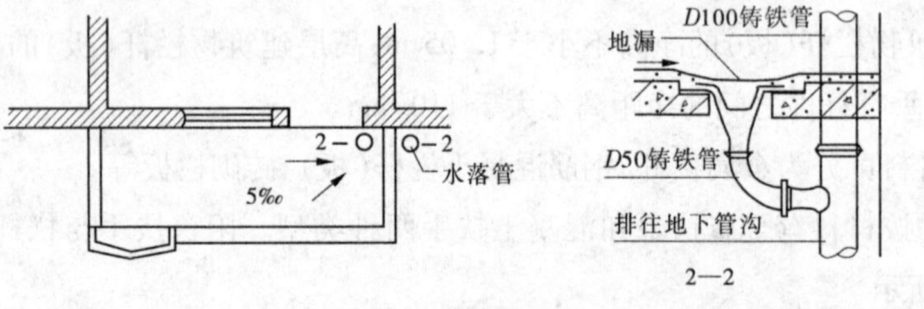

(b)阳台内排水

图 4-41　阳台的排水处理

二、雨篷

雨篷是位于建筑物入口处外门上部，用于遮挡雨水的水平构件。雨篷多为钢筋混凝土或网架结构悬挑构件，大型雨篷常加立柱形成门廊。挑出尺寸较小的雨篷可做成挑板式，由雨篷梁悬挑雨篷板，雨篷梁兼作过梁，挑出长度一般不超过 1.5 m。当雨篷挑出尺寸较大时，一般做成挑梁式，为保证雨篷板底平整，可将挑梁上翻，如图 4-42 所示。

雨篷在构造处理上要解决防止倾覆和排水的问题。通常沿板四周用砖砌或现浇混凝土做凸檐挡水，板面用防水砂浆抹面，并向排水口做出 1% 的坡度，防水砂浆应顺墙向上做泛水 300 mm 高。

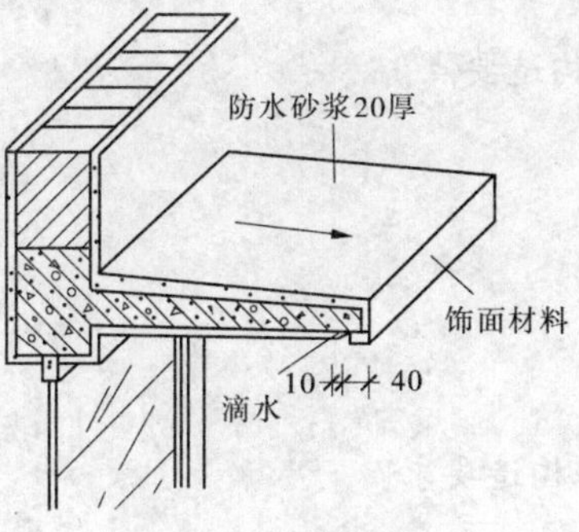

(a)自由落水雨篷

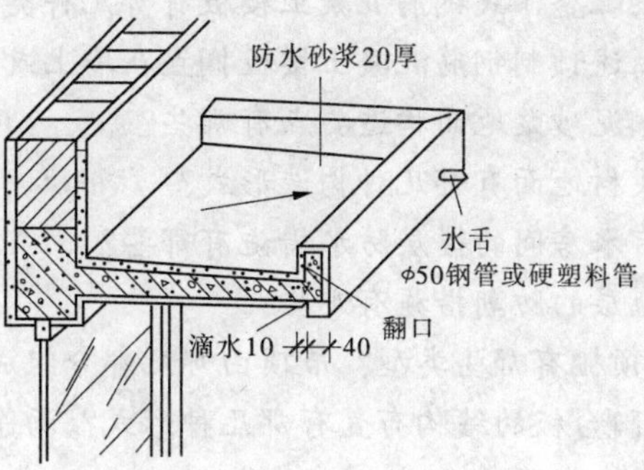

(b)有翻口有组织排水雨篷

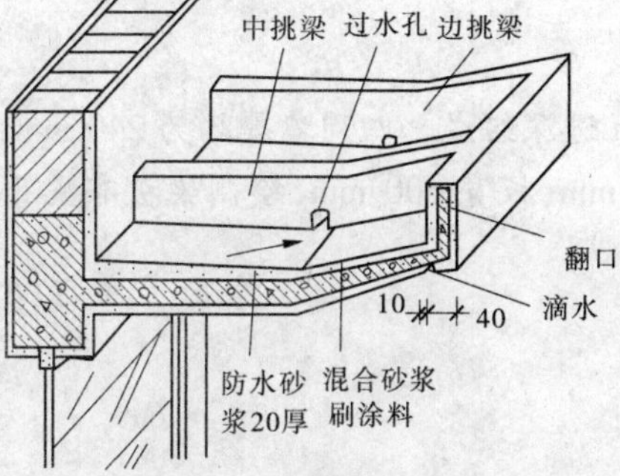

(c)折挑倒梁有组织排水雨篷

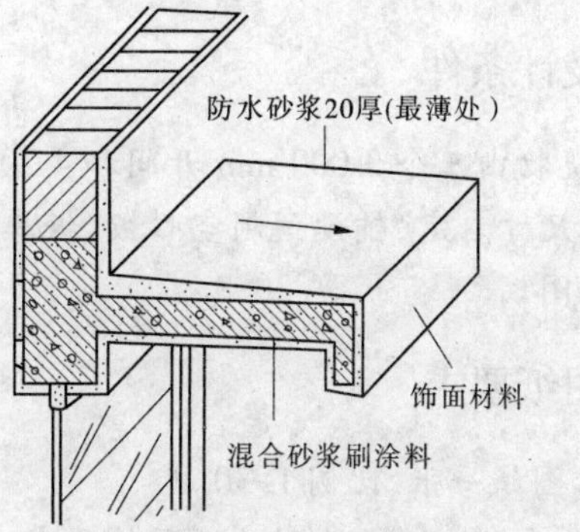

(d)下翻口自由落水雨篷

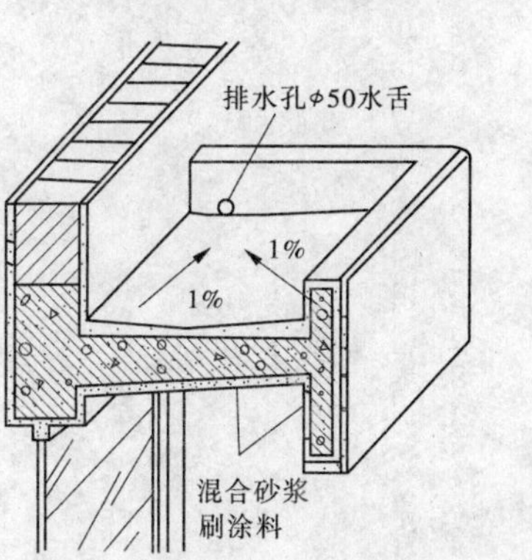

(e)上下翻口有组织排水雨篷

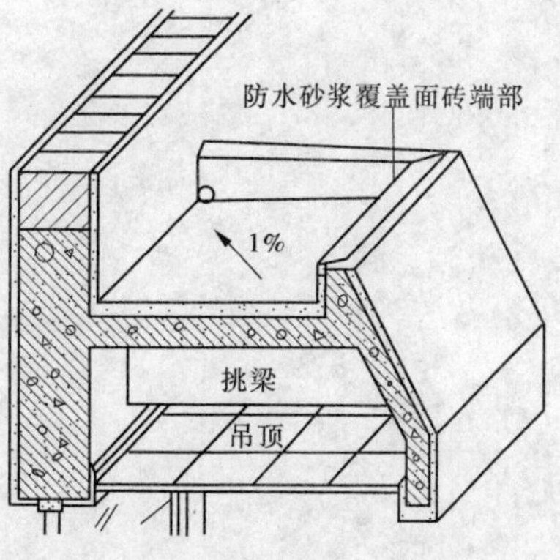

(f)下挑梁有组织排水带吊顶雨篷

图 4-42　雨篷构造

思考题

1. 楼地层一般由哪几部分组成？
2. 现浇钢筋混凝土楼板有哪几种结构形式？各有什么特点？
3. 常用的预制板有哪几种形式？

4. 装配整体式钢筋混凝土楼板有哪几种类型?

5. 简述预制钢筋混凝土楼板搁置在墙上或梁上的构造要点。

6. 水泥砂浆地面构造要点有哪些?

7. 块材地面有哪几种构造形式?

8. 有水房间的楼层防水措施有哪些?

9. 地层的防潮措施有哪些?

10. 顶棚有哪些类型? 吊顶由哪几部分组成?

11. 阳台板的结构布置有哪几种形式? 雨篷有哪些构造要求?

综合实训三　绘制梁板布置图

一、设计条件

某建筑物由三个 3 000 mm 开间和 4 200 mm 进深组成。四周墙厚均为 240 mm,设横向梁两根,梁尺寸自定,铺设预制空心板,板厚 120 mm,板宽 600 mm,绘制梁板布置平面图和纵、横剖面图。

二、图纸要求

用 A3 图纸一张,比例 1:30。

标注尺寸、材料等,达到施工图的要求。

项目五　楼梯及其他垂直交通设施

【知识目标】

1. 了解楼梯的形式、电梯和自动扶梯的构造。

2. 熟悉楼梯的组成、各部分尺度要求以及台阶和踏步的构造。

3. 掌握楼梯的构造要求。

【能力目标】

1. 能够使学生具有分析钢筋混凝土楼梯的组成以及各部分尺度的能力。

2. 能够使学生具有识读和绘制钢筋混凝土楼梯构造图的能力。

任务一　预备知识

楼梯是一个或若干连续的梯段和平台的组合,用以连通不同标高的平面,是建筑物内联系上下层的垂直交通设施。楼梯应满足人们正常情况时上下通行方便、紧急情况时安全疏散的要求;并应满足坚固、耐久、安全、防火、造型美观和施工方便等要求。

电梯主要用在层数较多或有特殊需要的建筑中,自动扶梯一般用于人流量较大的公共建筑中,在设有电梯或自动扶梯的建筑中,同时也必须设置楼梯作为安全疏散通道。

根据建筑物的功能和使用要求,有时设置台阶、坡道和爬梯等作为建筑物的垂直交通设施,如图 5-1 所示。

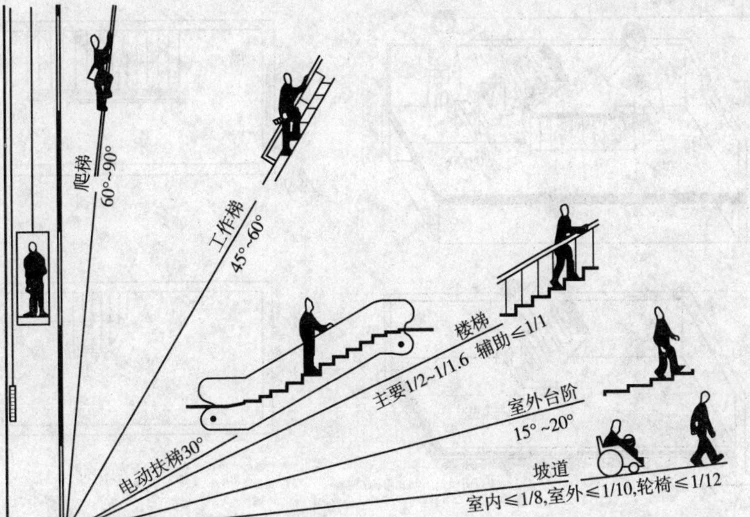

图 5-1　各种垂直交通设施的适用坡度

任务二　楼梯的组成和类型

一、楼梯的组成

楼梯一般由楼梯梯段、楼梯平台、栏杆(或栏板)和扶手三部分组成,如图 5-2 所示。

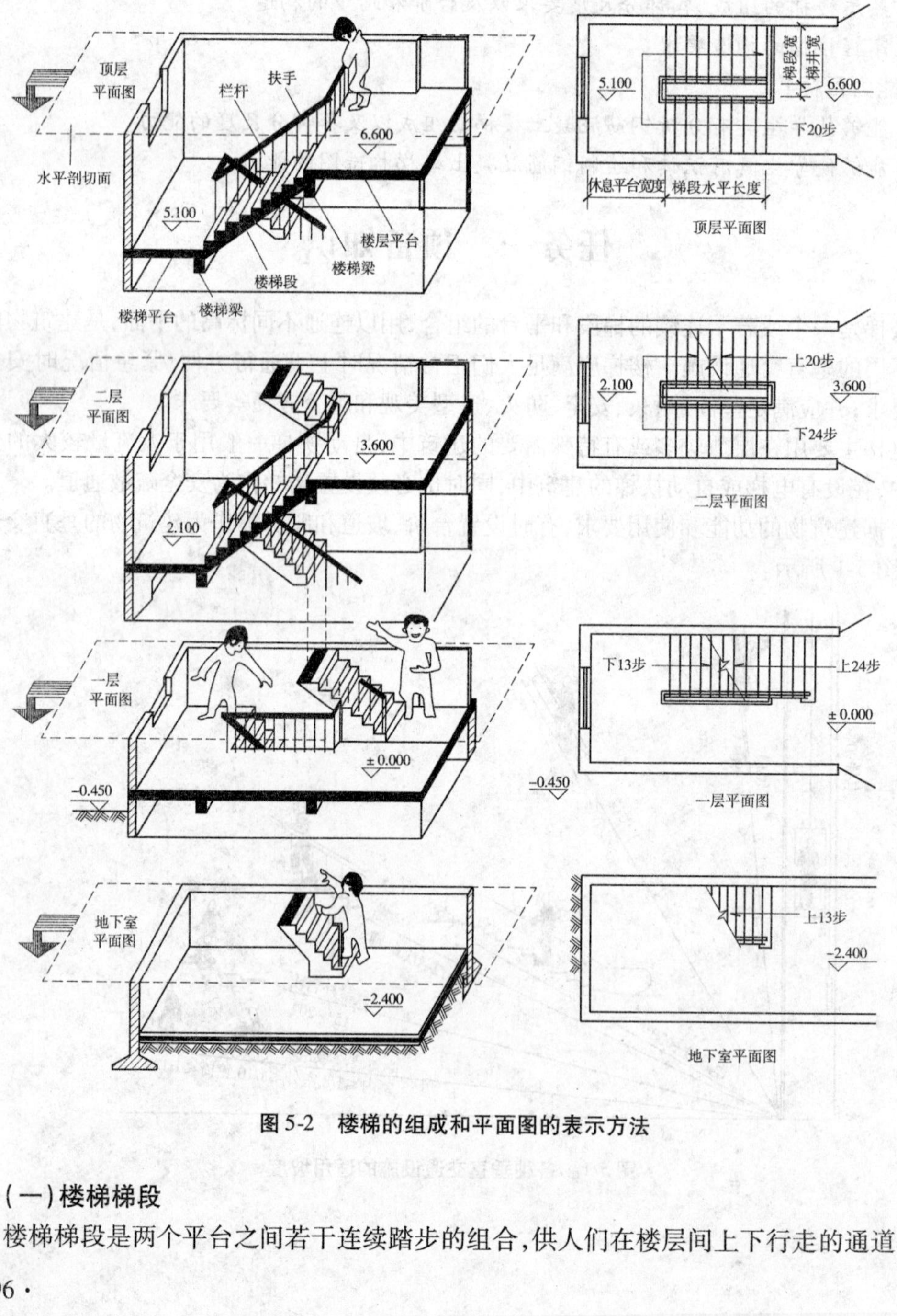

图 5-2　楼梯的组成和平面图的表示方法

(一)楼梯梯段

楼梯梯段是两个平台之间若干连续踏步的组合,供人们在楼层间上下行走的通道段落,又称为梯段。一个梯段称为一跑。每个踏步一般由两个相互垂直的面组成,供人们行走时踏脚的水平面称为踏面,与踏面垂直的面称为踢面。踏面和踢面之间的尺寸关系决定了楼梯的坡度。为了使人们上下楼梯时不至于过度疲劳和适应人们的行走习惯,我国规范规定一个楼梯梯段的踏步数量最多不超过 18 级,最少不少于 3 级。

(二)楼梯平台

楼梯平台是指连接相邻两个楼梯段的水平构件。平台主要是为了解决楼梯段的转折,连通楼层或供人们在上下楼时稍做休息。平台往往分成两种:与楼层标高一致的平台称为楼层平台(或称正平台);介于两个楼层之间的平台称为中间平台(或称为半平台)。

(三)栏杆(或栏板)和扶手

为了保证人们在楼梯上行走安全,梯段和平台的临空边缘应设置栏杆或栏板,其顶部设倚扶用的连续构件,称为扶手。

二、楼梯的类型

(一)按照楼梯的材料分类

按照楼梯的材料其可分为钢筋混凝土楼梯、钢楼梯和木楼梯。

(二)按照楼梯的位置分类

按照楼梯的位置其可分为室内楼梯和室外楼梯。

(三)按照楼梯的使用性质分类

按照楼梯的使用性质其可分为主要楼梯、辅助楼梯、疏散楼梯和消防楼梯。

(四)按照楼层间梯段的数量和上下楼层方式的不同分类

按照楼层间楼段的数量和上下楼层的方式不同,楼梯可分为以下几种。

1. 直跑式楼梯

直跑式楼梯又分为单跑直跑式楼梯和双跑直跑式楼梯,如图 5-3(a)、(b)所示。单跑直跑式楼梯只有一个梯段,不设中间平台,所占宽度较小,但长度较大,适用于层高较小的建筑;双跑直跑式楼梯在两个梯段间设一个中间平台,两梯段在一条直线上,所占宽度较小,但长度较大,适用于楼梯间窄而长的建筑。

2. 双跑平行楼梯

双跑平行楼梯由两个梯段和一个中间平台组成,在中间平台处转向 180°,占用长度较小,但宽度较大,用途较广,如住宅和公共建筑等广泛应用,如图 5-3(f)所示。

3. 双跑转角楼梯

双跑转角楼梯由两个梯段和一个中间平台组成,在中间平台处转向 90°,两梯段均可沿墙设置,充分利用空间,适用于公共建筑大厅和住宅室内楼梯,如图 5-3(c)所示。

4. 双分平行楼梯

双分平行楼梯的第一跑为一个梯段,到中间平台处分为两个窄梯段,适用于公共建筑的主要楼梯,如图 5-3(g)所示。

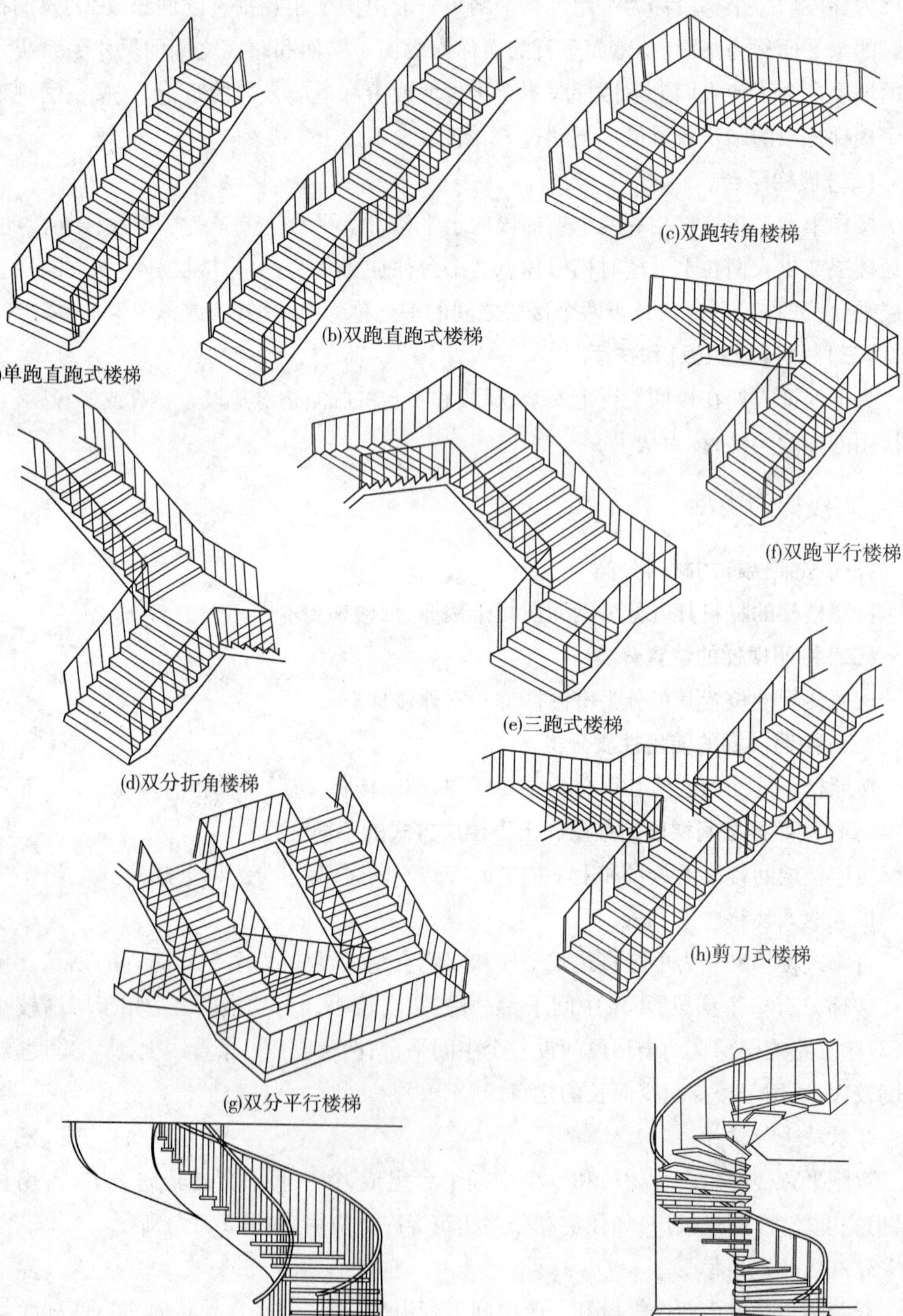
(a)单跑直跑式楼梯
(b)双跑直跑式楼梯
(c)双跑转角楼梯
(d)双分折角楼梯
(e)三跑式楼梯
(f)双跑平行楼梯
(g)双分平行楼梯
(h)剪刀式楼梯
(i)弧形楼梯
(j)螺旋楼梯

图 5-3　楼梯形式

5. 双合平行楼梯

双合平行楼梯的第一跑为两个平行梯段，到中间平台处合并为一个宽梯段，适用于公共建筑的主要楼梯。

6. 多跑式楼梯

多跑式楼梯可做成三跑式、四跑式等楼梯。如图 5-3(e)所示为三跑式楼梯，在相邻的两层楼之间由三个梯段和两个中间平台组成，占用面积宽而短，楼梯井较宽，适用于公共建筑。

7. 剪刀式楼梯

剪刀式楼梯是两个梯段用一个中间平台相连，占用面积较大，行走方便，适用于人流量较大的公共建筑，如图 5-3(h)所示。

8. 弧形楼梯

弧形楼梯的楼梯段为弧形，造型优美，但构造复杂，施工不便，多用于公共建筑门厅。如图 5-3(i)所示，水平投影为圆形。

9. 螺旋楼梯

螺旋楼梯的踏步围绕一根中心柱布置，占用面积小，造型优美，但行走不便，施工困难，多用于复式住宅、跃层式住宅和检修梯，如图 5-3(j)所示。

任务三　楼梯的尺度要求

一、楼梯的坡度

楼梯的坡度是指楼梯段的坡度。它有两种表示方法：一种是用楼梯段和水平面的夹角表示；另一种表示方法是楼梯段的垂直投影高度与水平投影长度之比。楼梯常用坡度范围为 23°~45°，其中以 30°左右较为适宜。坡度小于 23°时，应采用坡道形式。坡度大于 45°时，则采用爬梯。楼梯、坡道、爬梯的坡度范围如图 5-1 所示。

楼梯的坡度与建筑物的性质有关，应根据具体情况合理地进行选择。楼梯的坡度越小，踏步就越平缓，行走也越舒适，但它的水平投影面积就越大，就会增加投资，经济性差。反之，楼梯坡度越大越陡，行走就越吃力，但却减小了楼梯的水平投影面积和造价。因此，应当兼顾舒适性和经济性两者的要求，合理选择楼梯坡度。对人流集中、交通量大的建筑，楼梯坡度应当小些，如医院、影剧院等；对使用人数较少、交通量小的建筑，楼梯坡度可以稍大些，如住宅、别墅等。

二、楼梯的踏步尺寸

可按下列经验公式计算踏步尺寸：

$$2h + b = 600 \sim 620\ \text{mm} \tag{5-1}$$

或

$$h + b = 450\ \text{mm} \tag{5-2}$$

式中　h——踏步踢面高度；

　　b——踏步踏面宽度。

《民用建筑设计通则》(GB 50352—2005)对不同类型的建筑物给出了楼梯踏步的最小宽度和最大高度,见表5-1。

表5-1　楼梯踏步的最小宽度和最大高度

楼梯类型	最小宽度(m)	最大高度(m)
住宅公共楼梯	0.26	0.175
幼儿园、小学校等楼梯	0.26	0.15
电影院、剧场、体育馆、商场、医院、旅馆和大中学校等楼梯	0.28	0.16
其他建筑楼梯	0.26	0.17
专用疏散楼梯	0.25	0.18
服务楼梯、住宅套内楼梯	0.22	0.20

注:无中柱螺旋楼梯和弧形楼梯离内侧扶手中心0.25 m处的踏步宽度不应小于0.22 m。

由于踏步的宽度往往受到楼梯间进深的限制,当踏步尺寸较小时,可以采取加做踏口或使踢面倾斜的方式加宽踏面。踏口的挑出尺寸为20~25 mm,这个尺寸过大会给行走带来不便,如图5-4所示。

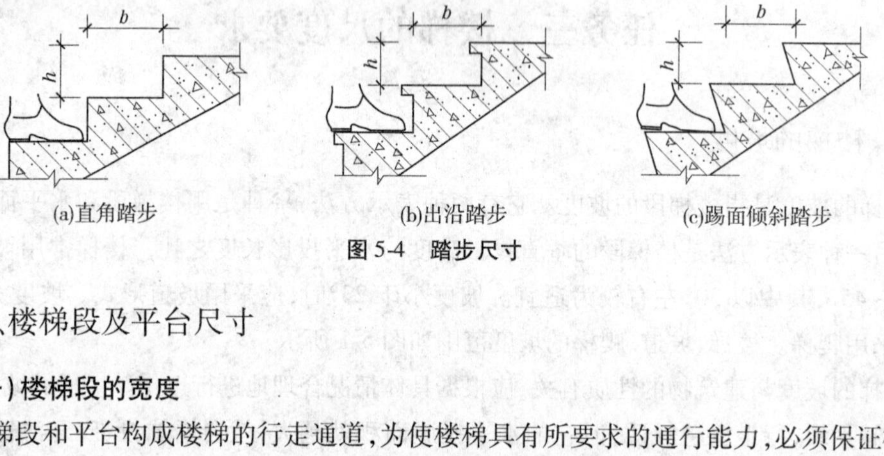

(a)直角踏步　(b)出沿踏步　(c)踢面倾斜踏步

图5-4　踏步尺寸

三、楼梯段及平台尺寸

(一)楼梯段的宽度

楼梯段和平台构成楼梯的行走通道,为使楼梯具有所要求的通行能力,必须保证楼梯和平台的通行宽度。楼梯段的宽度是指梯段边缘或墙面之间垂直于行走方向的水平距离。我国规定每股人流按550 mm+(0~150) mm,其中(0~150) mm为人在行走时的摆幅。通常情况下,楼梯段宽度的确定要考虑同时通过人流的股数及是否需通过尺寸较大的家具或设备等特殊的需要。一般一股人流宽度大于900 mm,两股人流宽度在1 100~1 400 mm,三股人流宽度在1 650~2 100 mm,如图5-5所示。

一般楼梯段需考虑至少同时通过两股人流,即上行与下行人流在楼梯段中间相遇能通过,楼梯段的净宽不应小于2×0.55=1.1(m);层数不超过六层的单元式住宅一边设有栏杆的疏散楼梯,其梯段的最小净宽可以不小于1.0 m。楼梯两梯段的空隙称楼梯井,楼梯井一般是为楼梯施工方便而设置的,楼梯井的宽度一般取50~200 mm。

为了满足人的行走和紧急情况下的疏散要求,我国《建筑设计防火规范》(GB 50016—

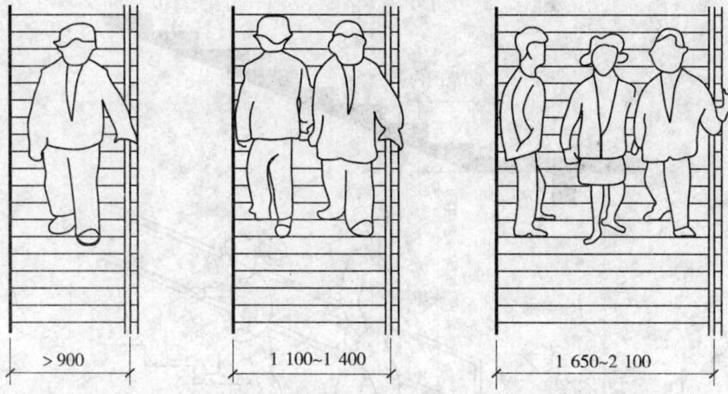

(a)单人通行梯　　(b)双人通行梯　　(c)三人通行梯

图 5-5　楼梯宽度与人流股数的关系

2006)规定,学校、商店、办公楼等建筑低层的疏散走道、楼梯、外门的各自总宽度不应低于表 5-2 所示的指标。

表 5-2　楼梯、外门和走道的宽度指标

层数	下列耐火等级下的宽度指标(m/百人)		
	一、二级	三级	四级
一、二层	0.65	0.75	1.00
三层	0.75	1.00	—
≥四层	1.00	1.25	—

(二)楼梯平台的宽度

楼梯平台是楼梯段的连接,也供行人稍加休息之用。所以,楼梯平台宽度大于或等于楼梯段的宽度。中间平台的宽度是指墙面至转角扶手中心线的水平距离。

(三)楼梯间的宽度

楼梯间是指用以容纳楼梯并由墙面或竖向定位平面限制的空间。其开间及进深的尺寸应符合水平扩大模数 3M 的整数倍,必要时可采用基本模数的整数倍数。楼梯间开间是指楼梯间定位轴线之间宽度的水平距离(或楼梯间在立面上所占的面宽)。

四、楼梯的净空高度

楼梯的净空高度包括楼梯段的净高和平台下的净高。楼梯段的净高是指自踏步前缘线(包括最低和最高一级踏步前缘线以外 0.3 m 范围内)量至正上方突出物下缘间的垂直距离。平台下净高是指平台处地面至上部结构最低点(通常为平台梁底面)的垂直距离。为保证人流通行或搬运东西时不受影响,我国规范规定楼梯平台处的净空高度不应小于 2 000 mm,在楼梯段处的净空高度不应小于 2 200 mm,如图 5-6 所示。

楼梯间第一层平台下有两种形式:一种是通行式,如图 5-7(a)所示;一种是非通行式,如图 5-7(b)所示。对于通行式必须保证平台处地面至平台梁底面的垂直距离不小于 2 m。在实际工程中,层高较低、梯段较多或楼梯间进深尺寸较小等原因,都有可能导致平台下净空高度不能满足通行要求。

现以层高 3.0 m 的住宅为例,如果第一层平台下是出入口,其平台下的净高不应小于

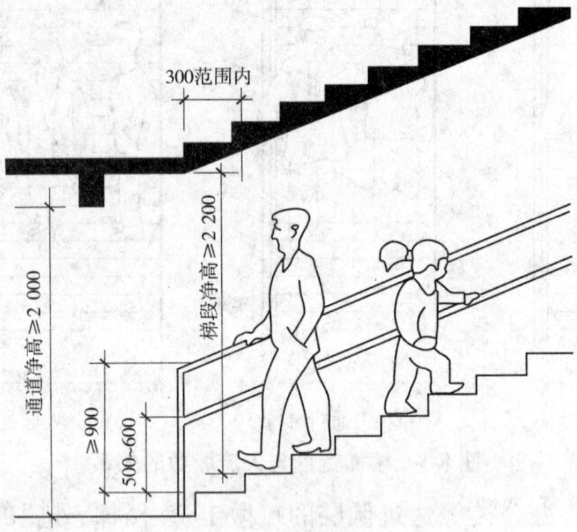

图 5-6　楼梯的净空高度和扶手高度

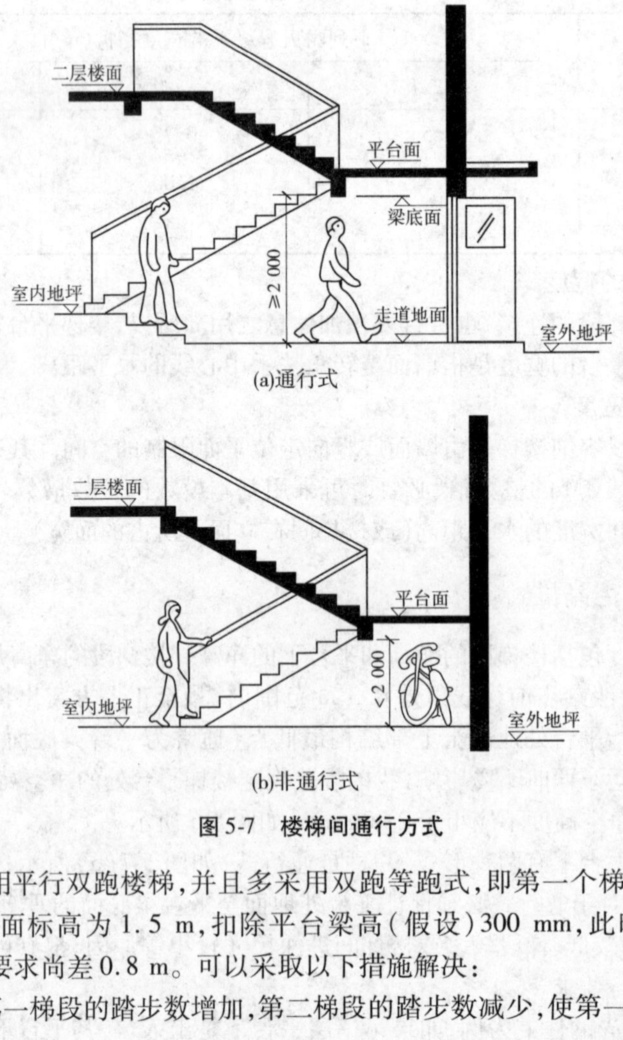

图 5-7　楼梯间通行方式

2.0 m，而住宅常用平行双跑楼梯，并且多采用双跑等跑式，即第一个梯段与第二个梯段等长。因此，平台顶面标高为 1.5 m，扣除平台梁高（假设）300 mm，此时平台下净高仅有 1.2 m，距 2.0 m 要求尚差 0.8 m。可以采取以下措施解决：

（1）将底层第一梯段的踏步数增加，第二梯段的踏步数减少，使第一个休息平台位置上移。但这种处理方法使第一跑的水平投影长度增加，如果该楼梯间的进深不够长，那么此方法不可行。另外，当房屋层高较小时，应验算第一、三梯段之间的净高是否满足要求，验算第二平台下净高是否满足要求，如图5-8(a)所示。

(2)加大室内外高差，楼梯段仍为等跑式，这种处理梯段构件统一，但增加了房屋底层室内的地面标高，因而增加了建筑造价，如图5-8(b)所示。

(3)将上述两种方法结合使用，既利用部分室内外高差，又做成不等跑梯段，满足楼梯净空要求，这种方法经济、合理，如图5-8(c)所示。

(4)在满足规范要求的条件下，将底层第一梯段的踢面高度加大，从而抬高第一个休息平台的标高，满足平台下净空高度的要求。

(5)底层用直跑楼梯，直达二楼。这种处理楼梯段较长，需楼梯间也较长。

(6)不设平台梁，做成折板式楼梯，可以使平台下净高增加200~300 mm，如图5-8(d)所示。

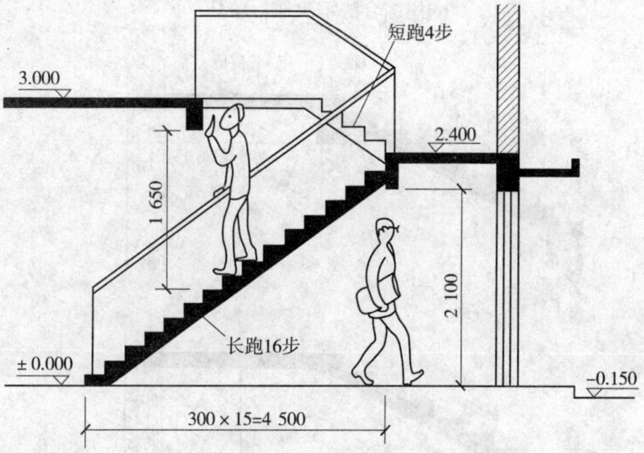

(a)用加长第一梯段解决通行净高

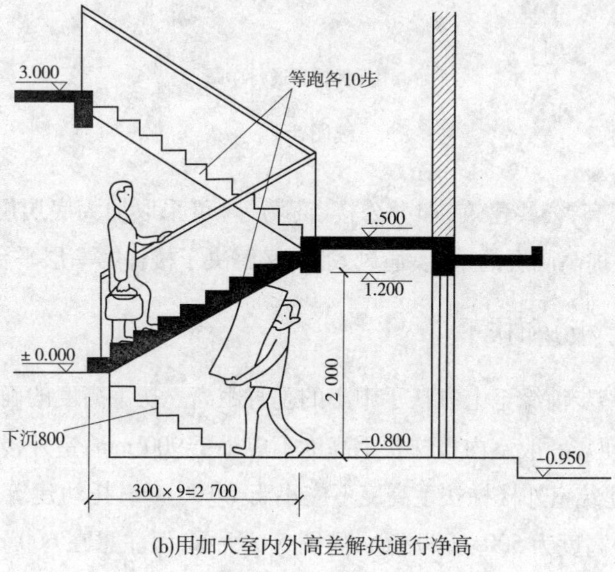

(b)用加大室内外高差解决通行净高

图5-8　提高第一层平台下净高的措施

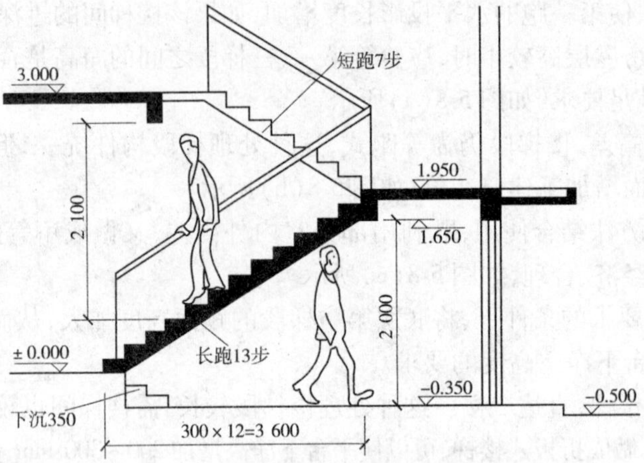

(c)用综合法解决通行净高

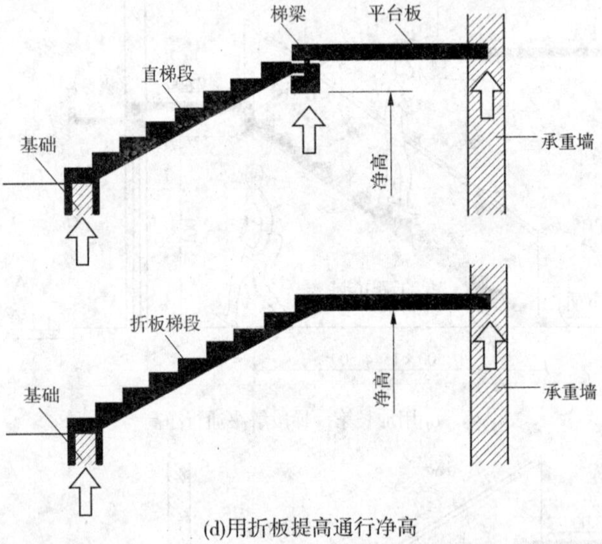

(d)用折板提高通行净高

续图 5-8

(7)加大底层层高,公共建筑(如办公楼、商场等)可采取加大底层层高的方法,既可使建筑更加宏伟壮观,提高底层的采光、通风效果,又解决了楼梯第一层平台下通行净高问题。

五、栏杆(或栏板)和扶手

扶手高度是指踏步前缘至上方扶手中心的垂直距离。扶手高度的确定要考虑人们通行楼梯段时依扶的方便。一般室内楼梯扶手高度不应小于 900 mm;室外楼梯扶手高度不应小于 1 050 mm;高层建筑室外楼梯扶手高度不应小于 1 100 mm;托幼建筑中楼梯扶手高度应适合儿童身材,扶手高度为 500 ~ 600 mm,如图 5-6 所示,但注意在 600 mm 处设一道扶手,900 mm 处仍应设扶手,此时楼梯为双道扶手。如果靠楼梯井一侧水平栏杆长度超过 0. 5 m,扶手高度不应小于 1 000 mm,顶层楼梯平台处的水平栏杆高度不应小于 1 000 mm。

任务四　钢筋混凝土楼梯构造

楼梯按构成材料可分为钢筋混凝土楼梯、钢楼梯、木楼梯或几种材料混合使用的楼梯。由于楼梯是建筑中重要的安全疏散设施，对耐火性要求较高，而钢筋混凝土的耐火性与耐久性均比钢材和木材好，因此在一般建筑中多采用钢筋混凝土楼梯。

钢筋混凝土楼梯按施工工艺可分为整体现浇钢筋混凝土楼梯和预制装配式钢筋混凝土楼梯两大类。

一、现浇钢筋混凝土楼梯构造

（一）现浇钢筋混凝土楼梯的特点

现浇钢筋混凝土楼梯是指楼梯段、楼梯平台等与建筑物主体整浇在一起的楼梯。它整体性好，刚度大，坚固，耐久，抗震性好，可以浇筑成任意形状（如弧形楼梯、圆形楼梯、螺旋楼梯等），不需要大型起重设备，但是在施工过程中，要经过支模板、绑扎钢筋、浇筑混凝土、振捣、养护、拆模等作业，受外界环境因素影响较大，工人湿作业量大，工期长。但是，由于建筑的层高、楼梯间的开间、进深及建筑的功能均对楼梯的尺寸有直接的影响，而且楼梯的平面形式多种多样，大部分地区的建筑要求抗震设防，因此现浇钢筋混凝土楼梯应用较广。

（二）现浇钢筋混凝土楼梯的分类

现浇钢筋混凝土楼梯根据楼梯段的传力特点与结构形式的不同，可分为板式楼梯和梁板式楼梯。

1. 板式楼梯

板式楼梯的楼梯段作为一块现浇板与上下两端的平台梁整浇在一起，楼梯段相当于一块斜放的板支承在平台梁上，平台梁之间的距离即为板的跨度。梯段内的受力钢筋沿跨度方向布置，荷载通过梯段板传给平台梁，再由平台梁将荷载传给两端的墙或柱，最后传给基础。从力学和结构角度考虑，当楼梯荷载较大或梯段板的跨度较大时，梯段板的截面高度也将增大，钢筋和混凝土用量增加，经济性下降。所以，板式楼梯适用于楼梯荷载较小、建筑层高较小（楼梯段的跨度较小）的建筑，如住宅、宿舍等。

有时为了保证平台下的净空高度，可以在板式楼梯的局部位置取消平台梁，称为折板式楼梯，此时板的跨度应为梯段水平投影长度与平台深度尺寸之和。

板式楼梯段的底面平齐，便于装修，如图 5-9 所示。

2. 梁板式楼梯

梁板式楼梯是由踏步板、楼梯斜梁、平台梁和平台板整浇在一起形成的楼梯。荷载由踏步板传给斜梁，再由斜梁传给平台梁，而后传到墙或柱上。梁板式梯段在结构布置上有双梁布置和单梁布置之分。

双梁式梯段是将梯段斜梁布置在踏步的两端，这时踏步板的跨度即为梯段的宽度，也就是楼梯段斜梁间的距离。梁板式楼梯与板式楼梯相比，板的跨度小，故在板厚相同的情况下，梁板式楼梯可以承受较大的荷载。反之，在荷载相同的情况下，梁板式楼梯的板厚可以比板式楼梯的板厚薄。当斜梁在板下部时，称为正梁式梯段，从梯段侧面就能看见踏步，常称明步，如图 5-10（d）所示。有时为了让楼梯段底表面平整或避免洗刷楼梯时污水沿踏步

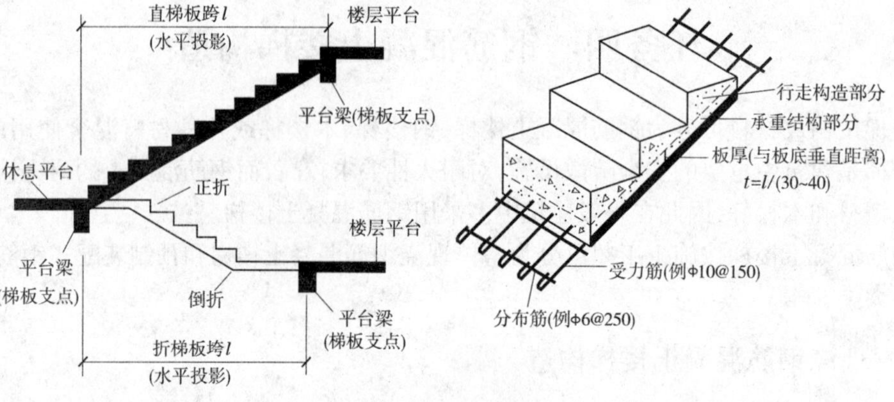

(a)梯间剖面图 (b)梯段构造示意

图 5-9 板式楼梯段

端头下淌,污染楼梯,影响美观,常将楼梯斜梁反向上面,称为反梁式梯段,梯段下面平整,踏步在梁内侧,从梯段侧面看不见踏步,常称暗步,如图 5-10(b)所示。边梁的宽度在满足结构要求的条件下尽量做得窄一些,不要过多地影响梯段净宽,必要时可以和栏杆结合。双梁式楼梯在有楼梯间墙体的情况下,有时为了节约材料,通常在楼梯段靠墙一侧不设斜梁,用承重的墙体代替斜梁,则踏步板一端搁在墙上,另一端搁在斜梁上。有的楼梯的斜梁设置在梯段的中部,形成踏步板向两侧悬挑的受力形式。

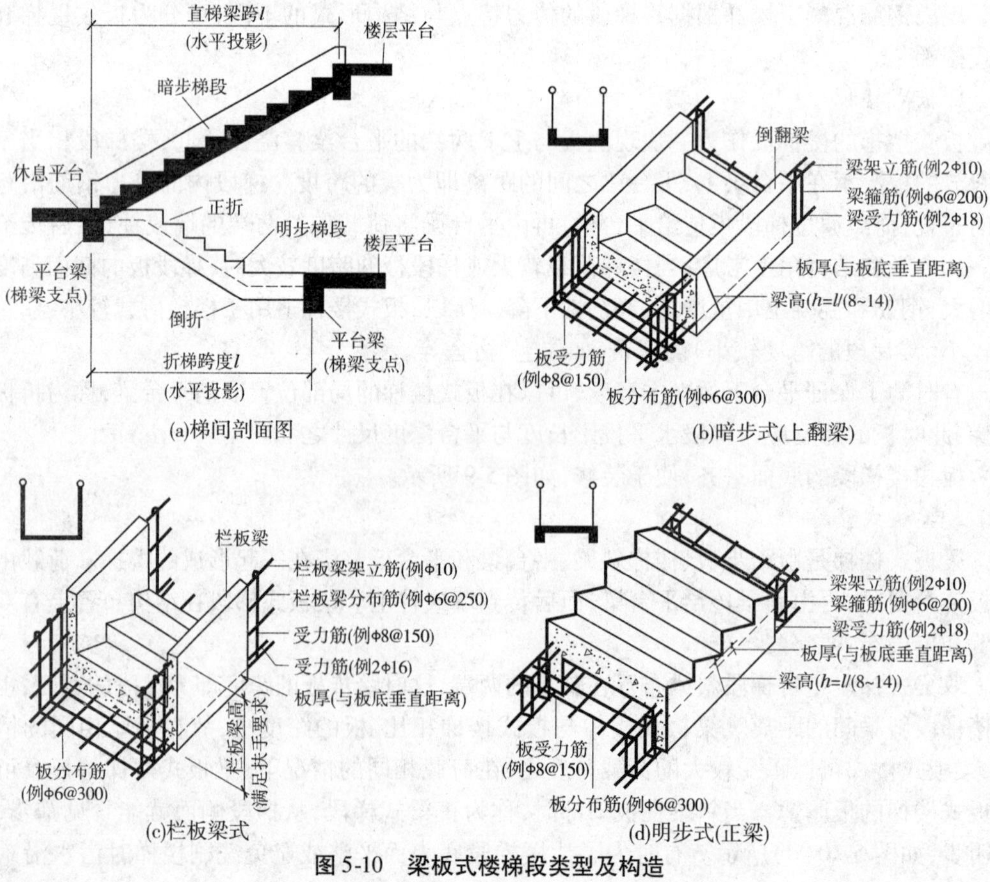

(a)梯间剖面图 (b)暗步式(上翻梁)

(c)栏板梁式 (d)明步式(正梁)

图 5-10 梁板式楼梯段类型及构造

二、预制装配式钢筋混凝土楼梯

(一)预制装配式钢筋混凝土楼梯的特点

预制装配式钢筋混凝土楼梯是将楼梯分成若干部分,在预制件厂生产,到现场安装。这种方式容易保证质量,提高施工速度,减少现场湿作业,有利于实现建筑工业化。但楼梯的造型和尺寸将受到局限,而且整体性、抗震性、灵活性等不及现浇钢筋混凝土楼梯,施工时需要配套的起重设备。

预制装配式钢筋混凝土楼梯根据组成楼梯的构件尺寸及装配的程度,可把楼梯分解成小型构件和大、中型构件。

(二)预制装配式钢筋混凝土楼梯的分类及其构造

1. 小型构件装配式楼梯

小型构件装配式楼梯的构件尺寸小,质量轻,数量多,一般把踏步板作为基本构件。其具有构件生产、运输、安装方便的优点,但是施工较复杂,施工速度慢,往往需要现场湿作业配合。

小型构件装配式楼梯预制踏步的支承方式主要有墙承式、梁承式和悬挑式三种。

1)墙承式楼梯

墙承式楼梯是把预制踏步板搁置在两侧的墙上,在砌筑墙体时,随砌随安放踏步板,每个梯段两侧都是实体墙,阻挡了视线和光线,感觉空间狭窄,可在墙转向处开设空洞,以利行人互相通视避让。由于踏步板与平台之间没有传力的关系,因此可以不设平台梁,使平台下面净高增加,如图 5-11 所示。

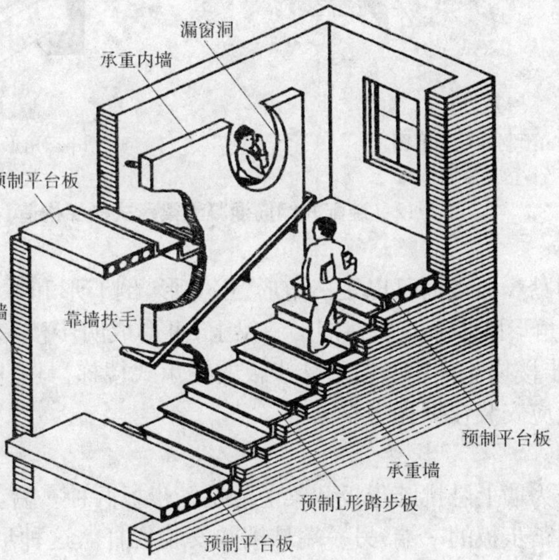

图 5-11　墙承式楼梯

墙承式楼梯的踏步板可以做成 L 形、三角形等形式。平台板可以采用实心板、空心板和槽形板。

2) 梁承式楼梯

梁承式楼梯的基本构件有踏步板、斜梁、平台梁和平台板。

梁承式楼梯支承方式是:踏步板搁置在斜梁上,斜梁搁置在平台梁上,平台梁搁置在两侧墙上,平台板一般也搁置在两侧墙上,也可以一边搁置在墙上,另一边搁置在平台梁上,如图 5-12 所示。

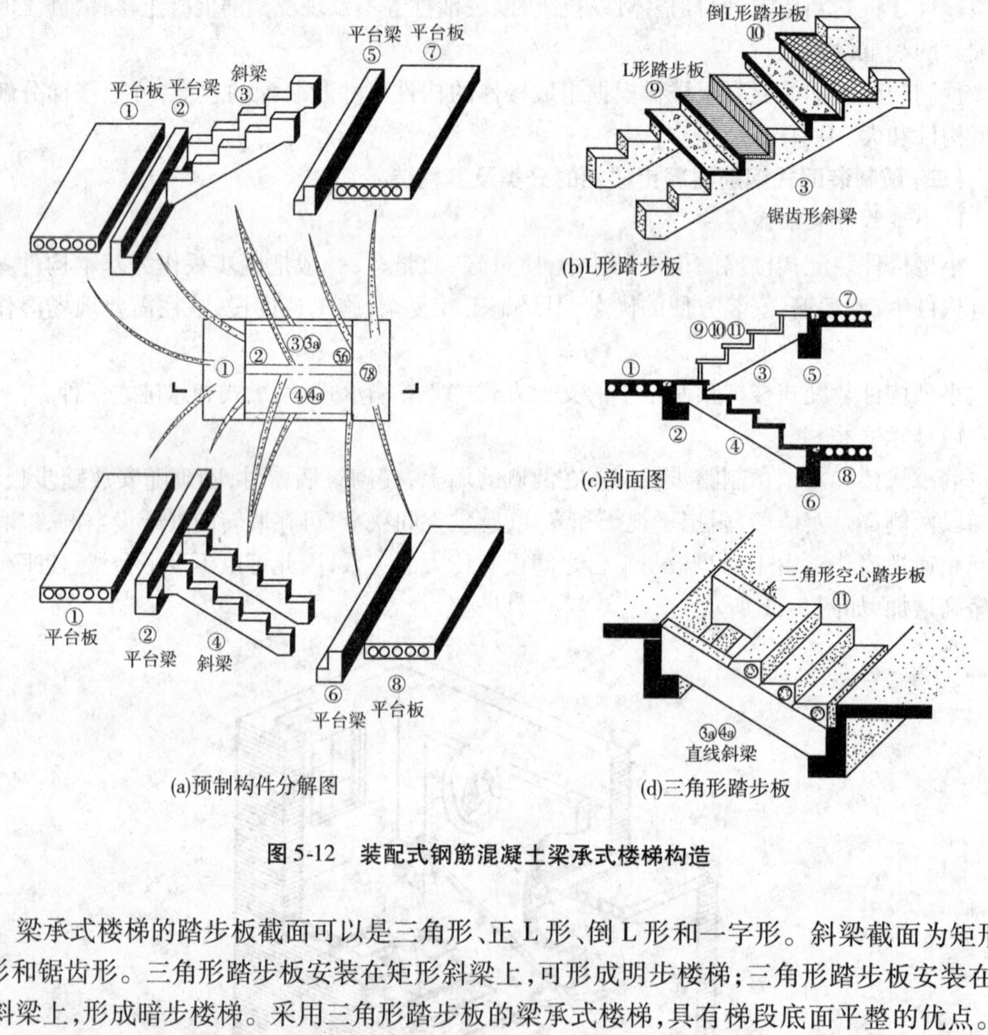

(a)预制构件分解图　(b)L形踏步板　(c)剖面图　(d)三角形踏步板

图 5-12　装配式钢筋混凝土梁承式楼梯构造

梁承式楼梯的踏步板截面可以是三角形、正 L 形、倒 L 形和一字形。斜梁截面为矩形、L 形和锯齿形。三角形踏步板安装在矩形斜梁上,可形成明步楼梯;三角形踏步板安装在 L 形斜梁上,形成暗步楼梯。采用三角形踏步板的梁承式楼梯,具有梯段底面平整的优点。L 形和一字形踏步板应安装在锯齿形斜梁上。

3) 悬挑式楼梯

悬挑式楼梯分为墙上悬挑踏步板和梁上悬挑踏步板两种。墙上悬挑踏步板是由楼梯间一侧的承重墙压住踏步板的一端,另一端悬挑并安装栏杆。这种形式多用于次要楼梯且悬挑尺寸不宜大于 1 500 mm,对于有冲击荷载和抗震要求的房屋不宜采用,如图 5-13 所示;另一种悬挑式楼梯为在锯齿形斜梁上安装踏步板,如图 5-14 所示。

2. 中型构件装配式楼梯

中型构件装配式楼梯一般由楼梯段和带平台梁的平台板两个构件组成。

带梁平台板把平台板和平台梁合并成一个构件。平台板一般采用槽形板,其中一个边

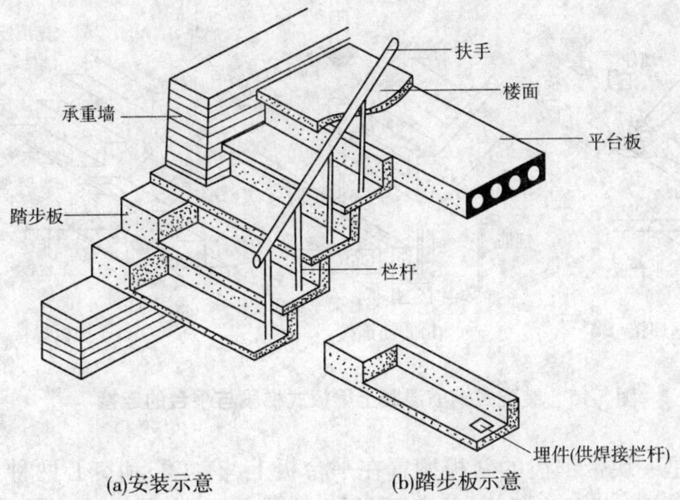

图 5-13　墙上悬挑楼梯踏步板

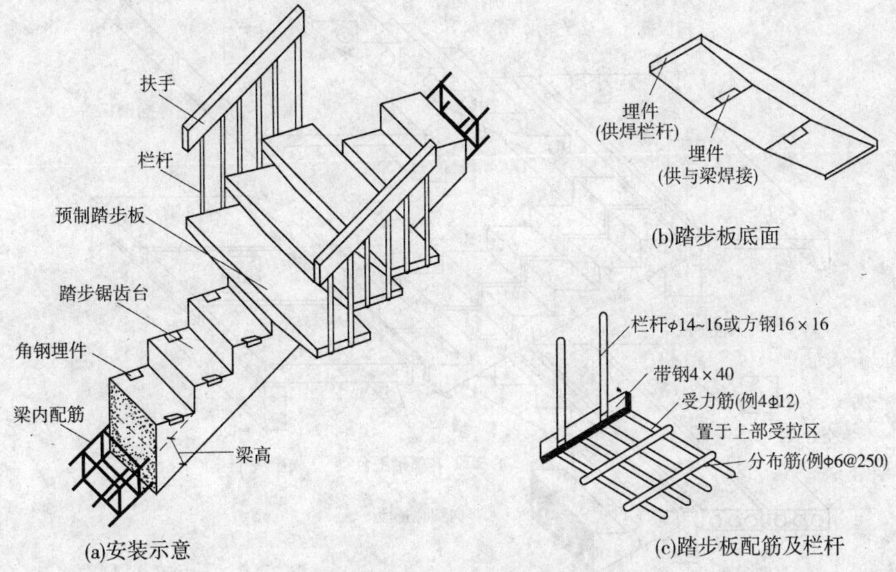

图 5-14　梁上悬挑楼梯踏步板

肋截面加大做成 L 形以便搁置楼梯段。当起重能力受限时，可将平台梁和平台板分开，这种构造做法的平台板，可以和小型构件装配式楼梯的平台板一样，采用预制钢筋混凝土槽形板或空心板两端直接支承在楼梯间的横墙上；或采用小型预制钢筋混凝土平板，直接支承在平台梁和楼梯间的纵墙上。

楼梯段有梁板式和板式两种。

(1)梁板式梯段是把踏步板和边梁组合成一个构件，成为梁板合一的构件，属于暗步式楼梯，适用于层高较大、梯段水平投影长度较长的公共建筑，如图 5-15 所示。

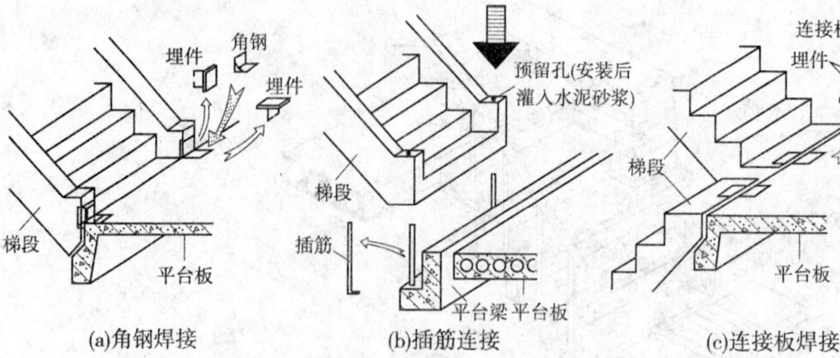

图 5-15 装配式钢筋混凝土梁板式梯段与平台的连接

(2)板式楼梯是一块带锯齿的斜板搁置在平台板上,有实心和空心两种。实心梯段加工简单,但自重大。空心梯段自重小,节省材料,多为横向孔,孔形为圆形或三角形,板式楼梯属于明步楼梯,底面平整,适于在住宅、宿舍等建筑中使用,如图 5-16 所示。

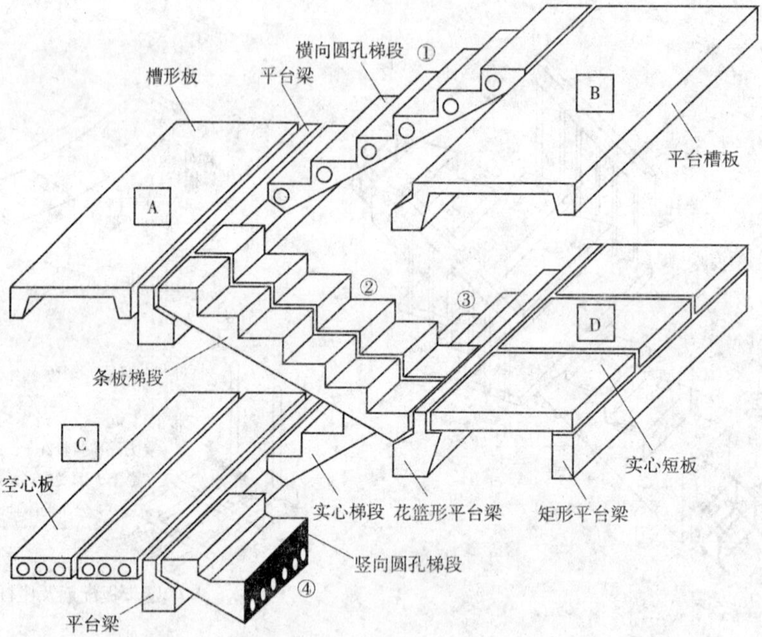

图 5-16 装配式钢筋混凝土板式楼梯构件连接

3. 大型构件装配式楼梯

大型构件装配式楼梯,是把整个梯段和平台预制成一个构件。一个梯段可以带一个平台,也可以一个梯段带两个平台。按结构形式不同,有板式楼梯和梁板式楼梯两种。为减轻构件的重量,可以采用空心楼梯段。楼梯段和平台这一整体构件支承在钢支托或钢筋混凝土支托上。

大型构件装配式楼梯,构件数量少,装配化程度高,施工速度快,但施工时需要大型起重运输设备,主要用于大型装配式建筑中。

任务五　楼梯细部构造

一、踏步的面层和细部处理

楼梯的踏步面层应平整光滑、耐磨、防滑、美观、便于清洁等。踏步面层的材料视装修要求而定，一般与门厅或走廊的楼地面面层材料一致，常用的有水泥砂浆、水磨石、地毯、大理石等。

对于通行人流量大或踏步表面光滑的楼梯，为防止行人在行走时滑跌，踏步前缘应采取防滑和耐磨措施。防滑材料可采用水泥铁屑、水泥金刚砂、塑料条、橡胶条、铜条、铝合金条、缸砖等。最简单的做法是做踏步面层时，留两三道凹槽，但使用中易被灰尘填满，使防滑效果不够理想，且易破损。防滑条或防滑凹槽两端应距离墙面或栏杆留出不小于 120 mm 的空隙，如图 5-17 所示。

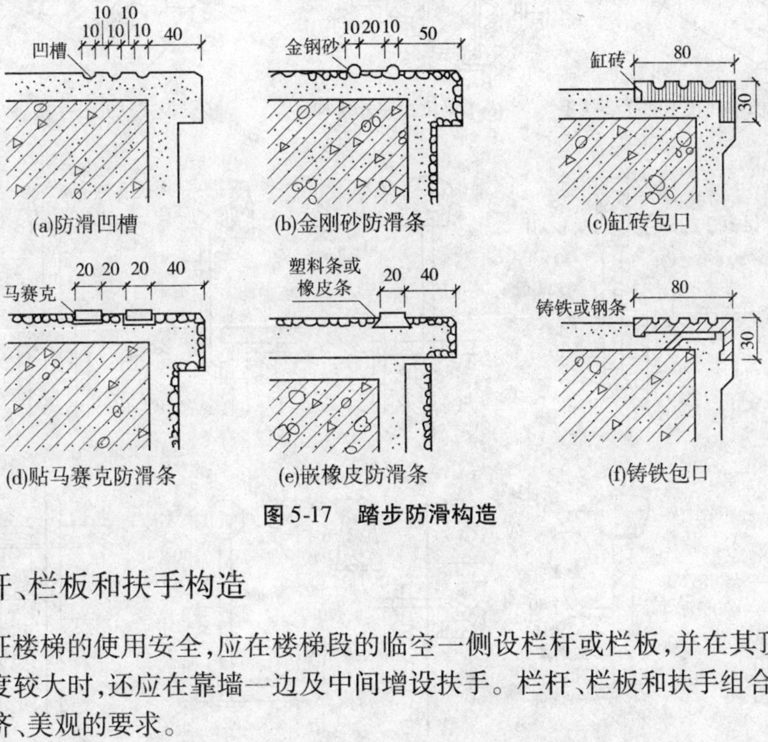

图 5-17　踏步防滑构造

二、栏杆、栏板和扶手构造

为了保证楼梯的使用安全，应在楼梯段的临空一侧设栏杆或栏板，并在其顶部设扶手。当楼梯的宽度较大时，还应在靠墙一边及中间增设扶手。栏杆、栏板和扶手组合后应满足适用、安全、经济、美观的要求。

（一）栏杆

楼梯栏杆的立杆是最主要的支撑构件，它通常垂直于楼梯踏面或垂直于梯段设置。常用的立杆材料多为方钢、圆钢、扁钢和钢管等型材，断面尺寸为：圆钢 16 ~ 25 mm，方钢 15 ~ 25 mm，扁钢（30 ~ 50 mm）×（3 ~ 6 mm），钢管 20 ~ 50 mm。

立杆与钢筋混凝土楼梯段应有可靠的连接，连接方法主要有预埋铁件焊接，即将栏杆的立杆与楼梯段中预埋的钢板或套管焊接在一起；预留孔洞插接，即将栏杆的立杆端部做成开脚或倒刺插入楼梯段预留的孔洞，用水泥砂浆或细石混凝土填实；预埋件螺栓连接或直接用膨胀螺栓固定等几种形式，如图 5-18 所示。

立杆之间可用横杆或其他花饰连接。但托幼及小学校等建筑，栏杆的分格应采用不易攀登的竖向杆件，且竖向杆件之间的净距不应大于 110 mm，以确保安全。

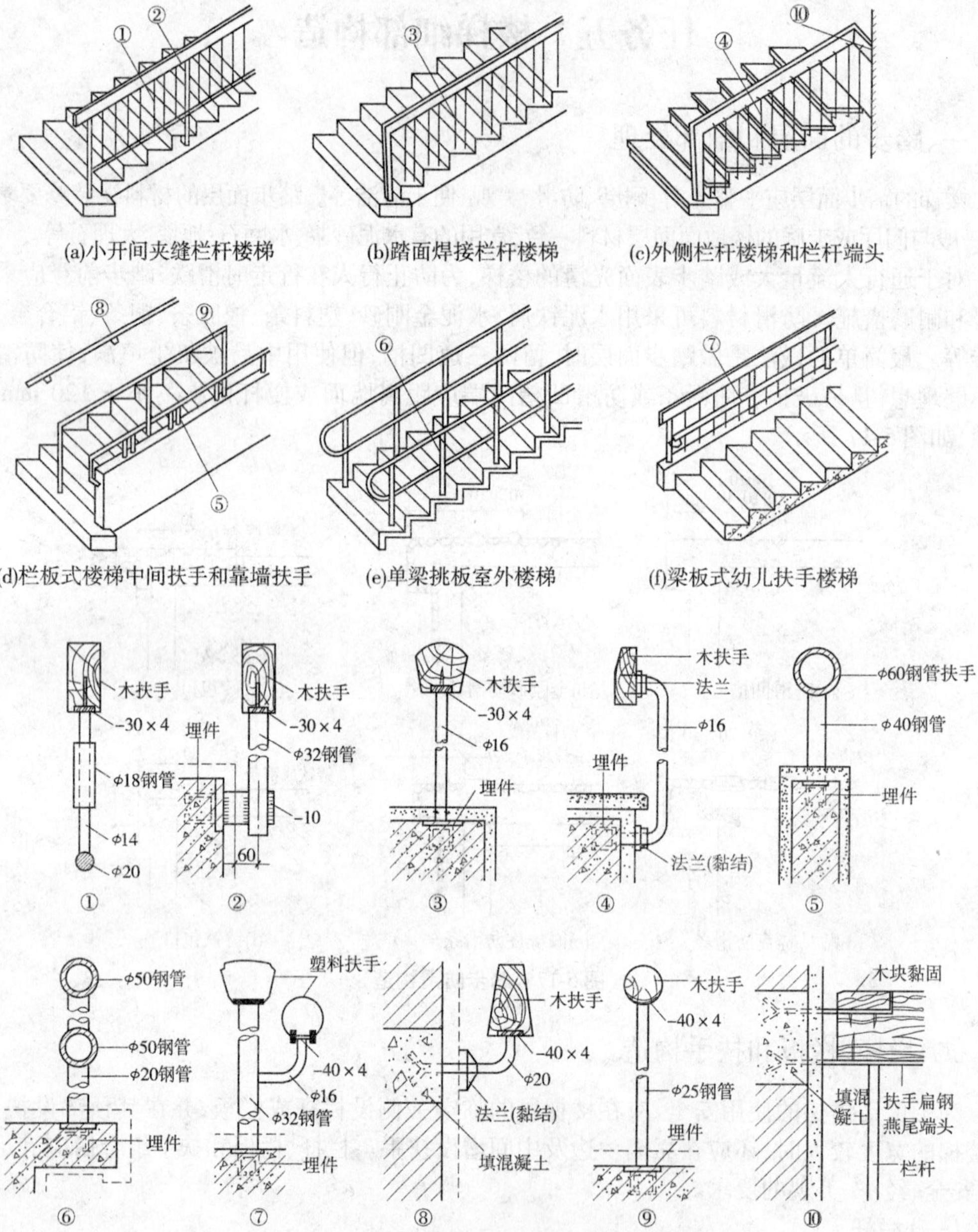

图 5-18　楼梯栏杆、栏板和扶手形式与构造

(二)栏板

用实体构造做成的栏板,多用钢筋混凝土、加设钢筋网的砖砌体、木材、玻璃等制作。对于砖砌栏板,当栏板厚度为 60 mm(即用标准砖侧砌)时,外侧要用钢筋网加固,再用钢筋混凝土扶手与栏板连成整体。现浇钢筋混凝土楼梯栏板可以与楼梯段整浇;预制钢筋混凝土楼梯栏板则用预埋钢板焊接。如图 5-19 所示为组合式栏板构造。

(三)扶手

扶手一般采用硬木、工程塑料、金属型材(不锈钢管、铝合金管、铜管等)制作,其中硬木扶手常用于室内楼梯。室外楼梯的扶手则很少采用木料,以避免产生开裂或翘曲变形。金

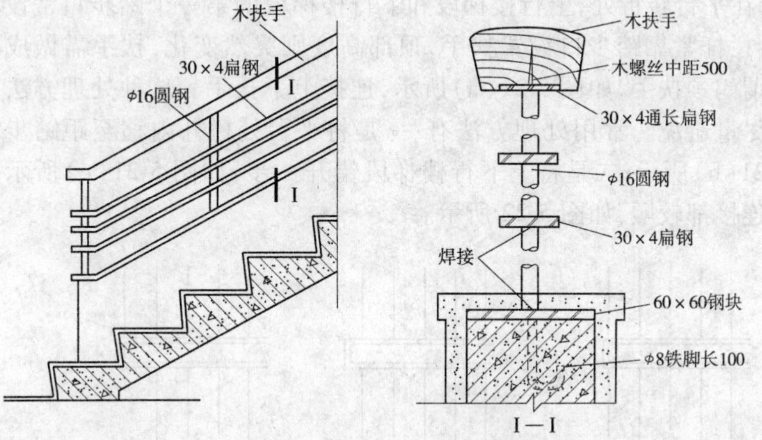

图 5-19　组合式栏板构造

属和塑料是室外楼梯扶手常用的材料。另外,栏板顶部的扶手可用水泥砂浆或水磨石抹面而成,也可用大理石板、预制水磨石板或面砖贴面而成。不论何种材料的扶手,其表面必须光滑、圆顺、便于扶持。常见扶手类型如图 5-18 所示。

楼梯扶手一般是连续设置的,金属扶手通常与金属栏杆焊接,木质和塑料扶手与金属栏杆的连接通常是在金属栏杆的顶部先焊接一根带小孔的通长扁铁,然后用螺钉连接或卡接的方法将扶手固定在扁铁上。

楼梯扶手有时需要固定在侧面的砖墙或混凝土柱上,如顶层安全栏杆扶手、休息平台护窗扶手、靠墙扶手等。扶手与砖墙连接时,一般是在砖墙上预留 120 mm×120 mm×120 mm 预留孔洞,将扶手或扶手铁件伸入洞内,用细石混凝土或水泥砂浆填实固牢;扶手与混凝土墙或柱连接时,一般在墙或柱上预埋铁件,与扶手铁件焊接,也可用膨胀螺栓连接,或预留孔洞插接,如图 5-20 所示。

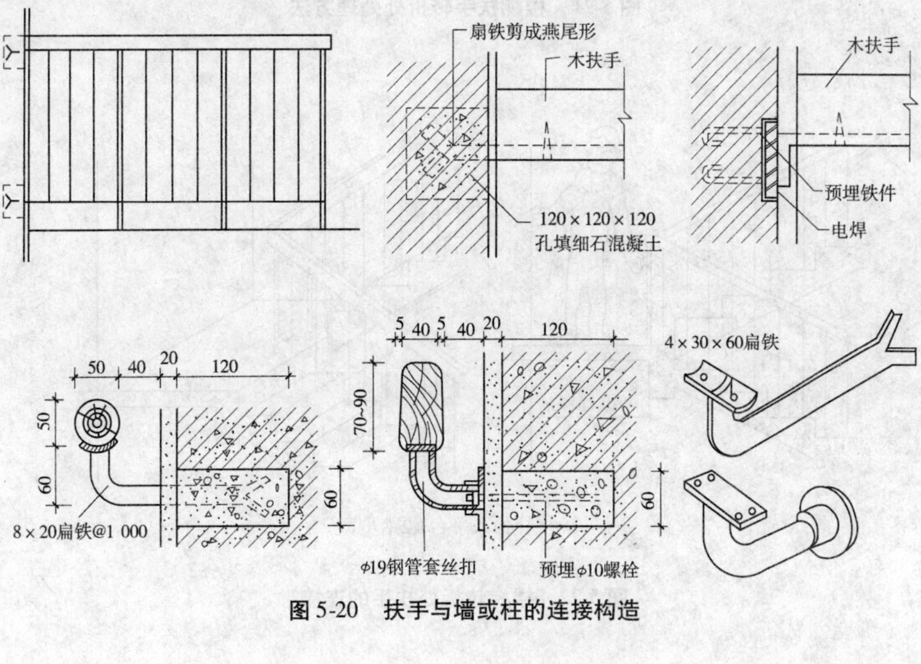

图 5-20　扶手与墙或柱的连接构造

双跑楼梯在平台转折处,上行楼梯段和下行楼梯段的第一个踏步口常设在一条竖线上。如果平台栏杆紧靠踏步口设置扶手,顶部高度则突然变化,扶手需做成一个较大的弯曲线,即所谓鹤颈扶手,如图 5-21(a)所示,连接上下扶手。这种处理方法费工、费料,使用不便,应尽量避免。常用处理方法有:一是将平台处栏杆内移至距踏步口约半步的地方,如图 5-21(b)所示;二是将上下行楼梯段错开一步,如图 5-21(c)所示。此两种处理方法,扶手连接都较顺,如图 5-22 所示。

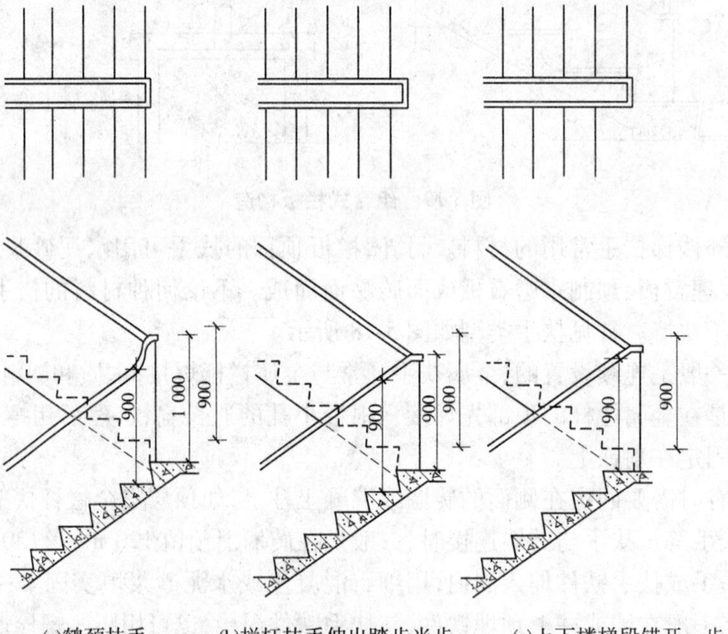

图 5-21　楼梯扶手转折处处理方法

图 5-22　楼梯转折处扶手的连接

(b)栏杆伸入平台50~70 mm

续图 5-22

任务六　台阶与坡道

大部分台阶与坡道设在室外，是建筑入口处连接室内外不同标高地面的构件。一般多采用台阶，当有车辆通行、室内外地面高差较小或考虑残疾人使用时，需设置坡道，有时同时设置台阶和坡道来满足多种功能的要求。城市规划要求，台阶和坡道作为建筑主体的一部分，不允许进入道路红线。

由于房屋主体沉降、热胀冷缩、冰冻等因素，都有可能造成台阶与坡道的变形，常见的情况有台阶向房屋主体方向倾斜，造成倒泛水、台阶某些部位开裂等。解决这种变形的方法是加强房屋主体与台阶及坡道之间的联系，以形成整体沉降；或索性将台阶及坡道与主体结构完全脱开，加强缝隙节点处理。

一、台阶

（一）台阶的形式

常见室外台阶的形式有单面踏步式（见图 5-23（a））、两面踏步式、三面踏步式（见图 5-23（b））、单面踏步带垂带石（方形石、花池）等。

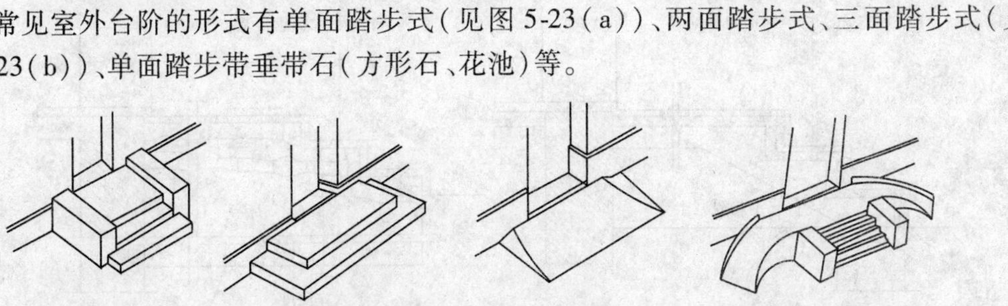

(a)单面踏步式　(b)三面踏步式　(c)坡道式　(d)踏步、坡道结合式

图 5-23　台阶与坡道形式

（二）台阶的尺寸

台阶由踏步和平台组成。一般公共建筑主要出入口处的台阶踢面高不超过 150 mm，踏面宽度为 300 ~ 400 mm。平台设置在出入口与踏步之间，起缓冲作用，平台宽度应大于所连通的门洞口宽度，至少每边宽出 500 mm，平台深度一般不小于 1 000 mm，为防止雨水积聚或溢水室内，平台面宜比室内地面低 10 ~ 50 mm，并向外找坡 1% ~ 3%，以利于排水。

(三)台阶的基本要求

为使台阶满足交通和疏散的需要,台阶的设置应满足下列要求:

(1)人流密集场所台阶的高度超过 1.0 m 时,宜设护栏设施。

(2)影剧院、体育馆观众厅疏散出口门内外 1.4 m 范围内不能设台阶踏步。

(3)室内台阶踏步数不应少于两步。

(4)台阶和踏步应充分考虑雨、雪天气时的通行安全,宜用防滑性能好的面层材料。

(5)室外台阶应坚固耐磨,具有较好的耐久性、耐水性和抗冻性。

(四)台阶的构造

台阶的构造分实铺和架空两种,台阶按材料不同,有砖台阶、石台阶、混凝土台阶和钢筋混凝土台阶等。实铺台阶由基层、垫层和面层组成。基层是夯实土;垫层多为混凝土、灰土、三合土、碎石、碎砖混凝土、砌砖或砌石等;面层可采用水泥砂浆、水磨石、缸砖、天然石板或人造石板等。在严寒地区,为保证台阶不受土壤冻胀影响,应把台阶下部一定深度范围内的土换为保水性差的砂、石垫层,以减小冰冻的影响。

当台阶尺度较大或土壤冻胀严重时,为保证台阶不开裂,往往选用架空台阶。架空台阶的平台板和踏步板均为预制钢筋混凝土板,分别搁置在梁上或地垄墙上,如图 5-24 所示。

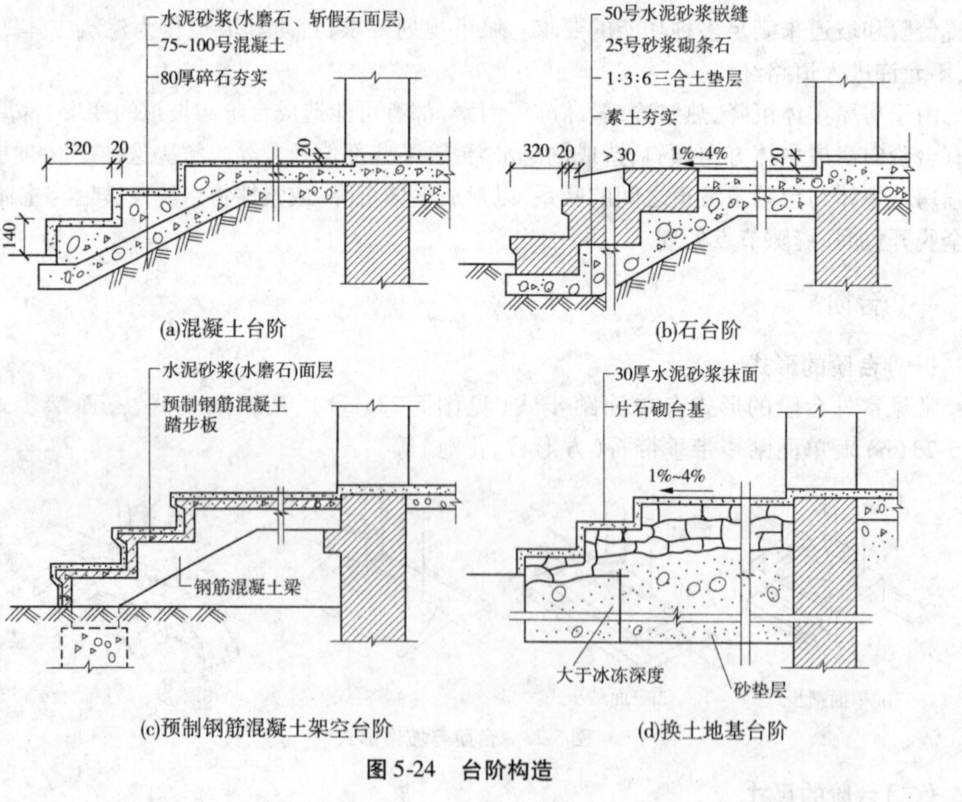

(a)混凝土台阶　(b)石台阶

(c)预制钢筋混凝土架空台阶　(d)换土地基台阶

图 5-24　台阶构造

二、坡道

(一)坡道的分类

坡道按照用途不同,可以分为行车坡道和轮椅坡道。

行车坡道分为普通行车坡道和回车坡道两种。普通行车坡道一般布置在有车辆进出的建筑入口处，如车库、仓库等；回车坡道与踏步组合在一起，布置在某些大型公共建筑的入口处，如办公楼、医院、宾馆等，如图 5-23 所示。

轮椅坡道是专供残疾人使用的，我国专门制定了《城市道路和建筑物无障碍设计规范》(JGJ 50—2001)。

(二)坡道的坡度和尺寸

1. 坡道的坡度

坡道的坡度一般为 1:6～1:12。坡度大，使用不便；坡度小，占地面积大，不经济。面层光滑的坡道，坡度不宜大于 1:10；粗糙材料和设防滑条的坡道，坡度可稍大，但不应大于 1:6；锯齿形坡道的坡度可加大至 1:4；方便残疾人通行的坡道标准为不大于 1:12。

2. 坡道的尺寸

普通行车坡道的宽度应大于所连通的门洞口宽度，一般每边宽出不小于 500 mm。

方便残疾人使用的轮椅坡道每段坡道的坡度、允许最大高度和水平长度应符合表 5-3 和表 5-4 的规定，当超过表中规定时，应在坡道中部设休息平台，其深度不应小于 1 500 mm；坡道在转弯处应设休息平台，其深度不应小于 1 500 mm；在坡道的起点和终点，应留有深度不小于 1 500 mm 的轮椅缓冲地带；坡道两侧应设扶手，两端坡道之间的扶手应连贯，坡道起点及终点处的扶手，应水平延伸 300 mm；坡道两侧临空时，在栏杆下端宜设高度不小于 50 mm 的安全挡台。室内坡道的最小宽度应不小于 900 mm，室外坡道的最小宽度应不小于 1 500 mm。

表 5-3　方便残疾人使用的轮椅坡度不同位置的坡道坡度和宽度

坡道位置	最大坡度	最小宽度(m)
有台阶的建筑入口	1:12	≥1.20
只设坡道的建筑入口	1:20	≥1.50
室内走道	1:12	≥1.00
室外通路	1:20	≥1.50
困难地段	1:10～1:8	≥1.20

表 5-4　不同坡度的允许最大高度和水平长度

坡度	1:20	1:16	1:12	1:10	1:8
允许最大高度(m)	1.50	1.00	0.75	0.60	0.35
水平长度(m)	30.00	16.00	9.00	6.00	2.80

(三)坡道的构造

坡道一般采用实铺，构造要求与台阶基本相同，也应采用耐久、耐磨和抗冻性好的材料，一般多采用混凝土坡道，也可采用天然石材坡道等，但垫层的强度和厚度应根据坡道长度及上部荷载的大小进行选择，严寒地区的坡道同样需要在垫层下部铺设砂、石垫层。坡道的面层材料必须防滑，坡道表面常做成锯齿形或带防滑条。若为天然石材坡道，可对表面做粗糙处理。坡道构造如图 5-25 所示。

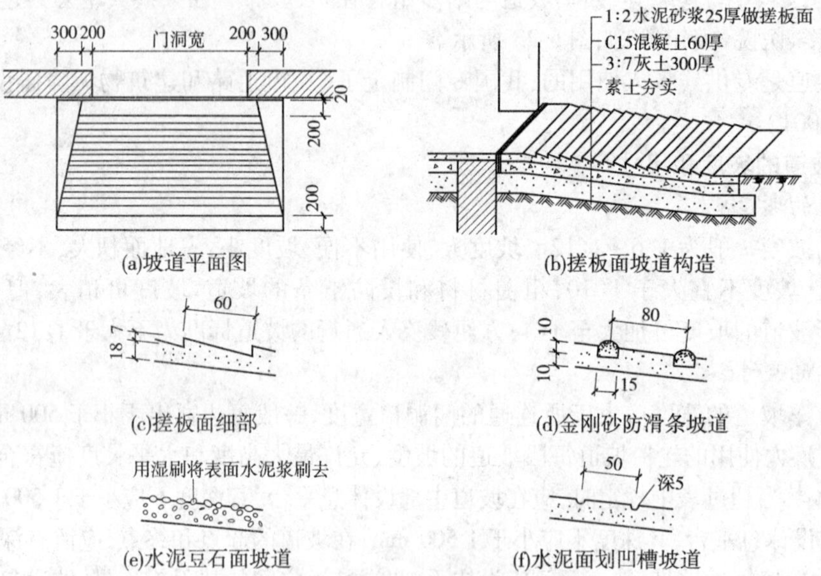

图 5-25 坡道构造

任务七 电梯与自动扶梯

一、电梯

在多层和高层建筑以及某些工厂、医院中,为了解决人们在上下楼时的体力及时间的消耗问题以及搬运货物的实际需要,应设电梯。

(一)电梯的类型

1. 按照电梯的用途分类

电梯按照其用途可分为乘客电梯、住宅电梯、病床电梯、客货电梯、载货电梯、杂物电梯、消防电梯等。

2. 按照电梯的拖动方式分类

电梯按照其拖动方式可分为交流电梯、直流电梯、液压电梯。

(二)电梯的组成

电梯主要由机房、井道、轿厢三部分组成。电梯机房是安装电梯起重设备的空间。电梯井道是电梯轿厢运行的通道,其内部还安装有导轨、平衡重及缓冲器等。电梯轿厢供载人或载物之用,如图 5-26 所示。

1. 电梯机房

电梯机房一般设置在电梯井道的顶部,少数电梯把机房设在井道底层旁边。机房的平面及剖面尺寸均应满足布置机械设备及电控设备的需要,并留有足够的管理、维修空间,一般至少有两个面每边扩出 600 mm 以上的宽度,高度多为 2.5 ~ 3.5 m。机房应有良好的天

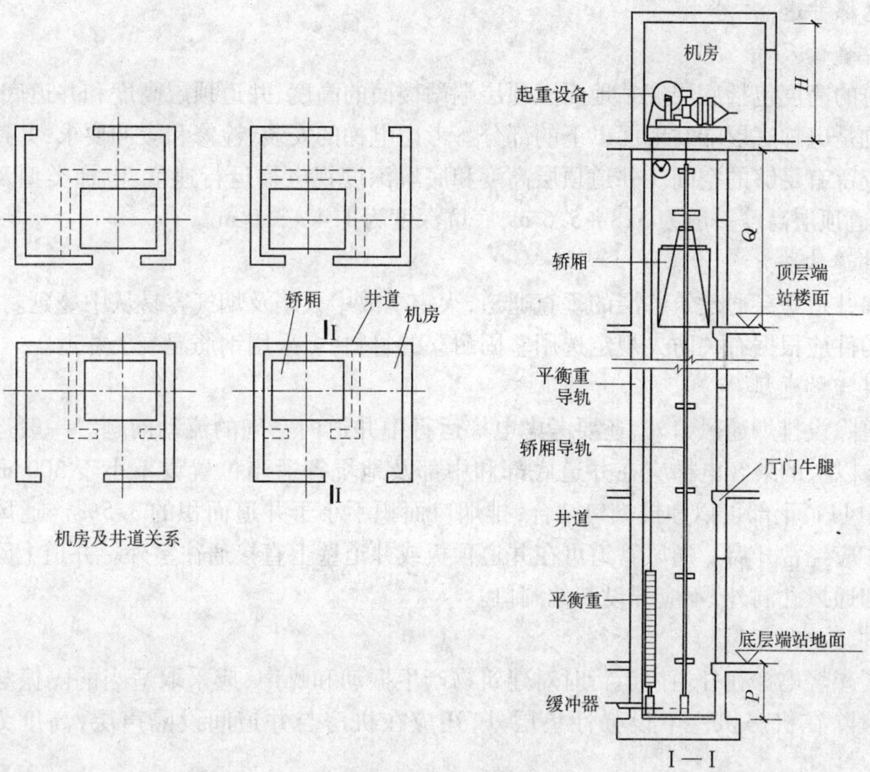

图 5-26 电梯组成

P—井道底坑深度；Q—井道顶层高度；H—机房高度

然采光和自然通风，机房的围护结构应具有一定的防火、防水和保温、隔热性能。为了便于安装和检修，机房的楼板应按机器设备要求的部位预留孔洞，如图 5-27 所示。

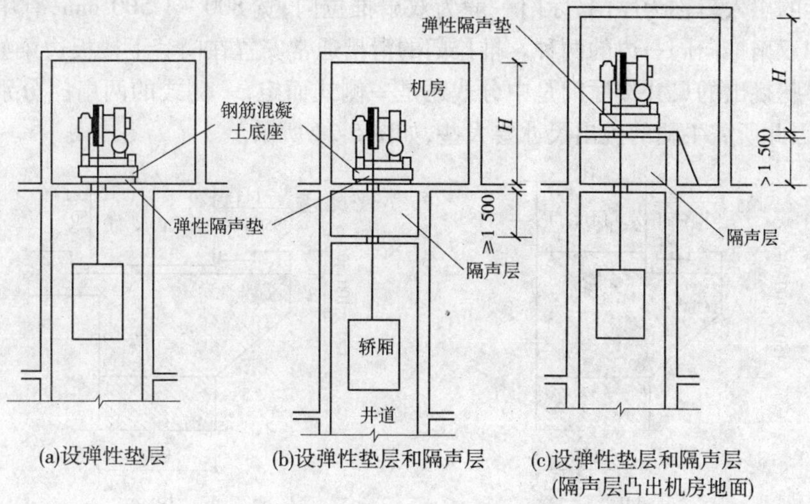

图 5-27 电梯机房隔声、隔振处理

2. 电梯井道

1) 井道的尺寸

井道的高度包括底层端站地面至顶层端站楼面的高度、井道顶层高度和井道底坑深度。井道底坑是电梯底层端站地面以下的部分。考虑电梯的安装、检修和缓冲要求，井道的顶部和底部应留有足够的空间。井道顶层高度和底坑深度视电梯运行速度、电梯类型及载重量而定，井道顶层高度一般为 3.8 ~ 5.6 m，底坑深度为 1.4 ~ 3.0 m。

2) 井道的防火

电梯井道是穿通建筑各层的垂直通道，火灾事故中火焰及烟气容易从中蔓延。因此，井道围护构件应根据有关防火规定选用坚固耐火的材料，多采用钢筋混凝土井道。

3) 井道的通风

井道除设排烟通风口外，还要考虑电梯运行中井道内空气的流动问题。一般运行速度在 2 m/s 以上的乘客电梯应在井道底部和中部及地坑等适当位置设不小于 300 mm × 600 mm 的通风口，上部可以和排烟口结合，排烟口面积不小于井道面积的 3.5%。通风口总面积的 1/3 应经常开启。通风管道可在井道顶板或井道壁上直接通往室外。井道上除开设电梯门洞和通风孔洞外，不应开设其他洞口。

4) 井道的隔振、隔声

为了减轻电梯在井道内运行时对建筑物产生振动和噪声，应采取适当的隔振与隔声措施。一般除在机房机座下设弹性垫层外，还应在机房与井道间设隔声层，高度为 1.5 ~ 1.8 m。

5) 井道底坑

井道底及坑壁均须考虑防水处理。消防电梯的井道底坑还应有排水设施。坑底一般采用混凝土垫层，厚度根据缓冲器反力确定。为便于检修，须考虑在坑壁设置爬梯和检修灯槽。坑底位于地下室时，宜从侧面开一检修用小门，坑内预埋件按电梯厂要求确定。

3. 电梯厅门

电梯厅的出入口称为厅门，厅门一般为双扇推拉门，宽 800 ~ 1 500 mm，有中央分开推向两边的和双扇推向同一边的两种。推拉门的滑槽通常安置在门套下楼板边梁如牛腿状挑出部分。牛腿挑出的尺寸按厅门是中分式还是一侧式而定，一侧式的两扇门分别滑动在两个门槽内，因此所需牛腿的挑出尺寸要大些，如图 5-28 所示。

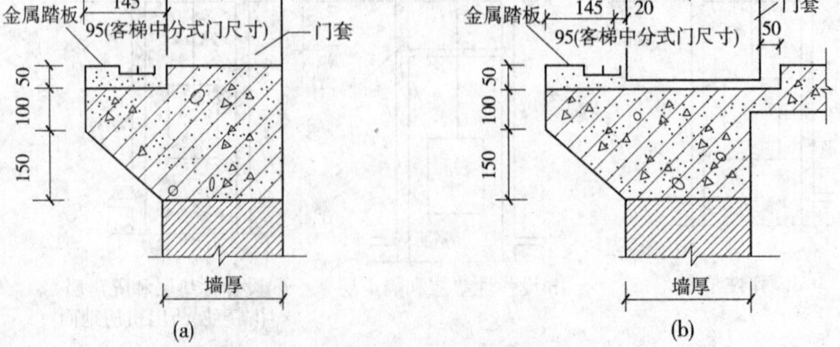

图 5-28　电梯厅门牛腿构造

厅门门套装修的构造做法应与电梯厅的装修统一考虑。可用水泥砂浆抹灰、水磨石或木板装修;高级的还可采用大理石或金属装修,如图 5-29 所示。

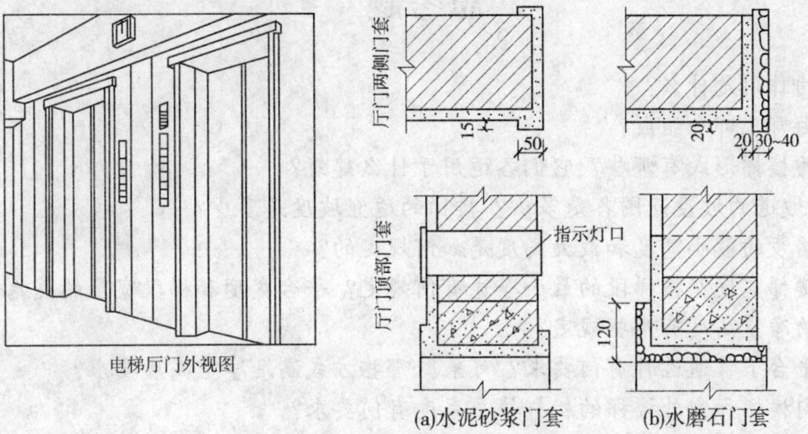

图 5-29　电梯厅门门套构造

二、自动扶梯

自动扶梯适用于车站、码头、商场、空港等人流量大的公共场所,是建筑物楼层间连续运输效率最高的载客设备。一般自动扶梯均可正、逆两个方向运行,停机时可作临时楼梯使用,平面布置可单台设置或双台并列。双台并列时往往采用一上一下的方式,以求得垂直交通的连续性。但必须在两者之间留有足够的结构间距,以保证装修的方便及使用者的安全。

自动扶梯的坡度比较平缓,一般采用 30°,运行速度为 0.5 ~ 0.7 m/s,宽度按输送能力有单人和双人两种。自动扶梯的栏板分为全透明型、透明型、半透明型、不透明型四种。前三种内装照明灯具,不透明型靠室内照明。

自动扶梯的机械装置设置在楼板下面,其下做装饰处理,底层应设置地坑,供安装机械装置用,并做防水处理。在机房上部自动扶梯口处应做活动地板,以便检修,如图 5-30 所示。

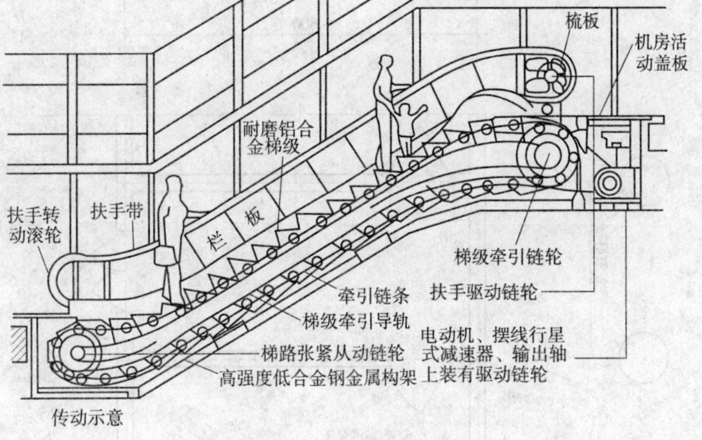

图 5-30　自动扶梯示意

思考题

1. 楼梯的作用是什么?
2. 楼梯由哪几部分组成?
3. 常见的楼梯形式有哪些? 它们各适用于什么建筑?
4. 楼梯、坡道的坡度范围各是多少? 楼梯的适宜坡度是多少?
5. 楼梯踏步的最小宽度和最大高度是如何规定的?
6. 何谓楼梯宽度? 楼梯段的最小净宽有何规定? 平台宽度和梯段宽度的关系如何?
7. 楼梯的净空高度有哪些规定?
8. 楼梯平台下作通道时有何要求? 可采取哪些方式满足净空高度要求?
9. 对室内楼梯和室外楼梯的栏杆扶手高度有何要求?
10. 现浇钢筋混凝土楼梯的结构形式有哪些? 各自的特点是什么?
11. 明步楼梯和暗步楼梯各具有什么特点?
12. 绘图表示预制装配式钢筋混凝土楼梯踏步板和斜梁有哪几种形式?
13. 楼梯踏步的防滑措施有哪些?
14. 识读钢筋混凝土楼梯栏杆与扶手和栏杆与梯段的连接构造图。
15. 台阶的平面形式有几种? 踏步尺寸有何要求? 构造做法如何?
16. 电梯主要由哪几部分组成? 电梯井道有哪些构造要求?

综合实训四　楼梯构造设计

一、设计条件

某住宅为6层砖混结构,层高2.8 m,楼梯间尺寸如图5-31所示,墙体均为240 mm厚砖墙,轴线居中,底层设有住宅出入口,室内外高差600 mm。

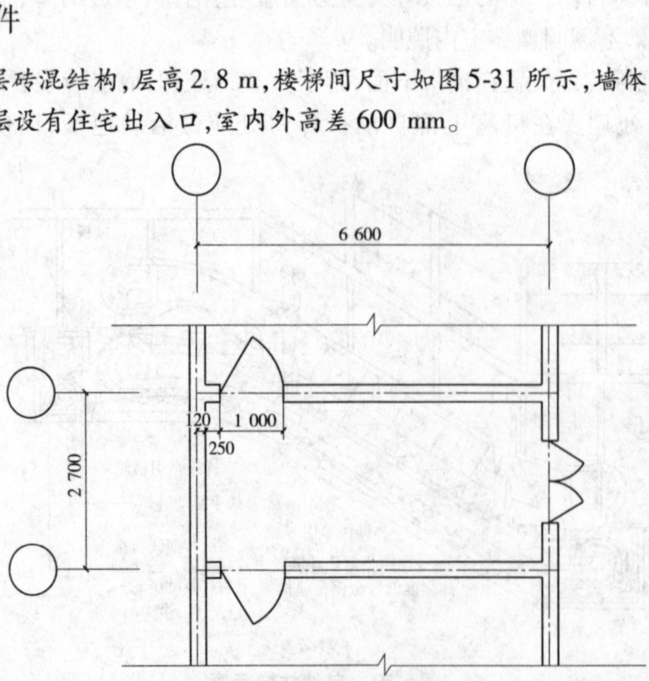

图5-31　楼梯间尺寸示意图

二、设计要求

用一张 A2 图纸。

(一)楼梯间底层、标准层和顶层三个平面图,比例 1:50

(1)绘制楼梯间墙、门窗、踏步、平台及栏杆、扶手等。底层平面图还应绘制出室外台阶或坡道、部分散水的投影等。

(2)标注两道尺寸线。

开间方向:

第一道:细部尺寸,包括楼梯段、楼梯井和墙内缘至轴线尺寸;

第二道:轴线尺寸。

进深方向:

第一道:细部尺寸,包括楼梯段长度、平台深度和墙内缘至轴线尺寸;

第二道:轴线尺寸。

(3)标注楼层和中间平台标高、室内外地面标高,标注楼梯上下行指示线,并注明该层楼梯的踏步数和踏步尺寸。

(4)注明图名、比例,在底层平面图上还应标注剖切位置符号。

(二)楼梯间剖面图,比例 1:30

(1)绘出楼梯段、平台、栏杆扶手,室内外地面、室外台阶或坡道、雨篷以及剖切到的门窗、楼梯间墙等,剖切到部分用材料图例表示。

(2)标注两道尺寸线。

水平方向:

第一道:细部尺寸,包括楼梯段长度、平台宽度和墙内缘至轴线的尺寸;

第二道:轴线尺寸。

垂直方向:

第一道:各楼梯段的级数及高度;

第二道:层高尺寸。

(3)标注各楼层和中间平台标高、室内外地面标高、底层平台梁底标高、栏杆扶手高度等。

(4)注明图名、比例。

(三)楼梯构造节点详图,比例 1:10

图纸要按照建筑制图标准绘制,标注尺寸、材料和做法,达到施工图要求。

项目六　屋　顶

【知识目标】

1. 了解各种不同屋顶的类型,屋顶的作用及设计要求。

2. 熟悉屋顶的各种排水方式。

3. 掌握各类屋顶的构造组成,屋顶的细部构造。

【能力目标】

1. 能够使学生具有在实际应用中较好地完成屋顶排水组织设计及合理选用防水构造做法的能力。

2. 能够使学生具有绘制一般民用建筑屋顶细部构造详图的能力。

任务一　预备知识

一、屋顶的类型

(一)按屋顶的外形分类

屋顶按屋面坡度及承重结构形式的不同,可分为平屋顶、坡屋顶和曲面屋顶三大类。屋顶形式见表6-1。

表6-1　屋顶形式

类型		屋顶形式			
平屋顶		 挑檐	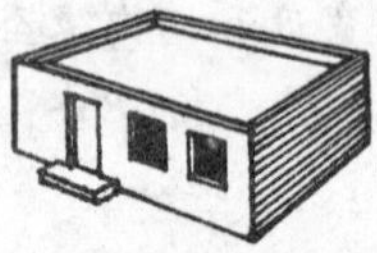 女儿墙	 女儿墙带挑檐	 盝顶(古式)
坡屋顶	单坡	 悬山	 硬山(古式)	 锯齿形(单坡组合)	 刚架
	多面	 悬山	 硬山(古式)	 卷棚(古式)	 刚架
		 双折式	 长短波	 V形折板	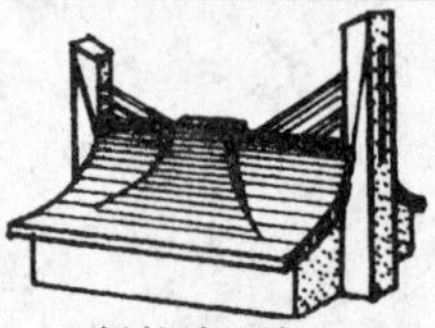 斜拉索网架

续表 6-1

类型		屋顶形式			
坡屋顶	四坡	 悬山	 芜殿（古式）	 歇山	 歇山（古式）
	攒尖	 四攒尖（古式）	 六攒尖（古式）	 圆攒尖（古式）	 攒尖组合（古式）
曲面屋顶	单曲面	 拱顶	 落地拱	 连拱	 抛物面壳
	多曲面	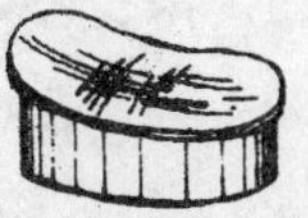 马鞍形悬索式	 车轮形悬索式	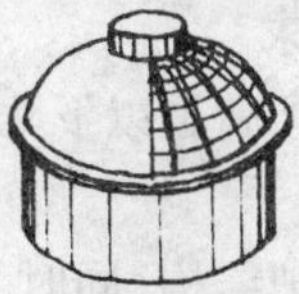 球形网架	 扁壳
		 双曲拱	 双曲壳板	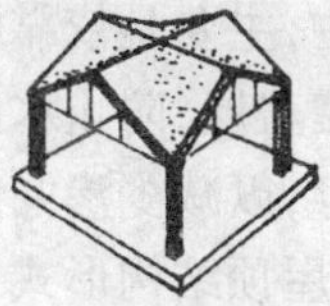 扭壳	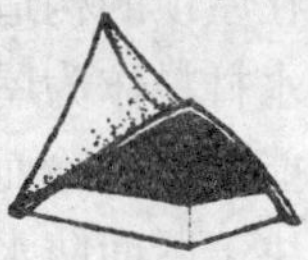 落地扭壳

平屋顶的屋面并不是绝对水平的，而且必须具有一定的坡度，以利于排水。平屋顶通常是指屋面坡度小于5%的屋顶，常用坡度为1%～3%，不上人屋顶常用坡度为2%～3%，上人屋顶常用坡度为1%～2%；坡屋顶通常是指屋面坡度大于10%的屋顶，常用坡度范围为10%～60%，传统建筑中的小青瓦屋顶和平瓦屋顶均属于坡屋顶，在古式建筑中多用曲线，它仅仅是造型和构造上的变化，仍属于坡屋顶的范畴；曲面屋顶是指由各种薄壳结构、悬索结构、网架结构等空间结构作为屋顶的承重结构形成的屋顶，这种屋顶的结构内力分布均匀合理，节约用材，适用于大跨度、大空间和造型特殊的建筑屋顶。

（二）按屋面防水材料分类

屋面按防水材料的不同，可分为柔性防水屋面、刚性防水屋面、涂膜防水屋面、粉剂防水屋面、构件自防水屋面、瓦屋面和压型金属板屋面等。

柔性防水屋面是指用卷材和胶凝材料做防水层，具有一定柔性的屋面；刚性防水屋面是指用砂浆或细石混凝土做防水层，没有韧性的屋面；涂膜防水屋面是指用高分子防水涂料直接涂刷在屋面基层上而形成不透水的薄膜层的防水屋面；粉剂防水屋面是指用复合型粉状防水材料加保护层，来作为屋面防水层的一种做法；构件自防水屋面是指用钢筋混凝土屋面板或压型金属板屋面板兼作防水层的屋面做法；瓦屋面是以黏土瓦、小青瓦、筒瓦或波形瓦等瓦材作防水层的屋面。

二、屋顶的作用和设计要求

（一）屋顶的作用

屋顶是覆盖于房屋最上层的外围护结构，其主要作用有三个方面：一是围护结构空间，防御自然界的风、雨、雪、日晒、温湿和噪声的影响，为室内空间创造良好的使用环境；二是作为房屋主要水平构件，承受和传递屋顶上的各种荷载，对房屋起着水平支撑作用，以保证房屋具有良好的刚度、强度和整体稳定性；三是在许多建筑中，特别是大型公共建筑中，屋顶的色彩及造型等对建筑艺术和风格有着十分重要的影响，是建筑造型的重要组成部分。因此，屋顶的主要作用是围护、承重、美观。

（二）屋顶的设计要求

屋顶的构造设计必须满足以下几个方面的要求。

1. 强度和刚度要求

屋顶既是房屋的围护结构，同时又是房屋的承重结构，所以要求其首先要有足够的强度，以承受作用于其上的各种荷载的作用；其次要有足够的强度，防止过大变形导致屋面防水层开裂而渗水。

2. 防水和排水要求

在屋顶的构造设计中，主要是依靠防水和排水的共同作用来完成防水要求的。防水是用防水材料作为屋顶的覆盖层，防止水的渗漏；排水则是利用屋面的坡度，使屋面的雨水和雪水能迅速排除而不积存，以减少渗漏的可能性。为了排水，屋顶必须有坡度，而坡度的大小取决于屋面防水材料、屋顶结构形式、地理气候条件、施工方法及建筑造型等方面的要求。

屋顶坡度的表示方法有三种：百分比法，如2%；角度法，如45°；斜率法，如1∶2。

常用屋顶坡度范围如图6-1所示。

屋面防水主要技术要求如下。

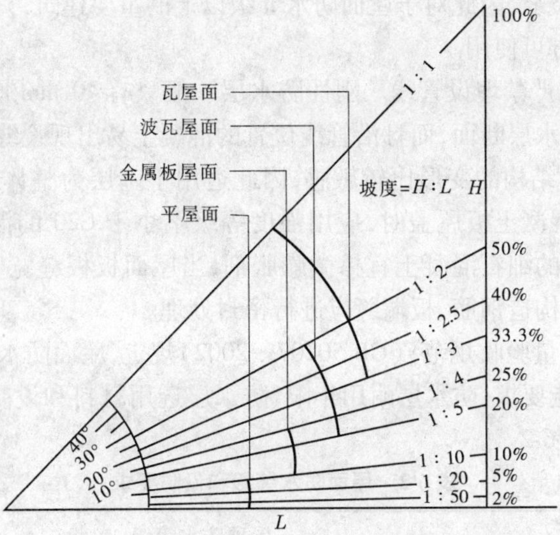

图6-1 常用屋顶坡度范围

1)卷材防水屋面主要技术要求

(1)屋面结构刚度大小,对屋面变形大小起主要作用。为了减少防水层受屋面结构变形的影响,必须提高屋面的结构刚度。屋面结构层最好是整体现浇混凝土,若结构层为预制装配式钢筋混凝土板,混凝土板的混凝土强度等级应不低于C20,故要求板缝灌缝细石混凝土强度等级不低于板用混凝土强度等级。灌缝细石混凝土中宜掺入UEA等微膨胀剂,使混凝土密实。当板缝宽度大于40 mm或上窄下宽时,灌缝的混凝土干缩后,在振动时容易脱落,故须设置构造钢筋。

(2)为了防止室内水蒸气通过屋面板渗透到保温层内,影响保温效果,并使卷材起鼓,故规定在纬度40°以北地区且室内空气湿度大于75%,或其他地区室内空气湿度常年大于80%时,保温屋面应设隔气层。隔气层的材料不但要求防水,还要求隔绝蒸气的渗透。

(3)高低跨屋面变形缝节点是容易发生渗漏的部位。高低跨变形缝是让高低跨结构自由沉降和胀缩的缝隙,因此变形大。覆盖卷材防水层时应采用高延伸卷材并使它预留较大的变形余地,如将卷材下凹在缝中或往上凸起,可避免因建筑物沉降、胀缩而拉断卷材。

(4)跨度大于18 m的屋面如采用保温层或轻质材料找坡,必将增加荷载,增加造价,是很不合理的。而且大跨度建筑用于工业建筑和公共建筑,对顶棚的水平要求不高或易做吊顶的,用结构找坡满足排水坡度的要求是最合理的。

(5)利用屋面作为活动场所、停车场、种植区等越来越多,为了保护防水层,这种屋面应用块体或细石混凝土面层来保护,不宜用水泥砂浆等易开裂、耐久性差的材料来做。块体和细石混凝土面层厚度可根据使用要求,参照地面工程有关标准来做。在块体和细石混凝土面层与防水层之间应做隔离层,让面层与防水层隔开,防止面层变形收缩或开裂而将防水拉伸挤压导致破坏。

2)刚性防水屋面主要技术要求

(1)刚性防水屋面所用材料易得,价格便宜,耐久性好,维修方便,所以广泛用于一般的工业与民用建筑的Ⅲ级防水屋面。但刚性防水屋面所用材料容易受干湿变形、温度变形及结构变位影响而产生裂缝，因此对于屋面防水Ⅱ级以上的重要建筑，只有在与卷材刚柔结合做二道或三道防水时方可使用。

(2)刚性防水层内严禁埋设管线。刚性防水层一般只有 40 mm 厚，如再埋设管线或凿洞打眼，将严重损伤防水层断面，而且沿管线位置的混凝土易出现裂缝，导致屋面渗漏。

(3)刚性防水层对结构的变形比较敏感，因此适用于基层为整体现浇钢筋混凝土的屋盖。当基层为装配式混凝土板屋盖时，应用强度等级不小于 C20 的混凝土灌缝，以提高结构层的整体刚度，灌缝的细石混凝土宜掺微膨胀剂，当屋面板板缝宽度大于 40 mm 或上窄下宽时，要在缝内设置构造钢筋，板端缝应进行密封处理。

我国《屋面工程质量验收规范》(GB 50207—2002)规定，屋面防水设防根据建筑物的性质、重要程度、使用功能要求、防水层耐用年限、防水层选用材料和设防要求等，将屋面防水划分为四个等级，见表 6-2。

表 6-2　屋面防水等级和设防要求

项目	屋顶防水等级			
	Ⅰ	Ⅱ	Ⅲ	Ⅳ
建筑物类别	特别重要的民用建筑和对防水有特殊要求的工业建筑	重要的工业与民用建筑、高层建筑	一般的工业与民用建筑	非永久性建筑
防水层耐用年限	25 年	15 年	10 年	5 年
防水层选用材料	宜选用合成高分子防水卷材、高聚物改性沥青防水卷材、合成高分子的防水涂料、细石防水混凝土等材料	宜选用高聚物改性沥青防水卷材、合成高分子防水卷材、合成高分子防水涂料、高聚物改性沥青防水涂料、细石防水混凝土、平瓦等材料	应选用三毡四油沥青防水卷材、高聚物改性沥青防水卷材、合成高分子防水卷材、高聚物改性沥青防水涂料、合成高分子防水涂料、沥青基防水涂料、刚性防水层、平瓦、油毡等材料	可选用二毡三油沥青防水卷材、高聚物改性沥青防水涂料、沥青基防水涂料、波形瓦等材料
设防要求	三道或三道以上防水设防，其中应有一道合成高分子防水卷材且只能有一道厚度不小于 2 mm 的合成高分子防水涂膜	两道防水设防，其中应有一道卷材；也可采用压型钢板进行一道设防	一道防水设防或两种防水材料复合使用	一道防水设防

3. 保温隔热要求

屋顶作为建筑物最上层的外围护结构，应具有良好的保温隔热性能。在严寒和寒冷地区，屋顶构造设计应主要满足冬季保温的要求，尽量减少室内热量的散失；在温暖和炎热地区，屋顶构造设计应主要满足夏季隔热的要求，避免室外高温及强烈的太阳辐射对室内生活和工作的不利影响。随着地球大气温度逐渐变暖,在我国有许多地区已过渡为冬冷夏热地区,在屋顶构造设计中,应同时兼顾冬季保温和夏季隔热的双重作用。

4. 美观要求

屋顶的外形直接影响到建筑物的整体造型,中国的古建筑就主要体现在变化多样的屋顶和屋顶的细部构造上。在建筑技术迅速发展的今天,如何运用新型的建筑结构和种类繁多的装修材料来处理好屋顶的形式和细部,提高建筑物的整体美观效果,是建筑设计中不容忽视的问题。

任务二　平屋顶构造

一、平屋顶的组成

平屋顶主要由结构层、保温层或隔热层、防水层等组成,另外还有找平层、结合层、隔气层、保护层、顶棚层等构造层次。我国地理气候条件差异较大,各地区屋顶做法也有所不同。如我国南方地区应主要满足屋顶隔热和通风要求;北方地区应主要考虑屋顶的保温措施。如图 6-2 所示为普通卷材防水屋面和刚性防水屋面构造组成示意图。实际工程中可以选用各地区的屋顶做法标准图或通用图。

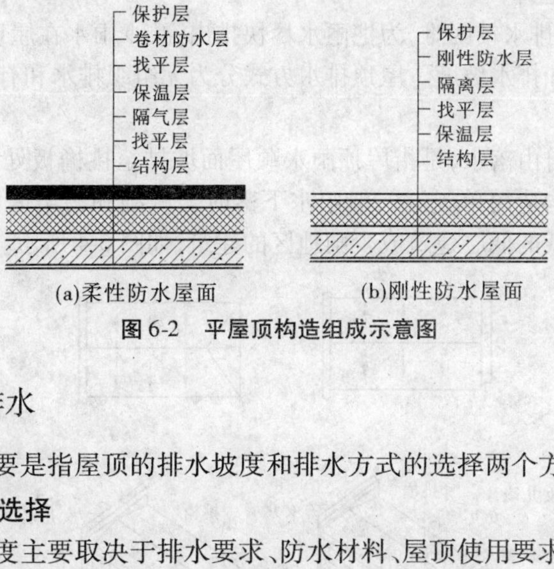

图 6-2　平屋顶构造组成示意图

二、平屋顶的排水

平屋顶的排水主要是指屋顶的排水坡度和排水方式的选择两个方面。

(一) 排水坡度的选择

平屋顶的排水坡度主要取决于排水要求、防水材料、屋顶使用要求和屋顶坡度形成方式等因素。从排水要求来看,要使屋顶排水畅通,屋顶就需要有适宜的排水坡度,坡度越大,排水速度越快;从防水材料来看,平屋顶目前主要采用卷材防水和密实性细石混凝土防水,其最小坡度要求是 1%;从屋顶使用要求来看,若为上人屋顶,有一定的使用要求,一般希望坡度不大于 2%;从屋顶坡度形成方式来看,平屋顶的坡度形成主要有构造找坡和结构找坡两种。

1. 构造找坡

构造找坡又称为建筑找坡、材料找坡、垫置找坡。构造找坡是在水平的屋顶板上利用轻质材料铺垫而形成屋面坡度的一种做法。常用的找坡材料有水泥炉渣、水泥膨胀珍珠岩、水泥蛭石等。在实际工程中,有保温层的屋顶一般不另设找坡层,而是利用轻质保温层进行找坡。构造找坡室内平整,施工简单方便,但会增加材料用量,增加屋顶自重,一般仅在小面积屋顶中使用,如图 6-3(a)所示。

2. 结构找坡

结构找坡又称为搁置找坡。结构找坡是指用屋面板以下的梁或墙体形成坡度。这种找坡形式不需另加找坡材料,省工、省料,没有附加荷载,施工方便,造价低,但室内顶棚稍有倾斜,室内空间不规整,一般在对室内空间要求不高和有吊顶的建筑中采用,如图 6-3(b)所示。

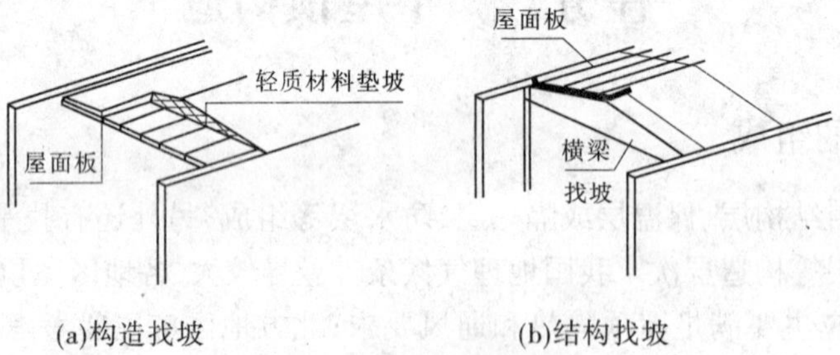

(a)构造找坡 (b)结构找坡

图 6-3 排水坡形成方法

(二)排水方式的选择

平屋顶坡度较小,排水较困难,为把雨水尽快排出,减少雨水在屋顶的滞留时间,需选择合适的屋顶排水方式和排水坡度。屋顶排水方式分为无组织排水和有组织排水。

1. 无组织排水

无组织排水又称自由落水,是指屋顶雨水顺屋面坡排至挑檐板处自由落到室外地面的排水方式。这种方式构造简单、经济,但雨水下落时会溅湿和污染墙面,对地面产生冲刷。一般用于建筑标准较低的低层建筑或少雨地区的建筑,如图 6-4 所示。

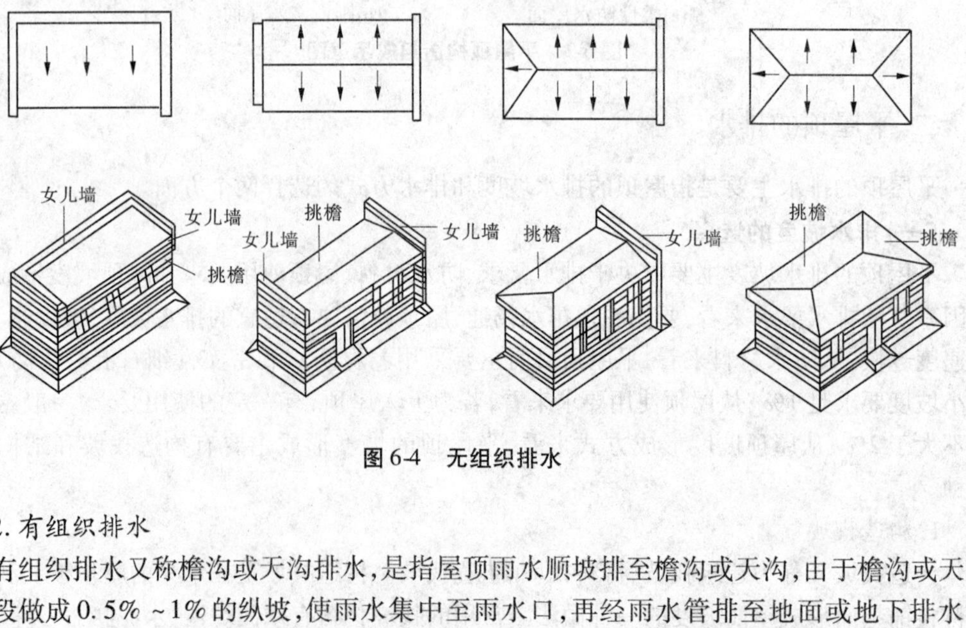

图 6-4 无组织排水

2. 有组织排水

有组织排水又称檐沟或天沟排水,是指屋顶雨水顺坡排至檐沟或天沟,由于檐沟或天沟内分段做成 0.5% ~1% 的纵坡,使雨水集中至雨水口,再经雨水管排至地面或地下排水管网的排水方式。有组织排水有利于保护墙面和地面，消除了屋顶雨水对环境的影响。绝大多数建筑都采用有组织排水。若雨水管布置在室内，称为有组织内排水，如图 6-5(a)所示；若雨水管布置在室外，则称为有组织外排水，如图 6-5(b)所示。根据檐口的做法，有组织外排水又可分为挑檐沟外排水、女儿墙外排水。除高层建筑、严寒地区(为防止雨水管冻结堵塞)或屋顶面积较大(难以组织外排水)外，均应优先考虑有组织外排水。

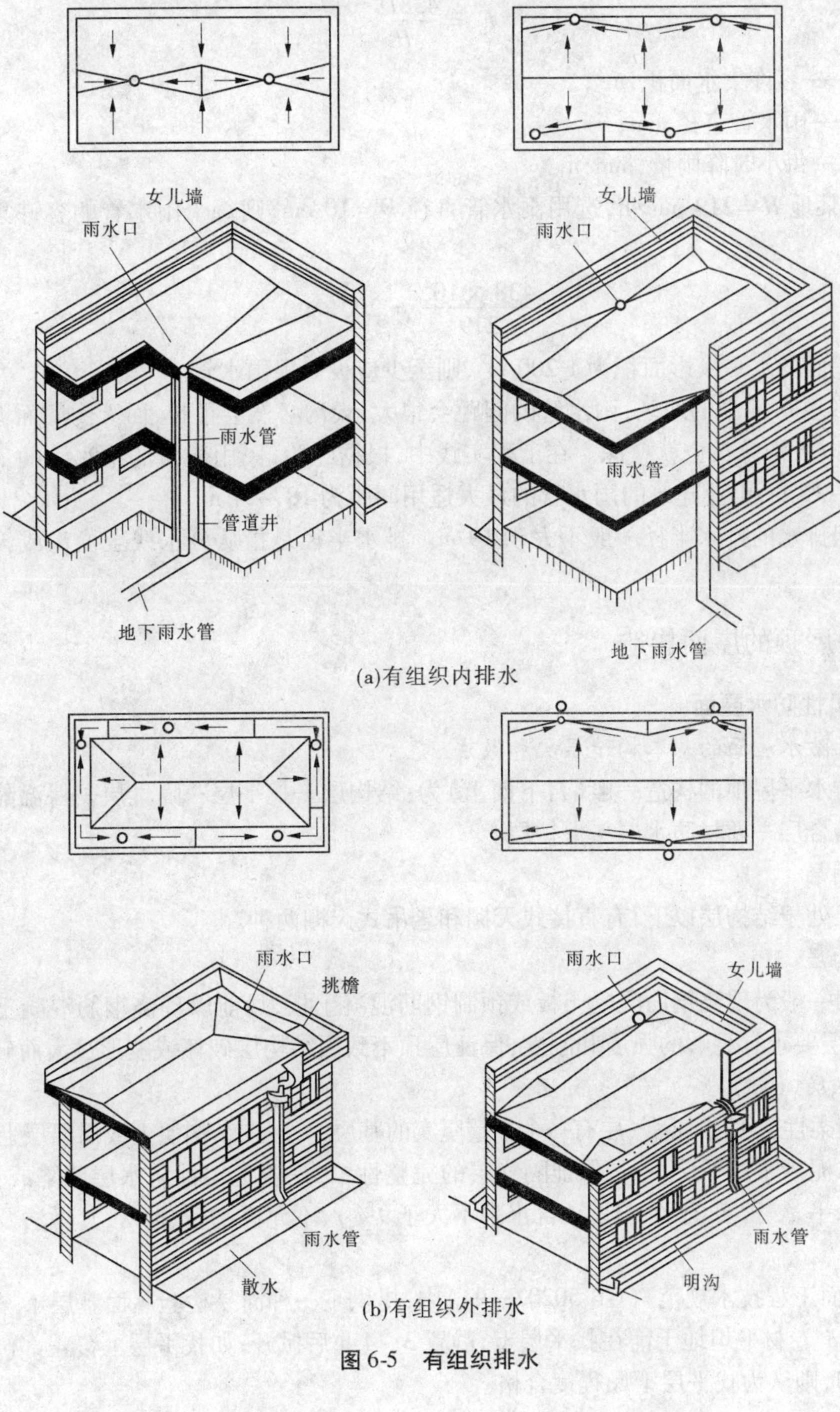

(a)有组织内排水

(b)有组织外排水

图 6-5　有组织排水

有组织排水中，雨水管数量的确定：依据本地区“每小时最大降雨强度”和一根雨水管所能承担的屋顶雨水排除面积进行设置。一般情况下，当雨水管为口径 100 mm 的 PVC 管时，每根雨水管所承担的屋顶排水面积一般为 100 ~ 200 m^2。

根据经验公式，当已知房屋所在地区的降雨量后，可以计算出一定管径雨水管的容许集水面积。经验公式为：

$$F = \frac{438D^2}{H} \tag{6-1}$$

式中 F ——容许集水面积，m^2；

D——雨水管直径，cm；

H——每小时降雨量，mm/h。

例如：某地 $H = 219$ mm/h，选用雨水管直径 $D = 10$ cm，则每个雨水管的容许集水面积为：

$$F = \frac{438 \times 10^2}{219} = 200(m^2)$$

如果屋面的水平投影面积为 1 200 m^2，则至少应设 6 根雨水管。

对于那些 H 很小的地区，雨水管的间距会很大，天沟必然会很长，而天沟底面坡度是有限制的，所以天沟愈长也就愈深。在工程实践中，根据经验，民用建筑的雨水管的最大适用间距为 12 ~ 18 m，工业建筑的雨水管的最大适用间距为 18 ~ 24 m。

有组织排水的排水半径一般不大于 10 m。排水半径是指从分水线至檐沟或天沟内边缘的距离。

三、平屋顶的屋面构造

（一）柔性防水屋面

1. 柔性防水屋面的基本构造层次和做法

柔性防水平屋顶的构造一般（自下而上）为：结构层—找平层—隔气层—保温隔热层—找平层—结合层—卷材防水层—保护层。

1）天棚层

天棚层处于结构层以下，有直接式天棚和悬吊式天棚两种。

2）结构层

结构层一般为现浇钢筋混凝土板或预制钢筋混凝土板，目前以现浇钢筋混凝土板最为常见，结构层要求有足够的强度和刚度，保证屋顶不致因结构层破坏或变形过大而破坏。

3）找平层

为了使柔性防水层和隔气层有一个平整坚实的基层，一般在结构层上或保温层上做 15 ~ 30 厚 1∶3水泥砂浆找平层，一是保证隔气层的完整性，二是避免柔性防水层凹陷或被刺破。找平层要求平整、密实、干净、干燥（含水率不大于 9%），不允许起砂、掉灰，其做法及要求见表 6-3。

在《屋面工程技术规范》（GB 50207—94）中，提供了一种简易检验屋面基层干燥程度的方法：将 1 m^2 卷材平坦地干铺在找平层上，静置 3 ~ 4 h 后掀开，如找平层上覆盖部位和卷材上未见水印，则认为找平层干燥程度合格。

表 6-3 找平层的做法及要求

材料	基层	厚度(mm)	技术要求
水泥砂浆	现浇钢筋混凝土板	15～20	体积比为1∶2.5～1∶3
	整体或板状材料保温层	20～25	
	预制钢筋混凝土板、松散材料保温层	20～30	
细石混凝土	松散材料保温层	30～35	混凝土强度等级不低于C20
沥青砂浆	现浇钢筋混凝土板	15～20	质量比为1∶8
	预制钢筋混凝土板、整体或板状材料保温层	20～25	

4)隔气层

为防止室内水蒸气透过结构层进入保温层,降低保温效果,应在结构层的找平层以上,保温层以下做一隔气层。隔气层常见的做法有:乳化沥青两遍,冷底子油一道(或二道),热沥青二道,一毡二油等。

5)保温隔热层

保温材料多为轻质多孔材料。其可为散料类,如炉渣、矿渣、膨胀珍珠岩等;整体类,如水泥珍珠岩、沥青珍珠岩、聚氨酯发泡等;板块类,如聚苯板、加气混凝土板等。

散料类和整体类保温层可兼作构造找坡层,否则必须在结构层以上采用轻质、廉价材料做构造找坡层,最薄处不小于30 mm。

大多数保温隔热层位于结构层之上,防水层之下,厚度根据内外温差要求、保温材料的性质等通过热工计算确定。当然,保温层还可位于结构层之下,吊顶顶棚之上;还可位于防水层之上,但此时的防水材料需要憎水性材料;保温层还可以与结构层合二为一。

6)结合层

油毡的结合层是热沥青和冷底子油。冷底子油为稀释沥青溶液,既能和沥青黏合,又能较好地渗入水泥砂浆,使第一层油毡较好地粘贴固定于基层的找平层上,其质量配合比为:40%的石油沥青,60%的煤油(或轻柴油);或30%的石油沥青,70%的煤油(或轻柴油)。

7)卷材防水层

卷材防水层由防水卷材和胶结材料分层粘贴而成。目前使用的防水卷材有:沥青类卷材,如石油沥青油毡、焦油沥青油毡;高聚物改性沥青防水卷材,如SBS改性沥青防水卷材、APP改性沥青防水卷材;合成高分子防水卷材,如三元乙丙橡胶防水卷材、再生胶防水卷材等。一般在平屋顶上的防水层需三毡四油,重要部位和严寒地区需四毡五油。

防水卷材一般有垂直屋脊铺贴和平行屋脊铺贴两种方式。当屋顶坡度小于3%时,防水卷材宜平行屋脊从檐口到屋脊向上铺贴。因为屋顶坡度较小时,水流速度较慢,平行屋脊铺贴,卷材的搭接方向有利于排水,不易渗漏;当屋顶坡度大于15%,或屋面可能受到震动时,沥青类卷材应垂直于屋脊铺贴,其他两类卷材垂直屋脊和平行屋脊铺贴均可;当屋顶坡度为3%～15%时,卷材垂直屋脊和平行屋脊铺贴均可。铺贴卷材应采用搭接法,平行于屋脊铺贴时上下搭接80～120 mm,左右应逆主导风向铺贴,相互搭接100～150 mm,并在屋脊处用整幅油毡压住坡面油毡，如图 6-6 所示。多层卷材铺贴时，上下层卷材的接缝应错开。

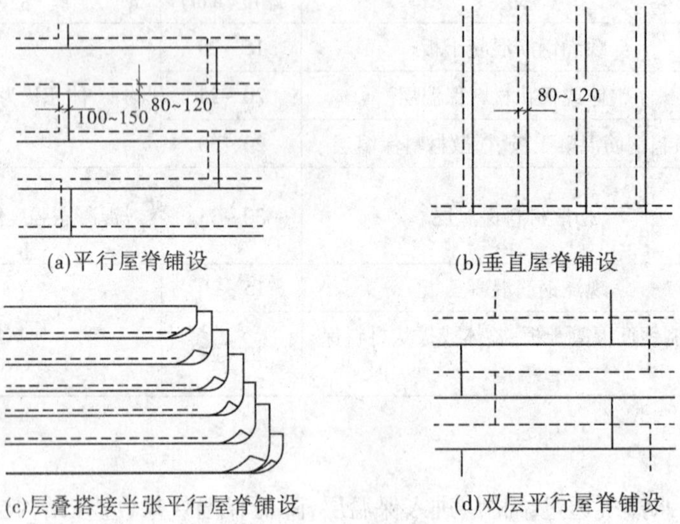

图 6-6　油毡铺贴

为防止沥青胶结材料因厚度过大发生龟裂或在高温下发生流淌，一般要求每层沥青胶结材料厚度为 1 ~1. 5 mm，最大不应越过 2 mm。

防水的目的是防止雨水渗漏到室内，但保温层等屋顶构造层中的水分、自室内渗入的水汽在防水层下受阳光作用受热膨胀使油毡防水层鼓泡或发生皱褶破裂而产生渗漏（见图 6-7），影响防水层的防水性能。为避免上述情况发生，可以采取以下两种措施：一是将第一层沥青采用点状或条状粘贴，如图 6-8 所示，使水蒸气有一定的扩散场所，油毡防水层有一定的适应变形的能力；二是在屋顶合适位置设排气孔，与保温层中的透气道或透气层相通，如图 6-9 所示。

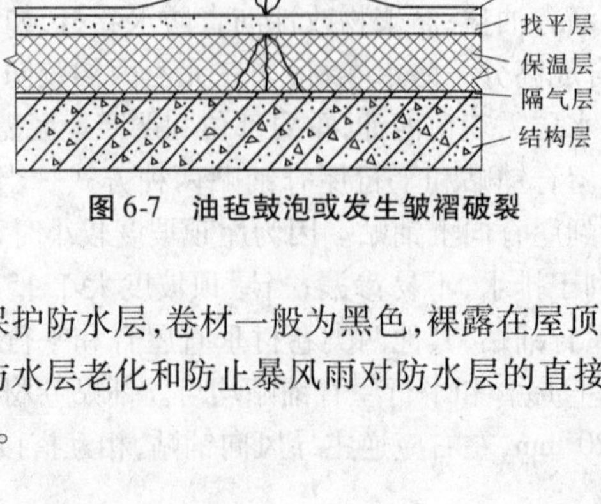

图 6-7　油毡鼓泡或发生皱褶破裂

8）保护层

设置保护层是为了保护防水层，卷材一般为黑色，裸露在屋顶上，受高温、阳光及氧化等作用容易老化。为延缓防水层老化和防止暴风雨对防水层的直接冲刷，增加防水层使用年限，油毡表面需设保护层。

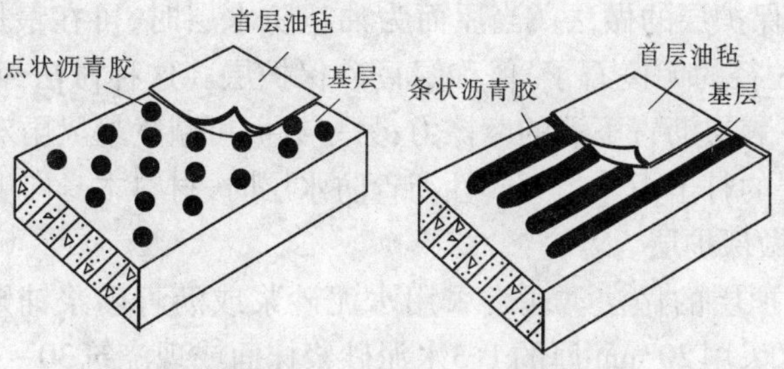

(a)沥青胶点状粘贴　　(b)沥青胶条状粘贴

图 6-8　油毡防水基层沥青采用点状或条状粘贴

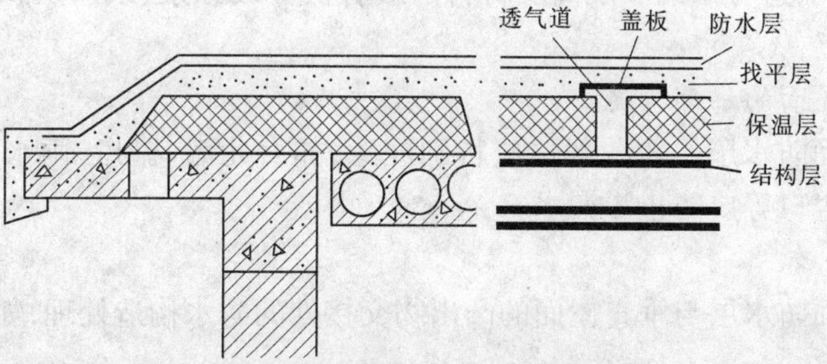

(a)保温层内设置透气道及檐下出风口

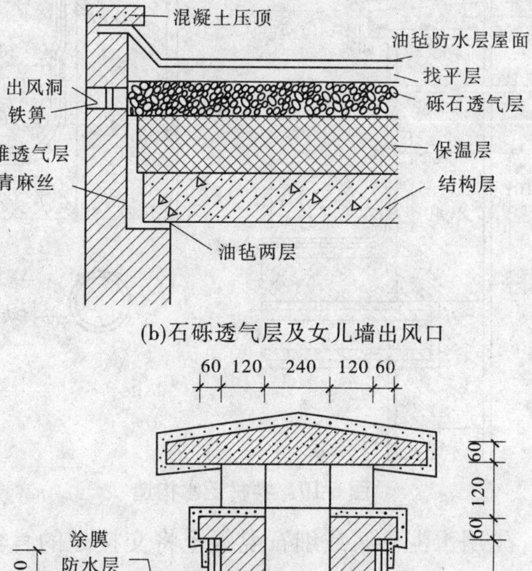

(b)石砾透气层及女儿墙出风口

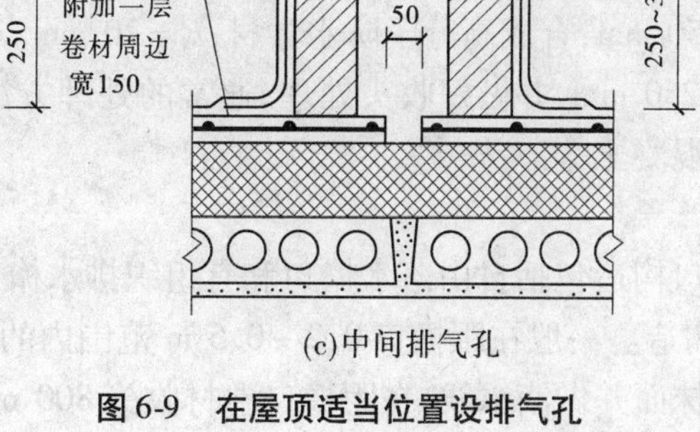

(c)中间排气孔

图 6-9　在屋顶适当位置设排气孔

(1)不上人屋顶保护层的做法。当屋面为油毡防水层时,可在最后一层沥青胶上趁热满黏一层 3 ~6 mm 粒径的无棱石子,俗称绿豆砂保护层。这种做法经济有效:一方面可以增加夏季高温作用下表层沥青下淌的摩擦力;另一方面可减少暴风雨对防水层的直接打击,减少暴风雨对防水层的打击力。当为改性沥青防水层时,材料本身向上面带反光保护材料,如锡铂层,这时可不做保护层。

(2)上人屋顶保护层的做法。通常采用水泥砂浆或沥青砂浆铺贴缸砖、地板砖、大阶砖、混凝土板等,也可采用20 mm 厚的1∶3水泥砂浆抹面或现浇筑30 ~40 mm 厚 C20 细石混凝土面层,每2 m 左右设一道分仓缝。在保护层与防水层之间还应设隔离层,以减少它们之间相互变形的影响,避免渗漏。隔离层材料一般有低等级砂浆、纸筋灰、塑料薄膜、无纺布、粉砂或石灰浆等。

2. 柔性防水屋面的细部构造

柔性防水屋面防水层的薄弱部位应特别注意,如女儿墙、檐口、雨水口、伸出屋面的烟囱、管道、屋面检查口等要防止渗漏水。

1)泛水构造

泛水是指屋面防水层与垂直屋面的凸出物交接处的防水构造处理,如图 6-10 所示。

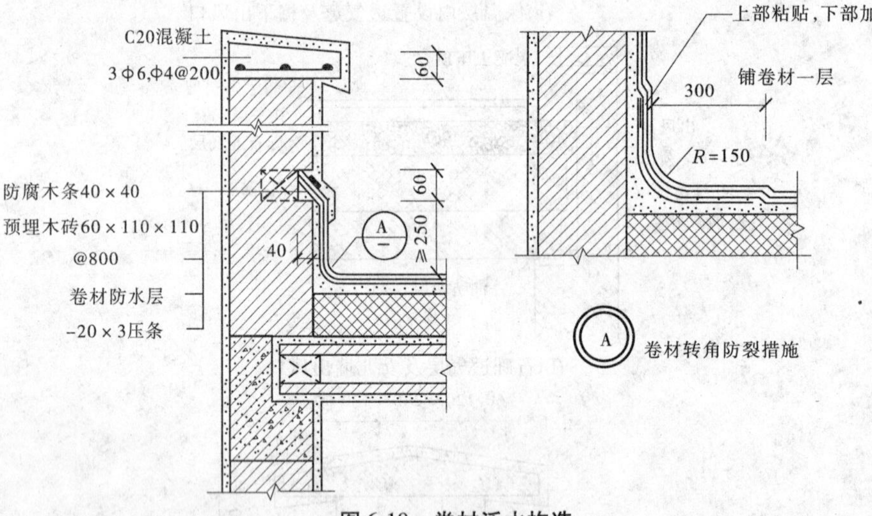

图 6-10　卷材泛水构造

泛水构造的做法。先用水泥砂浆或细石混凝土将交接处的直角抹成圆弧或钝角,以防粘贴卷材直角折断、未铺实和积水。其圆弧半径:沥青防水卷材,$R=100\sim150$ mm;高聚物改性沥青防水卷材,$R=50$ mm;合成高分子防水卷材,$R=20$ mm。泛水应有足够的高度,防水卷材沿墙需上翻至少 250 mm,并做好收头处理,通常的处理方法有钉木条、压镀锌铁皮、砂浆嵌固、油膏嵌固、压混凝土等。

2)檐口构造

柔性防水屋面的檐口构造包括自由落水檐口和有组织排水檐口。

(1)自由落水檐口构造。一般在距檐口 0.2 ~0.5 m 范围内的屋面坡度不小于 15%,檐口处用 1∶2.5 水泥砂浆抹面并做滴水线,在距檐口卷材收头 800 mm 范围内,卷材应采用满黏法,如图 6-11 所示。

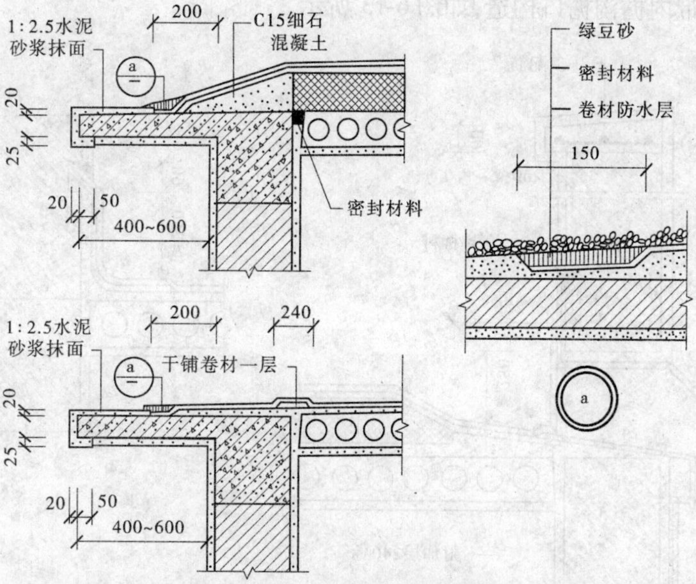

图 6-11　自由落水檐口构造

（2）挑檐沟檐口构造。外挑檐沟檐口屋面交界处应增铺附加层，且附加层应空铺，空铺宽度应为 200 mm，卷材收头应密封固定，同时檐口饰面要做好滴水，如图 6-12 所示。

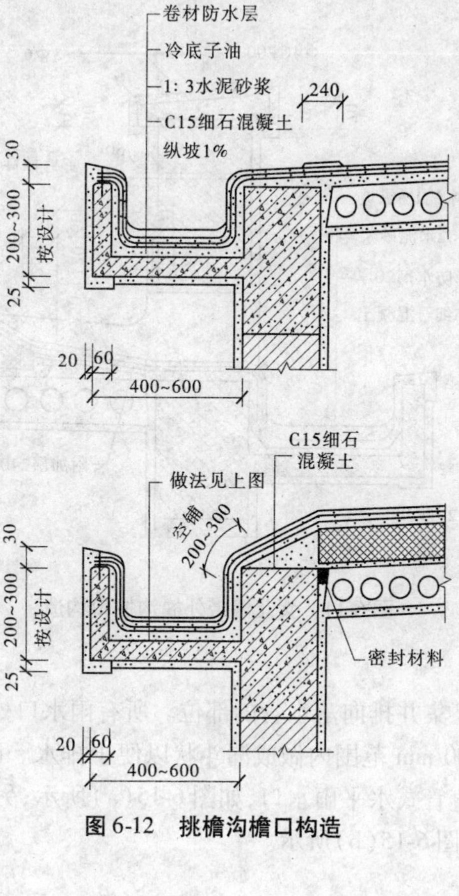

图 6-12　挑檐沟檐口构造

(3)女儿墙带内檐沟檐口构造,如图 6-13 所示。

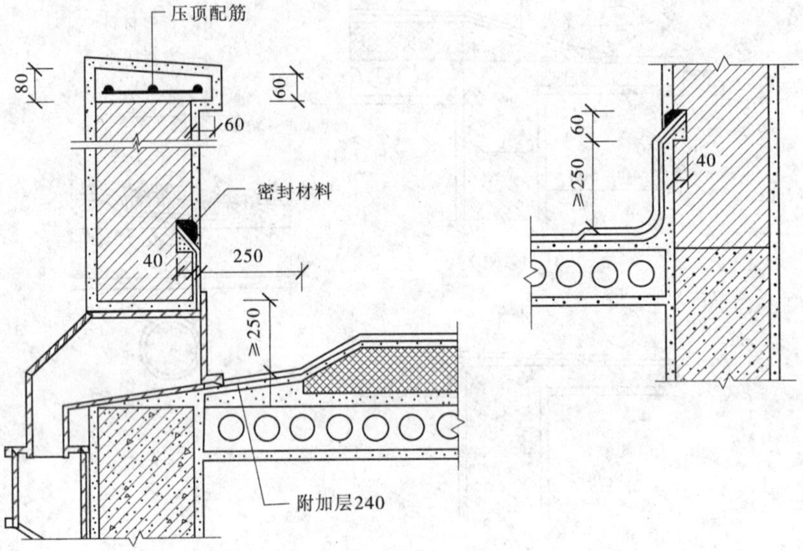

图 6-13　女儿墙带内檐沟檐口构造

(4)女儿墙带外檐沟檐口构造,如图 6-14 所示。

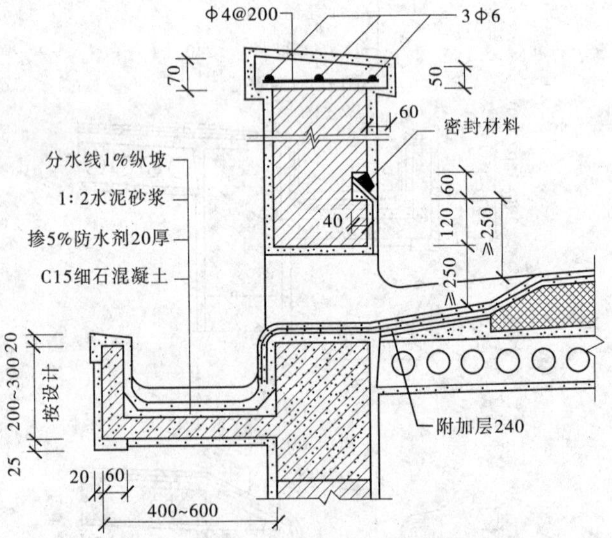

图 6-14　女儿墙带外檐沟檐口构造

3)雨水口构造

雨水口是屋面雨水汇集并排向落水管的部位。所有雨水口处的标高均应比檐沟底面的标高低,在雨水口周围 500 mm 范围内做成漏斗状以便于排水。雨水口分为两种形式:一种是在水平结构上开孔的直管式水平雨水口,如图 6-15(a)所示;另一种是穿女儿墙侧向开孔的弯管式垂直雨水口,如图 6-15(b)所示。

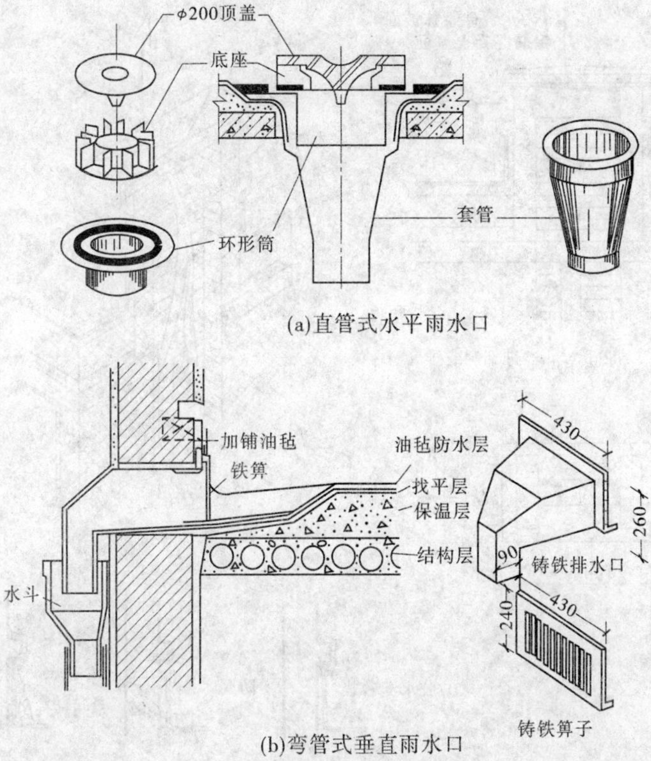

(a)直管式水平雨水口

(b)弯管式垂直雨水口

图6-15　雨水口构造

4)烟囱、管道出屋面处的防水构造

烟囱、管道出屋面处的防水构造,如图6-16所示。

5)上人孔处的防水构造

多层房屋屋顶检修应设上人孔,它的内径一般为600 mm×700 mm,并至少有一个边与内墙面对齐,以便在内墙面设置钢爬梯。屋面检查口要突出屋面之上,屋面检查口周围的卷材要卷起不小于250 mm的高度,并固定在检查口的上口沿上,检查口的上盖应向四周挑出,以遮挡卷材的边缘。寒冷地区可在上人孔的四壁和盖板上加设保温层,还可以在孔盖内侧装置销锁,如图6-17所示。

(二)刚性防水屋面

刚性防水屋面是指以刚性材料作为防水层的屋面,如采用防水砂浆或密实混凝土等浇筑成面层的屋面。其主要优点是施工方便,经济,维修方便,耐久性较好,但这种防水屋面对温度变化和结构变形较为敏感,易裂缝而导致渗漏水,故多用于我国的南方地区,不适用于松散材料做保温层的屋面,受较大振动或冲击荷载的屋面以及温差变化较大的北方地区。

1.刚性防水屋面的基本构造层次和做法

刚性防水屋面的基本构造层次一般(自下而上)为:结构层—找坡层—找平层—保温或隔热层—找平层—隔离层—防水层。

1)结构层

刚性防水屋面的结构层必须具有足够的强度和刚度,故通常采用现浇或预制的钢筋混凝土屋面板。

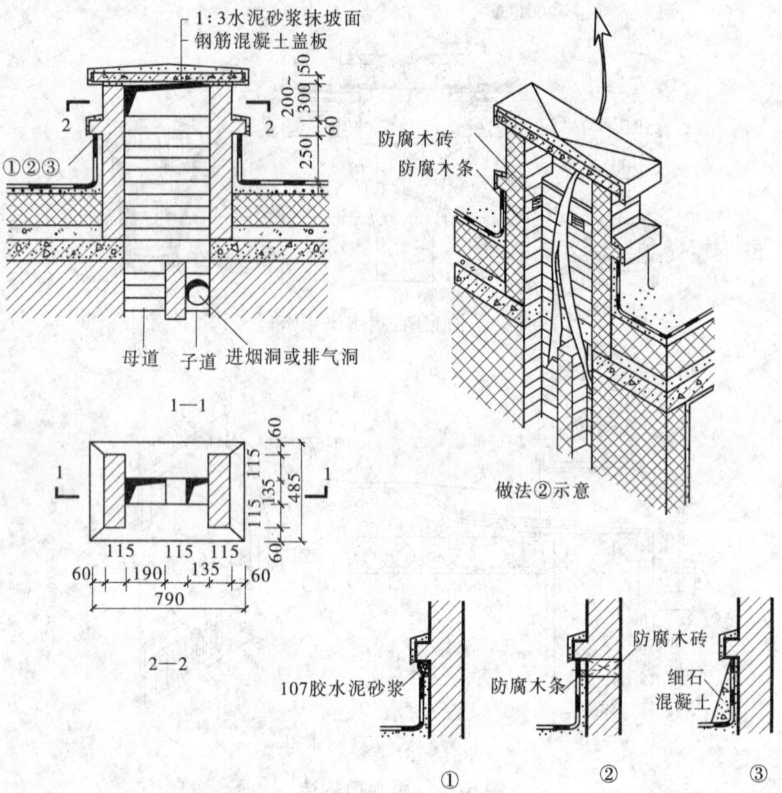

图 6-16　烟囱、管道出屋面处的防水构造

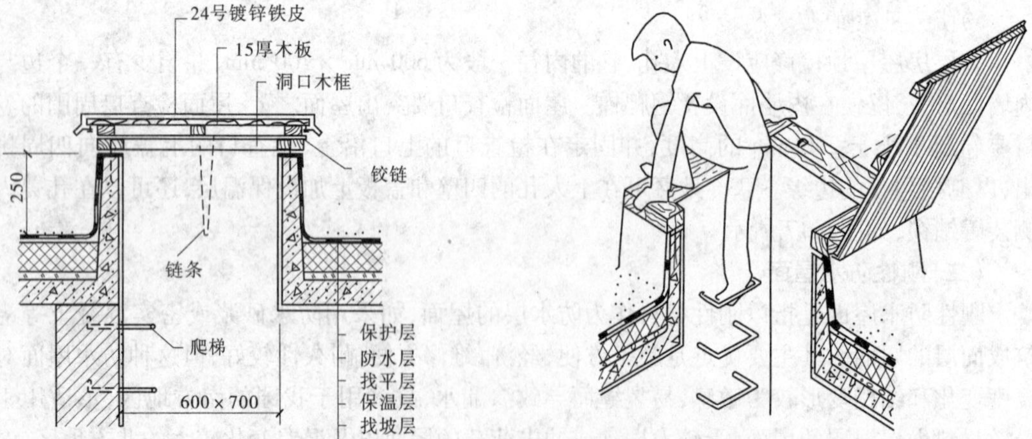

图 6-17　上人孔处防水构造

2）找坡层

为了保证排水畅通并且不给屋面增加过大的荷载，通常用 40 mm 厚（最薄处）1:8（质量比）水泥珍珠岩找坡 2%。

3）找平层

找平层通常用20 mm 厚1∶3水泥砂浆。

4）保温层

保温层通常有两种做法：一是硬质聚氨酯泡沫板；二是挤塑聚苯板。

5）隔离层

由于结构层比防水层厚，其刚度比防水层大，当结构层在荷载作用下产生变形时，如果防水层与结构层同步变形，则防水层必然会被拉裂。为减少结构层变形对防水层产生的不利影响，应在防水层下做一隔离层。隔离层通常采用干铺玻纤布一道或低强度等级的水泥砂浆一道等做法。

6）防水层

防水层通常有两种做法：一是25 mm 厚1∶2.5 水泥砂浆抹平压光1 m×1 m 分格，密封胶嵌缝；二是不小于40 mm 厚C20 防水细石混凝土（6 m×6 m 分格，缝宽20 mm，密封胶嵌缝）随打随抹，内配Φ 4 双向间距100～200 mm 的钢筋网（钢筋网在分格缝处断开），缝上铺防水卷材，宽200 mm。钢丝网的保护层厚度不应小于10 mm，设置钢丝网能有效地改善刚性防水层的抗裂性能，如图6-18 所示。如在混凝土中掺入膨胀剂、防水剂，则能提高其抗裂和抗渗性能。

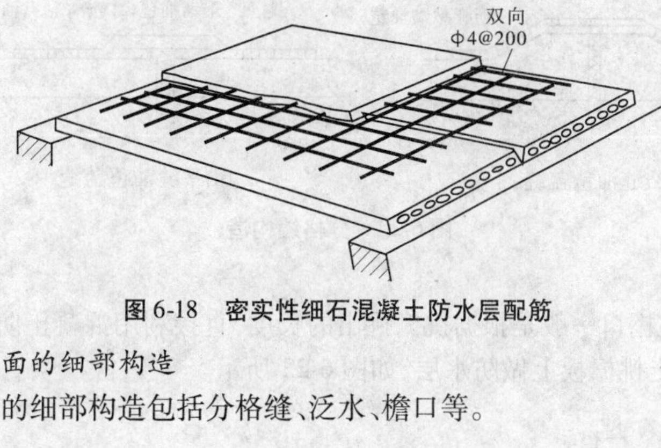

图6-18　密实性细石混凝土防水层配筋

2. 刚性防水屋面的细部构造

刚性防水屋面的细部构造包括分格缝、泛水、檐口等。

1）分格缝

分格缝又称为分仓缝，是为适应热胀冷缩及屋顶变形、防止屋顶防水层出现不规则通缝而设置的人工缝，是提高刚性防水层防水性能的重要措施。分格缝一般设置在屋顶变形敏感处，如梁、墙、屋脊等处，缝的间距一般不宜大于6 m，每格面积宜控制在15～36 m^2，如图6-19 所示。分格缝宽度一般为20 mm 左右，有平缝和凸缝之分，为了利于伸缩，应将缝内钢筋网片断开，然后用弹性材料（如泡沫塑料或沥青麻丝）填底，上口嵌油膏或用密封胶嵌缝后用一层防水卷材盖缝，如图6-20 所示。

2）泛水

刚性防水屋面的泛水沿墙需上翻至少250 mm 的高度，并做好收头处理。刚性防水层与屋面结构相交处应留出宽30 mm 的分格缝，并用密封材料填缝，分格缝上铺贴一层卷材盖缝或涂抹一层涂膜附加层，泛水与屋面防水层应一次浇筑完成，如图6-21 所示。

3）檐口

刚性防水屋面檐口的形式一般有自由落水挑檐口、挑檐沟外排水檐口和女儿墙外排水

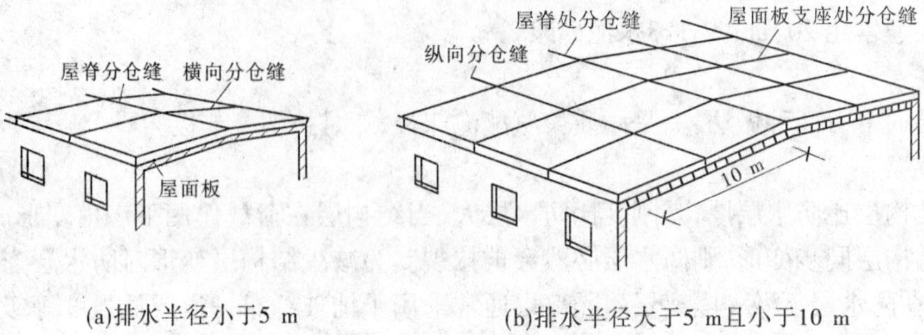

图 6-19　刚性防水屋面分格缝

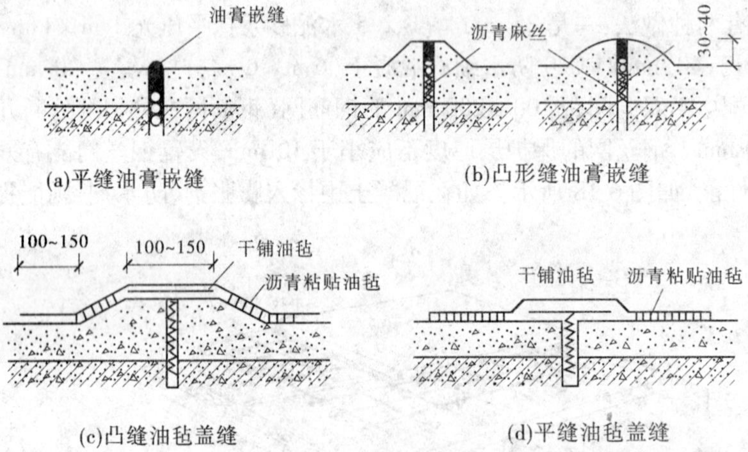

图 6-20　分格缝构造

檐口三种。

(1)自由落水挑檐口一般是根据挑檐挑出的长度,直接利用混凝土防水层悬挑,也可以在增设的钢筋混凝土挑檐板上做防水层,如图 6-22 所示。

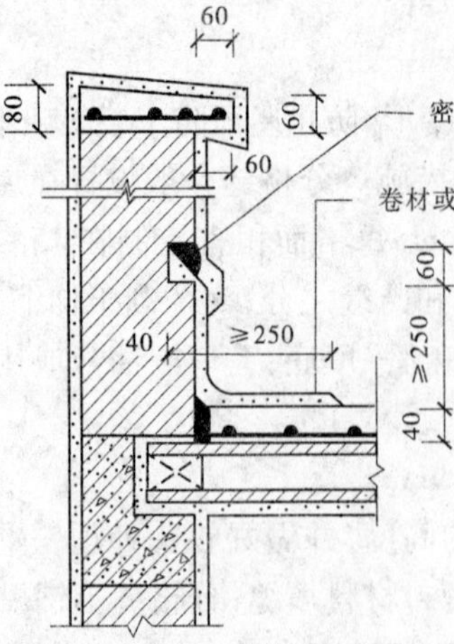

图 6-21　刚性防水屋面泛水构造

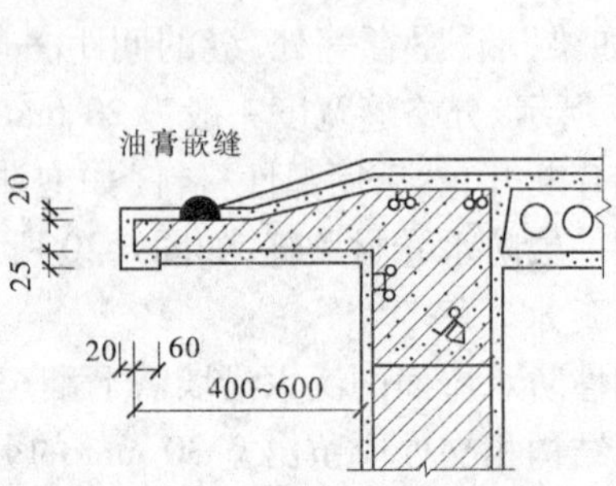

图 6-22　自由落水挑檐口构造

(2)挑檐沟外排水檐口一般是采用现浇或预制的钢筋混凝土槽形天沟板,在沟底用低强度的混凝土或水泥炉渣等材料垫置成纵向排水坡度。屋面铺好隔离层后再浇筑防水层，防水层应挑出屋面至少 60 mm，并做好滴水，如图 6-23(a)所示。

(3)女儿墙外排水檐口通常是在檐口处做成三角形断面天沟，在女儿墙天沟内需设纵向排水坡度，如图 6-23(b)所示。

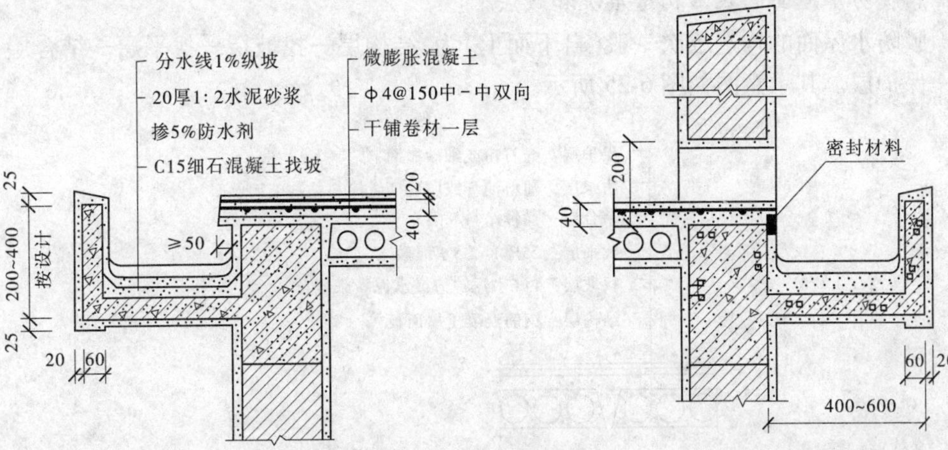

(a)挑檐沟外排水檐口　　(b)女儿墙外排水檐口

图 6-23　有组织排水檐口构造

4)雨水口

雨水口分直管式和弯管式两种。安装直管式雨水口时，为防止雨水从雨水口套管与沟底接缝处渗漏，应在雨水口周边加铺柔性防水层并延伸至套管内壁深度不小于 100 mm，在其表面涂玛琋脂，再用环形筒嵌入套管，将卷材压紧，防水层与雨水口接缝处用油膏嵌封，如图 6-24(a)所示。弯管式雨水口呈 90°弯曲状，由弯曲管和铸铁箅两部分组成，弯管置于女儿墙预留孔洞中，在安装弯管前，下面应铺一层卷材，与弯管的搭接长度不小于 100 mm，然后再浇筑防水层，防水层与弯管交接处用油膏嵌封，如图 6-24(b)所示。

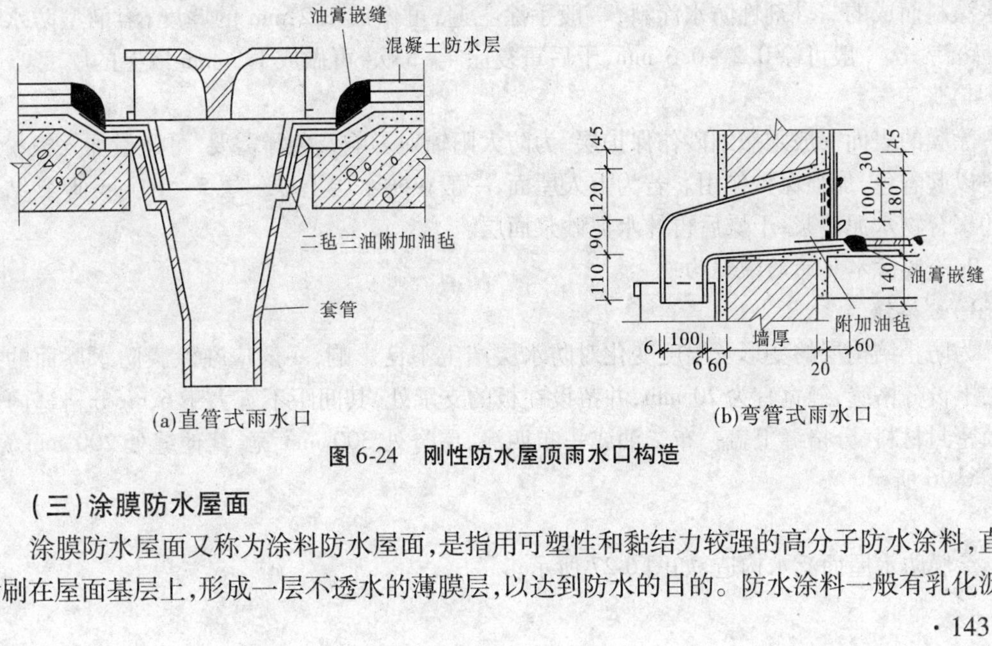

(a)直管式雨水口　　(b)弯管式雨水口

图 6-24　刚性防水屋顶雨水口构造

(三)涂膜防水屋面

涂膜防水屋面又称为涂料防水屋面，是指用可塑性和黏结力较强的高分子防水涂料，直接涂刷在屋面基层上，形成一层不透水的薄膜层，以达到防水的目的。防水涂料一般有乳化沥青类、氯丁橡胶类、丙烯酸树脂类、聚氨酯类和焦油酸性类等。这些材料根据其性质的不同又可分为两类：一类是用水或溶剂溶解后在基层上涂刷，通过水或溶剂蒸发而干燥硬化；另一类是通过材料的化学反应而硬化。这些材料具有防水性好、黏结力强、延伸性大、耐腐蚀、耐老化、无毒、不延燃、冷作业、施工方便等优点，但成膜后要格外注意保护，防止硬物碰坏。

1. 涂膜防水屋面的基本构造层次和做法

涂膜防水屋面的构造层次一般（自下而上）为：结构层—找坡层—找平层—结合层—防水层—保护层。其示意图如图 6-25 所示。

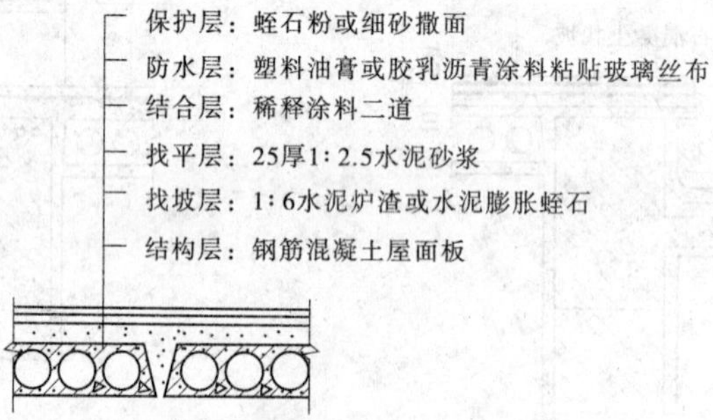

图 6-25　涂膜防水屋面构造层次

1）结构层和找坡层

在涂膜防水屋面中，结构层和找坡层的做法均与柔性防水屋面相同。

2）找平层和结合层

为使防水层的基层具有足够的强度和平整度，找平层通常为 25 mm 厚 1∶2.5 水泥砂浆，并且为保证防水层与基层黏结牢固，结合层应选用与防水涂料相同的材料经稀释后满涂在找平层上。

3）防水层

涂膜防水屋面的防水层是在平整干燥（含水率在 8% ~9% 以下）的基层上，分多次涂刷防水涂料而成的。乳剂性防水涂料，一般手涂三遍，可做成 1.2 mm 的厚度；溶剂型防水涂料，手涂一次一般可涂 0.2 ~0.3 mm，干后重复涂 4 ~5 次，可做成 1.2 mm 以上的厚度。

4）保护层

涂膜的表面一般须撒细砂作保护层，为防太阳辐射影响及色泽需要，可适量加入银粉或颜料以起着色，加强保护作用。若为上人屋面，一般在防水层上抹一层 5 ~10 mm 厚黏结性好的聚合物水泥砂浆，干燥后再抹水泥砂浆面层。

2. 涂膜防水屋面的细部构造

1）分格缝

为防止结构层的变形及温度变化对防水层产生不良影响，一般应在涂膜防水屋面的找平层上设分格缝，缝宽宜为 20 mm，并留设在板的支承处，其间距不宜大于 6 m，分格缝内应嵌填密封材料，分格缝上盖一布二油或一布四涂，屋脊处 300 mm 宽，其他缝处 200 mm 宽，如图 6-26 所示。

2）泛水

涂膜防水屋面泛水构造，如图 6-27 所示。

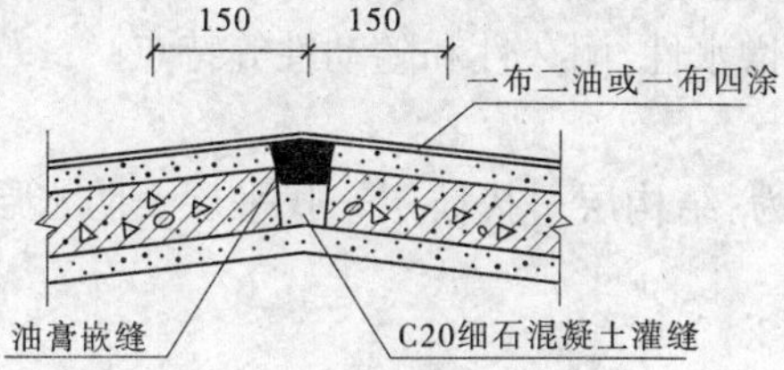

图 6-26　涂膜防水屋面分格缝构造

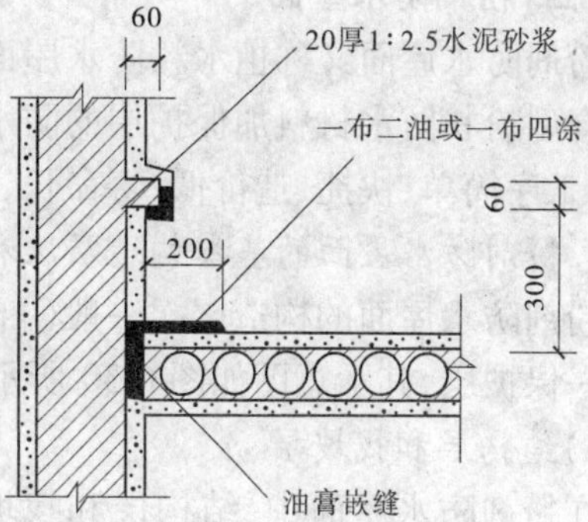

图 6-27　涂膜防水屋面泛水构造

3）檐口

涂膜防水屋面檐口构造，如图 6-28 所示。

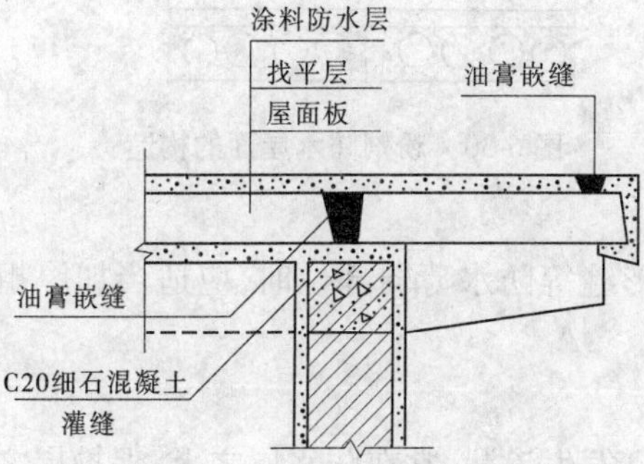

(a)自由落水挑檐

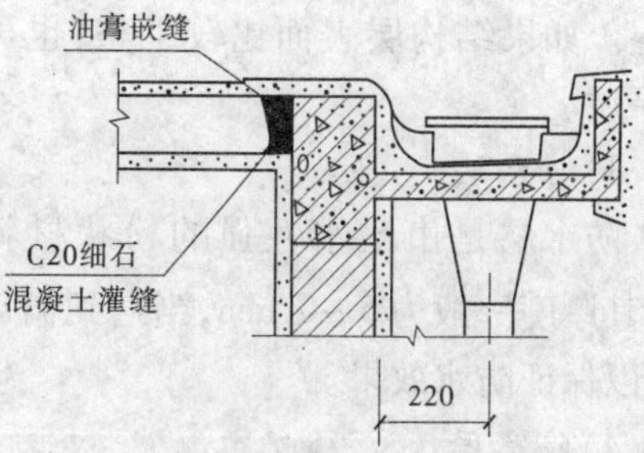

(b)有组织排水挑檐沟

图 6-28　涂膜防水屋面檐口构造

4）雨水口

涂膜防水屋面雨水口构造，如图 6-29 所示。

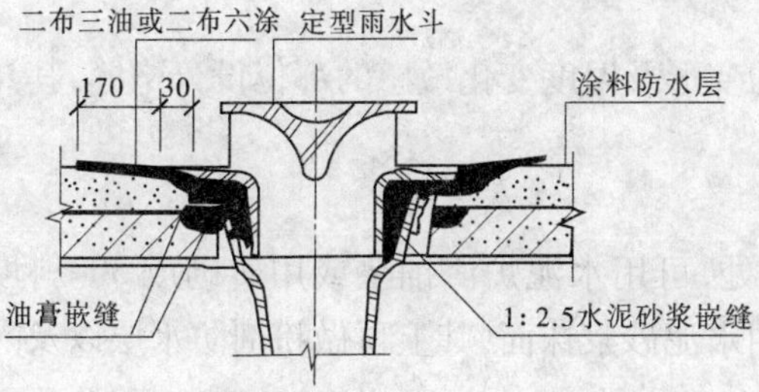

(a)直管式雨水口

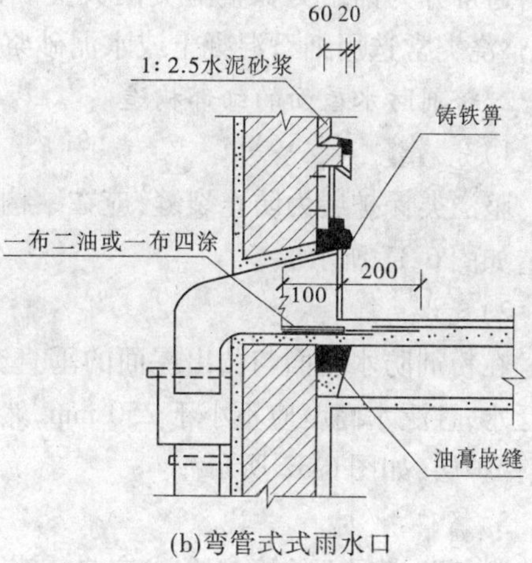

(b)弯管式式雨水口

图 6-29　涂膜防水屋面雨水口构造

（四）粉剂防水屋面

粉剂防水屋面又称拒水粉防水屋面，是以硬脂酸钙为主要原料，通过特定的化学反应组成复合型粉状防水材料加保护层的防水屋面。它是一种新型的屋面防水形式，具有透气不透水，工序简单、快捷，造价低，寿命长，有极好的憎水性、耐久性和随动性等特点。

1. 粉剂防水屋面的基本构造层次和做法

粉剂防水屋面的构造层次一般（自下而上）为：结构层—找坡层—找平层—防水层—隔离层—保护层，其示意图如图6-30所示。

1）结构层和找坡层

在粉剂防水屋面中，结构层和找坡层的做法均与柔性防水屋面相同。

2）找平层

为使防水层的基层具有足够的强度和平整度，通常做1∶3水泥砂浆或细石混凝土找平层。如果结构层表面比较平整，也可不做找平层。

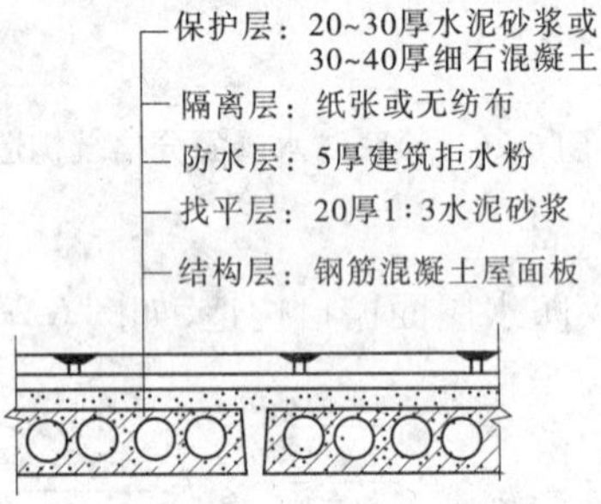

图6-30　粉剂防水屋面的构造

3）防水层

防水层是由憎水性强的粉状材料构成的，其厚度一般为5～7 mm，当遇到檐口、泛水、变形缝等防水薄弱部位时，应适当加厚拒水粉，以保证防水效果。

4）隔离层

为防止在做保护层时，破坏防水层的整体状态，发生渗漏，常在防水层之上、保护层之下设置的一道隔离层，即先铺一层普通纸或无纺布作为隔离层铺盖于防水层之上。

5）保护层

保护层是为了保护粉剂防水层在使用过程中不受外界不利因素的影响，如风吹、雨水冲刷、上人活动、物体碰撞等，另外，保护层还起着屋面排水和减缓防水层老化的作用。保护层材料通常分为铺贴类和整浇类两大类。铺贴类常用水泥砖、缸砖、黏土砖或预制混凝土板等；整浇类常选用细石混凝土或水泥砂浆。

2. 粉剂防水屋面的细部构造

1）分格缝

整浇类保护层为防止裂缝，应在结构层的变形及温度变化敏感的部位设分格缝，其具体构造如图6-31所示。

2）泛水

在粉剂防水屋面与凸出屋面的垂直交界处，可用水泥炉渣铺垫或用砖砌成30°斜坡作为泛水，且泛水高度应不小于250 mm，然后用水泥砂浆抹面，其上再做粉剂防水层以及隔离层、保护层，如图6-32所示。

3）檐口

粉剂防水屋面的檐口形式有自由落水挑檐和有组织排水挑檐沟两种，其构造做法如图6-33所示。

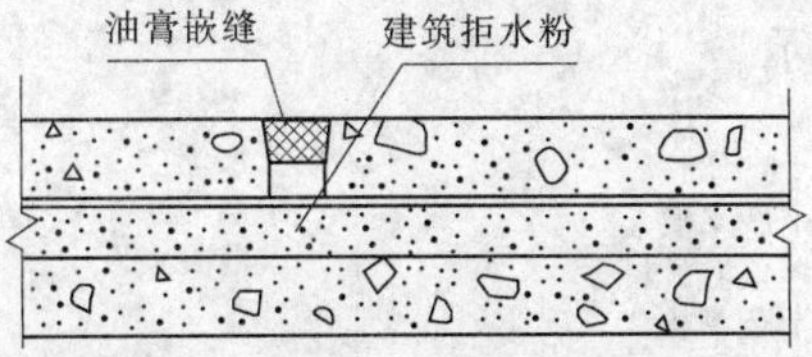

图 6-31　粉剂防水屋面分格缝构造

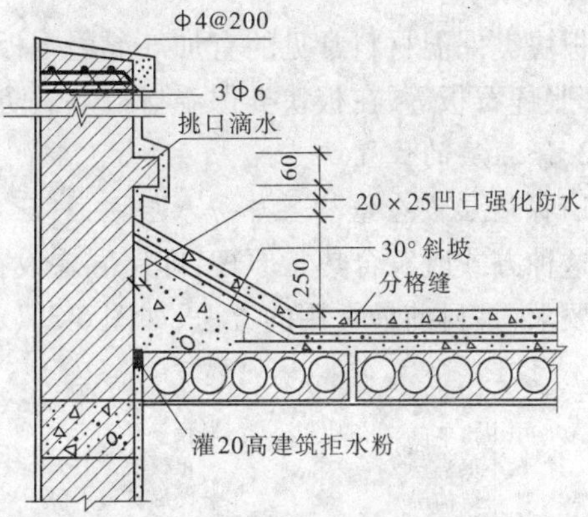

图 6-32　粉剂防水屋面泛水构造

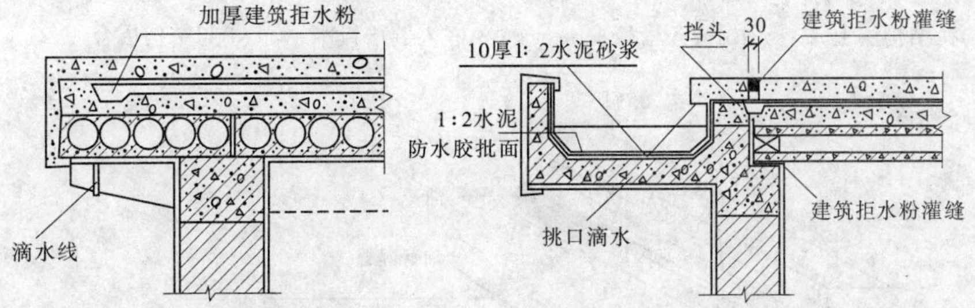

(a)自由落水挑檐　　(b)有组织排水挑檐沟

图 6-33　粉剂防水屋面的檐口构造

4)雨水口

粉剂防水屋面的雨水口类型及构造与刚性防水屋面的做法基本相同。

四、平屋顶的保温与隔热

我国北方地区冬季气候寒冷,室内需要采暖。为了使室内热量不至于散失太快,屋顶需设保温层。而南方地区,夏季室外屋顶受太阳辐射温度高,会影响室内正常的工作和生活,因而屋顶要进行隔热处理。

(一)平屋顶的保温

1. 屋面保温材料

保温材料应选择轻质、多孔、导热系数小的材料,一般有散料类、整体类和板块类三种。

1)散料类

常用的散料类有膨胀珍珠岩、膨胀蛭石、陶粒、炉渣、矿渣等。如果在散料类保温层上做卷材防水层,必须先在其上抹一层水泥砂浆找平层,然后再铺卷材防水。

2)整体类

整体类保温材料一般是以散料类保温材料为集料,掺入一定量的胶结材料,现场浇筑而成的整体保温层,如水泥炉渣、水泥膨胀珍珠岩、水泥蛭石、沥青蛭石、沥青膨胀珍珠岩等。与散料类保温材料相同,也应先做水泥砂浆找平层,再做卷材防水层。散料类和整体类保温材料都可兼作找坡材料。

3）板块类

板块类保温材料常见的有加气混凝土板、挤塑聚苯板、硬质聚氨酯泡沫板、膨胀珍珠岩板、膨胀蛭石板等，在板块类保温材料上做防水层之前，也应先做找平层。

2. 保温层的位置

1）保温层设在结构层与防水层之间（正铺法）

这种方式既符合热工原理，即保温层设在冷的一面，也符合保温层搁置在结构层上面的力学要求，是目前最常用的方法，如图6-34（a）所示。

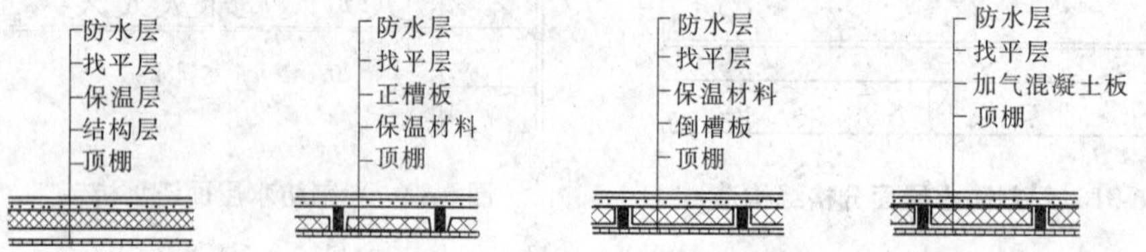

(a)在结构层上　(b)嵌入槽板上　(c)嵌入倒槽板中　(d)与结构层合一

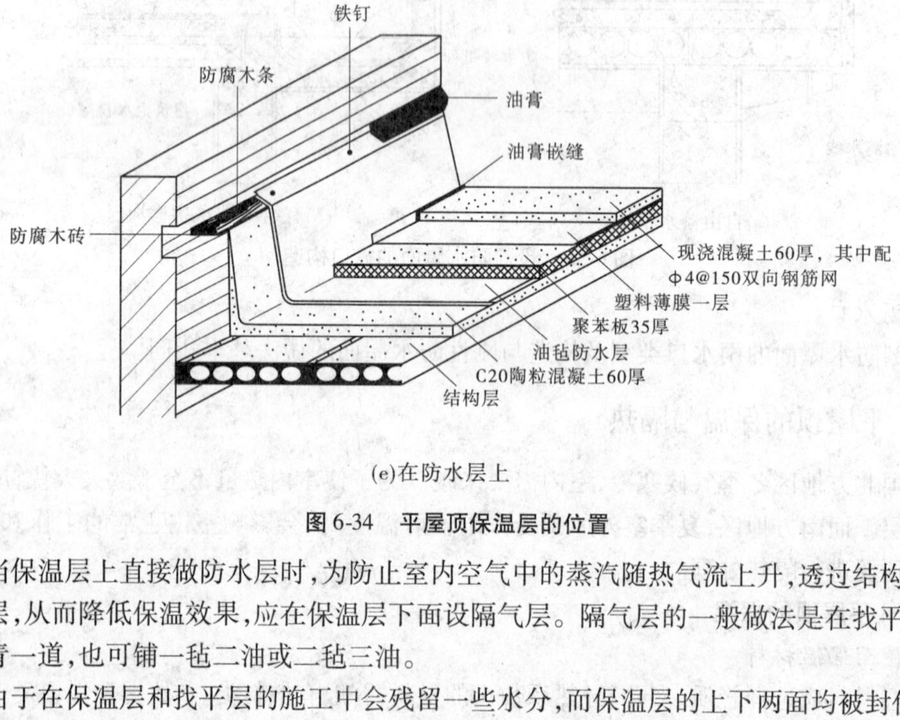

(e)在防水层上

图6-34　平屋顶保温层的位置

当保温层上直接做防水层时，为防止室内空气中的蒸汽随热气流上升，透过结构层进入保温层，从而降低保温效果，应在保温层下面设隔气层。隔气层的一般做法是在找平层上涂热沥青一道，也可铺一毡二油或二毡三油。

由于在保温层和找平层的施工中会残留一些水分，而保温层的上下两面均被封住，在太阳的辐射下，水分子受热体积膨胀却无法散发出去，会造成防水层鼓泡、起皱甚至破裂；另外，隔气层也会导致室内湿气排不出去，使结构层产生结露现象。为避免这些情况的发生，通常采用的排气措施有以下两种：

（1）在隔气层下设透气层。即在结构层和隔气层之间设一层透气层，使室内透过结构层的蒸气得以流通扩散，并设置相应出气口，把蒸气排泄出去。透气层的构造处理可用前面讲的防水层第一层采用花油法，也可在找平层中做透气道，如图6-35所示。透气层的出气口一般设在檐口或靠女儿墙根部。房屋进深大于10 m时，中间也应设透气口。

（2）保温层上设透气层或保温层中做排气道。为了将保温层中的湿气排出去，也可在

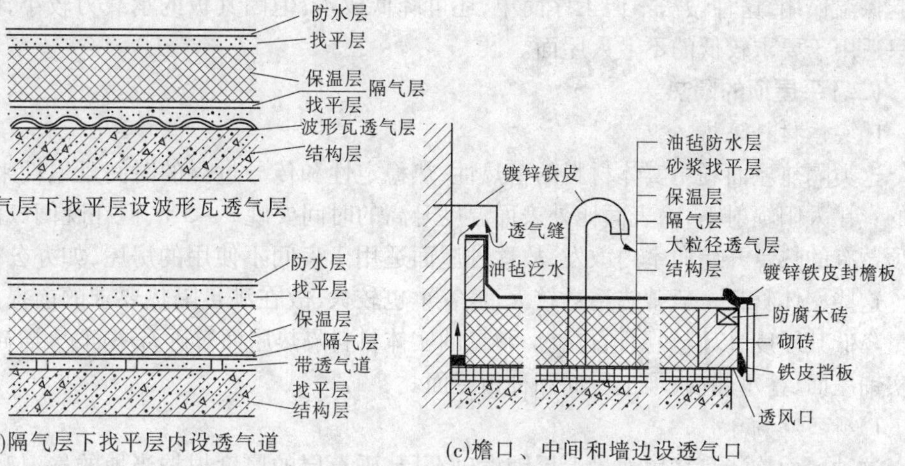

(a)隔气层下找平层设波形瓦透气层

(b)隔气层下找平层内设透气道

(c)檐口、中间和墙边设透气口

图 6-35　隔气层下设透气层及出气口构造

保温层上加一层砾石或陶粒透气层，或在保温层中做排气道，排气道内用大粒径炉渣或粗质纤维填塞，既可保温又可透气。找平层在相应位置应留槽作排气道，并在整个屋面纵横贯通。排气道间距宜为 6 m，屋面面积每 36 m^2 宜设一个排气孔。排气道上口干铺油毡一层，用玛瑞脂单边点贴覆盖。保温层设透气层后，一般要在檐口或屋脊处留通风口，如图 6-36 所示。

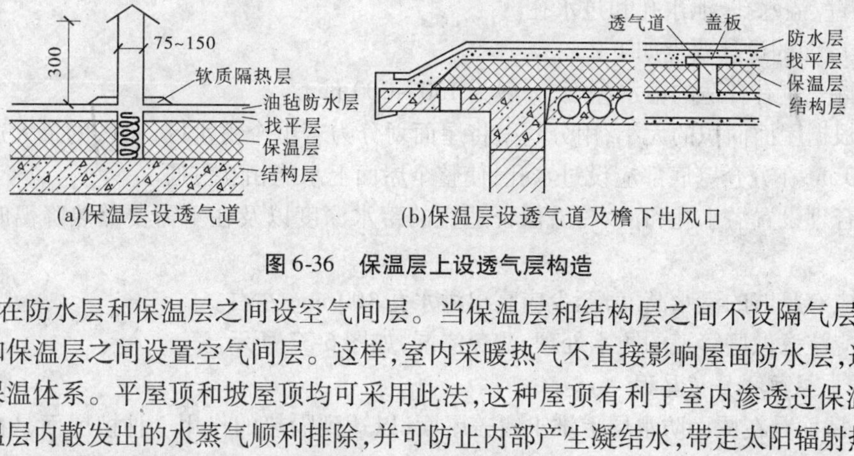

(a)保温层设透气道

(b)保温层设透气道及檐下出风口

图 6-36　保温层上设透气层构造

(3)在防水层和保温层之间设空气间层。当保温层和结构层之间不设隔气层时，可在防水层和保温层之间设置空气间层。这样，室内采暖热气不直接影响屋面防水层，通常称做冷屋顶保温体系。平屋顶和坡屋顶均可采用此法，这种屋顶有利于室内渗透过保温层的蒸气和保温层内散发出的水蒸气顺利排除，并可防止内部产生凝结水，带走太阳辐射热散发的热量。为使通风间层通风流畅，在檐口部位应设通风口。

2)保温层设在防水层之上(倒铺法)

保温层设在防水层的上面，其做法与传统的屋面铺设层次相反，故称倒铺法。它的优点是防水层不受太阳辐射和外界气候变化的直接影响，不受外力的破坏；缺点是选择保温材料时受限制，这种屋面要求使用具有吸湿性低、耐气候性强的憎水性材料做保温层，如聚苯乙烯泡沫塑料板或聚氨酯泡沫塑料板等，但上面要用较重的覆盖物做保护层，如混凝土板、水泥砂浆或卵石，卵石保护层与保温层之间应铺设纤维织物，板块保护层可干铺，如图 6-34(e)所示。

3)保温层与结构层一体

这种屋面一般有两种做法：一种是槽形板内设置保温层，如图 6-34(b)、(c)所示。另一种是将保温材料与结构层融为一体，如图 6-34(d)所示，如配筋加气混凝土板，既能承重，又能起保温作用，这种做法不但工序简单，还可降低成本；但因其板的承载力较小，耐久性差，故只适用于要求较低的不上人屋面。

（二）平屋顶的隔热

1. 实体材料隔热

这类隔热屋面利用实体材料的蓄热性、热稳定性和传导过程的时间延迟性来达到隔热目的。在太阳辐射下，内表面比外表面温度升高的时间要晚 3 ~ 5 h，但在晚间气温降低后，屋顶蓄有的热量开始向室内散发，故这种屋面适用于夜间不使用的房屋，如办公楼、写字楼等。这些实体材料一般蓄热系数较大，但容重也较大，故在满足隔热要求的前提条件下，应尽量降低其厚度，以减轻屋顶自重。常见的实体材料隔热屋面有砾石屋面、大阶砖或混凝土板实铺屋面、蓄水屋面、堆土屋面和种植屋面。

1）砾石屋面

这种屋面构造是在屋面最上层铺设砾石层，砾石层的厚度根据当地的气温和室内需要确定。

2）大阶砖或混凝土板实铺屋面

大阶砖或混凝土板实铺屋面是在屋面最上层放置大阶砖或加气混凝土板作为隔热层。

3）蓄水屋面

蓄水屋面宜采用整体现浇的混凝土刚性防水层，在屋顶构造处理时要增加一壁三孔，即蓄水分仓壁、溢水孔、泄水孔和过水孔。

蓄水屋面的设计要点如下：

（1）首先应有合适的蓄水深度，一般为 150 ~ 200 mm。

（2）根据屋面面积的大小，用分仓壁将屋面划分为若干个蓄水区，每区的最大边长一般不大于 10 m，在分仓壁底部应设过水孔，使整个屋面上水能相互贯通。

（3）合理设置溢水孔和泄水孔，保证适宜的蓄水深度以及在不需要隔热降温时将积水排除。

（4）应有足够的泛水高度，至少应高出溢水孔 100 mm 左右。

（5）应注意做好管道的防水处理，避免渗漏，如图 6-37 所示。

4）堆土屋面和种植屋面

堆土屋面是在屋面防水层上堆土覆盖屋面，以达到隔热的作用。种植屋面是在屋面防水层上借助于栽培介质种植植物，用以吸收阳光和遮挡阳光，可达到降温、隔热的作用，同时还可以美化环境、净化空气。但增加了屋顶荷载，结构处理较复杂。

种植屋面的设计要点如下：

（1）种植屋面应采用整体现浇的防水细石混凝土屋面，其厚度不小于 40 mm，内配 Φ4 双向间距为 100 ~ 200 mm 的钢筋网。

（2）种植介质应尽量选用轻质材料，以减轻屋面自重。

（3）屋顶四周需设栏杆或女儿墙作为安全防护措施，保证上屋顶人员的安全。

（4）挡墙下部设排水孔和过水网，过水网可采用堆积的砾石，它能保证水通过而种植介质不流失，如图 6-38 所示。

2. 通风隔热屋面

这种屋面是在屋顶中设置通风的空气间层，使屋顶的上表面起遮挡阳光的作用，而中间

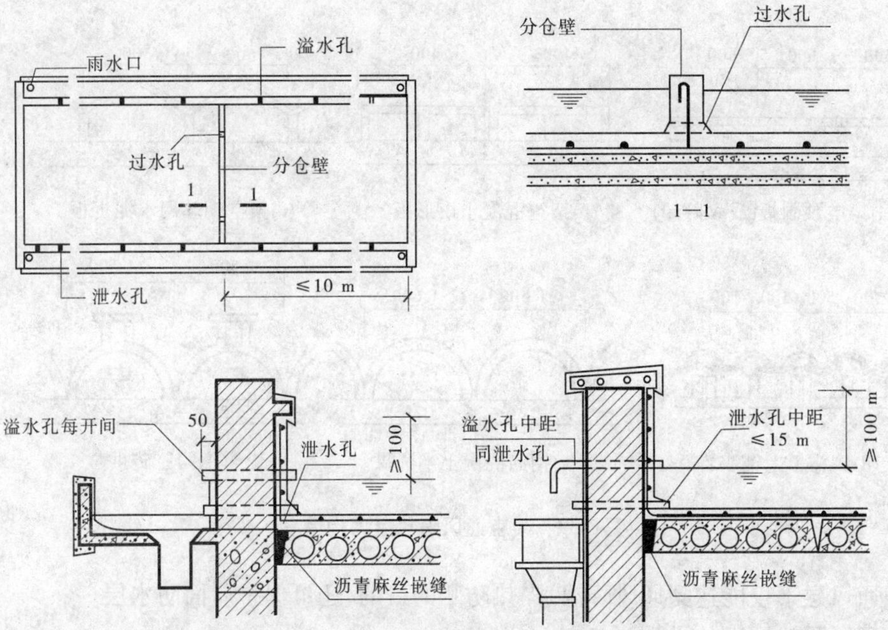

图 6-37　蓄水屋面构造

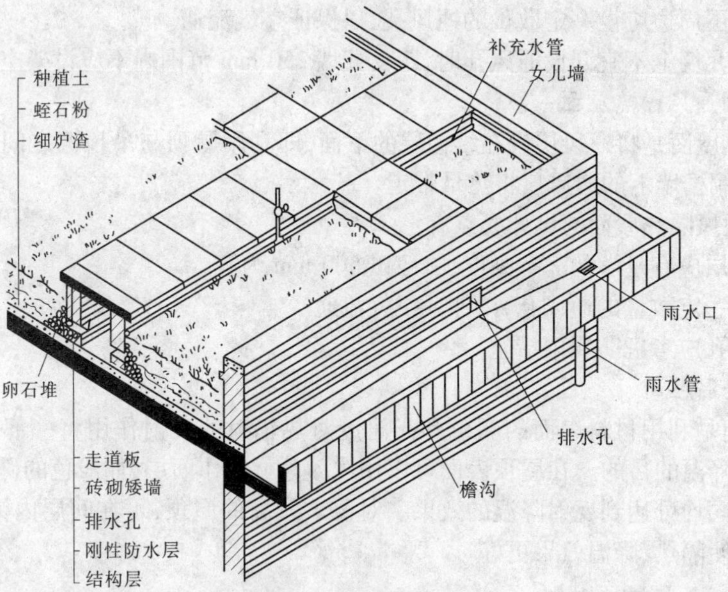

图 6-38　种植屋面构造

的空气间层则利用风压原理和热压原理带走热量，从而降低了屋顶下表面的温度，达到隔热、降温的目的。一般空气间层的位置可以设在结构层的上面，也可设在结构层下面吊顶棚上面。

1）架空通风隔热屋面

这种隔热屋面是将通风层设在结构层的上面，如图 6-39 所示。

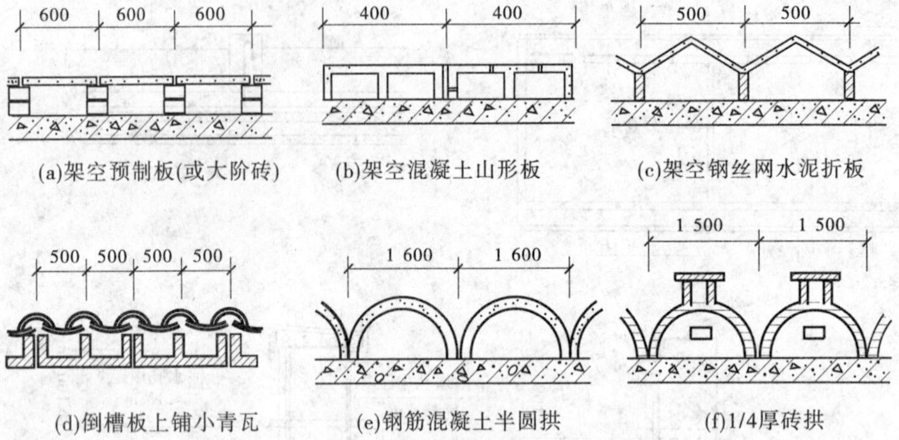

图 6-39　架空通风隔热屋面构造

这种通风层不仅能达到通风降温、隔热防晒的目的,还可保护屋面防水层。

架空通风隔热屋面的设计要点有:

(1)通风口应尽量正对夏季主导风向,以加速空气流通。

(2)架空层应有适当的净高,以提高通风效果,一般以 180 ~ 240 mm 为宜。

(3)架空层周边应设一定数量的通风孔,以保证空气流通。

(4)当女儿墙上不宜开设通风孔时,距女儿墙 250 mm 范围内不应设架空板。

2)吊顶棚通风隔热屋面

这种隔热屋面是将通风层设在结构层的下面,即利用屋顶与吊顶棚之间的空间作为隔热层,同时利用檐墙上的通风口将热量带走。

吊顶棚通风隔热屋面的设计要点有:

(1)通风层应有足够的净空高度,一般以 500 mm 为宜。

(2)需设一定数量的通风孔,以保证空气流通。

(3)通风孔应考虑防飘雨措施。

3. 反射降温屋面

这种屋面是利用材料表面的颜色和光滑度对热辐射的反射作用将一部分热量反射回去,从而达到降温的目的。在屋顶表面可以用浅颜色材料作面层,如浅色的砾石或涂刷浅色涂料或银粉等,均可达到反射降温的效果。对要求较高的屋顶,可在间层内铺设铝箔纸,利用二次反射,使隔热、降温效果更好。

任务三　坡屋顶构造

坡屋顶多采用瓦材防水,坡度一般大于 10°。坡屋顶具有坡度大、排水快、保温隔热好、美观等特点,是我国传统建筑和现代建筑中广泛采用的屋顶形式。

一、坡屋顶的承重结构类型

坡屋顶一般由承重结构、屋面面层、顶棚层等基本层次组成,有时可设保温层或隔热层。

坡屋顶的承重可分为横墙承重、屋架承重和梁架承重等形式。

(一)横墙承重

横墙承重又称硬山搁檩,当横墙间距较小(一般不大于4 m)时,可将横墙上部砌成三角形,形成双坡屋顶,直接把檩条搁置在横墙上,来承受屋顶荷载,这种承重方式称为横墙承重,如图6-40所示,适用于开间较小的建筑,如住宅、宿舍等。其优点是节约材料,构造简单,施工方便,房间的隔音、防火效果好,是一种较为合理的承重体系。

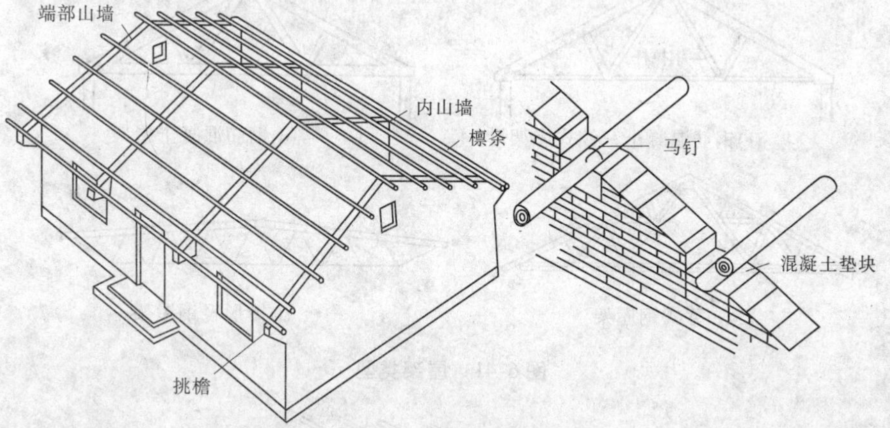

图6-40　横墙承重

(二)屋架承重

屋架承重是指利用建筑物的外纵墙或柱支承屋架,然后在屋架上搁置檩条及椽子而形成的屋顶结构形式。屋架可根据排水坡和空间要求,做成三角形、梯形、矩形、多边形。屋架由上弦杆、下弦杆、腹杆组成。屋架有木屋架、钢屋架、钢木组合屋架、钢筋混凝土屋架等类型,如图6-41所示。屋架应根据屋顶坡度进行布置,在四坡顶屋顶及屋顶相互交接处需增加斜梁或半屋架等构件。为保证屋架承重结构坡屋顶的空间刚度和整体稳定性,屋架间需设水平和垂直支撑。屋架承重结构体系的优点是建筑物内部可以形成较大的空间,结构布置灵活,通用性大,适用于有较大空间要求的建筑。屋架承重示意如图6-42所示。屋顶造型变化时的异型屋架如图6-43所示。

(三)梁架承重

梁架承重也称木构架承重,是我国传统的屋顶结构形式,多采用木柱、木梁和木檩条构成一个整体骨架,支承荷载,檩条置于梁上承受屋面荷载,如图6-44所示。这种承重结构整体性好,抗震性好,但梁受力不够合理,较费材料。

(四)钢筋混凝土梁板承重

坡屋顶是我国古代建筑常用的形式,多以木材制作屋顶承重结构,但不论从节约木材方面,还是从防火防腐方面,都是应该被时代所淘汰的。然而,随着建筑艺术和建筑技术的飞速发展,以及人们对建筑美学和建筑节能的高层次要求,坡屋顶比平屋顶更具有便于发挥创造新颖多样的建筑造型的优越性,以更好地美化环境、美化生活;其保温隔热的优点也达到建筑节能的目的。因此,用钢筋混凝土技术可以随心所欲地塑造坡屋顶的任何形式,可以做成直坡面、多折坡面或曲面,而且钢筋混凝土可以预制,也可以现浇。特别是现浇施工对建

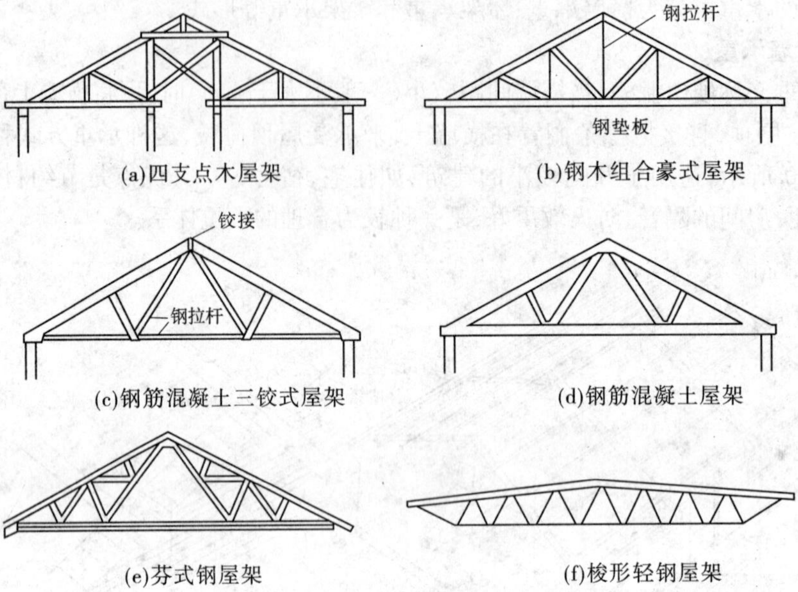

图 6-41　屋架类型

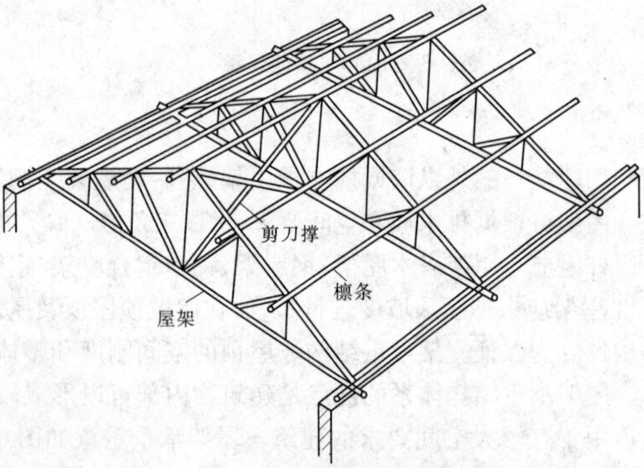

图 6-42　屋架承重

筑的整体性、防渗性、抗震性和可模性以及延长使用寿命都有明显优势。近年来,钢筋混凝土坡屋顶已被广泛应用于住宅楼、别墅、仿古建筑中,如图 6-45 所示。

二、坡屋顶的屋面构造

根据坡屋顶的屋面防水材料不同,常见的坡屋顶屋面有平瓦屋面、小青瓦屋面、波形瓦屋面、琉璃瓦盝顶屋面、镀锌铁皮屋面、压型钢板屋面等。

(一) 平瓦屋面

1. 平瓦屋面的组成

1) 檩条

檩条支承于横墙或屋架上,其断面尺寸及间距可根据构造需要由计算确定,材料有木材、轻钢、预制钢筋混凝土,其断面形式有矩形、T 形、圆形等,如图 6-46 所示。

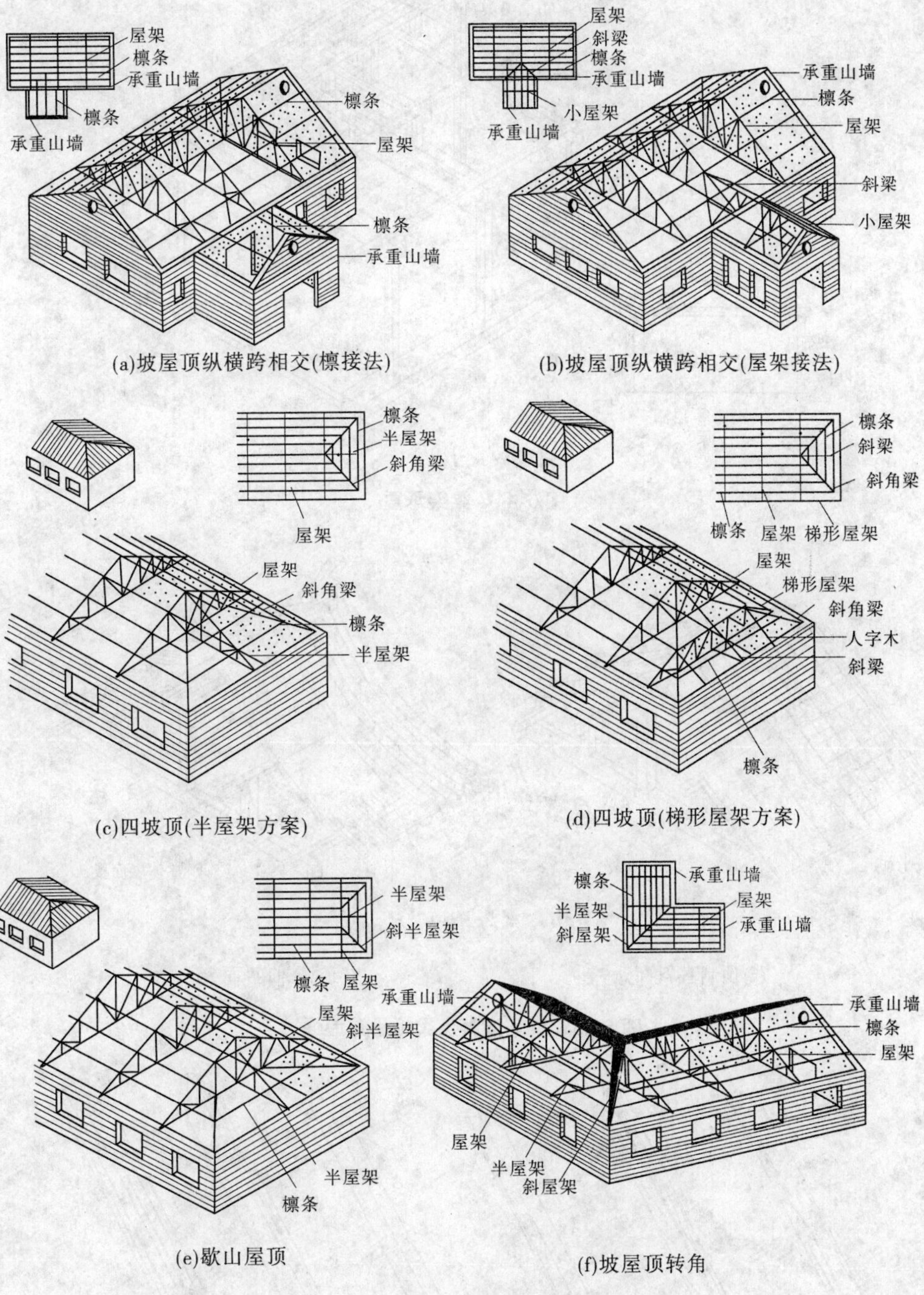

(a)坡屋顶纵横跨相交(檩接法)

(b)坡屋顶纵横跨相交(屋架接法)

(c)四坡顶(半屋架方案)

(d)四坡顶(梯形屋架方案)

(e)歇山屋顶

(f)坡屋顶转角

图 6-43　屋顶造型变化时的异型屋架

2)椽子

椽子又称椽条。当檩条的间距大于 800 mm 时,应垂直檩条布置椽子,间距 360 ~ 400 mm,常用 40 mm × 60mm 或 50 mm × 50 mm 的方木,也可用圆木或半圆木条;当檩条间距小

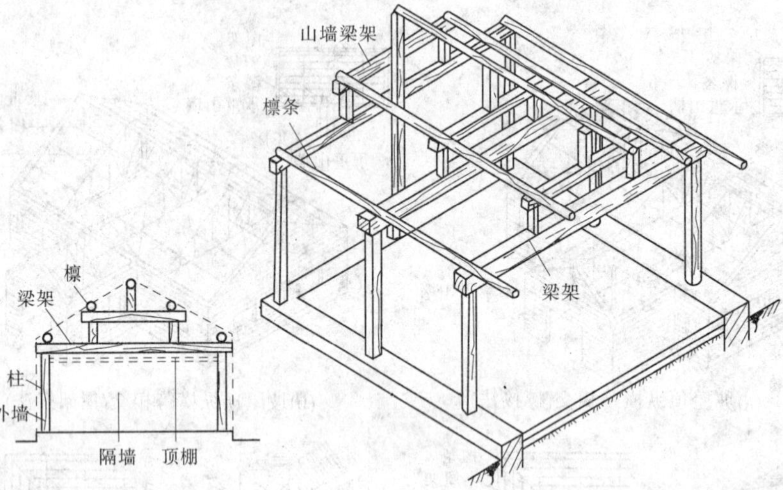

图 6-44　梁架承重

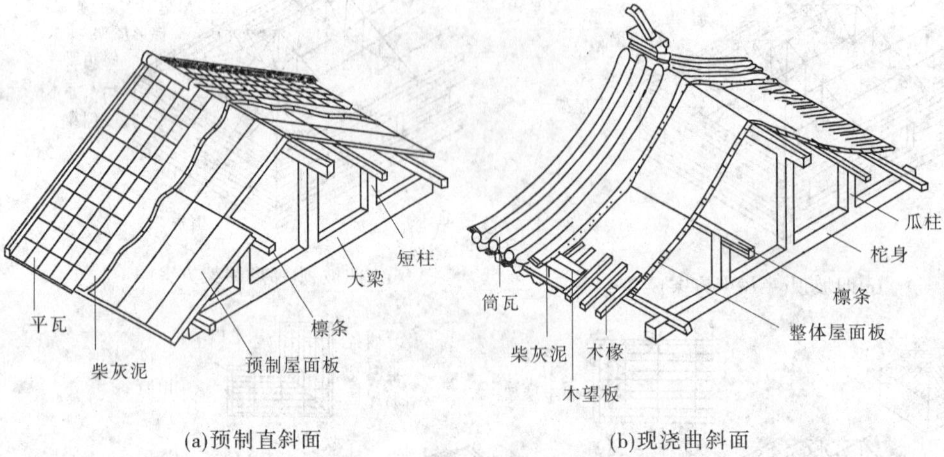

图 6-45　钢筋混凝土梁板承重屋面

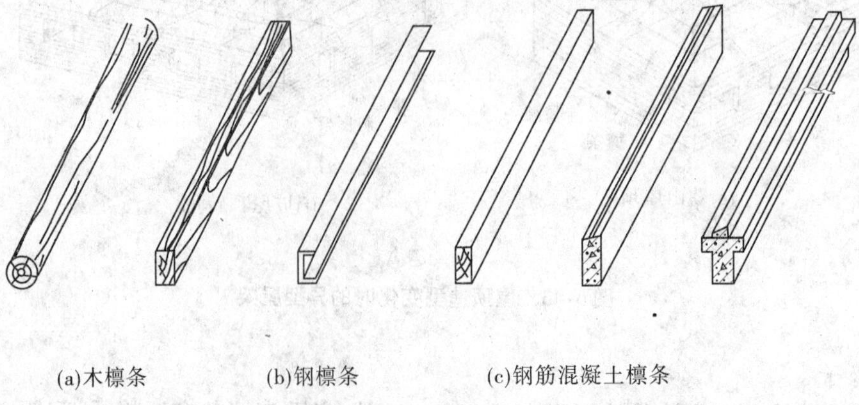

图 6-46　檩条断面形式

于800 mm时,可直接在檩条上铺设屋顶板。

3)屋面板

屋面板俗称“望板”,一般为15~20 mm厚的木板,其主要作用是为屋顶防水层提供平整基层,提高屋面的保温隔热性能。

4)辅助防水层

在望板上干铺一层油毡作为辅助防水层。一般应平行于屋脊自屋檐向屋脊铺设,搭接长度不小于100 mm,用顺水条固定于望板上。

5)顺水条

顺水条一般是截面为(20~30) mm×(6~10) mm的木条,顺坡度方向钉在望板上,间距为400~500 mm,其主要作用是固定油毡,因其顺水流方向,故俗称“顺水压毡条”。顺水条的存在使屋面板和瓦之间形成了一个空气层,有利于保温隔热。

6)挂瓦条

挂瓦条是垂直钉在顺水条上的木条,常用截面为20 mm×30 mm,其间距为屋面平瓦的有效尺寸,一般为280~330 mm,其作用是挂瓦,故得名“挂瓦条”。

7)平瓦

平瓦又称机制平瓦,或称机平瓦,用黏土或水泥等材料制成。机平瓦的一般尺寸为长380~420 mm、宽230~250 mm、厚20~50 mm。为防止下滑,瓦背面设有挂钩,可以挂在挂瓦条上,其中间有小孔,在风速大的地区可用铅丝把瓦片扎在挂瓦条上,如图6-47(a)所示。

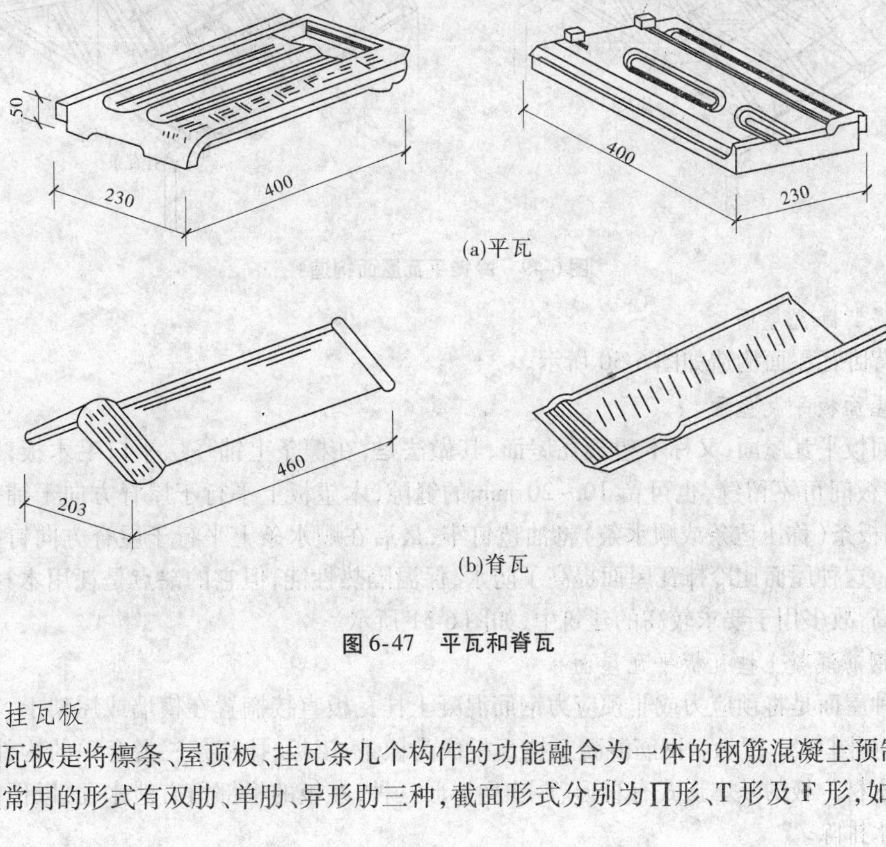

图6-47 平瓦和脊瓦

8)挂瓦板

挂瓦板是将檩条、屋顶板、挂瓦条几个构件的功能融合为一体的钢筋混凝土预制构件。挂瓦板常用的形式有双肋、单肋、异形肋三种,截面形式分别为Π形、T形及F形,如图6-48所示。

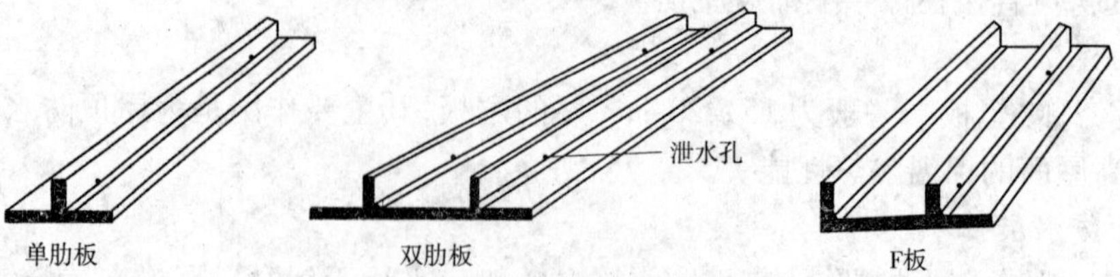

图 6-48　挂瓦板

2. 平瓦屋面的构造

平瓦屋面根据基层的不同可分为冷摊平瓦屋面、泥背卧瓦屋面、屋面板平瓦屋面和钢筋混凝土挂瓦板平瓦屋面等。

1) 冷摊平瓦屋面

冷摊平瓦屋面的具体做法是在檩条上固定椽条，再在椽条上钉挂瓦条，然后在挂瓦条上直接挂瓦。这种屋面构造简单、施工方便、经济，但雨雪易从瓦缝飘入室内，如图 6-49 所示。

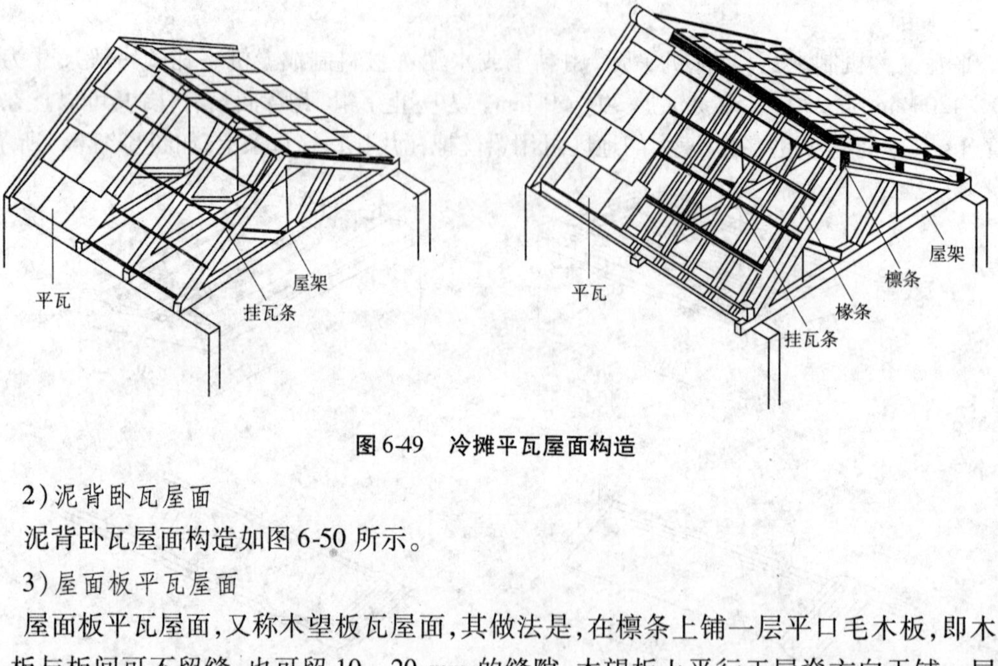

图 6-49　冷摊平瓦屋面构造

2) 泥背卧瓦屋面

泥背卧瓦屋面构造如图 6-50 所示。

3) 屋面板平瓦屋面

屋面板平瓦屋面，又称木望板瓦屋面，其做法是，在檩条上铺一层平口毛木板，即木望板，板与板间可不留缝，也可留 10 ~ 20 mm 的缝隙，木望板上平行于屋脊方向干铺一层油毡，并用板条（称压毡条或顺水条）将油毡钉牢，最后在顺水条上平行于屋脊方向钉挂瓦条并挂瓦。这种屋面比冷摊瓦屋面提高了防水、保温隔热性能，但它的缺点是耗用木材较多，造价较高，故多用于要求较高的建筑中，如图 6-51 所示。

4) 钢筋混凝土挂瓦板平瓦屋面

这种屋面是将预应力或非预应力钢筋混凝土挂瓦板直接搁置在横墙或屋架上，其上直接挂瓦，如图 6-52 所示。钢筋混凝土挂瓦板成为檩条、望板、挂瓦条三者合一的构件，可大大节约木材。板的基本形式有Π形、T 形及 F 形三种，在板的根部留有泄水孔，以便将渗漏下的雨水排除。

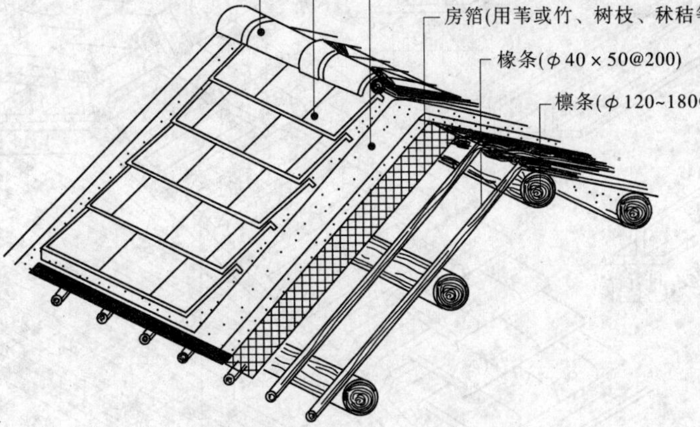

图6-50　泥背卧瓦屋面

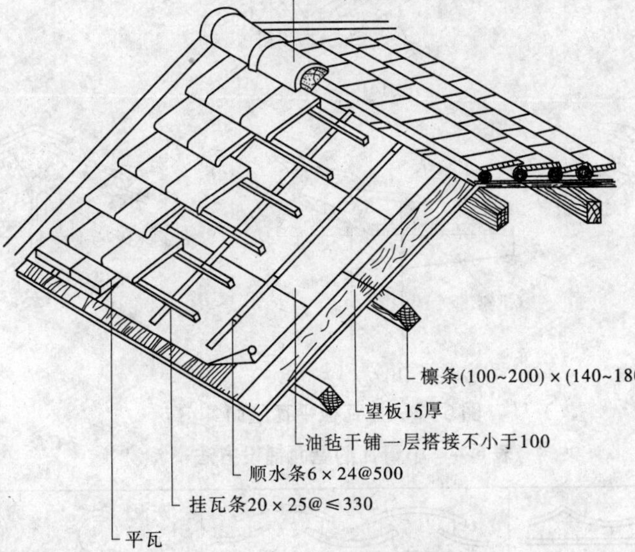

图6-51　望板挂瓦屋面

(二)小青瓦屋面

目前在我国有些地区传统民居中仍多采用小青瓦屋面。小青瓦断面呈弧形,平面形状呈梯形,尺寸规格不统一。一般采用木望板、荆芭、苇箔等做基层,上铺灰泥,灰泥上可将瓦全部仰铺(单层瓦)和仰铺俯铺交替(阴阳瓦)两种,如图6-53所示。仰铺俯铺交替铺盖时,盖瓦搭在底瓦上1/3左右,上瓦与下瓦的搭接长度在少雨地区为搭六露四,在多雨地区为搭七露三。

表6-4是小青瓦的屋面铺设方法。

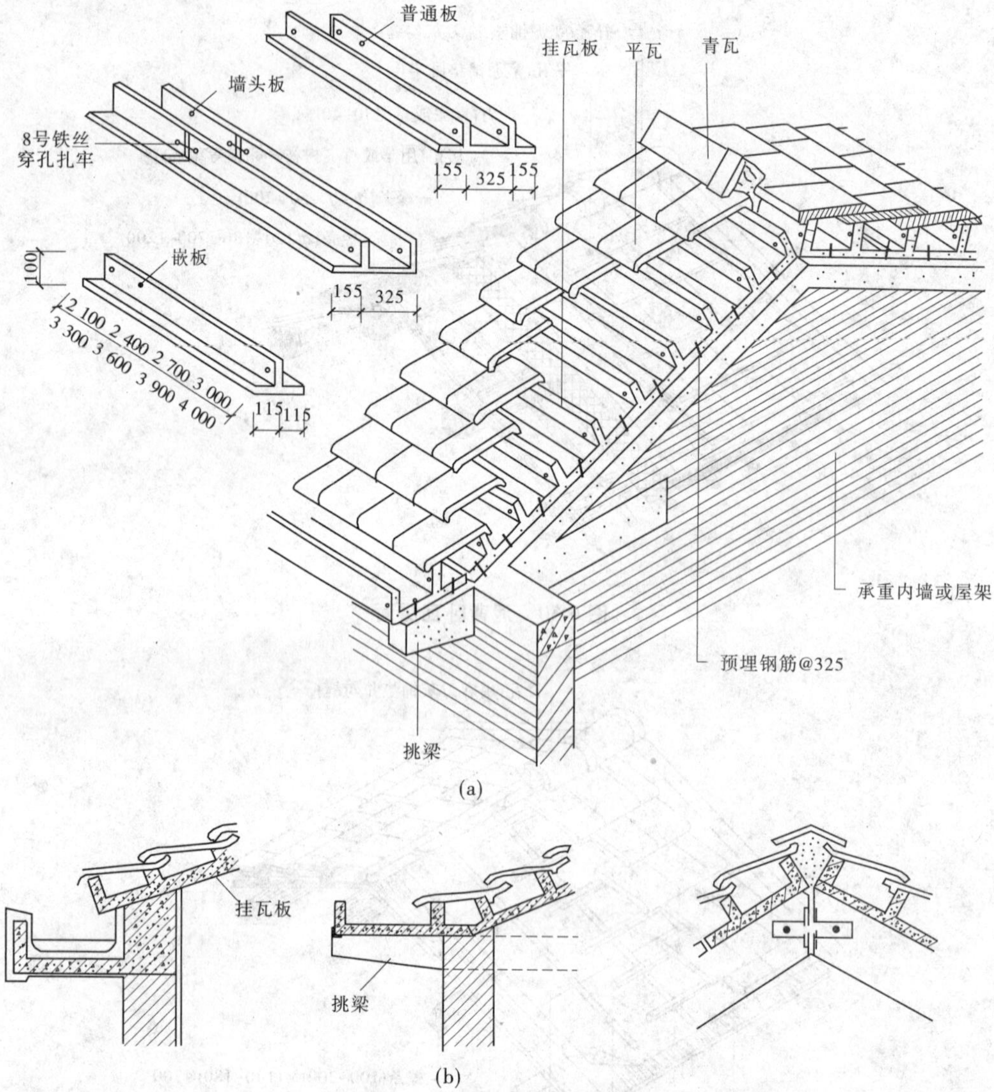

图 6-52 挂瓦板平瓦屋面

表 6-4 小青瓦的屋面铺设方法

		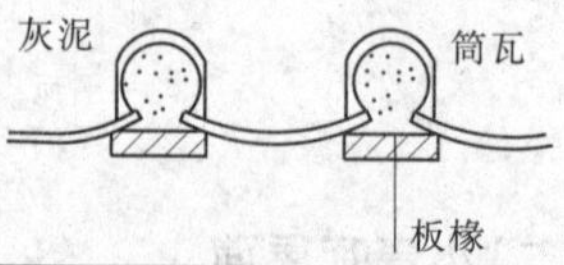
单层瓦 适用于少雨地区	阴阳瓦 适用于多雨地区	筒板瓦 适用于多雨地区
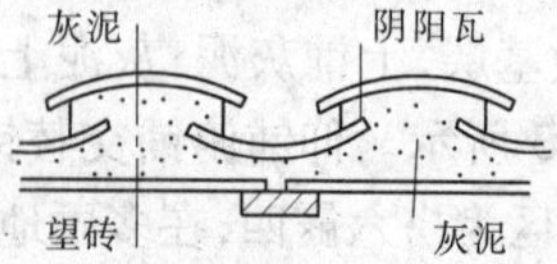	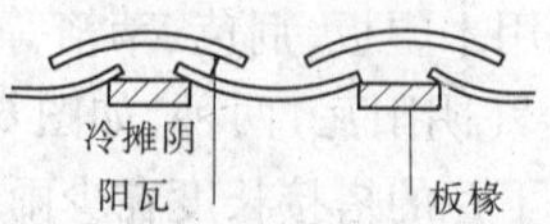	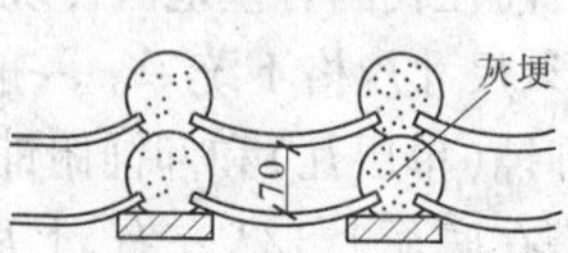
阴阳瓦 适用于多雨地区	冷摊瓦 适用于炎热地区	通风屋面 适用于炎热地区

注：小青瓦搭接长度，少雨地区为搭六露四，多雨地区为搭七露三。

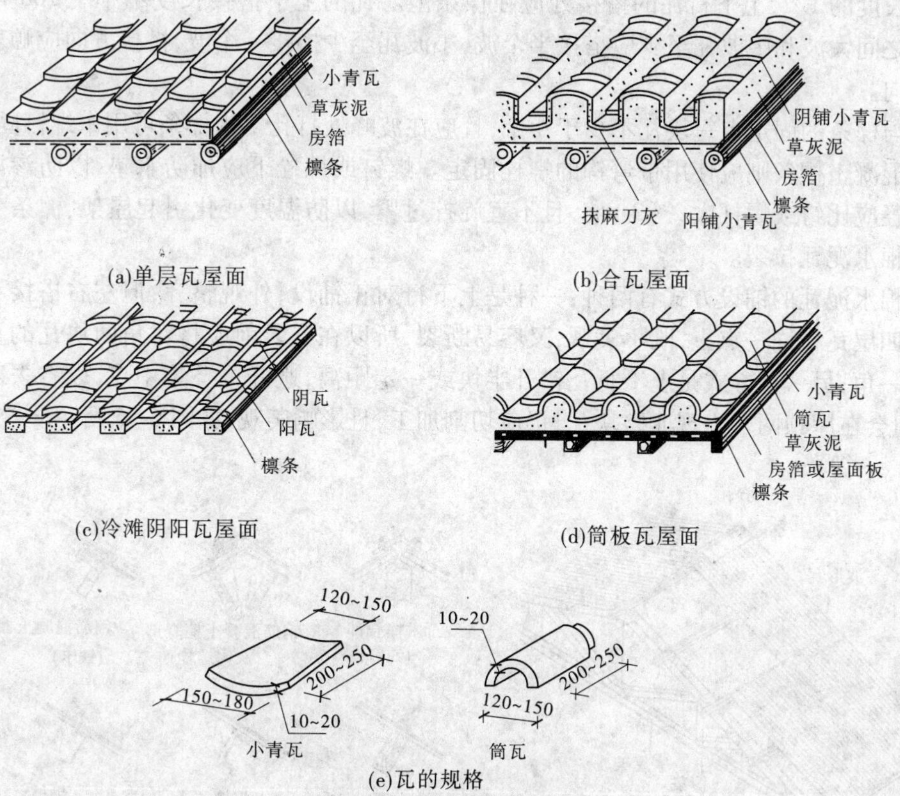

图 6-53　小青瓦屋面种类

(三)波形瓦屋面

波形瓦按材料分有石棉水泥瓦、埃特防水瓦、钢丝网水泥瓦等;按波的形式分有大波瓦、中波瓦、小波瓦、弧形波瓦、梯形波瓦、不等波瓦等,如图 6-54 所示。

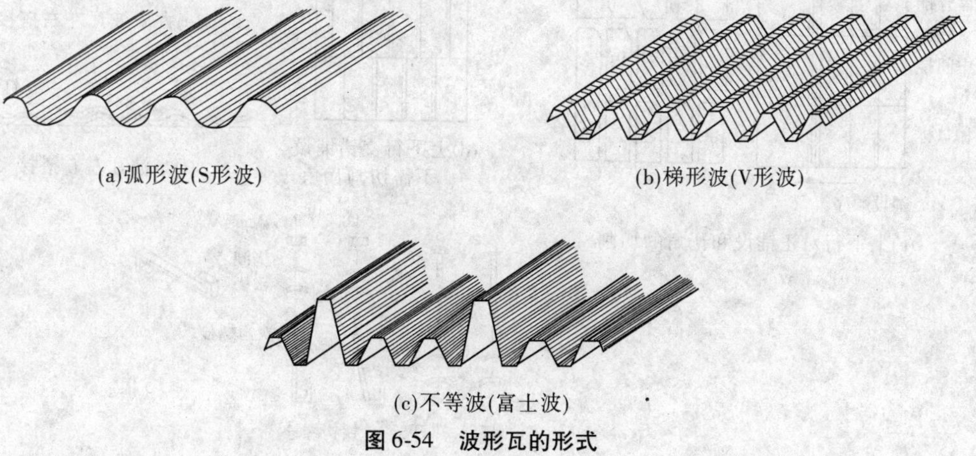

图 6-54　波形瓦的形式

石棉水泥瓦是用石棉纤维与水泥压制而成的,它具有厚度薄、质量轻、耐火好、施工简便等优点,但容易折断破裂,保温隔热性能差,多用于对室内温度要求不高的房屋中。

石棉水泥瓦因其自身刚度大,尺寸也较大,故可直接铺钉在檩条上,檩条的间距应为瓦的有效长度的1/2,上下行瓦的搭接处应在檩条上。瓦的上下搭接长度不小于100 mm,左右两张之间大波和中波瓦至少应搭接半个波,小波瓦至少搭接一个波,搭接方向应顺着当地主导风向。

瓦与檩条的固定点每块瓦不少于4个,且应在波峰处打孔。木檩条可用木螺钉固定,钢和钢筋混凝土檩条则应使用带弯钩的螺栓固定。螺钉或螺栓下应加防水垫,以防渗漏。钉孔的直径应比钉或螺杆大2~3 mm,且不宜旋拧过紧,以防温度变化引起屋架、檩条变形而致使石棉水泥瓦拉裂。

石棉水泥瓦的铺设方式有两种:一种是上下行对正铺设,外观整齐,但左右搭接和上下搭接的四层瓦在同一点上,既不美观,又容易断裂,所以在安装前应将对角两块瓦的重叠部分割去一角;另一种方式是上下行瓦错开半块或一定距离,避开重叠集中点,以省去割角的时间,但会在屋顶两端出现非整块瓦,仍应切割加工,且影响美观,如图6-55所示。

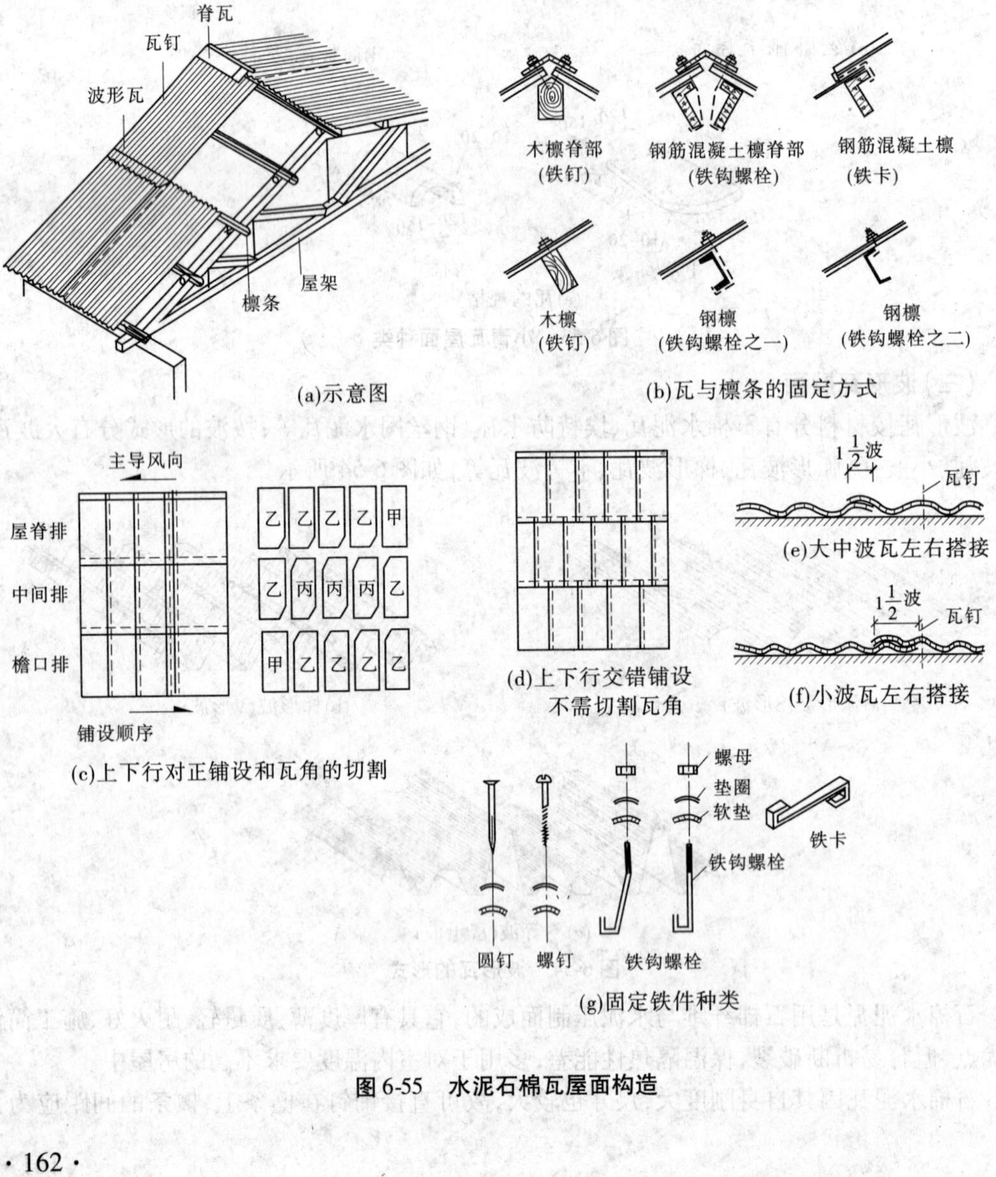

图6-55 水泥石棉瓦屋面构造

(四)琉璃瓦盝顶屋面

琉璃瓦是我国古式建筑屋面的主要材料,它是用黏土制坯焙烧后表面上釉浆二次焙烧而成的,有琉璃平瓦和琉璃筒瓦两类,并有黄、绿、蓝、紫等多种颜色,富丽堂皇,经久耐用。近年来出现仿制品,即涂刷免烧瓷釉后不经二次焙烧而成的琉璃瓦。

盝顶是指既有女儿墙又有挑檐的一种建筑檐口造型,它既能体现建筑的艺术风格,又不像大屋顶那样耗用大量琉璃瓦,所以在现代建筑装饰中能体现它的优越性,如图 6-56 所示。

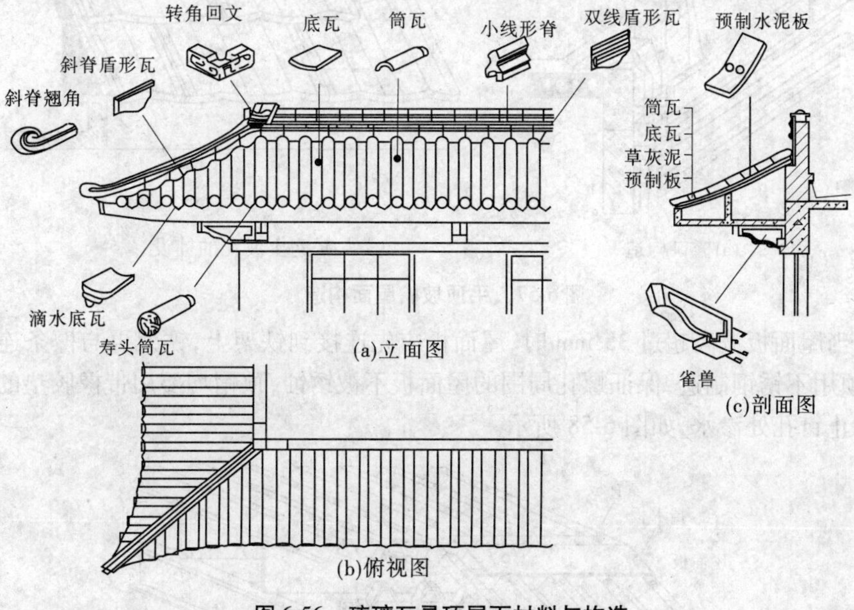

图 6-56　琉璃瓦盝顶屋面材料与构造

平顶坡檐屋面是类似盝顶的一种檐口形式,它比盝顶做法简便价廉,在现代建筑中被广泛采用。平顶坡檐式在挑檐端头至女儿墙顶端安装预制钢筋混凝土斜面板,在斜面板上粘贴琉璃瓦或陶土波瓦而成,如图 6-57 所示。

(五)压型钢板屋面

压型钢板屋面多为彩色,即彩色压型钢板屋面,是我国近年来逐步推广应用的新型屋面防水材料。它自重轻,强度高,防水好,施工安装方便,而且色彩绚丽,质感好,大大增加了建筑艺术效果,在平屋顶和坡屋顶中均可使用。当采用复合板时,其保温隔热性能也较好,是极具有发展前景的新型屋面防水材料。

1. 单层压型钢板屋面

非保温的单层压型钢板目前使用较多的为彩色涂层镀锌钢板,一般为 0.4 ~ 1.6 mm 厚的波形板,用它做屋面时必须在室内一侧另设保温层。根据单层彩板断面形式的不同,可分为波形板、梯形板、带肋梯形板。带肋梯形板是在普通梯形板的上下翼和腹板上增加纵(或纵、横)向凹凸槽,起加劲肋的作用,提高了彩板的强度和刚度。

彩板屋面大多数将彩板直接支承于檩条上,一般为槽钢、工字钢或轻钢檩条。檩条间距视屋面板型号而定,一般为 1.5 ~ 3.0 m。

屋面板坡度与降雨量、板型、拼缝方式有关,一般不小于 3°。屋面板与檩条的连接采用各种螺栓、螺钉等紧固件,把屋面板固定在檩条上。螺钉一般在屋面板的波峰上。为了不使

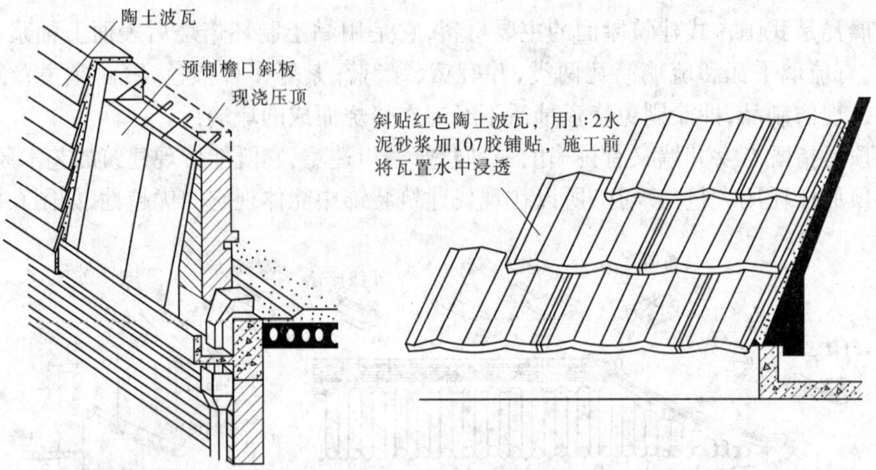

(a)檐口构造　　(b)陶土波瓦的铺设

图 6-57　平顶坡檐屋面构造

连接松动，当屋面板波高超过 35 mm 时，屋面板应先连接到铁架上，铁架再与檩条连接。连接螺钉必须用不锈钢制造，保证螺孔周围的屋面板不被锈蚀，顶帽均要用带橡胶垫的不锈钢垫圈，以防止钉孔处渗水，如图 6-58 所示。

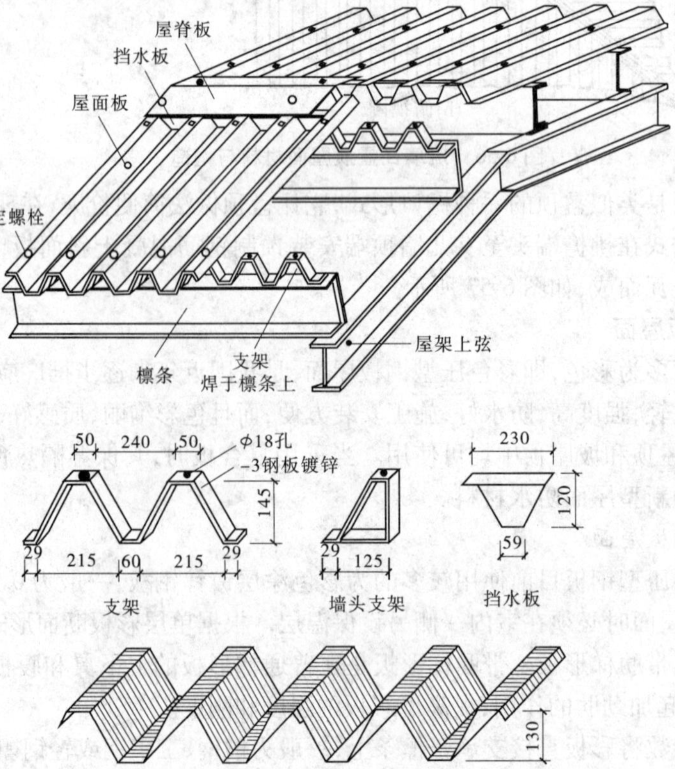

图 6-58　梯形压型钢板屋面

2. 保温夹心彩钢板屋面

保温夹心彩钢板是由彩色涂层钢板做表面，用矿棉、玻璃棉、自熄性聚苯乙烯泡沫塑料或硬质聚氨酯泡沫等做心材，通过加压加热固化制成的夹心板，具有保温、隔热、防水、自重轻、装饰性好、承重等优点，被广泛应用于建筑的屋面和墙体。

保温夹心彩钢板屋面的坡度，在腐蚀环境中应大于1/12。夹心板与配件及夹心板之间，全部采用铝拉铆钉连接，铆钉在插入铆孔之前应预涂密封胶，拉铆后的钉头用密封胶封死。顺坡连接缝及屋脊缝以构造防水为主，材料防水为辅；横坡连接缝采用顺水搭接，防水材料密封，上下两块板均应搭在檩条上，屋面坡度不大于1/10时，上下板的搭接长度为300 mm；屋面坡度大于1/10时，上下板的搭接长度为200 mm。一般情况下，应使每块板至少有三个支承檩条，以保证屋面板不发生翘曲。在斜交屋脊线处，必须设置斜向檩条，以保证夹心板的斜端头有支承，如图6-59所示。

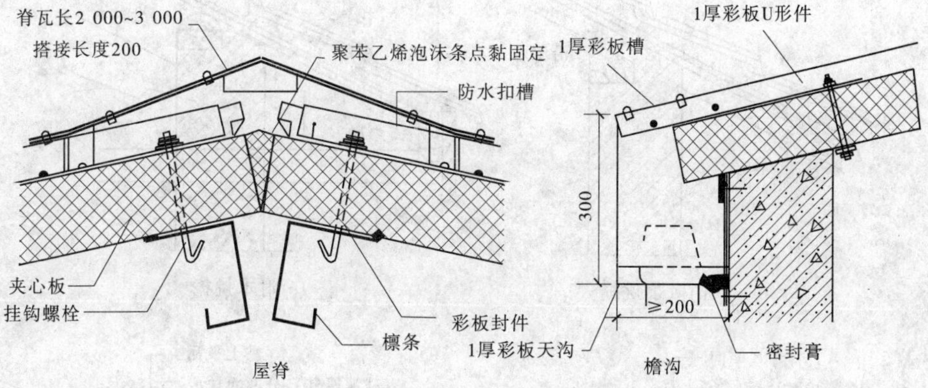

图6-59　保温夹心彩钢板屋面

三、坡屋顶的细部构造

在坡屋顶中，最常用的是平瓦屋面，因此坡屋顶的细部构造以平瓦屋面为例。

（一）檐口构造

1. 纵墙檐口

纵墙檐口根据建筑要求可做成挑檐（自由落水）和包檐（有组织排水）两种。

1）挑檐

挑檐是指屋面挑出外墙的构造做法，檐口形式分为砖挑檐、木望板挑檐、挑檐木挑檐、椽条挑檐、附木挑檐、挂瓦板挑檐。

当出挑长度较小时，可用砖在檐口处逐皮外挑，每皮出挑1/4砖，约60 mm宽，挑出总长度不大于墙厚的1/2；用屋面板出挑檐口，但长度不宜大于300 mm；若用挑檐木挑檐、椽条挑檐、附木挑檐、挂瓦板挑檐，出挑长度可适当加大，如图6-60所示。

2）包檐

包檐是指檐口外墙高出屋面，外墙上部砌出压檐墙或女儿墙，将檐口包住，在包檐内侧应设天沟，沟内先用镀锌铁皮放在木底板上，铁皮一边伸入油毡层下，另一边在靠墙处做泛

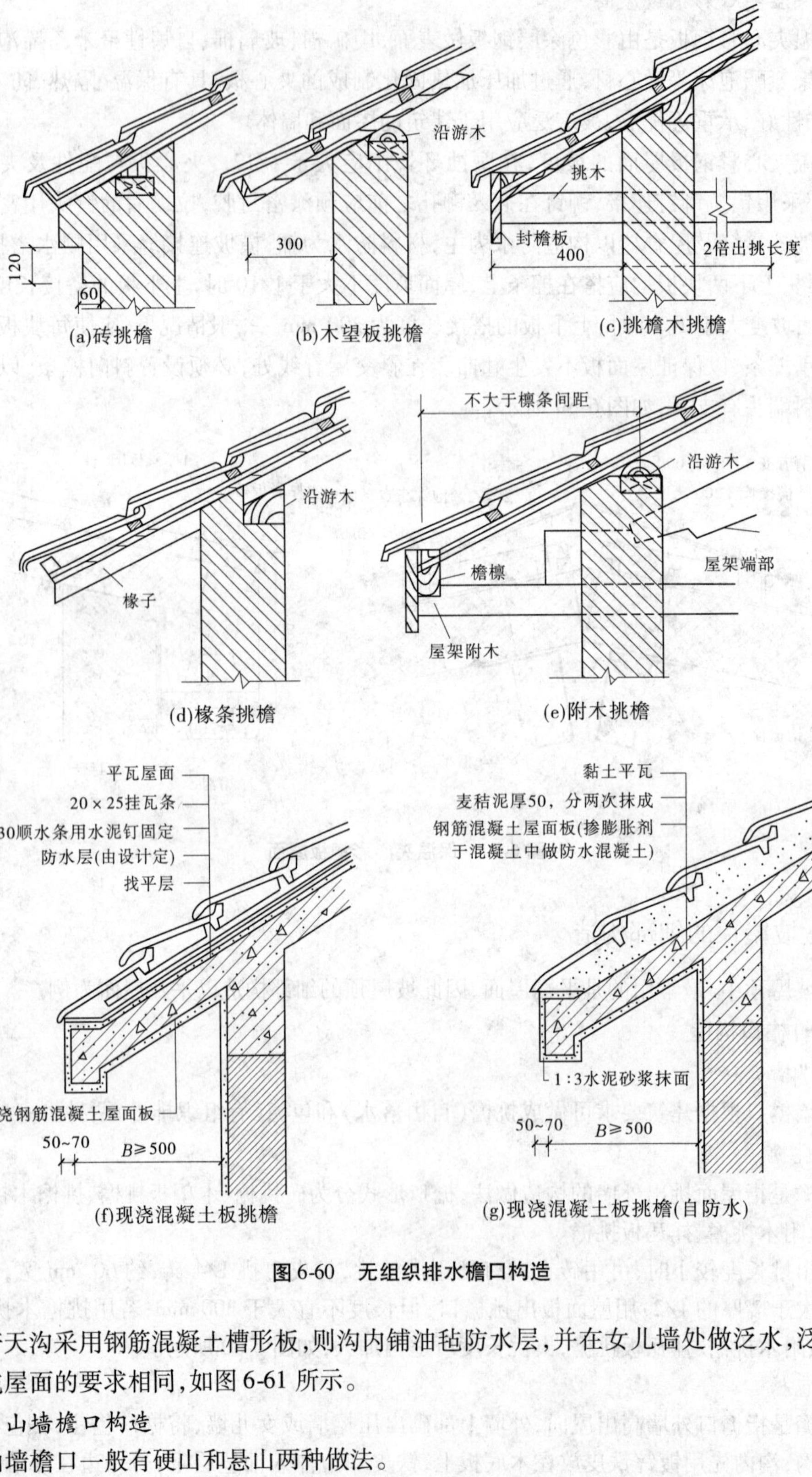

图6-60　无组织排水檐口构造

水。若天沟采用钢筋混凝土槽形板，则沟内铺油毡防水层，并在女儿墙处做泛水，泛水要求与油毡屋面的要求相同，如图 6-61 所示。

2. 山墙檐口构造

山墙檐口一般有硬山和悬山两种做法。

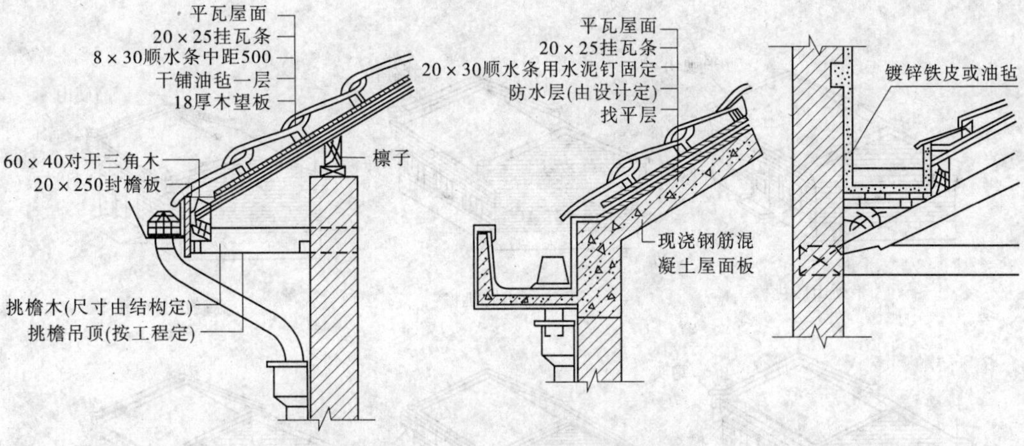

(a)镀锌铁皮挑檐沟　(b)现浇钢筋混凝土挑檐沟　(c)内檐沟

图 6-61　有组织排水檐口构造

硬山又分为两种做法:一是平硬山,屋面与山墙顶基本砌平,屋面瓦的端头用一皮单砖或用水泥砂浆抹压瓦线;二是高硬山(也叫高封山),将山墙高出屋面形成女儿墙,顶部外挑砖或做混凝土压顶,在山墙与屋面交接处应做泛水处理,可用砂浆粘贴小青瓦做成泛水,也可用镀锌铁皮做泛水或用水泥石灰麻刀砂浆抹成泛水,如图 6-62 所示。

悬山是指屋面挑出山墙的做法,其构造一般是将檩条挑出山墙,用木封檐板(也称博风板)封住檩条端部,用纸筋灰或麻刀灰做披水线,如图 6-63 所示。

(二)屋脊构造

屋脊构造如图 6-64 所示。

(三)天沟构造

多跨坡屋面两斜面相交形成斜天沟,斜天沟应有足够的断面,上口宽度不宜小于 300 ~ 500 mm,一般用镀锌铁皮铺于木基层上,并且伸入瓦片下至少 150 mm,两边包钉在木条上。高低跨天沟若采用镀锌铁皮防水层时,应从天沟内延伸至立墙形成泛水。

(四)烟囱出屋面构造

为了使屋面雨水不从烟囱四周渗漏,在交接处应做泛水。一般可用镀锌铁皮做泛水,在烟囱上方铁皮应嵌入瓦下,在下方应搭盖在瓦上;亦可用挑砖、麻刀石灰砂浆做烟囱泛水。

四、坡屋顶的保温与隔热

(一)坡屋顶的保温

坡屋顶的保温层可设在瓦材下、檩条之间、吊顶棚之上、吊顶面料本身等部位。

1. 保温层设在瓦材下

这种做法是在檩条上钉椽条,然后铺设苇箔,在苇箔上抹一层厚厚的黏土稻草泥或麦秸泥等作为保温材料,最后用草泥卧瓦,这样做比较经济。

2. 保温层设在檩条之间

在檩条底部钉木板,檩条之间填充保温材料。

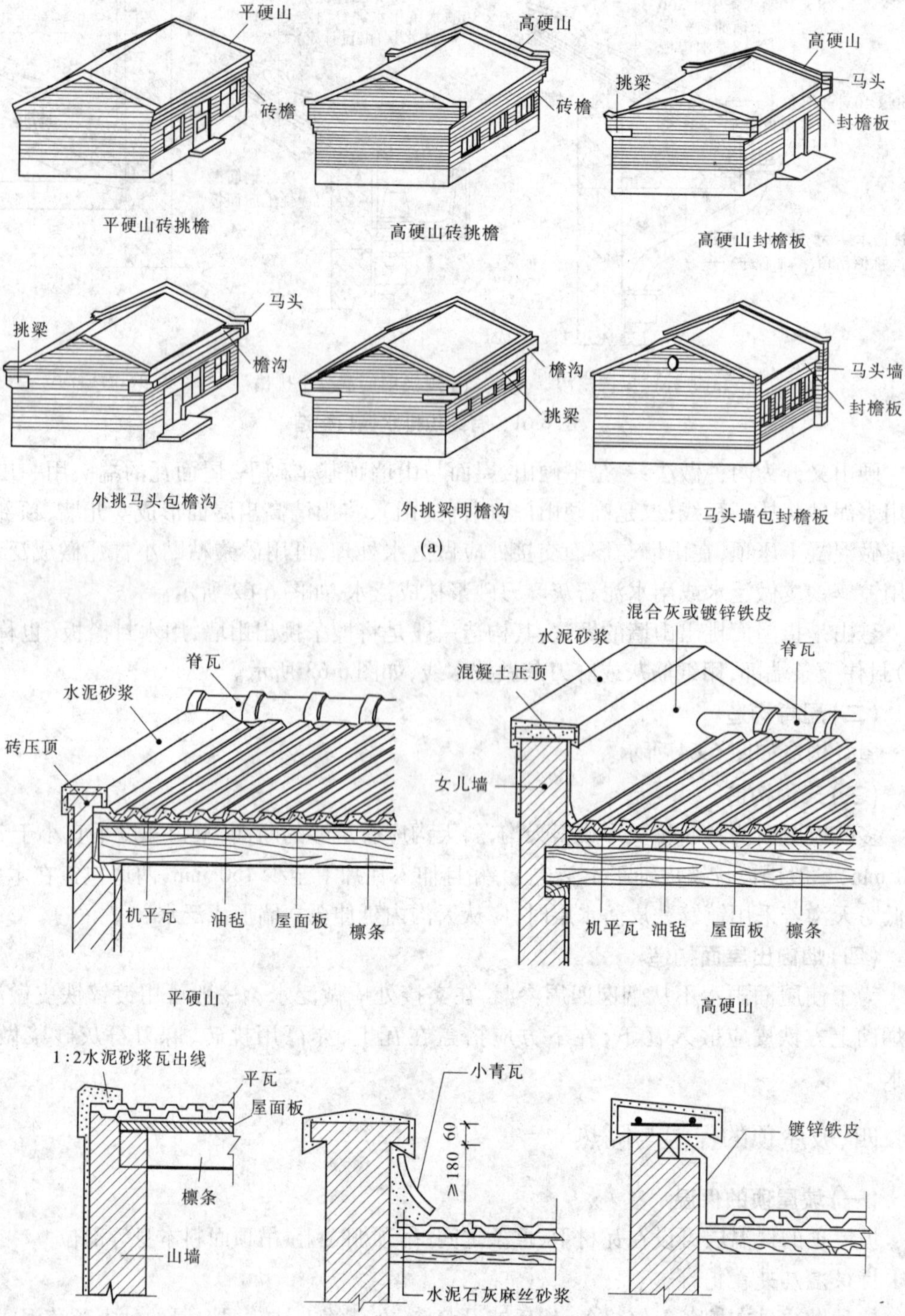
平硬山
砖檐
平硬山砖挑檐
高硬山
砖檐
高硬山砖挑檐
高硬山
挑梁
马头
封檐板
高硬山封檐板
挑梁
马头
檐沟
外挑马头包檐沟
檐沟
挑梁
外挑梁明檐沟
马头墙垛
封檐板
马头墙包封檐板
(a)
脊瓦
水泥砂浆
砖压顶
机平瓦
油毡
屋面板
檩条
平硬山
混合灰或镀锌铁皮
水泥砂浆
混凝土压顶
脊瓦
女儿墙
机平瓦
油毡
屋面板
檩条
高硬山
1:2水泥砂浆瓦出线
平瓦
屋面板
檩条
山墙
小青瓦
60
≥180
水泥石灰麻丝砂浆
镀锌铁皮
(b)

图6-62　硬山构造

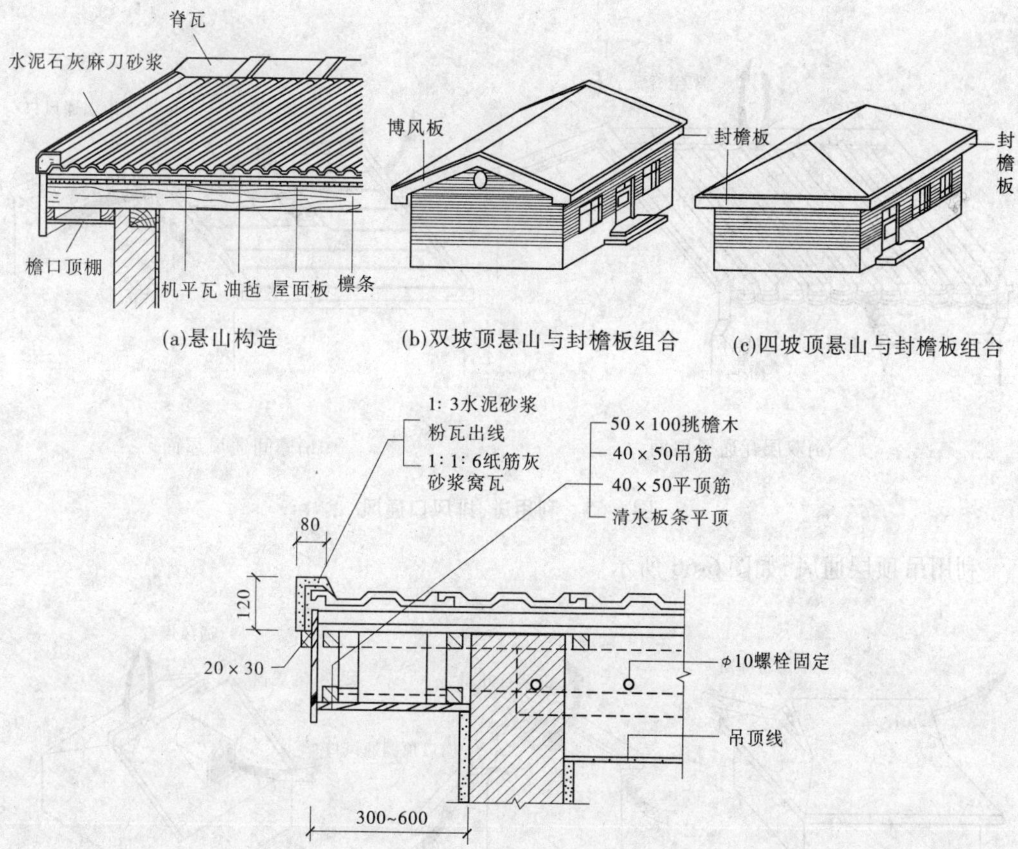

(a)悬山构造 (b)双坡顶悬山与封檐板组合 (c)四坡顶悬山与封檐板组合

图 6-63 悬山

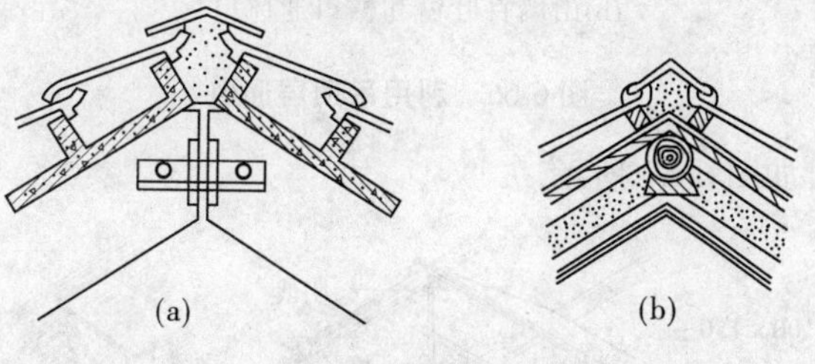

图 6-64 屋脊构造

3. 保温层设在吊顶棚之上

在吊顶棚上铺设木板，板上设保温层，为防止室内水蒸气渗透入保温层内，可在保温层下铺设油毡或油纸做一隔气层。

4. 吊顶面料本身为保温层

用岩棉板、刨花板或甘蔗板等制成的吊顶板固定在龙骨下可起到保温作用。

（二）坡屋顶的隔热

在炎热地区，坡屋顶可做成双层，在檐口处设进风口，屋脊处设排风口，利用屋顶内外的热压差和迎背风面的风压差组织空气对流，形成屋顶内的自然通风，带走室内的辐射热，从而达到隔热降温的目的，如图 6-65 所示。

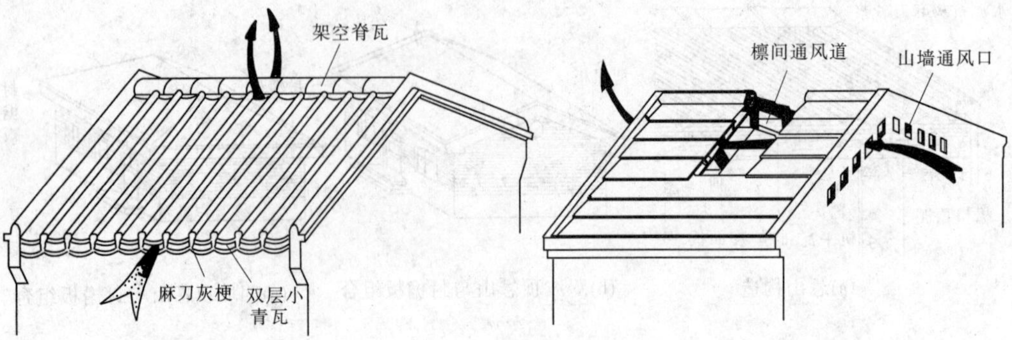

(a)双层瓦通风屋面　　(b)檩间通风屋面

图 6-65　利用进、排风口通风

利用吊顶层通风,如图 6-66 所示。

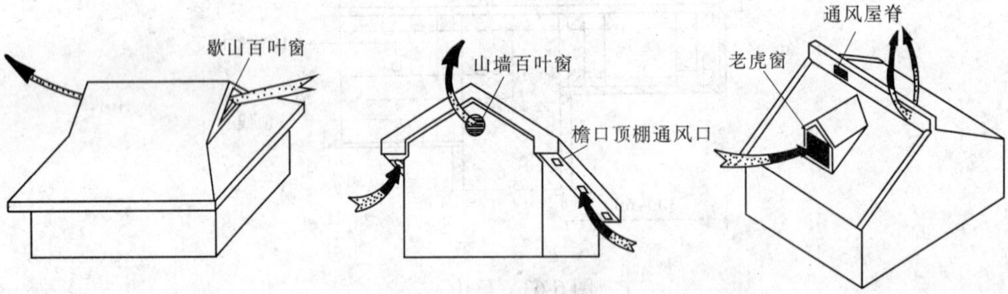

(a)歇山百叶窗　　(b)山墙百叶窗和檐口通风口　　(c)老虎窗与通风屋脊

图 6-66　利用吊顶层通风

利用老虎窗通风,如图 6-67 所示。

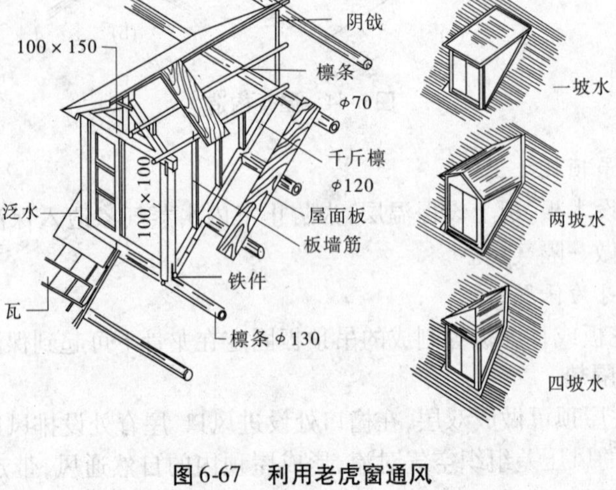

图 6-67　利用老虎窗通风

思考题

1. 屋顶是如何进行分类的?
2. 平屋顶的主要构造组成有哪些?
3. 平屋顶排水组织有哪些类型? 各有什么优缺点?
4. 屋面防水设防应考虑哪些因素?
5. 平屋顶找坡方法有哪些?
6. 柔性防水平屋顶防水层下的找平层有哪些作用?
7. 柔性防水平屋顶的隔气层有什么作用?
8. 柔性防水层施工时应注意哪些问题?
9. 油毡防水屋面怎样预防油毡鼓泡或发生皱褶破裂?
10. 什么叫泛水? 柔性防水平屋顶泛水构造的做法要注意哪些?
11. 雨水口有哪两种形式?
12. 什么是刚性防水? 其适用于哪些场合?
13. 保证刚性防水层防水性能的措施有哪些?
14. 为什么刚性防水层要设置分格缝? 如何设置? 分格缝又如何进行处理?
15. 坡屋顶有哪几种结构布置形式?
16. 平瓦坡屋顶一般由哪些部分组成? 其构造形式有哪几种?

综合实训五　平屋顶构造设计

一、设计条件

图 6-68 为某小学教学楼平面图和剖面图。该教学楼为四层,教学区层高为 3.6 m,办公区层高为 3.3 m,教学区与办公区的交界处做错层处理。

(1)结构类型:砖混结构;

(2)屋顶类型:平屋顶;

(3)屋顶排水方式:有组织排水;

(4)屋顶防水方案:卷材防水或刚性防水;

(5)屋顶有保温或隔热要求。

二、设计内容和要求

用 A3 图纸一张,绘制该小学教学楼屋顶平面图和屋顶节点详图。

(一)屋顶平面图:比例 1∶200

(1)画出各坡面交线、檐沟或女儿墙和天沟、雨水口和屋面上人孔等,刚性防水屋面还应画出纵横分格缝。

(2)标注屋面和檐沟或天沟内的排水方向和坡度大小,标注屋面上人孔等突出屋面部分的有关尺寸,标注屋面标高(结构上表面标高)。

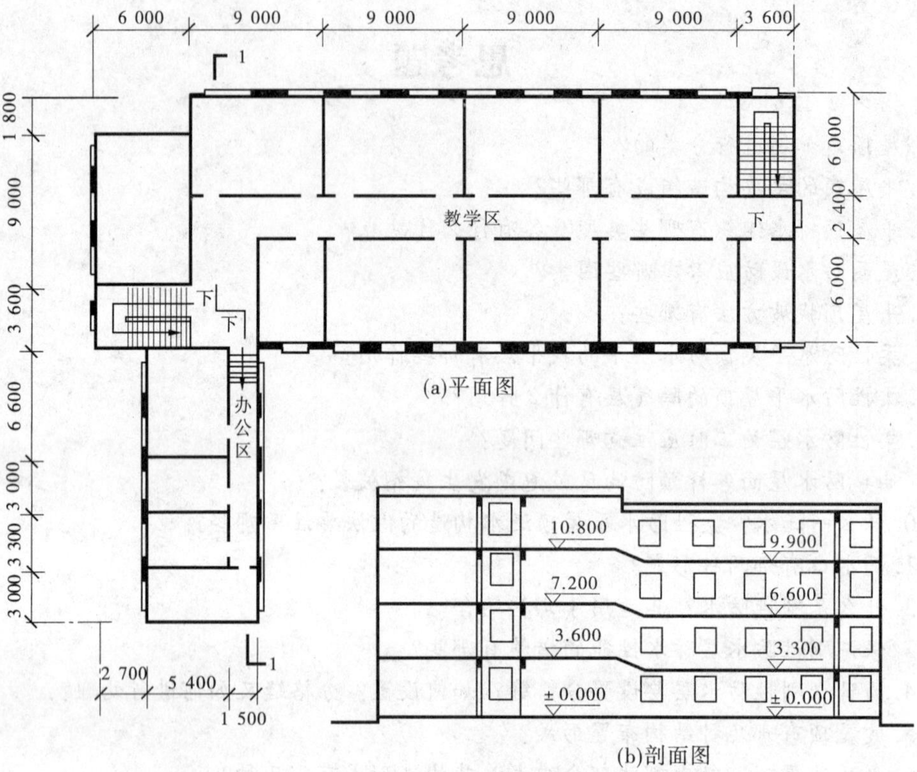

图 6-68　某小学教学楼平面图和剖面图

(3)标注各转角处的定位轴线和编号。

(4)外部标注两道尺寸(即轴线尺寸和雨水口到邻近轴线的距离或雨水口的间距)。

(5)标注详图索引符号,并注明图名和比例。

(二)屋顶节点详图:比例 1∶10 或 1∶20

(1)檐口构造:当采用檐沟外排水时,表示清楚檐沟板的形式、屋顶各层构造、檐口处的防水处理,以及檐沟板与圈梁、墙、屋面板之间的相互关系,标注檐沟尺寸,注明檐沟各层的做法和防水层的收头构造做法。

当采用女儿墙外排水或内排水时,表示清楚女儿墙压顶构造、泛水构造、屋顶各层构造和天沟形式等,注明女儿墙压顶和泛水的构造做法,标注女儿墙的高度、泛水的高度等尺寸。

当采用檐沟女儿墙外排水时,要求同上。用多层构造引出线注明屋顶各层做法,标注屋面排水方向和坡度大小,标注详图符号和比例,剖切到的部分用材料图例表示。

(2)泛水构造:画出高低屋面之间的立墙与低屋面交接处的泛水构造,表示清楚泛水构造和屋面各层构造,注明泛水构造做法,标注有关尺寸,标注详图符号和比例。

(3)雨水口构造:表示清楚雨水口的形式、雨水口处的防水处理,注明细部做法,标注有关尺寸,标注详图符号和比例。

(4)刚性防水屋面分格缝构造:若选用刚性防水屋面,则应做分格缝,要表示清楚各部分的构造关系,标注细部尺寸、标高、详图符号和比例。

项目七　门和窗

【知识目标】

1. 了解门窗的类型和窗户的遮阳方式。

2. 熟悉门窗的组成和尺寸。

3. 掌握门窗的构造和安装方法。

【能力目标】

1. 能够使学生具有分析各种类型门窗的构造组成和各部分尺寸的能力。

2. 能够使学生具有根据不同类型和材质的门窗选择安装方式和构造处理的能力。

任务一　门窗的类型和尺寸

门窗属于房屋建筑中的围护及分隔构件,不承重。其中,门的主要功能是供交通出入及分隔、联系建筑空间,带玻璃或亮子的门也可起通风、采光的作用;窗的主要功能是日照、采光、通风及眺望。另外,门窗对建筑物的外观及室内装修造型影响也很大,它们的大小、比例尺度、位置、数量、材质、形状、组合方式等是决定建筑视觉效果的非常重要的因素之一。因此,门窗在设计时应满足采光、通风、密闭性能、热工性能、使用和交通安全及建筑视觉效果等方面的要求。

一、门窗的类型

(一)按制作材料分类

门窗按制作材料的不同可分为木门窗、钢门窗、铝合金门窗、塑料门窗及塑钢门窗等类型。

1. 木门窗

木门窗加工制作方便,密封性好,感观效果好,但木材消耗量大,防火能力差,遇水易发生翘曲变形而影响使用,一般多应用于室内,效果较好。

2. 钢门窗

钢门窗较木门窗具有强度高、挡光少(透光率高)、防火好等优点;但保温隔热差,易生锈。其按材料断面的形式分为实腹钢门窗和空腹钢门窗两种形式,其中实腹钢门窗因为节能效果和整体刚度都较差,已不再推广使用。空腹钢门窗的型钢壁薄而轻,与实腹钢门窗相比,具有重量轻、刚度大、易加工、便于运输和安装等优点,可节约钢材 40% 左右,近年来使用较为广泛。

3. 铝合金门窗

铝合金门窗由不同断面型号的铝合金型材和配套零件及密封件加工制成。精致,自重小,色泽美观,具有相当的刚度,密闭性优于钢门窗,在使用中的变形小,且框料经过氧化着色处理,无需再涂漆和进行表面装修。目前,国内铝合金门窗的加工和使用已较普及,各地的铝合金门窗加工厂都有系列标准产品供选用,需特殊制作者一般也只需提供立面图纸和使用要求，委托加工即可。

4. 塑料门窗

塑料门窗是以聚氯乙烯、改性聚氯乙烯或其他树脂为主要原料，以轻质碳酸钙为填料，添加适量助剂和改性剂，经挤压机制成各种空腹截面后拼装而成的，是近几十年来发展起来的新品种，保温效果类似于木门窗，形式类同铝合金门窗，美观精致，耐腐蚀性好，使用寿命长，且无需油漆着色及维护保养，但普通塑料门窗的抗弯变形能力较差。

5. 塑钢门窗

塑钢门窗是在塑料门窗框型材内腔加入钢或铝等加强材料制作而成的，与全塑门窗相比，其刚度更好，重量更轻，是目前使用较为广泛的一种门窗。

(二)按开启方式分类

1. 门按开启方式分类

1)平开门

平开门是在门扇一侧用铰链与门框相连，可做成单扇、双扇或多扇，开启方向有内开和外开。其具有构造简单、开启灵活、制作安装和维修方便、关闭时密闭性好等特点，所以使用最为广泛。但其门扇受力状态较差，易产生下垂或扭曲变形，所以门洞尺寸不宜过大，一般不宜大于3.6 m×3.6 m。平开门大量用于人行及一般车辆通行。其开启方式如图7-1(a)、(b)所示。

2)弹簧门

弹簧门的形式与平开门一样，区别在于其侧边用弹簧铰链代替普通铰链，或下面用地弹簧传动，可以单向或双向开启，自动关闭。考虑到使用的安全，双向弹簧门扇上一般安装玻璃，供出入的人相互观察，以免碰撞。但在幼托、中小学等建筑中不得使用弹簧门，以保证使用安全。弹簧门适用于人流较多或需隐蔽的房间(如会议室、商场、卫生间的门)等有相关要求的场所。弹簧门的门扇尺寸及重量必须与弹簧型号相适应，加工制作简便，开启方式如图7-1(c)、(d)所示。

3)推拉门

推拉门是左右推拉的门，门上方设置导轨和滑轮，地面设置导槽或导轨。其门扇藏在夹墙内或贴在墙的内外，开关时沿上下设置的轨道左右滑行，不占空间，受力合理，不易变形，可做成单扇、双扇或多扇。其缺点是关闭不够严密，五金件制作相对复杂，滑轮及导轨的加工、安装要求较高。推拉门一般可分为上挂式、下滑式两种。当门扇高度小于4 m时，多用上挂式，即在门扇的上部装置滑轮，滑轮吊在门过梁的预埋铁轨(上导轨)上；当门扇高度大于4 m时多用下滑式，即在门扇下部装滑轮，将滑轮置于预埋在地面的铁轨(下导轨)上。推拉门适用于各种大小洞口，开关时所占空间小，门扇制作简便，但五金较复杂，安装要求较高，广泛用于工业与民用建筑。开启方式如图7-1(e)、(f)、(g)、(h)所示。

4)折叠门

折叠门由多道门扇用铰链连接组合而成，门扇可拼合、折叠推移到一侧或两侧。折叠门适用于各种大小洞口，开关时所占空间小，可节省占地，但其五金制作相对复杂，安装要求较高。折叠门一般可分为侧挂式、侧悬式和中悬式三种类型。侧挂式可使用普通铰链，但一般只能挂一扇，不适用于宽大洞口；侧悬式或中悬式在洞口上方设有导轨，门扇顶部还装有带滑轮的铰链，开闭时滑轮沿导轨移动，带动门扇折叠，可适用于较大的洞口。侧悬式折叠门开关时比较灵活省力；中悬式折叠门推动一扇牵动多扇，开关时比较费力。开启方式如

图 7-1(i)、(j)、(k)所示。

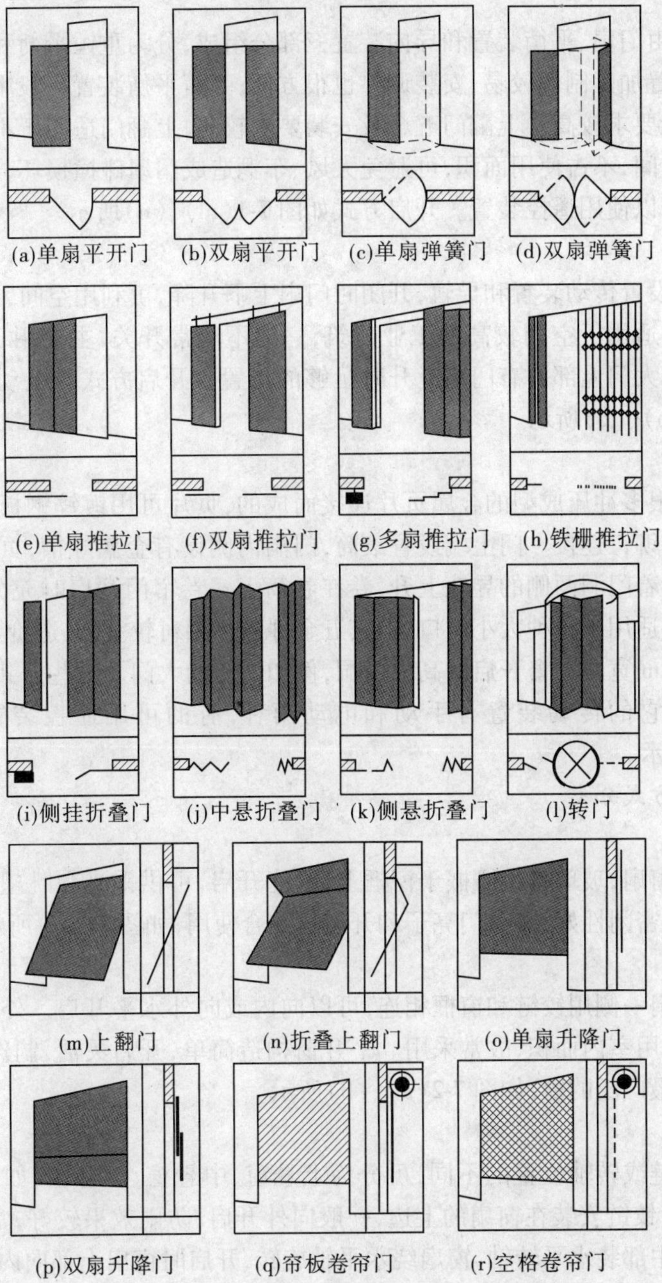

图 7-1　门的类型

5)转门

转门是三扇或四扇用同一竖轴组合成夹角相等、在弧形门套内水平旋转的门,对防止室内外空气的对流有一定作用,可作为公共建筑及有空调房屋的外门。转门构造比较复杂,加工制作困难,造价高,不宜大量采用。转门的通行能力较弱,适用于人流不集中出入的公共建筑,不能作疏散用,当转门设在疏散口时,必须在转门两旁另设平开门或弹簧门。开启方式如图 7-1(l)所示。

6)上翻门

上翻门一般由门扇、平衡装置和导向装置三部分组成,分为重锤平衡和弹簧平衡两种形式。重锤平衡装置加工制作较易,安装调整也很方便;弹簧平衡装置一般用于尺寸较小的车库门,对弹簧性能要求较高。上翻门五金及安装要求较高,上翻门适用于不经常开关的车库门,可利用上部空间,不占使用面积,可避免大风、车辆造成门扇碰撞损坏,适用于车库、仓库等建筑,按需要可以使用遥控装置。开启方式如图 7-1(m)、(n)所示。

7)升降门

升降门需要设置传动装置和导轨,开闭时门扇上下升降,可利用空间,不占用使用面积,且门扇构造简单,适用于空间较高的工业建筑,一般不经常开关,主要用于工业厂房大门。设计时,必须考虑大门上部留有门扇上升时足够的位置。开启方式有电动与手动两种。开启方式如图 7-1(o)、(p)所示。

8)卷帘门

卷帘门是用很多冲压成型的金属页片连接而成的,页片可用镀锌钢板或合金铝板轧制而成,页片之间用铆钉连接。门上端设置滚筒,门洞内侧设有金属导槽,页片上部与卷筒连接,开启时页片沿着门洞两侧的导轨上升,卷在卷筒上。卷帘门开启时充分利用上部空间,不占用使用面积,适用于各种大小洞口,但其五金件制作相对较复杂,造价及安装要求较高,故较适用于 4 ~ 7 m 宽非频繁开启的高大门洞,例如商店的大门及某些公共建筑中用做防火分区的构件等。它的传动装置有手动和电动两种,有的可用遥控装置。开启方式如图 7-1(q)、(r)所示。

2. 窗按开启方式分类

1)固定窗

固定窗不需窗扇,玻璃直接镶嵌于窗框上,不能开启,可供采光和眺望之用,不能通风。固定窗构造简单,密闭性好,多与门亮子和开启窗配合使用,如图 7-2(i)所示。

2)平开窗

平开窗的窗扇一侧用铰链和窗框相连,可以向内或向外水平开启。外开可以避免雨水侵入室内,且不占用室内面积,故常采用。平开窗构造简单,开启灵活,制作维修均方便,是民用建筑中使用最广泛的窗,如图 7-2(a)、(b)所示。

3)悬窗

悬窗根据铰链或转轴位置的不同,可分为上悬窗、中悬窗、下悬窗,如图 7-2(c)、(d)、(g)所示。上悬窗铰链安装在窗扇的上边,一般向外开启,防雨效果较好,常用于高窗;中悬窗是在窗扇两边中部装水平转轴,窗扇绕水平轴旋转,开启时窗扇上部向内,下部向外,对挡雨通风有利,常用于大空间建筑的高侧窗;下悬窗铰链安在窗扇的下边,一般向内开,通风较好,不防雨,且占用室内空间,只适用于内墙高窗及门上亮子。

4)立转窗

立转窗也称为旋窗,在窗扇上下冒头中部设转轴,立向转动。有利于采光和通风,但安装纱窗不便,密闭和防雨性能较差,如图 7-2(h) 所示。

5)推拉窗

推拉窗分垂直推拉和水平推拉两种。水平推拉窗一般在窗扇上下设滑轨槽,左右滑动;

垂直推拉窗在窗扇竖向边框内侧设导槽,上下滑动。推拉窗开启时不占用室内空间,窗扇受力状态较好,窗扇及玻璃尺寸均较平开窗大,但通风面积受限制,五金及安装也较复杂。尤其适用于铝合金及塑料门窗,如图 7-2(e)、(f)所示。

6)百叶窗

百叶窗主要用于遮阳、防雨及通风,但采光差。百叶窗可用金属、木材、钢筋混凝土等制作,有固定式和活动式两种形式,如图 7-2(j) 所示。此外,还有折叠窗等形式。

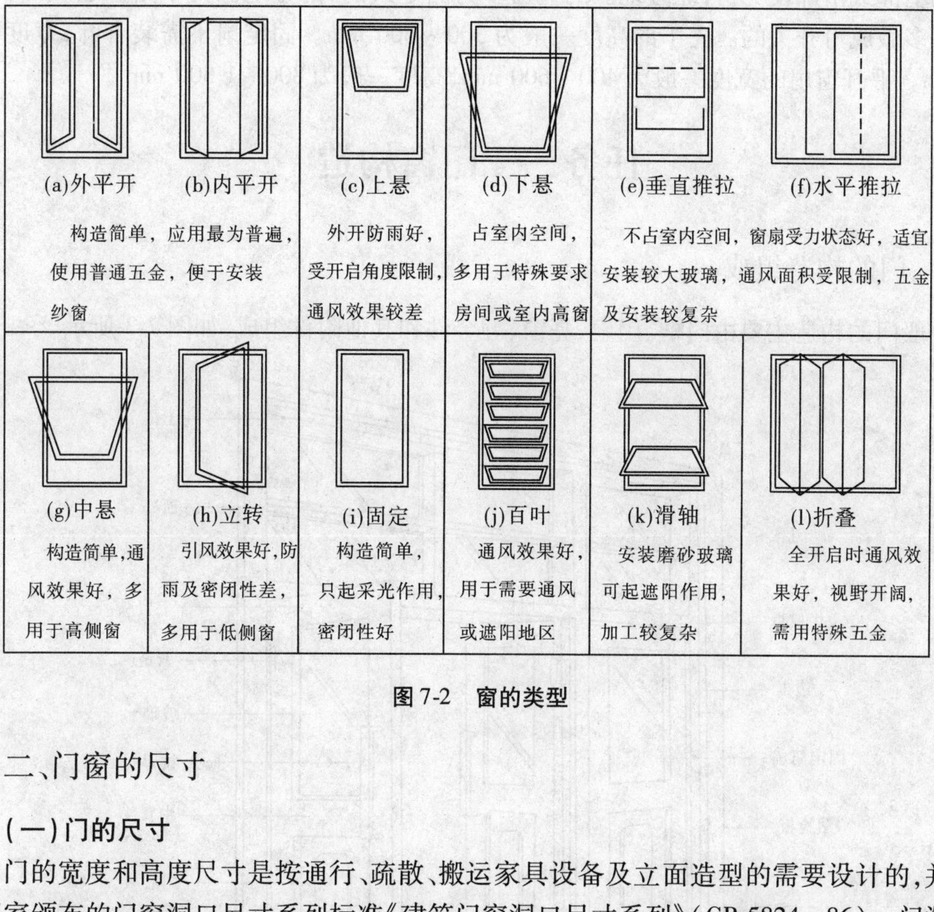

图 7-2　窗的类型

二、门窗的尺寸

(一)门的尺寸

门的宽度和高度尺寸是按通行、疏散、搬运家具设备及立面造型的需要设计的,并应符合国家颁布的门窗洞口尺寸系列标准《建筑门窗洞口尺寸系列》(GB 5824—86)。门洞口尺寸一般以 300 mm 为模数,特殊情况可以 100 mm 为模数。门洞口的高度一般为 2 000 mm、2 100 mm、2 400 mm、2 700 mm、3 000 mm 等。门洞口高度除卫生间、厕所可为 1 800 mm 外,均不应小于 2 000 mm,门洞口高度大于 2 400 mm 时,应设上亮窗,亮窗的高度一般为 300 ~ 600 mm。一般房间门的洞口宽度最小为 900 mm,厨房、厕所等辅助房间门洞的宽度最小为 700 mm,一般为 700 ~ 800 mm。门洞较窄可开一扇,宽度为 1 200 ~ 1 800 mm 的门洞应开双扇,宽度在 2 400 mm 以上时,则应开三扇或多扇。平开门一个门扇的宽度一般不超过 900 mm,因为门扇过宽易产生翘曲变形,同时不利于开启。

(二)窗的尺寸

窗的尺寸大小由建筑的采光、通风要求来确定,同时综合考虑建筑的造型及模数等,并应符合国家颁布的门窗洞口尺寸系列标准《建筑门窗洞口尺寸系列》(GB 5824—86)。一般先根据房屋的使用性质确定采光等级，再根据采光等级确定采光系数即窗地比（采光面积与房间地面面积之比），最后综合考虑建筑的造型及模数，根据系列标准确定窗的尺寸。窗洞口的宽度和高度（指标志尺寸）规定为 300 mm 的模数，居住建筑可为 100 mm 的模数。常见的宽度有 600 mm、1 000 mm、1 200 mm、1 500 mm、1 800 mm、2 100 mm、2 400 mm、3 000 mm、3 300 mm、3 600 mm 等；常见的窗的高度有 600 mm、900 mm、1 200 mm、1 500 mm、1 800 mm、2 100 mm、2 400 mm、2 700 mm 等，当窗高度较大时，为减小可开窗扇的尺寸，可在窗的上部或下部设亮窗，北方地区的亮窗多为固定式的，南方地区为了增加通风面积，窗的亮子多做成可开关的。亮子的高度一般为 300 ~ 600 mm。固定扇不需装合叶，宽度可达 900 mm。平开窗扇的宽度一般为 400 ~ 600 mm，高度一般为 800 ~ 1 500 mm。

任务二　门窗构造

一、门的构造组成

一般门的构造主要由门框、门扇、亮窗、五金件和其他附件组成，如图 7-3 所示。

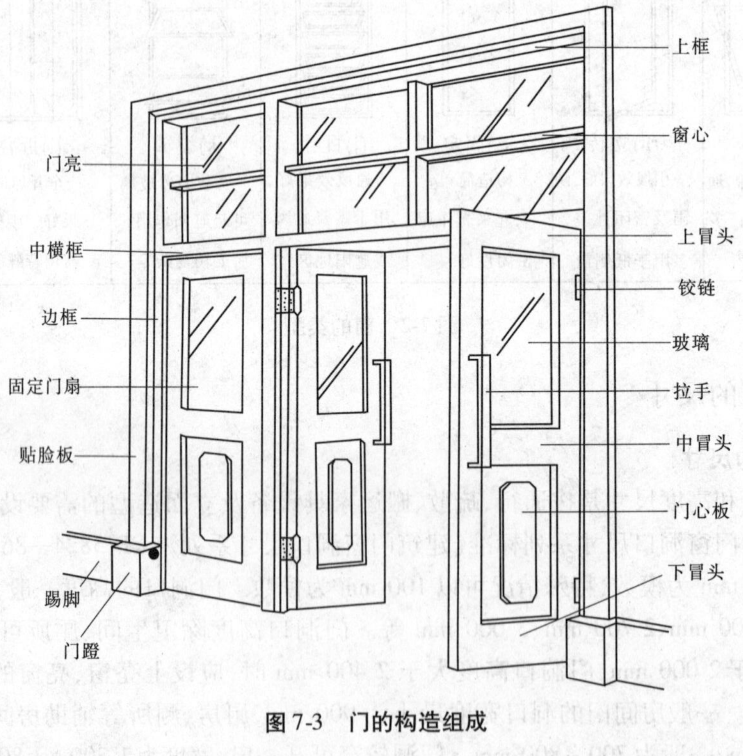

图 7-3　门的构造组成

（一）门框

门框由边框、上框、下框（也称门槛）和中横框组成，多扇门还有中竖框。考虑到使用方便，内门大多不设下框；外门有时设下框，以防风沙、挡雨、保温、隔热等。

（二）门扇

门扇由上冒头、中冒头、下冒头、边梃及门心板组成，民用建筑常用的有镶板门、拼板门、夹板门、镶玻璃门、无框玻璃门等；五金零件常见的有铰链、合叶、门锁、插销、拉手、停门器等。为了通风采光，可在门的上部设腰窗（俗称上亮子），有固定、平开及悬窗等形式。为了加强密封性能或改善装修效果，通常把门框与墙间的缝隙用木条盖缝，称门头线，俗称贴脸。

1. 镶板门

镶板门门扇由骨架和门心板组成。门扇的骨架由两根边梃、上冒头、中冒头、下冒头组成，在骨架内镶门心板，门心板可采用木板、硬质纤维板、胶合板、塑料板等。当门心板为玻璃时，则为镶玻璃门，可为半玻门或全玻门；当门心板为百叶时，则为百叶门；当门心板为窗纱时，则为纱门。另外，不同材料的门心板也可根据需要进行组合，如图 7-4（a）所示。这种门扇构造简单，加工制作方便，适用于一般民用建筑的内门和外门。

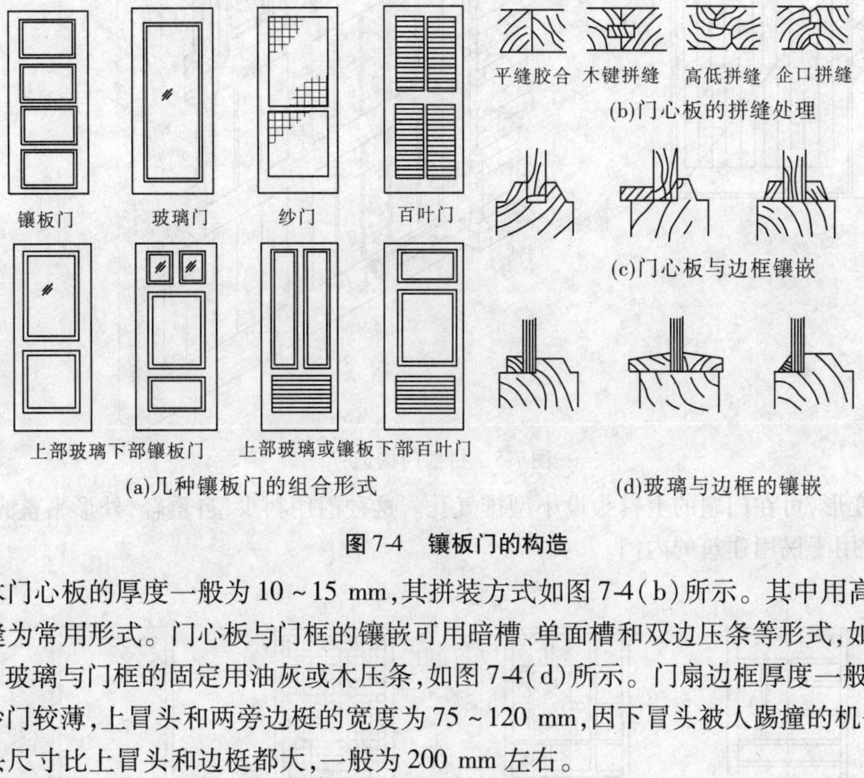

图 7-4　镶板门的构造

木门心板的厚度一般为 10 ~ 15 mm，其拼装方式如图 7-4（b）所示。其中用高低缝和企口拼缝为常用形式。门心板与门框的镶嵌可用暗槽、单面槽和双边压条等形式，如图 7-4（c）所示。玻璃与门框的固定用油灰或木压条，如图 7-4（d）所示。门扇边框厚度一般为 40 ~ 45 mm，纱门较薄，上冒头和两旁边梃的宽度为 75 ~ 120 mm，因下冒头被人踢撞的机会多，所以下冒头尺寸比上冒头和边梃都大，一般为 200 mm 左右。

2. 拼板门

拼板门的门扇由骨架和木条组成。无骨架的拼板门则称为实拼门。拼板门坚固耐用，可用于外门。拼板门依木条拼接形式不同而分为单面直拼门、单面横拼门和双面保温拼板门，如图 7-5 所示。

3. 夹板门

夹板门是用断面较小的方木做成骨架，如图 7-6 所示，然后两面钉或粘贴面板而成的，如图 7-7 所示。面板一般用胶合板、硬质纤维板或塑料板。面板和骨架形成一个整体，共同抵抗变形。夹板门的形式可以是全夹板门、带玻璃门或带百叶门。

夹板门的骨架一般用厚 30 ~ 35 mm、宽 40 ~ 60 mm 的木料做边框，中间的肋条用厚 30 ~ 35 mm、宽 40 ~ 45 mm 的木条，可以是横向骨架、双向骨架、密肋骨架和蜂窝纸骨架等几种形式。间距一般为 200 ~ 400 mm，为使骨架之间的空气能上下对流，避免因内外温、湿度

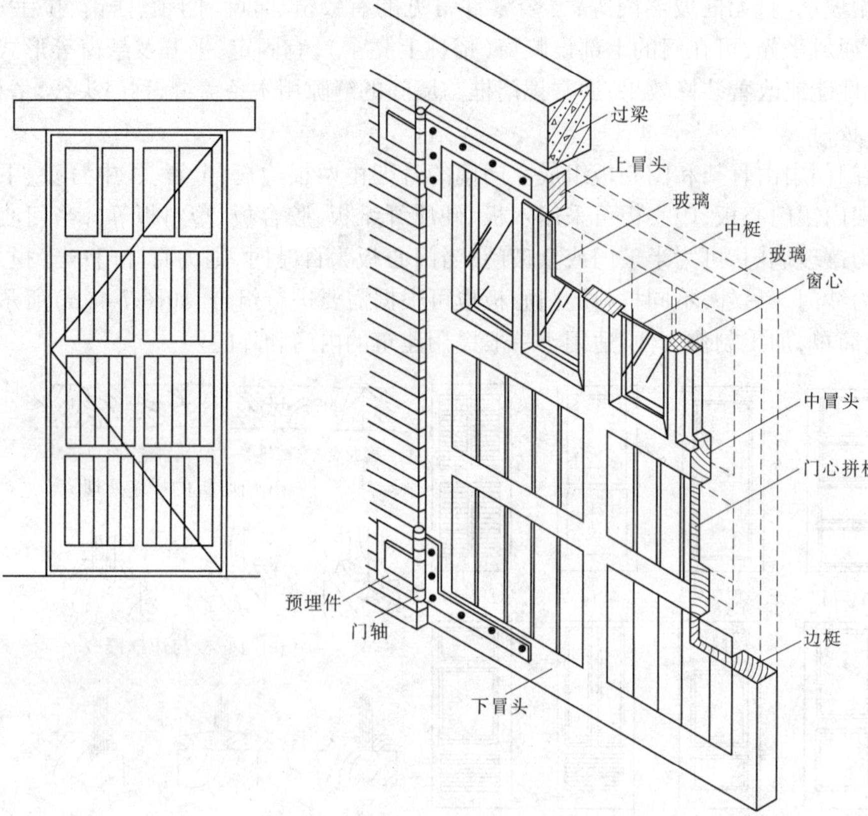

图 7-5　拼板门构造

差而产生变形，可在门扇的上冒头设小型排气孔。这种门用料少，自重轻，外形平整光洁，制作简单，常用于民用建筑的内门。

图 7-6　夹板门的骨架形式

二、窗的构造组成

窗主要是由窗框、窗扇、五金零件及附件组成，如图 7-8 所示。窗框又称窗樘，一般由上框、下框、中横框、中竖框及边框等组成。窗扇由上冒头、中冒头、下冒头、边梃以及披水条和

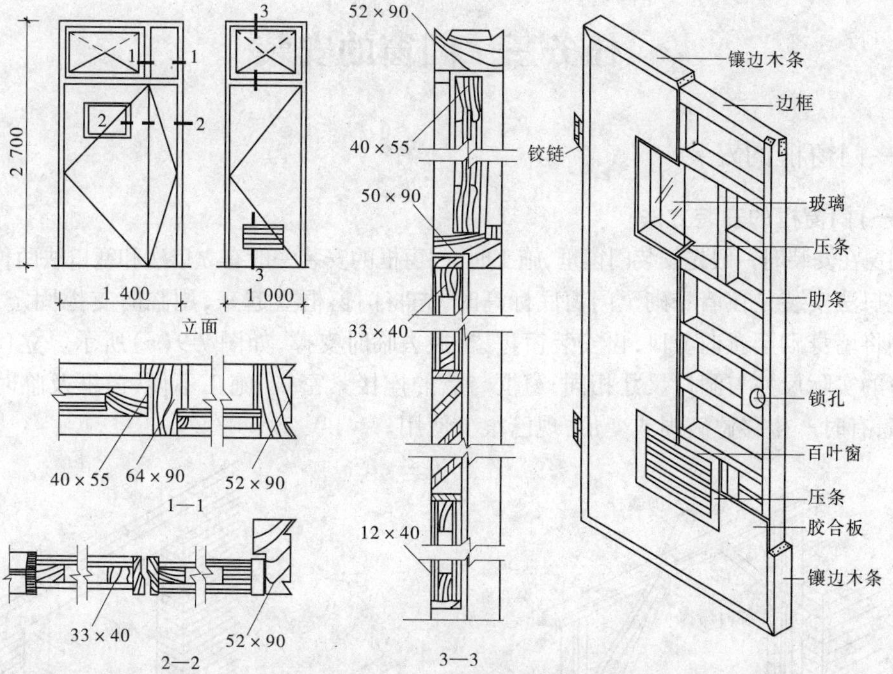

图 7-7　夹板门构造

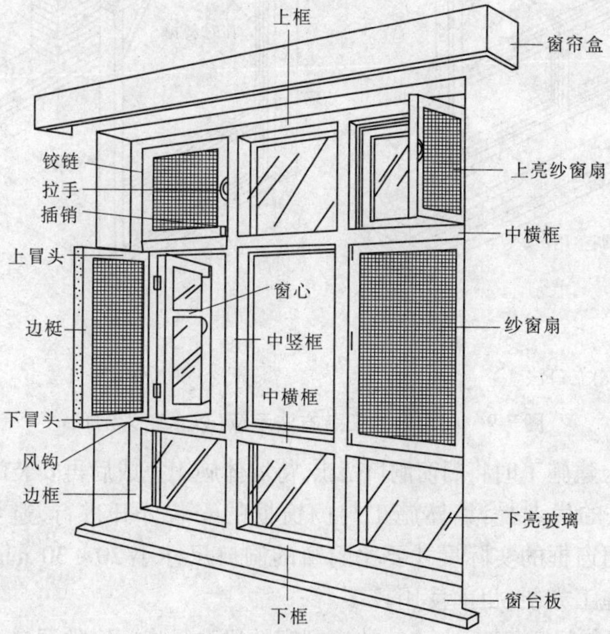

图 7-8　窗的构造组成

玻璃组成，依镶嵌材料不同，有玻璃窗扇、纱窗扇和百叶窗扇等；五金零件常见的有铰链、合叶、插销、拉手、导轨、滑轮、风钩等。窗框与墙的连接处，为满足下同的要求，有时加有贴脸、窗台板、窗帘盒等。

任务三 门窗的安装

一、门窗框的安装

(一)门窗框的安装方法

门窗在安装时一般先安装门窗框,施工时,门窗框的安装一般有立口法和塞口法两种方式。

立口法安装是在墙身砌至门窗底标高时,先将门窗框立起来,用临时支撑固定,然后沿窗外侧将墙身砌至窗框上口,再安装窗过梁,撤去临时支撑,如图 7-9(a)所示。立口法安装的门窗的实际尺寸与洞口尺寸相同,窗框与墙的连接紧密,但施工不便,窗框及临时支撑易被碰撞,有时产生移位破损或变形,现已很少使用。

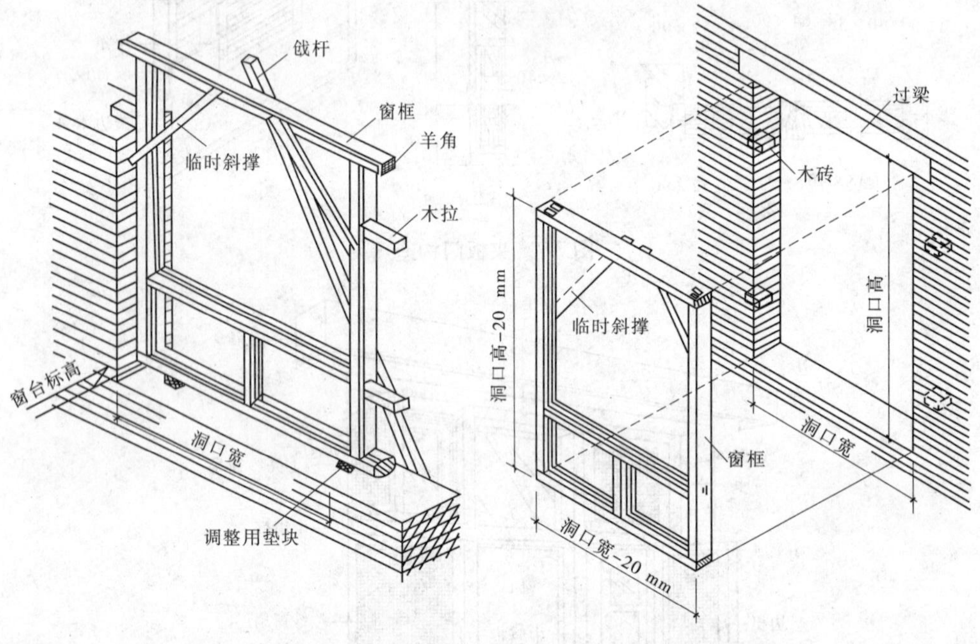

(a)立口法　　(b)塞口法

图 7-9　门窗框的安装方法示意(以木窗为例)

塞口法安装是土建施工时将门窗洞口留出,待墙体施工完成后再安装门窗框,如图 7-9(b)所示。这种安装方法的优点是:墙体施工与门窗框的安装分开进行,避免相互干扰。缺点是:为了安装方便,门窗框的实际尺寸要比门窗的洞口尺寸小 20 ~ 30 mm,门窗框与墙体之间缝隙较大。由于施工方便,目前使用较多。

无论哪种工艺安装门窗,建筑上一律认定门窗的尺寸是指门窗的洞口尺寸,也就是门窗的标志尺寸。由于门窗材料的不同,在安装门窗框时固定的方式也不尽相同。下面分别进行介绍。

1. 木门窗框的安装方法

木门窗安装时,立口法和塞口法均可使用。一般采用立口法安装,如图 7-10 所示。立口法安装时,为加强门窗框与墙的拉接,在门窗框上下槛各留出半砖长的端头(俗称羊角),

在边框外侧每隔 500 ~ 700 mm 高设置一块木拉砖,以伸入墙内,木拉砖最好用鸽尾榫与窗框拉接,简单的做法是用铁钉将木拉砖钉在门窗框上。塞口法安装时,在门窗洞口两侧沿高每 500 ~ 700 mm 预埋防腐木砖,每侧不少于两块,用铁钉将门窗框与木砖钉牢即可。

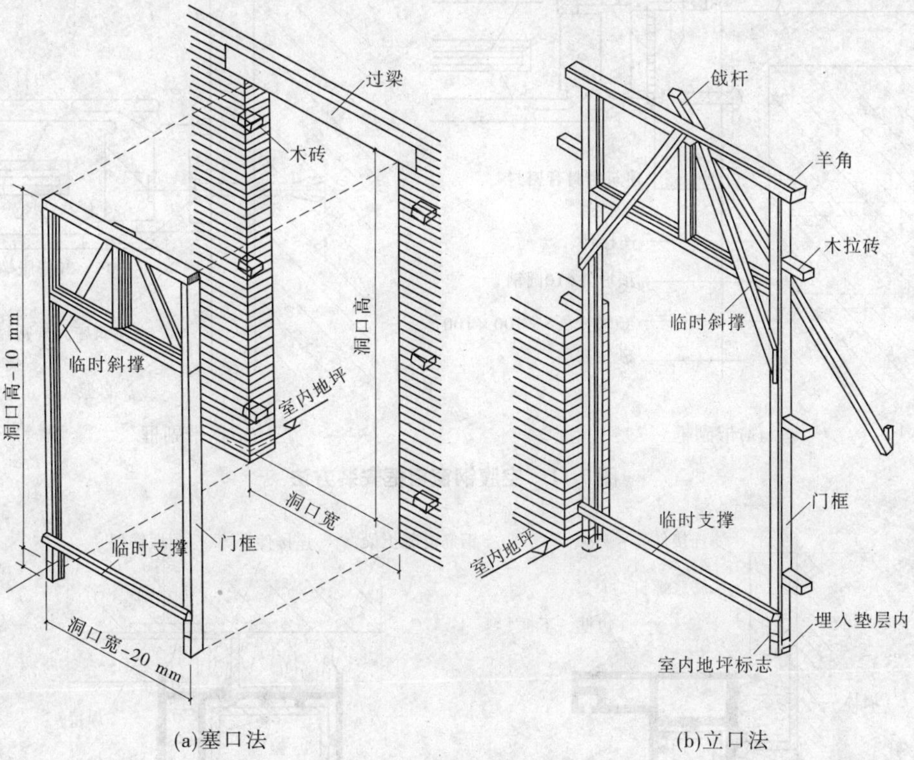

图 7-10　木门窗框的安装方法

2. 金属门窗和塑钢门窗框的安装方法

金属门窗和塑钢门窗的安装均采用塞口法安装。如图 7-11 中所示的彩色涂层空腹钢板门窗,在安装时有两种方式,即带副框和不带副框两种。当外墙面为石材、马赛克、面砖等贴面材料,或门窗与内墙面需要平齐的建筑时,常采用带副框的做法,安装时,先用自攻螺钉将连接件固定在副框上,然后将连接件与墙身中预埋铁件焊牢,再安装门窗框。当外墙装修为一般粉刷时,常用不带副框的做法,即直接用膨胀螺栓将门窗框固定在墙上。

铝合金门窗与塑钢门窗的安装方式基本相同,安装时将门窗框在抹灰前立于门窗洞口处,然后用木楔将三边固定,经检验确定门窗框水平、垂直、无挠曲后,用连接件法或直接固定法,通过膨胀螺钉或钢钉固定在墙上,如图 7-12 所示。

(二)门窗框的安装位置

窗框在墙洞口中的安装位置有三种,一是与墙内表面平(内平),这样内开窗扇贴在内墙面,不占室内空间;二是位于墙厚的中部(居中),在北方墙体较厚,窗框的外缘多距外墙外表面 120 mm;三是与墙外表面平(外平),外平多在板材墙或外墙较薄时采用,如图 7-13 所示。

门框在墙洞口中的位置与窗框一样,有门框内平、门框居中和门框外平三种情况,如图 7-14 所示。平开门的门框一般情况下多做在开门方向一边,与抹灰面平齐,使门的开启角度较大。但对尺寸较大的门,为安装牢固,多居中设置。

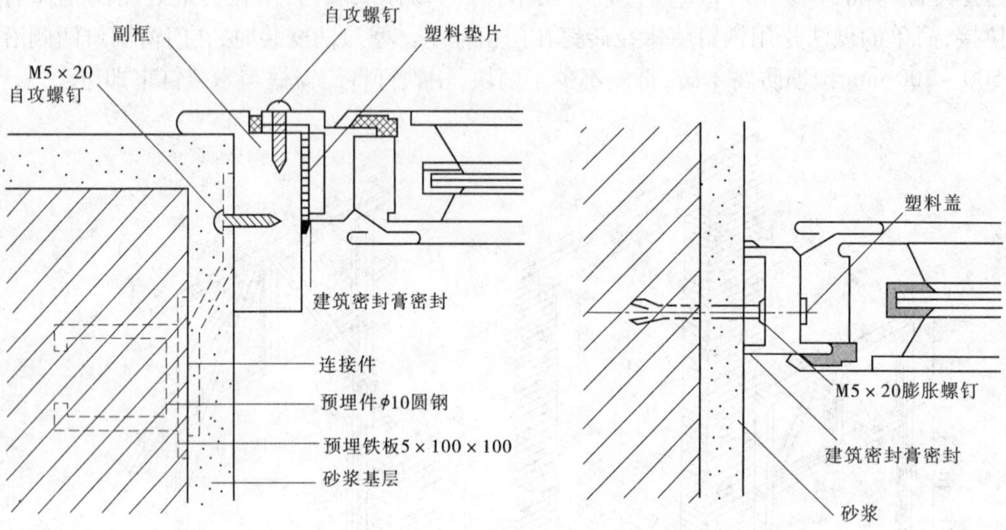

(a)带副框　　(b)不带副框

图 7-11　空腹钢窗窗框安装方法

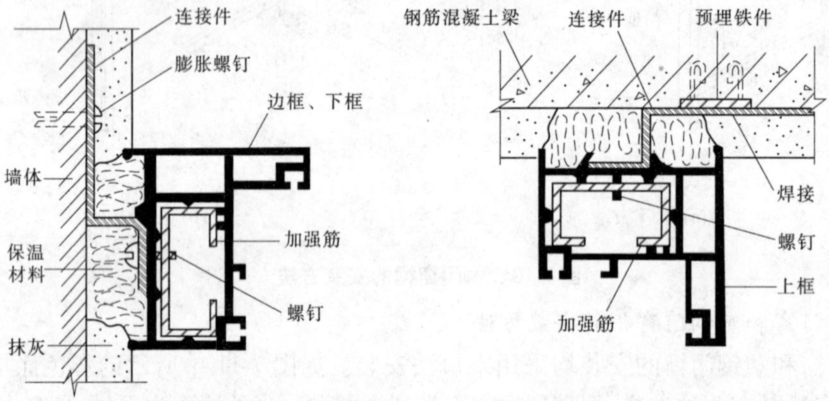

(a)螺栓固定连接件法　　(b)预埋件焊接固定连接件法

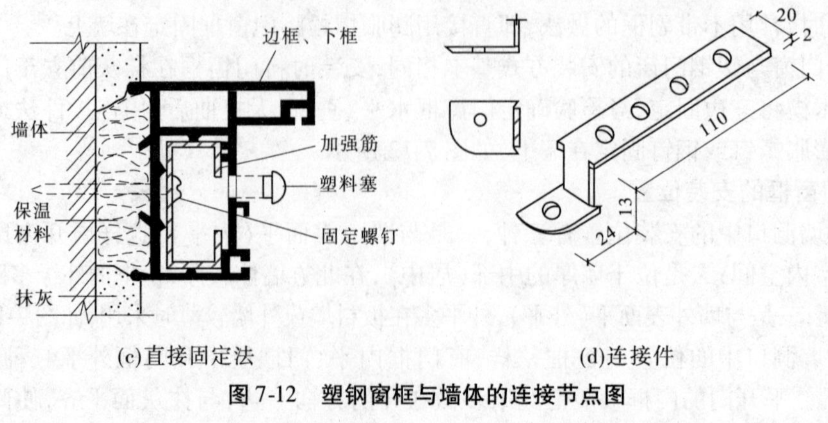

(c)直接固定法　　(d)连接件

图 7-12　塑钢窗框与墙体的连接节点图

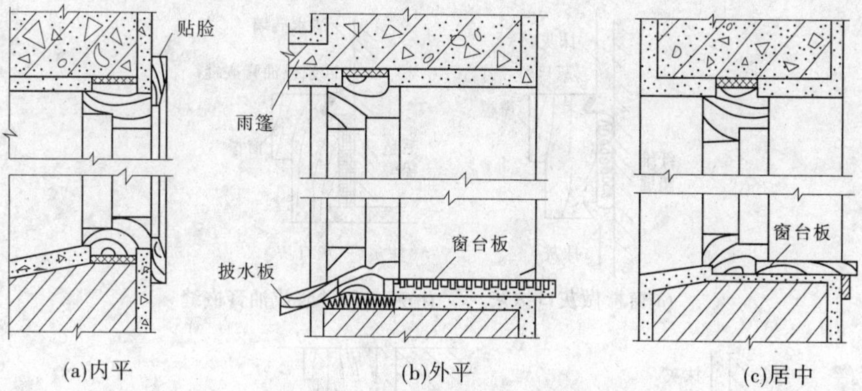

图 7-13　窗框在墙洞中的位置

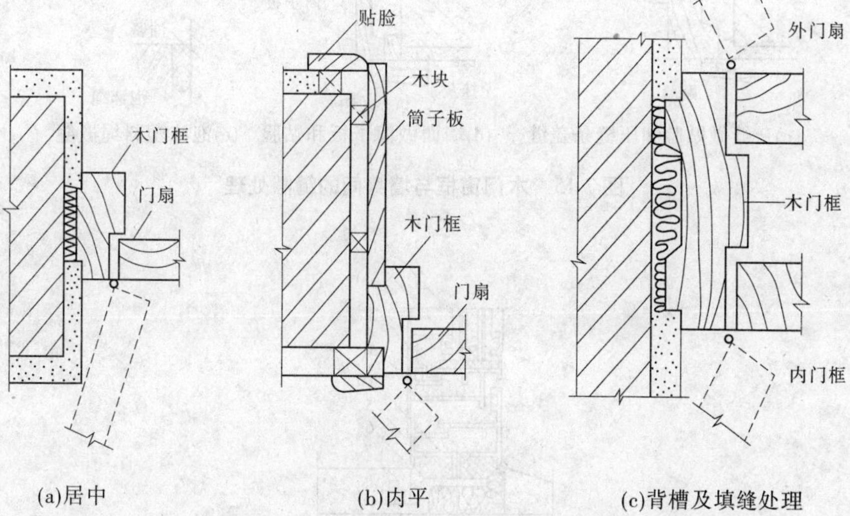

图 7-14　木门框在墙洞中的位置

(三)门窗框与墙的接缝处理

门窗框与墙洞口间的缝隙应填塞密实,以满足防风、挡雨、保温、隔声等要求。

木门窗在一般情况下,洞口边缘可采用平口,用砂浆或油膏嵌缝,为保证嵌缝牢固,常在门窗框靠墙一侧内外两角做灰口;寒冷地区在洞口两侧外缘做高低口为宜,缝内填弹性密封材料,以增强密闭效果;标准较高的常做贴脸或筒子板;木门窗框靠墙一面易受潮变形,通常在门窗框的外侧开槽(俗称背槽),并做防腐处理,如图 7-15 所示。

钢彩板门用密封胶将洞口与副框及副框与窗樘之间的缝隙进行密封。

铝合金门窗框与洞口四周的缝隙一般采用软质保温材料填塞,如泡沫塑料条、泡沫聚氨酯条、矿棉毡条和玻璃丝毡条等,分层填实,缝隙外表留 5 ~ 8 mm 深的槽口用密封膏密封,如图 7-16 所示。这种做法主要是为了防止门窗框四周形成冷热交换区产生结露,影响防寒、防风的正常功能和墙体的寿命,也影响了建筑物的隔声、保温等功能;同时,避免了门窗框直接与混凝土、水泥砂浆接触,消除了碱对门窗框的腐蚀。

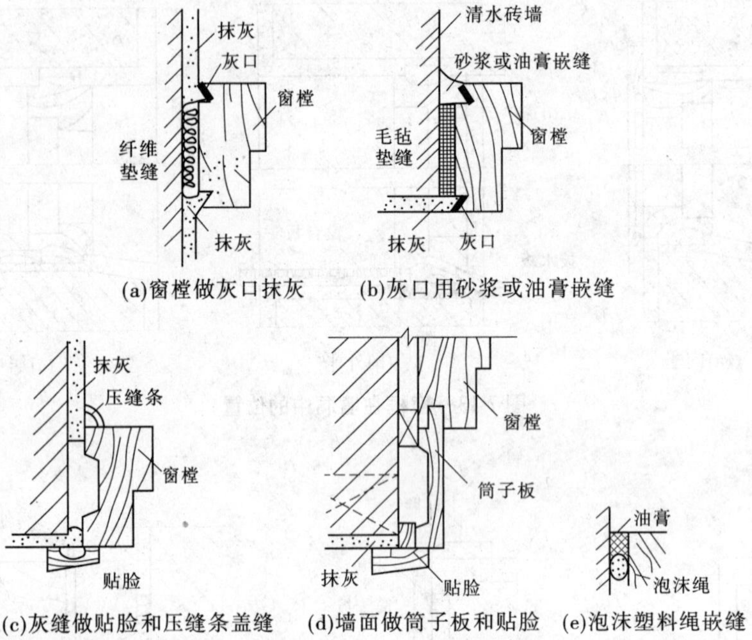

图 7-15　木门窗框与墙身间的缝隙处理

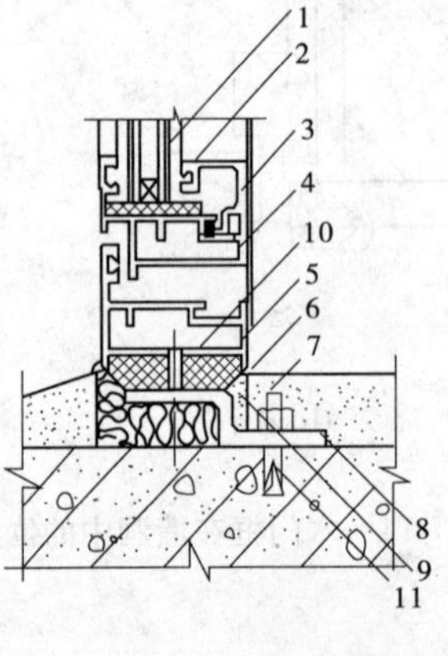

图 7-16　铝合金门窗安装节点及缝隙处理示意图

1—玻璃;2—橡胶条;3—压条;4—内扇;5—外框;6—密封膏;

7—砂浆;8—地脚;9—软填料;10—塑料垫;11—膨胀螺栓

塑钢门窗框与洞口四周缝隙的处理与铝合金门窗相似。

二、门窗扇的安装

可开启的门窗扇一般按照开启方式通过各种铰链或插件、滑槽和滑杆与门窗框连接。在此过程中,还应适当调整其四周缝隙的宽度及立面的垂直平整度。固定不开启的窗扇将玻璃直接安装到门窗框上。无框的门窗将转轴五金件或滑槽连接到门窗洞口的上下两边的预埋件上,或者用膨胀螺栓直接打入,然后安装门窗扇。

三、门窗玻璃的安装

为了防止在施工过程中发生破损，带玻璃的门窗类型其玻璃一般都在门窗扇安装调整后再安装。

木门窗玻璃的安装，一般在门窗扇上预留的玻璃安装槽口的四周先用小钉子将玻璃卡住，作为定位，然后用油灰(桐油石灰)或玻璃密封膏镶嵌成斜角形，也可以用各种木制或橡胶、金属等嵌条固定。如果玻璃面积较大，最好在槽口中先嵌底灰，可以防止在使用过程中，因为震动使得玻璃在接触硬物时，应力集中而破损。

金属和塑钢门窗玻璃安装时，应先在门窗扇型材内侧凹槽内嵌入密封条，并在四周安放橡塑垫衬或垫底，等玻璃安放到位后，再用带密封条的嵌条将其固定压紧，如图 7-17 所示。另外，铝合金门窗也可用密封胶填缝，密封胶固化后将玻璃固定。用密封胶固定的铝合金门窗的水密性、气密性优于用密封条固定的。

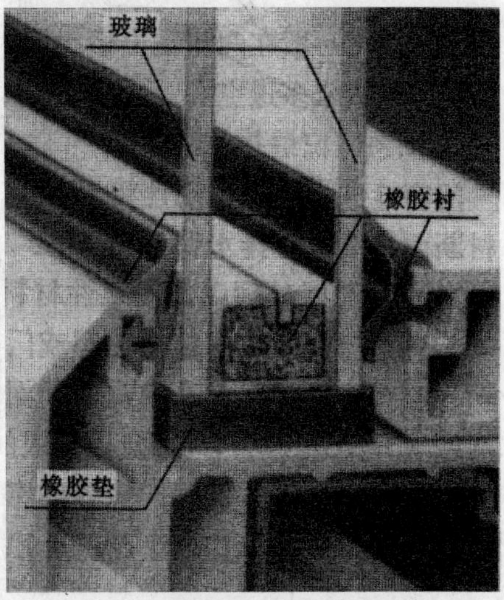

图 7-17　塑钢门窗玻璃安装

任务四　遮阳构造

民用建筑的主要房间，在设计时应尽量安排好的朝向，以得到足够的日照时间。但是在炎热的夏季，阳光直射室内时会产生眩光和使室内温度过高，影响正常工作、学习和生活，因此夏季房屋应采取遮阳。

建筑遮阳的方法很多，如室外绿化、室内窗帘、设置百叶窗等均是有效的方法，但对于太阳辐射强烈的地区，特别是朝向不利的墙面上建筑的门窗等洞口，应设置专用遮阳设施。

遮阳设施应综合解决遮阳、通风、采光、美观等一系列问题，且应构造简单、经济、耐久、轻巧。

一、遮阳设施的形式

建筑遮阳设施有简易活动遮阳和固定遮阳板遮阳两种。

(一) 简易活动遮阳

简易活动遮阳是利用苇席、布篷、竹帘等措施进行遮阳，简易遮阳简单、经济、灵活，但耐久性差，如图 7-18 所示。

(二) 固定遮阳板

固定遮阳板一般可分为水平遮阳板、垂直遮阳板、综合式遮阳板和挡板式遮阳板四种形式，如图 7-19 所示。在工程中应根据太阳光线的高度角及方向选择遮阳板的尺寸和布置形式。

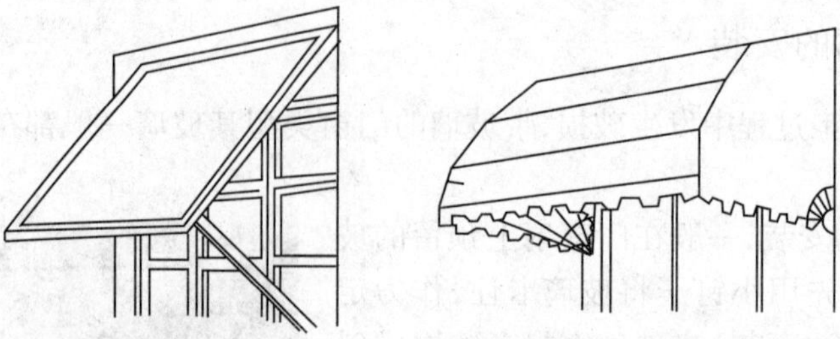

(a)苇席遮阳　　　　(b)布篷遮阳

图 7-18　简易活动遮阳

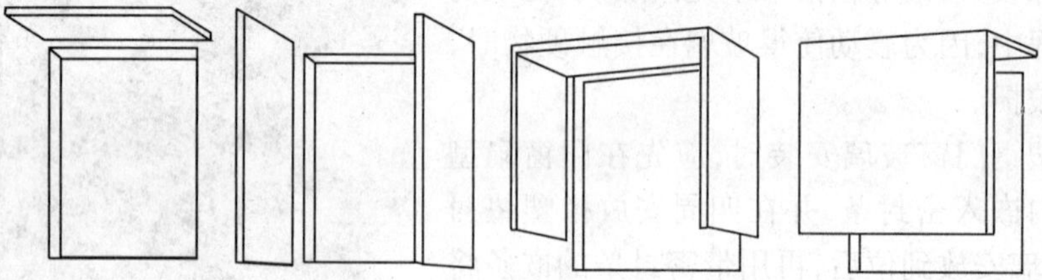

(a)水平遮阳板　(b)垂直遮阳板　(c)综合式遮阳板　(d)挡板式遮阳板

图 7-19　固定遮阳板形式

1. 水平遮阳板

水平遮阳板是在窗口上方设置一定宽度的水平方向的遮阳板,以利于遮挡高度角较大的从窗口斜上方照射下来的阳光,适用于南向、南稍偏东向、南稍偏西向及北回归线以南地区的北向窗口。水平遮阳板可做成实心板、栅形板或百叶板等,按形式分有单层、双层或多层,离墙或靠墙。双层或多层水平遮阳板在遮挡同样高度角的阳光时,遮阳板伸出的长度可比单层水平遮阳板短。

2. 垂直遮阳板

垂直遮阳板是在窗口两侧设置垂直方向的遮阳板,能够遮挡高度角较小的从窗口两侧斜射过来的阳光。根据遮阳效果和立面处理需要,垂直遮阳板可以垂直于墙面,也可以与墙面形成一定的夹角。其适用于南偏东和南偏西向窗口。

3. 综合式遮阳板

综合式遮阳板是水平遮阳板和垂直遮阳板的综合,对遮挡高度角较小、从窗侧面斜射下来的光线较为有效,适用于南向、东南向和西南向的窗口。

4. 挡板式遮阳板

挡板式遮阳板是在窗口前方离开窗口一定距离与窗户平行的垂直挡板,可以遮挡太阳高度角低、正射窗口的阳光。其适用于东、西及其附近朝向的窗口。

二、遮阳板的构造和建筑处理方法

固定式遮阳板一般采用钢筋混凝土板,也可采用钢构架石棉瓦、压型金属板、玻璃钢等材料。

建筑立面上设置遮阳板时,为兼顾建筑造型和立面设计要求,遮阳板的布置宜整齐有规律,建筑中通常将水平遮阳板和垂直遮阳板连续设置,形成较好的立面效果,如图 7-20 所示。

图 7-20　建筑遮阳的建筑立面效果

思考题

1. 简述门和窗的作用及构造要求。
2. 简述门和窗按材料、开启方式的分类。
3. 简述木门窗的组成。
4. 确定门窗尺寸应考虑哪些因素?
5. 门窗框的安装方式有哪些? 区别是什么?
6. 窗框在窗洞口中的位置怎样确定?
7. 简述空腹钢门窗的安装和固定方法。
8. 木门窗框与墙洞口间的缝隙如何处理?
9. 铝合金门窗框与墙洞口间的缝隙如何处理?
10. 遮阳的作用是什么? 窗遮阳板的基本形式有哪些? 各自的特点和用途是什么?

项目八　变形缝

【知识目标】

1. 了解建筑变形缝的概念。

2. 熟悉变形缝的类型、作用、设置原则以及宽度。

3. 掌握各类变形缝的构造方法。

【能力目标】

1. 能够使学生具有合理设置变形缝并确定缝宽的能力。

2. 能够使学生具有选择变形缝的构造做法的能力。

任务一　变形缝的作用、分类及设置原则

一、变形缝的作用、分类

当建筑物的长度超过规定的长度、平面图形曲折变化比较多或同一建筑物不同部分的高度或荷载差异较大时，建筑构件内部会因气温变化、地基的不均匀沉降或地震等原因产生附加应力。当这种应力较大而又处理不当时，会引起建筑构件产生变形，导致建筑物出现裂缝甚至破坏，影响正常使用与安全。为了预防和避免这种情况的发生，一般可以采取两种措施：加强建筑物的整体性，使之具有足够的强度和刚度来克服这些附加应力和变形；在设计和施工中预先在这些变形敏感的部位将建筑构件垂直断开，留出一定的缝隙，将建筑物分成若干独立的部分，形成能自由变形而互不影响的刚度单元。这种将建筑物垂直分开的预留缝隙称为变形缝。

变形缝按其作用的不同分为伸缩缝、沉降缝、防震缝三种。

建筑中的变形缝应依据工程实际情况设置，并需符合设计规范规定，其采用的构造处理方法和材料应根据其部位和需要分别达到盖缝、防水、防火、保温等方面的要求，并确保缝两侧的建筑构件能自由变形而不受阻碍、不被破坏。

二、变形缝的设置原则

（一）伸缩缝

建筑构件因温度变化而产生热胀冷缩，使房屋出现裂缝，甚至破坏。建筑物的长度越大，变形越大。因此，沿建筑物长度方向每隔一定距离或在结构变化较大处设置垂直缝隙，称为伸缩缝，也叫温度缝。

伸缩缝的位置和间距与建筑物的材料、结构形式、使用情况、施工条件及当地温度变化情况有关。结构设计规范对砌体房屋和钢筋混凝土结构建筑的伸缩缝最大间距所作的规定见表 8-1 和表 8-2。

伸缩缝要求从基础顶面开始，将墙体、楼板、屋顶等构件全部断开，基础因埋在土中，受

气温影响小，不必断开。伸缩缝的宽度为 20 ~ 30 mm。

表 8-1　砌体房屋温度伸缩缝的最大间距

屋盖或楼盖类别		间距（m）
整体式或装配整体式钢筋混凝土结构	有保温层或隔热层的屋盖、楼盖	50
	无保温层或隔热层的屋盖	40
装配式无体系钢筋混凝土结构	有保温层或隔热层的屋盖、楼盖	60
	无保温层或隔热层的屋盖	50
装配式有体系钢筋混凝土结构	有保温层或隔热层的屋盖、楼盖	75
	无保温层或隔热层的屋盖	60
瓦材屋盖、木屋盖、轻钢屋盖		100

注：①对烧结普通砖、多孔砖、配筋砌块砌体房屋取表中数值；对砌体、蒸压灰砂砖、蒸压粉煤灰砖和混凝土砌块房屋取表中数值乘以 0.8 的系数。当有实践经验并采取有效措施时，可不遵守本表规定。

②在钢筋混凝土屋面上挂瓦的屋盖应按钢筋混凝土屋盖采用。

③按本表设置的墙体伸缩缝，一般不能同时防止由于钢筋混凝土屋盖的温度变形和砌体干缩变形引起的墙体局部裂缝。

④层高大于 5 m 的烧结普通砖、多孔砖、配筋砌块砌体结构单层房屋，其伸缩缝间距可按表中数值乘以 1.3 的系数。

⑤温差较大且变化频繁地区和严寒地区不采暖的房屋及构筑物墙体的伸缩缝的最大间距，应按表中数值予以适当减小。

⑥墙体的伸缩缝应与结构的其他变形缝相结合，在进行立面处理时，必须保证缝隙的伸缩作用。

表 8-2　钢筋混凝土结构建筑伸缩缝最大间距　（单位：m）

结构类型		室内或土中	露天
排架结构	装配式	100	70
框架结构	装配式	75	50
	现浇式	55	35
剪力墙结构	装配式	65	40
	现浇式	45	30
挡土墙、地下室墙等类结构	装配式	40	30
	现浇式	30	20

注：①装配整体式结构房屋的伸缩缝间距宜按表中现浇式的数值取用。

②框架—剪力墙结构或框架结构—核心筒体结构房屋的伸缩缝间距可根据结构的具体布置情况取表中框架结构与剪力墙结构之间的数值。

③当屋面无保湿或隔热措施时，框架结构、剪力墙结构的伸缩缝间距宜按表中露天栏的数值取用。

④现浇式挑檐、雨罩等外露结构的伸缩缝间距不宜大于 12 m。

（二）沉降缝

为防止建筑物各部分由于地基不均匀沉降引起房屋破坏所设置的垂直缝隙，称为沉降缝。沉降缝将房屋从基础到屋顶的全部构件断开，使两侧各为独立的单元，可以自由沉降。

根据《建筑地基基础设计规范》（GB 50007—2011），建筑物的下列部位，宜设置沉降缝：

（1）建筑平面转折部位；

（2）高度差异或荷载差异处；

(3)长高比过大的砌体承重结构或钢筋混凝土框架结构的适当部位;

(4)地基土的压缩性有显著差异处;

(5)建筑结构或基础类型不同处;

(6)分期建造房屋的交界处。

沉降缝的宽度与地基情况及建筑高度有关,地基越软的建筑物,沉陷的可能性越大,沉降后所产生的倾斜距离也越大。沉降缝的宽度见表 8-3。

表 8-3 沉降缝的宽度

地基性质	建筑物高度或层数	缝宽(mm)
一般地基	$H<5$ m	30
	$H=5\sim8$ m	50
	$H=10\sim15$ m	70
软弱地基	2~3层	50~80
	4~5层	80~120
	5层以上	>120
湿陷性黄土地基		≥30~70

注:沉降缝两侧结构单元层数不同时,由于高层部分的影响,底层结构的倾斜往往很大。因此,沉降缝的宽度应按高层部分的高度确定。

如果建筑物在此处沉降缝和伸缩缝都要设置,则沉降缝可以兼起伸缩缝的作用。

(三)防震缝

建造在抗震设防烈度为 6~9 度地区的房屋,为避免破坏,按抗震要求设置的垂直缝隙即防震缝。防震缝一般设在结构变形敏感的部位,沿房屋基础顶面以上全高设置,基础可以不设。缝的两侧均应设置墙体,使建筑物分为若干形体简单、结构刚度均匀的独立单元。

防震缝的设置原则依抗震设防烈度、房屋结构类型和高度不同而异。遇下列情况时宜设置防震缝:

(1)房屋立面高差在 6 m 以上;

(2)房屋有错层且楼板高差大于层高的 1/4;

(3)房屋相邻各部分结构刚度、质量截然不同。

防震缝的宽度应根据抗震设防烈度、结构材料种类、结构类型、结构单元的高度和高差确定,一般多层砖混结构为 70~100 mm,多层和高层框架结构则按不同的建筑高度缝宽不小于 100 mm。地震设防区房屋的伸缩缝和沉降缝应符合防震缝的要求。

多层和高层钢筋混凝土房屋宜选用合理的建筑结构方案,不设防震缝。当需要设置防震缝时,其防震缝最小宽度应符合下列规定:

(1)框架结构房屋,当高度不超过 15 m 时,可采用 100 mm;超过 15 m,6 度、7 度、8 度和 9 度相应每增加高度 5 m、4 m、3 m 和 2 m,宜加宽 20 mm。

(2)框架—抗震墙结构房屋的防震缝宽度,可采用第(1)项规定数值的 70%,抗震墙结构房屋的防震缝宽度,可采用第(1)项规定数值的 50%,且均不宜小于 100 mm。

(3)防震缝两侧结构类型不同时,宜按需要较宽防震缝的结构类型和较低房屋高度确定缝宽。

一般情况防震缝应与伸缩缝、沉降缝协调布置，做到一缝多用。沉降缝可以兼起伸缩缝的作用，伸缩缝却不能代替沉降缝。当防震缝与沉降缝结合时，基础也应断开。

任务二　变形缝构造

一、墙体变形缝

墙体变形缝的构造处理既要保证变形缝两侧的墙体自由伸缩、沉降或摆动，又要密封严实，以满足防风、防雨、保温、隔热和外形美观的要求。因此，在构造上对变形缝须给予覆盖和装修。

（一）伸缩缝

根据墙体的材料、厚度及施工条件，伸缩缝可做成平缝、错口缝、企口缝等形式，如图 8-1 所示。

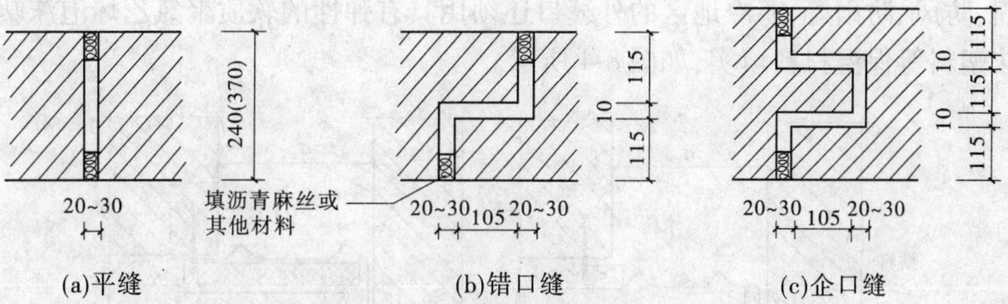

图 8-1　墙体伸缩缝的形式

为防止外界自然条件对墙体及室内环境的侵袭，外墙伸缩缝内应填充具有防水、保温和防腐蚀性能的弹性材料，如沥青麻丝、泡沫塑料条、橡胶条、油膏等。当缝口较宽时，外侧缝口还应用镀锌铁皮或铝片等金属覆盖，如图 8-2(a)所示。内侧缝口通常用具有一定装饰效果的木质盖缝条、金属片或塑料片遮盖，仅一边固定在墙上，如图 8-2(b)所示。内墙伸缩缝内一般不填塞保温材料，缝口处理与外墙内侧缝口相同。

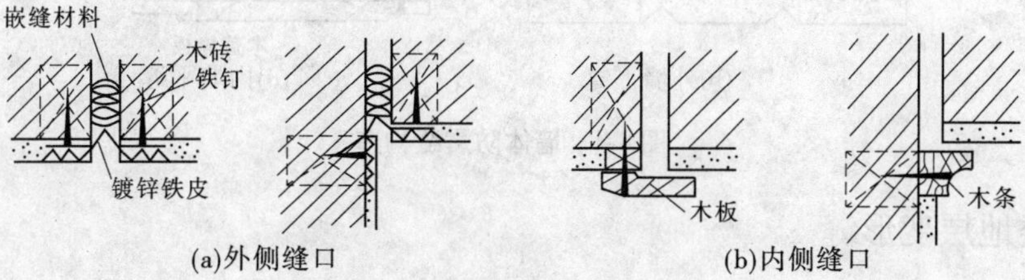

图 8-2　墙身伸缩缝构造

（二）沉降缝

沉降缝一般兼起伸缩缝的作用，其构造与伸缩缝构造基本相同，只是调节片或盖缝板构造上应保证两侧墙体在水平方向和垂直方向均能自由变形。一般外侧缝口宜根据缝的宽度不同采用两种形式的金属调节片盖缝，如图 8-3 所示。内墙沉降缝及外墙内侧缝口的盖缝同伸缩缝。

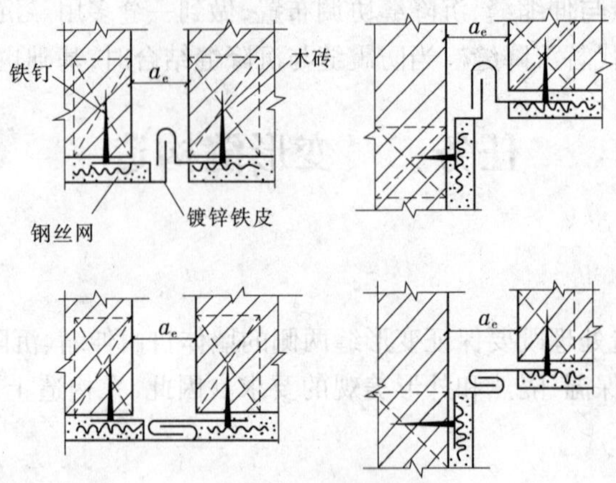

图 8-3　外墙沉降缝构造

(三)防震缝

防震缝构造与伸缩缝、沉降缝构造基本相同。考虑防震缝宽度较大,构造上更应注意盖缝的牢固、防风、防雨等,寒冷地区的外缝口还须用具有弹性的软质聚氯乙烯泡沫塑料、聚苯乙烯泡沫塑料等保温材料填实,如图 8-4 所示。

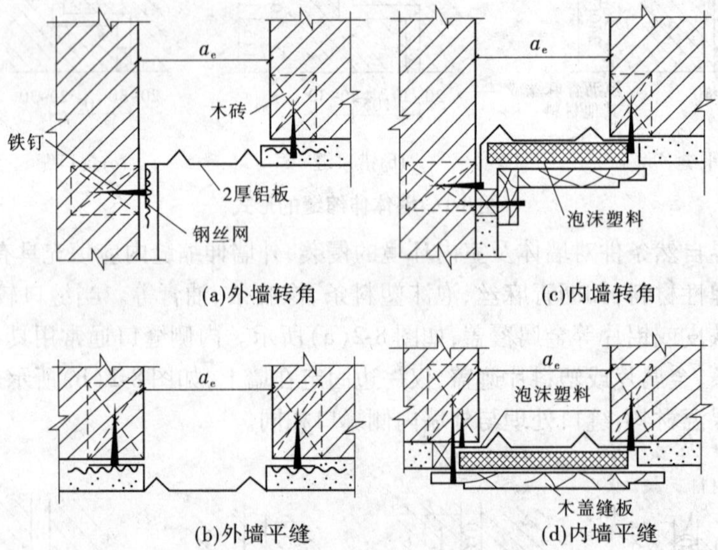

图 8-4　墙体防震缝构造

二、楼地层变形缝

楼地层变形缝的位置和宽度应与墙体变形缝一致。变形缝一般贯通楼地面各层,缝内采用具有弹性的油膏、金属调节片、沥青麻丝等材料做嵌缝处理,面层和顶棚应加设不妨碍构件之间变形需要的盖缝板,盖缝板的形式和颜色应和室内装修协调,如图 8-5 所示。

三、屋顶变形缝

屋顶变形缝的位置和宽度应与墙体、楼地层的变形缝一致。缝内用金属调节片、沥青麻丝等材料做嵌缝和盖缝处理。屋顶变形缝按建筑设计可设于同层等高屋面上,也可设于高

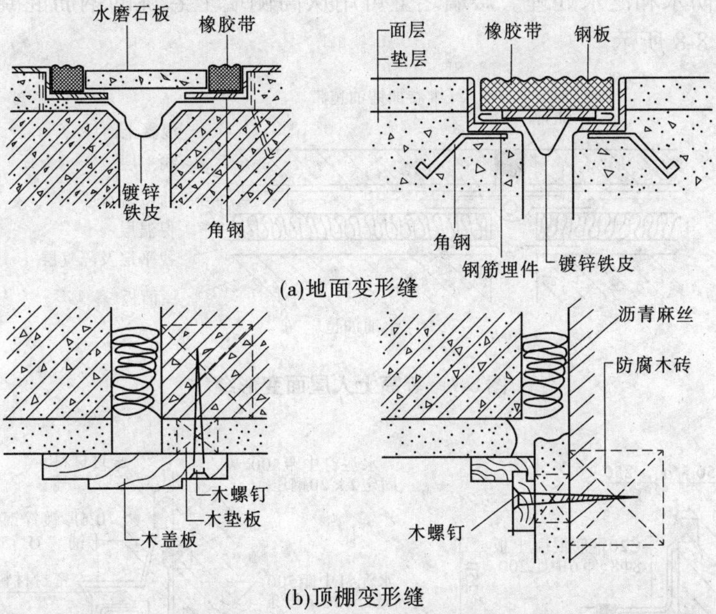

(a)地面变形缝

(b)顶棚变形缝

图 8-5　楼地面、顶棚变形缝构造

低屋面交接处。同层等高屋面依其上人或不上人等要求,构造做法也各不相同。

(一)柔性防水屋顶变形缝

1. 等高不上人屋面

不上人屋面变形缝,一般是在缝两侧各砌半砖厚矮墙,并做好屋面防水和泛水构造处理,矮墙顶部用镀锌薄钢板或钢筋混凝土盖板盖缝,如图 8-6 所示。

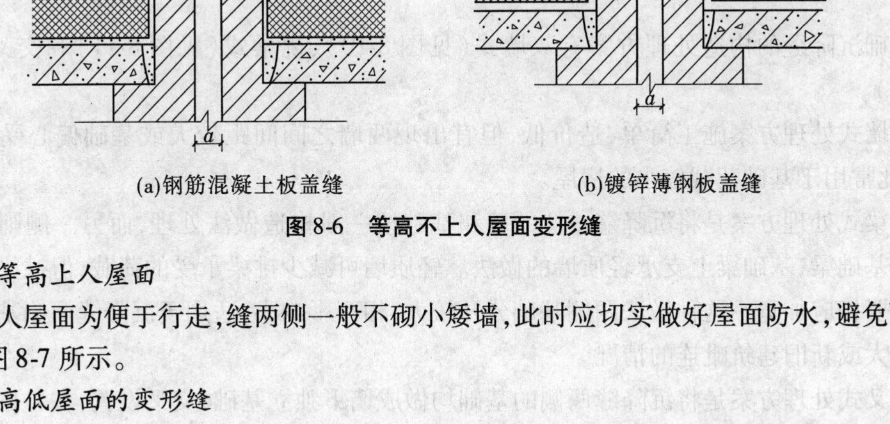

(a)钢筋混凝土板盖缝　　(b)镀锌薄钢板盖缝

图 8-6　等高不上人屋面变形缝

2. 等高上人屋面

上人屋面为便于行走,缝两侧一般不砌小矮墙,此时应切实做好屋面防水,避免雨水渗漏,如图 8-7 所示。

3. 高低屋面的变形缝

高低屋面交接处的变形缝,应在低侧屋面板上砌半砖矮墙,与高侧墙之间留出变形缝隙,并做好屋面防水和泛水处理。矮墙之上可用从高侧墙上悬挑的钢筋混凝土板或镀锌薄钢板盖缝,如图 8-8 所示。

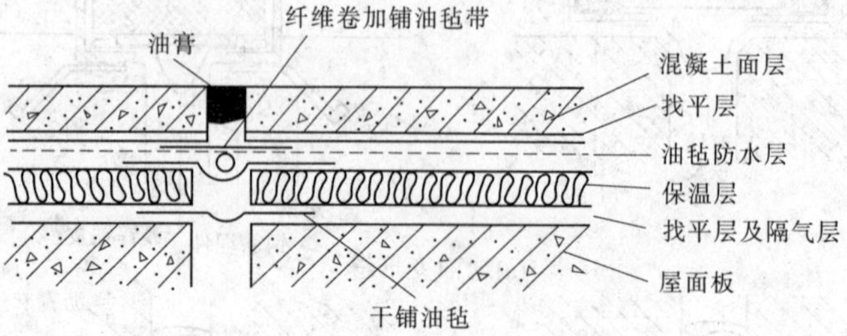

图 8-7　等高上人屋面变形缝

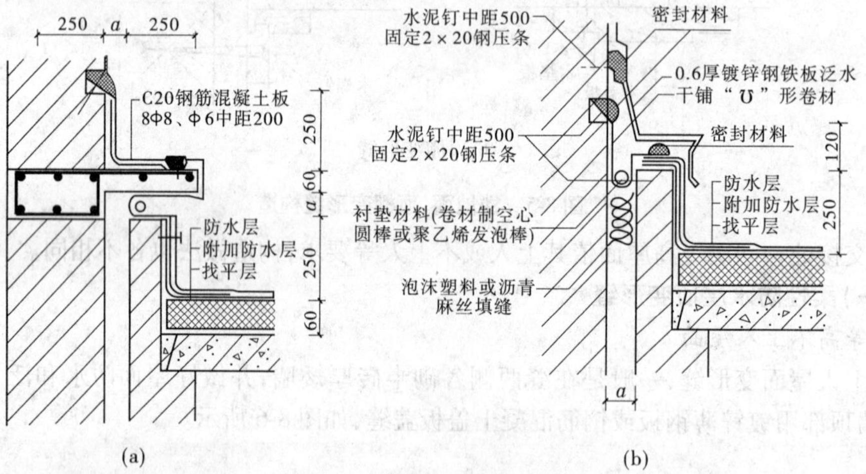

图 8-8　高低屋面变形缝

(二) 刚性防水屋顶变形缝

刚性防水屋面变形缝的构造与柔性防水屋面的做法基本相同,只是防水材料不同,如图 8-9 所示。

四、基础变形缝

基础沉降缝的构造处理方案有双墙式(见图 8-10)、挑梁式(见图 8-11)和交叉式(见图 8-12)。

双墙式处理方案施工简单,造价低,但宜出现两墙之间间距较大或基础偏心受压的情况,因此常用于基础荷载较小的房屋。

挑梁式处理方案是将沉降缝一侧的墙和基础按一般构造做法处理,而另一侧则采用挑梁支承基础梁,基础梁上支承轻质墙的做法。轻质墙可减少挑梁承受的荷载,但挑梁下基础的底面要相应加宽。这种做法两侧基础分开较大,相互影响小,适用于沉降缝两侧基础埋深相差较大或新旧建筑毗连的情况。

交叉式处理方案是将沉降缝两侧的基础均做成墙下独立基础,交叉设置,在各自的基础上设置基础梁以支承墙体。这种做法受力明确,效果较好,但施工难度大,造价也较高。

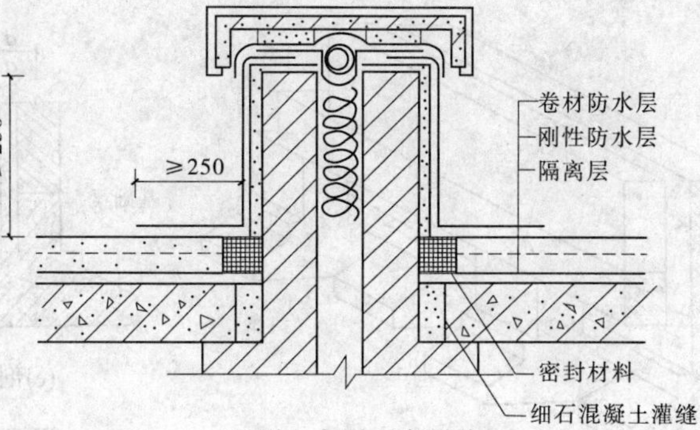

(a)不上人屋面变形缝

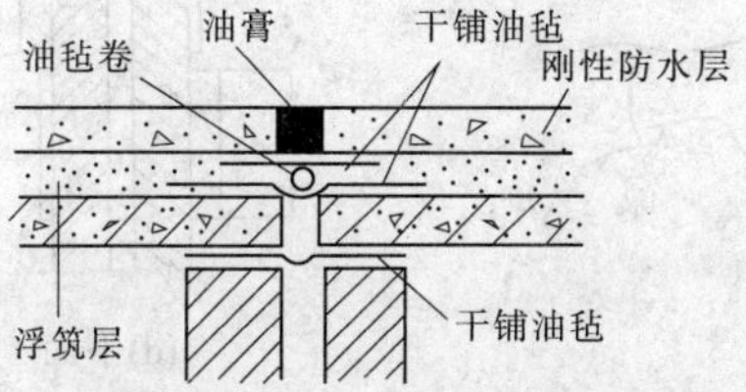

(b)上人屋面变形缝

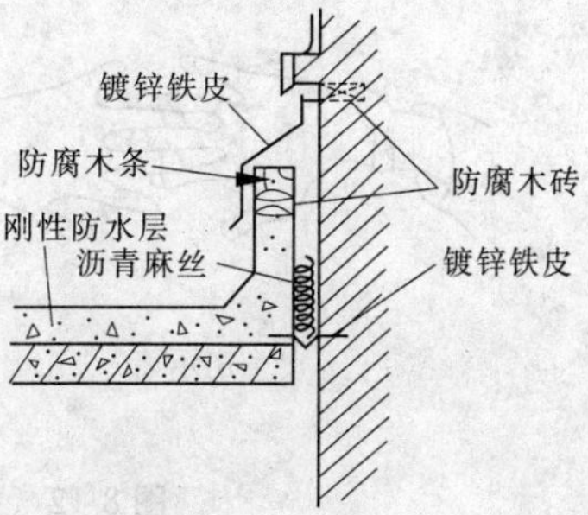

(c)高低跨屋面变形缝

图 8-9　刚性防水屋顶变形缝构造

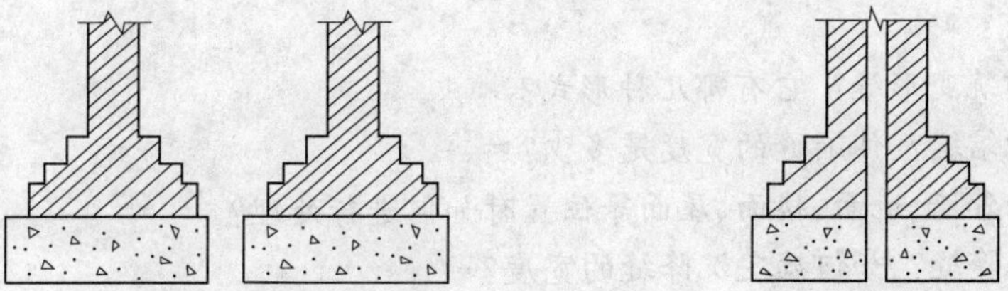

(a)一般基础变形缝　　(b)偏心基础变形缝

图 8-10　双墙式基础沉降缝

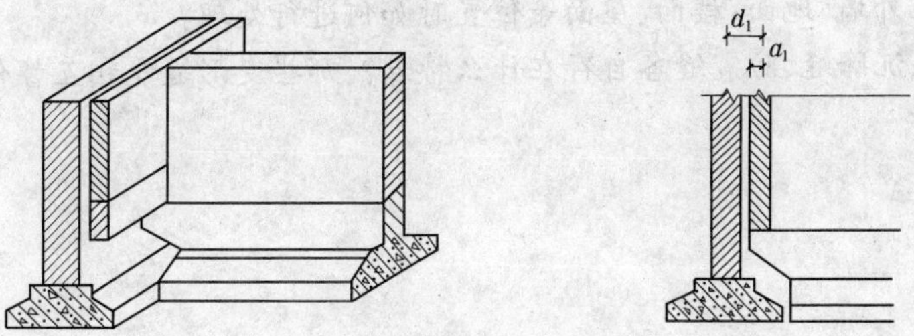

图 8-11　挑梁式基础沉降缝

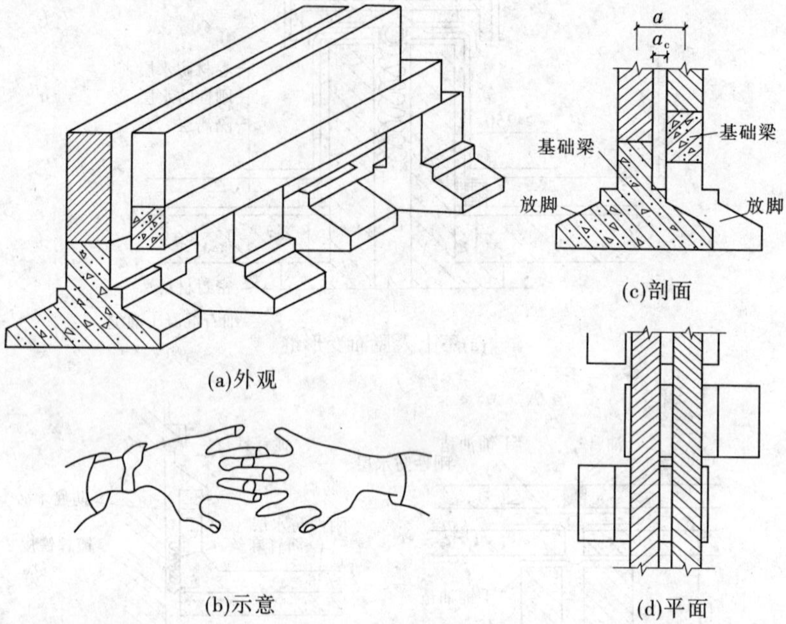

图 8-12　交叉式基础沉降缝

思考题

1. 什么叫建筑变形缝？它有哪几种形式？
2. 什么叫伸缩缝？伸缩缝的宽度是多少？
3. 伸缩缝在外墙、地面、楼面、屋面等位置时如何进行处理？
4. 什么叫沉降缝？如何确定沉降缝的宽度？
5. 建筑中哪些情况应设置沉降缝？
6. 沉降缝在基础、外墙、地面、楼面、屋面等位置时如何进行处理？
7. 什么叫防震缝？如何确定防震缝的宽度？
8. 建筑中哪些情况应设置防震缝？
9. 防震缝在外墙、地面、楼面、屋面等位置时如何进行处理？
10. 伸缩缝、沉降缝、防震缝各自存在什么特点？哪些变形缝能相互替代使用？

项目九　单层工业厂房构造

【知识目标】

1. 了解工业建筑的类型及特点。

2. 熟悉柱网尺寸的概念及定位轴线的划分。

3. 掌握单层厂房的组成及各个组成部分的构造。

【能力目标】

1. 能够使学生具有合理确定柱网尺寸并划分定位轴线的能力。

2. 能够使学生具有分析单层厂房的组成及各个组成部分尺寸的能力。

3. 能够使学生具有识读单层厂房的各个组成部分构造的能力。

任务一　工业建筑的特点和分类

工业建筑是指从事各类工业生产及直接为生产服务的房屋。直接从事生产的房屋包括主要生产房屋、辅助生产房屋,这些房屋常被称为“厂房”或“车间”,“车间”也指“厂房”,原是企业中直接进行生产工作的生产单位,可由若干生产工段或生产小组构成。而为生产服务的房屋包括储藏、运输、水塔等设施,虽不是厂房,但也属于工业建筑。这些厂房和所需要的辅助建筑及设施有机地组织在一起,就构成了一个完整的工厂。

一、工业建筑的特点

工业建筑在设计原则、建筑材料和建筑技术等方面和民用建筑相比,有许多相同之处,要体现适用、安全、经济、美观的建筑方针。但由于工业建筑要以满足工业生产为前提,复杂的生产工艺和技术要求对建筑的平面、立面、剖面、建筑构造、建筑结构体系和施工方式均有较大的影响,使得工业建筑具有以下特点:

(1)满足生产工艺要求。因为每一种工业产品的生产都有一定的生产程序,这种程序称为生产工艺流程。每种生产工艺流程的要求不同,甚至相差甚远,厂房的设计是以生产工艺设计为基础的,所以必须满足不同工业生产的要求,并为工人创造良好的生产环境。

(2)内部有较大的通敞空间。由于许多工业产品的体积或质量都较大,为方便厂房内各生产工部之间的密切联系,需要配备大量的或大型的生产设备和起重运输设备,因此厂房的内部大多具有较大的面积和通敞的空间。

(3)采用大型的承重骨架结构。由于上述原因,厂房屋盖和楼板荷载较大,多数厂房采用由大型的承重构件组成的钢筋混凝土骨架或钢结构。

(4)结构、构造复杂,技术要求高。由于厂房的面积、体积较大,有时采用多跨组合,工艺联系密切,不同的生产类型对厂房提出不同的功能要求,因此在空间、采光、通风和防水等建筑处理上,以及结构、构造上都比较复杂,技术要求高。

二、工业建筑的分类

工业建筑通常按厂房的用途、内部生产状况及层数分类。

(一)按厂房的用途分类

1. 主要生产厂房

用于完成产品从原料到成品加工的主要工艺过程的各类厂房。如机械厂的铸造、锻造、热处理、铆焊、冲压、机械加工和装配车间。

2. 辅助生产厂房

为主要生产车间服务的各类厂房。如机修和工具等车间。

3. 动力用厂房

为工厂提供能源和动力的各类厂房。如发电站、锅炉房等。

4. 储藏类建筑

储存各种原料、半成品或成品的仓库。如材料库、成品库等。

5. 运输工具用房

停放、检修各种运输工具的库房。如汽车库和电瓶车库等。

(二)按厂房内部生产状况分类

1. 冷加工厂房

在正常温湿度状况下进行生产的车间。如机械加工、装配等车间。

2. 热加工厂房

在高温或熔化状态下进行生产的车间。在生产中产生大量的热量及有害气体、烟尘。如冶炼、铸造、锻造和轧钢等车间。

3. 恒温恒湿厂房

在稳定的温湿度状态下进行生产的车间。如纺织车间和精密仪器等车间。

4. 洁净厂房

为保证产品质量,在无尘、无菌、无污染的洁净状况下进行生产的车间。如集成电路车间,医药工业、食品工业的一些车间等。

(三)按厂房层数分类

1. 单层厂房

广泛应用于机械、冶金等工业,适用于有大型设备及加工件,有较大动荷载和大型起重运输设备,需要水平方向组织工艺流程和运输的生产项目,如图 9-1 所示。

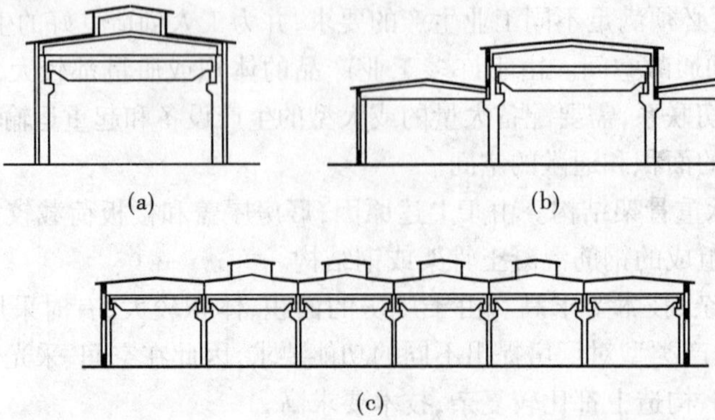

图 9-1　单层厂房

2. 多层厂房

用于电子、精密仪器、食品和轻工业，适用于设备、产品较轻，竖向布置工艺流程的生产项目，如图 9-2 所示。

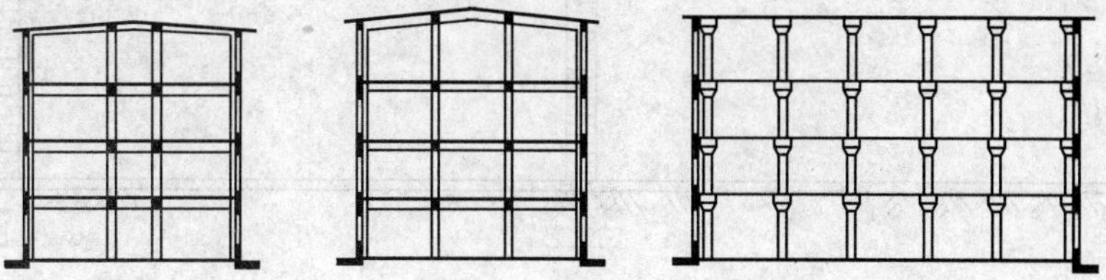

图 9-2　多层厂房

3. 混合层数厂房

同一厂房既有多层也有单层，单层内设置大型生产设备，多用于化工和电力工业。

以上三种厂房都可以根据需要做成单跨、双跨、多跨或高低跨，如图 9-3 所示。

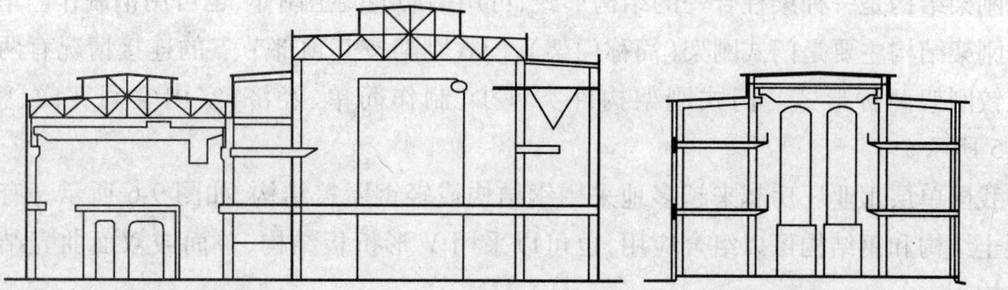

图 9-3　混合层数厂房

任务二　单层工业厂房结构类型和组成

一、单层工业厂房结构类型

在厂房建筑中，支承各种荷载作用的构件所组成的骨架通常称为结构。厂房依靠各种结构构件合理地连接为一体，组成一个完整的结构空间，以保证厂房的坚固、耐久。

单层工业厂房的结构类型按结构支承方式可以分为承重墙支承与骨架支承两类。骨架结构可以分为排架结构、刚架结构及空间结构。

（一）砌体结构

砌体结构主要指由砖石等砌筑成墙或柱子、钢筋混凝土屋架（或屋面大梁）或钢屋架等构件组成的结构形式。由于其结构的各方面性能都较差，只能适用于跨度、高度、吊车荷载等较小及地震烈度较低的单层厂房，如图 9-4 所示。

（二）排架结构

排架结构是我国目前单层工业厂房广泛应用的一种基本结构形式，排架结构按材料可分为钢筋混凝土排架结构（现浇或预制装配施工）和钢排架结构。它由柱基础、柱、屋架或屋面梁等横向排架构件和屋面板、连系梁等纵向连系构件组成。横向排架起承重作用，纵向

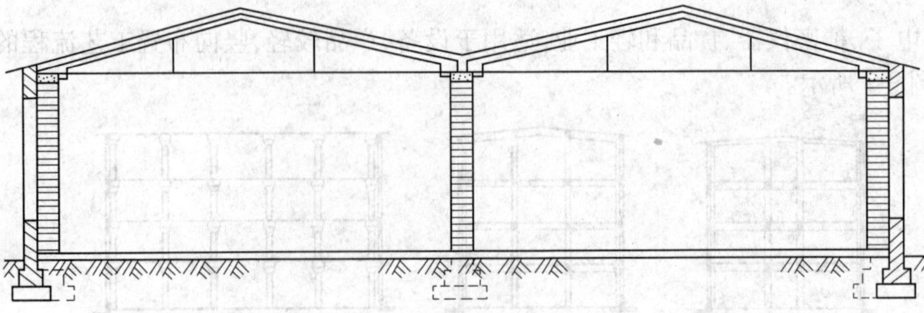

图 9-4　砌体结构厂房

连系构件起纵向支撑、保证结构的空间刚度和稳定性作用。排架结构主要适用于跨度、高度、吊车荷载较大及地震烈度较高的单层厂房建筑，如图 9-7 所示。

(三)刚架结构及空间结构

刚架结构是一种梁柱合一的结构形式，可用钢筋混凝土制作，也可用钢制作。单层厂房中的刚架结构主要是门式刚架(简称门架)，门式刚架按其顶部节点的连接情况有两铰刚架和三铰刚架两种形式。门式刚架构件类型少，制作简单、经济，室内空间宽敞、整洁，如图 9-5 所示。

我国单层工业厂房越来越多地采用钢结构或轻钢屋盖结构，如图 9-6 所示。有时钢筋混凝土结构和钢结构可以组合应用，也可以采用 V 形折板结构、单面或双面曲壳结构或网架结构。

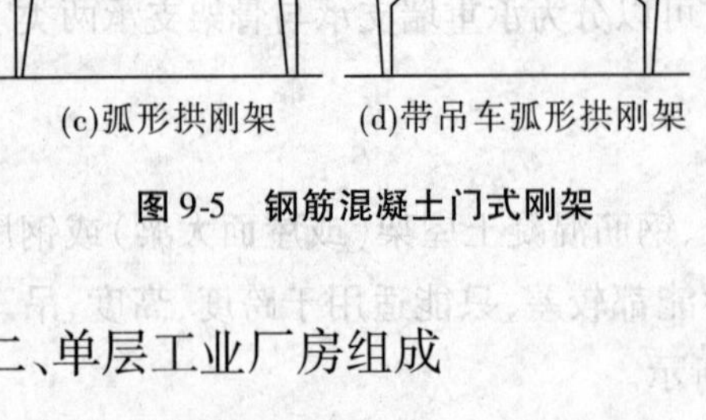

图 9-5　钢筋混凝土门式刚架

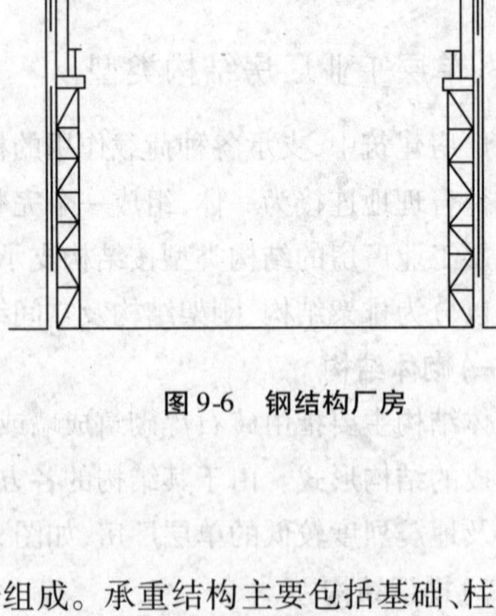

图 9-6　钢结构厂房

二、单层工业厂房组成

排架结构主要由承重结构和围护结构两部分组成。承重结构主要包括基础、柱、屋架、吊车梁。围护结构包括外墙、屋顶、地面、门窗。另外还有圈梁、连系梁、基础梁、抗风柱及支撑系统、天窗、地沟、散水、坡道、消防梯、吊车梯等。其构件组成如图 9-7 所示。

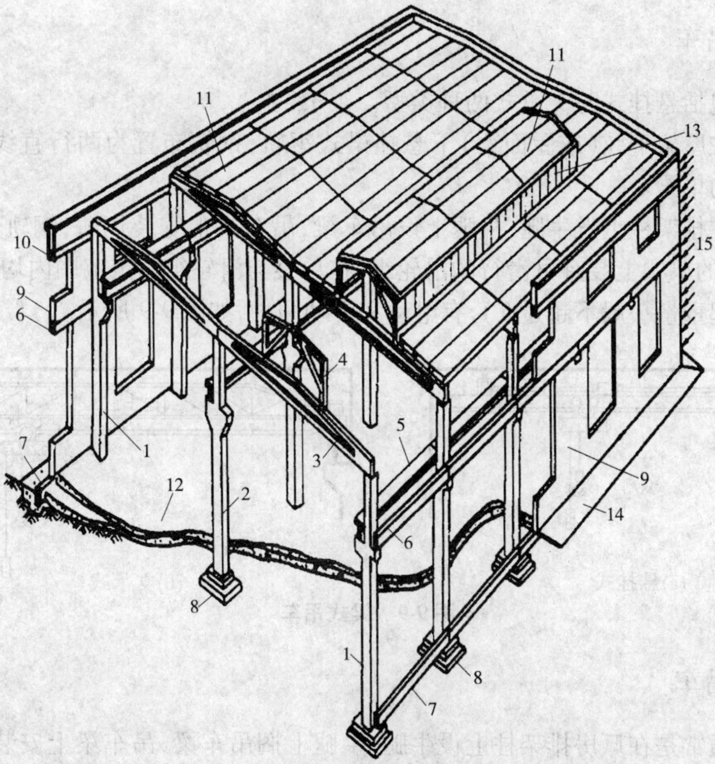

图 9-7　装配式钢筋混凝土排架结构厂房的组成

1—边列柱；2—中列柱；3—屋面大梁；4—天窗架；5—吊车梁；6—连系梁；7—基础梁；8—基础；9—外墙；10—圈梁；11—屋面板；12—地面；13—天窗扇；14—散水；15—风荷载

任务三　厂房内部起重运输设备

一、单轨悬挂吊车

单轨悬挂吊车是在屋架下弦（或屋面梁）下悬挂梁式钢轨，轨梁布置为直线或可转弯的曲线，在轨梁上设有可移动的滑轮组（或称神仙葫芦），沿轨梁水平移动，利用滑轮组升降起重。起重量一般在 3 t 以下，最多不超过 5 t。有手动和电动两种类型，如图 9-8 所示。

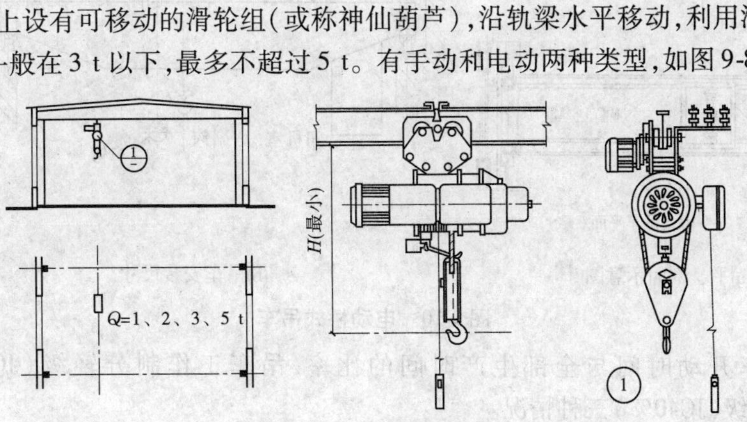

图 9-8　单轨悬挂吊车

二、梁式吊车

梁式吊车包括悬挂式与支承式两种类型。

悬挂式是在屋架下弦(或屋面梁)下悬挂梁式钢轨,钢轨布置为两行直线,在两行轨梁上设有可滑行的单梁。

支承式是在排架柱上设牛腿,牛腿上设吊车梁,吊车梁上安装钢轨,钢轨上设有可滑行的单梁,在滑行的单梁上装有可滑行的滑轮组,在单梁与滑轮组行走范围内均可起吊重物。

梁式吊车起重量一般不超过 5 t,有电动和手动两种,如图 9-9 所示。

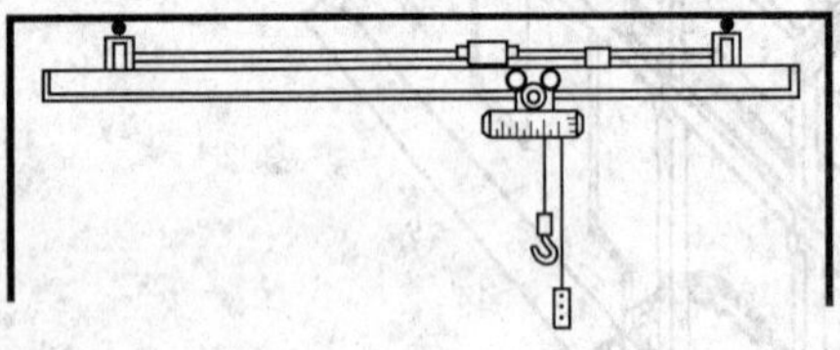

(a)悬挂式

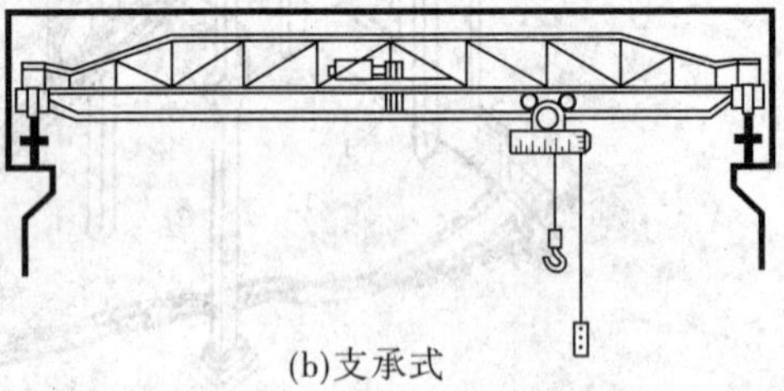

(b)支承式

图 9-9　梁式吊车

三、桥式吊车

桥式吊车通常是在厂房排架柱上设牛腿,牛腿上搁吊车梁,吊车梁上安装钢轨,钢轨上放置能滑行的双榀钢桥架(或板梁),桥架上支承小车;小车能沿桥架滑移,并有供起重的滑轮组。在桥架与小车行走范围内均可起吊重物。起重量从 5 t 至数百吨不等。起重时为电动。在桥架一端下方设有司机室,如图 9-10 所示。

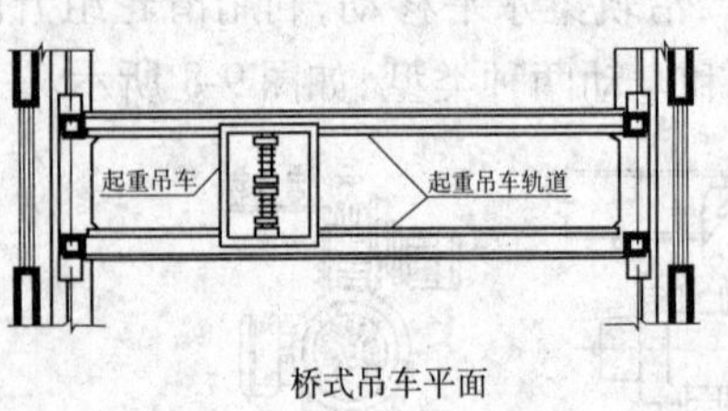

(a)平、剖面示意图

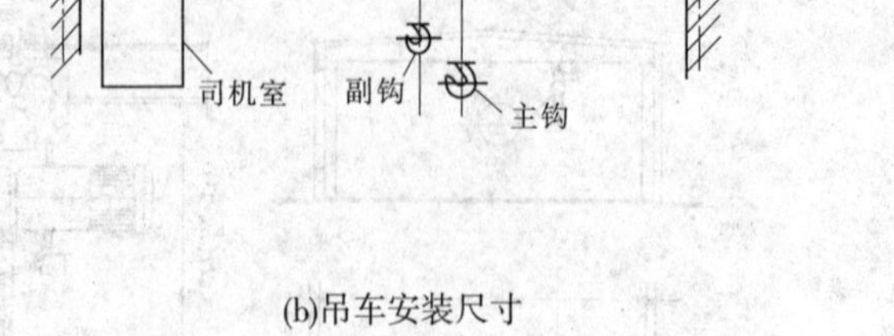

(b)吊车安装尺寸

图 9-10　电动桥式吊车

根据吊车开动时间与全部生产时间的比率,吊车工作制分轻级(JC15%)、中级(JC25%)、重级(JC40%)三种情况。

根据需要,厂房内外还会采用火车、汽车、电瓶车、手推车、各式地面起重车、悬链、普通输送带、气垫式输送带、磁力式输送带、输送辊道、管道、输送器、进料机、升降机、提升机等运输设备，如图 9-11 所示。

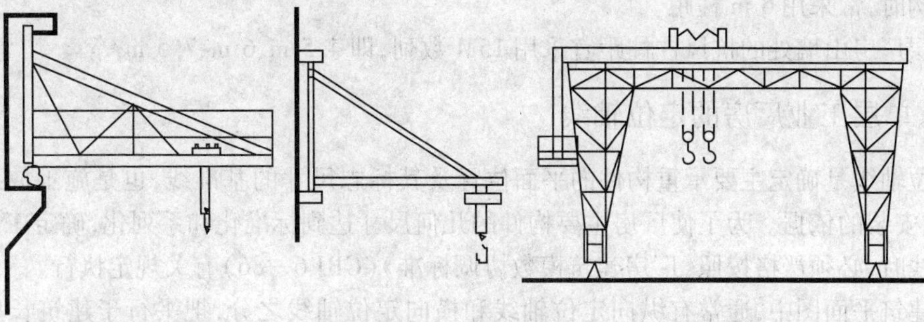

(a)悬臂移动吊车　(b)固定转臂吊车　(c)龙门式起重机

图 9-11　其他形式吊车

任务四　单层工业厂房的柱网及定位轴线

一、单层工业厂房的柱网尺寸

柱网的尺寸由柱距和跨度组成，如图 9-12 所示。必须符合国家规范《厂房建筑模数协调标准》(GBJ 6—86)的有关规定。

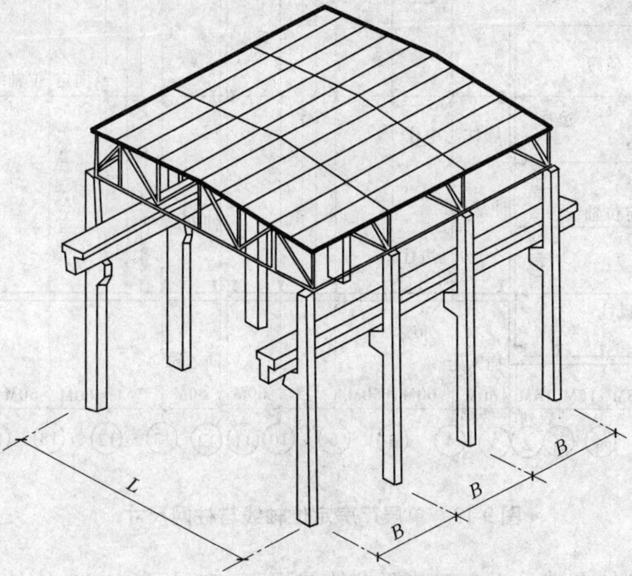

图 9-12　单层厂房柱网尺寸示意

L—跨度；*B*—柱距

(一)跨度

当单层厂房跨度≤18 m 时，采用扩大模数 30M 的数列，即 9 m、12 m、15 m、18 m；当单层厂房跨度 >18 m 时，采用扩大模数 60M 的数列，即 24 m、30 m、36 m、…当工艺布置有明显优越性时，跨度尺寸也可采用 21 m、27 m、33 m。

(二)柱距

单层厂房柱距应采用 60M 数列,即 6 m、12 m、18 m 等,根据我国情况,采用钢筋混凝土或钢结构时,常采用 6 m 柱距。

单层厂房山墙处的抗风柱柱距宜采用 15M 数列,即 4.5 m、6 m、7.5 m 等。

二、单层工业厂房的定位轴线

定位轴线是确定主要承重构件的平面位置及其标志尺寸的基准线,也是施工放线和设备定位、安装的依据。为了使厂房主要构件的几何尺寸达到标准化和系列化,确定工业建筑定位轴线时,必须严格按照《厂房建筑模数协调标准》(GBJ 6—86)有关规定执行。

在建筑平面图中,通常有纵向定位轴线和横向定位轴线之分,把平行于建筑长度方向(即垂直于屋架平面)的定位轴线称为纵向定位轴线,把垂直于长度方向(即平行于屋架平面)的定位轴线称为横向定位轴线。纵向定位轴线通过横向主要承重构件端头标注,在平面图中由下向上依次用Ⓐ、Ⓑ、Ⓒ、…进行编号,而横向定位轴线是通过纵向主要承重构件端头标注,在平面图中由左向右依次按①、②、③、…进行编号。相邻两条纵向定位轴线之间的距离称为跨度,相邻两条横向定位轴线之间的距离称为柱距,如图 9-13 所示。

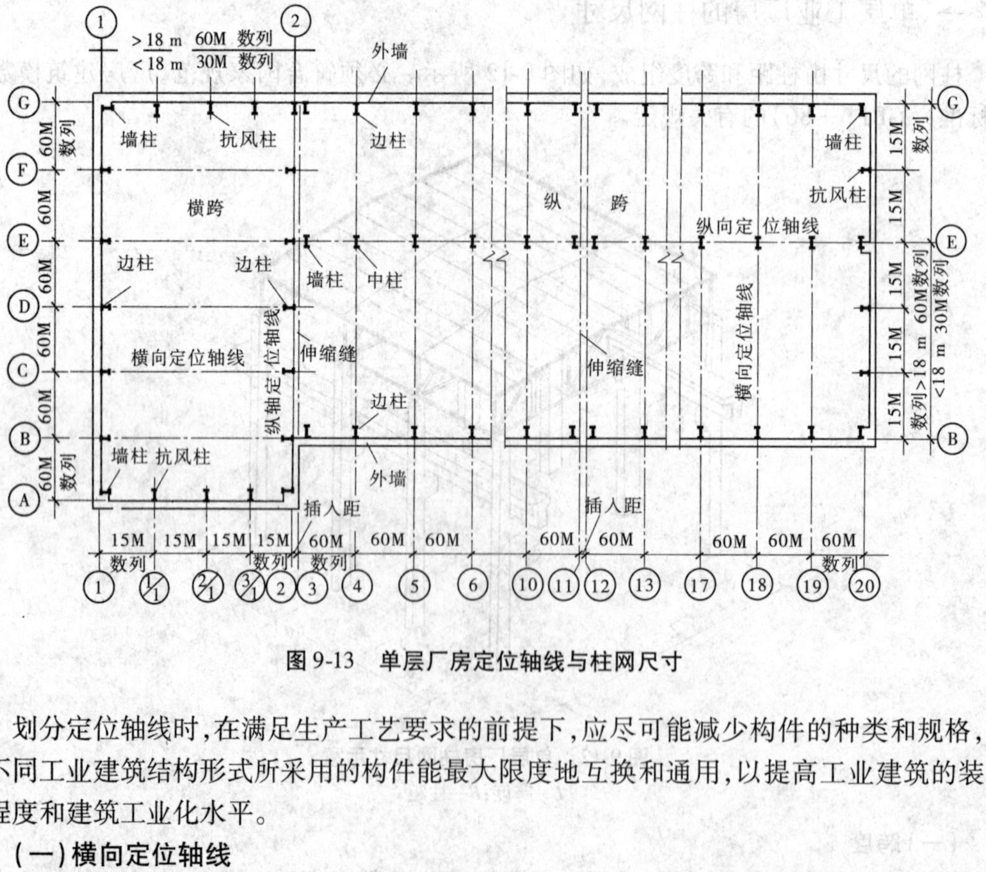

图 9-13　单层厂房定位轴线与柱网尺寸

划分定位轴线时,在满足生产工艺要求的前提下,应尽可能减少构件的种类和规格,并使不同工业建筑结构形式所采用的构件能最大限度地互换和通用,以提高工业建筑的装配化程度和建筑工业化水平。

(一)横向定位轴线

横向定位轴线主要用来标注厂房的纵向构件,如吊车梁、连系梁、基础梁、屋面板、墙板、纵向支撑等标志尺寸及其位置。确定横向定位轴线应主要考虑工艺的可行性、结构的合理性和构造的简单可行。

1. 中柱与横向定位轴线的关系

除横向伸缩缝处的柱以外，中间柱的截面中心线与横向定位轴线重合，而且屋架的中心线也与横向定位轴线重合，纵向结构构件如屋面板、吊车梁、连系梁的标志长度都以横向定位轴线为界，如图 9-14 所示。

2. 横向伸缩缝、防震缝处柱与横向定位轴线的关系

横向伸缩缝、防震缝处的柱子应采用双柱、双屋架，可使结构和建筑构造简单。为了保证伸缩缝或防震缝宽度的要求，该处应设两条横向定位轴线，两条定位轴线分别通过伸缩缝或防震缝两侧的屋面板、吊车梁等构件标志尺寸端部，考虑符合模数及施工要求，两柱的中心线均应自两横向定位轴线向两侧各移 600 mm。两轴线之间的距离称插入距，用 a_i 表示，其宽度为所需伸缩缝或防震缝的宽度 a_e，如图 9-15 所示。

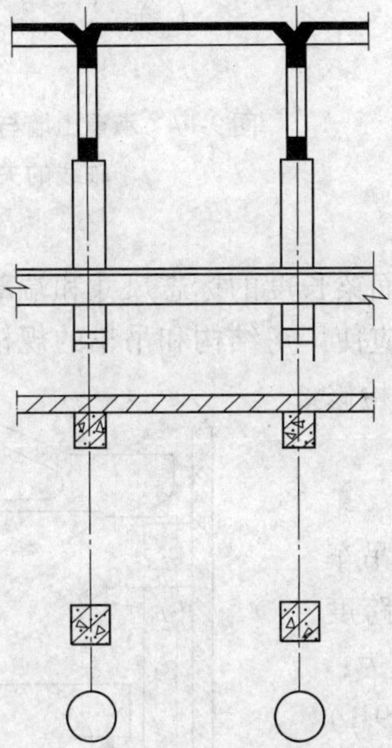

图 9-14　中柱与横向定位轴线的关系

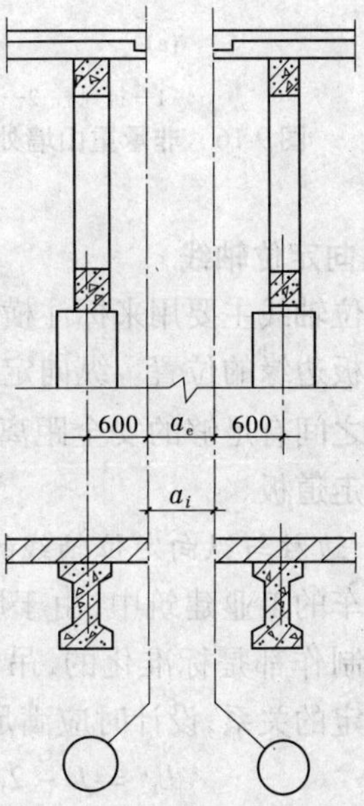

图 9-15　横向伸缩缝处柱与定位轴线的关系

3. 山墙与横向定位轴线的关系

厂房山墙按受力情况分为非承重山墙和承重山墙，两种情况的横向定位轴线不同。

1）非承重山墙与横向定位轴线的关系

当山墙为非承重山墙时，山墙内缘与横向定位轴线相重合，端部排架柱自横向定位轴线向内移 600 mm，这样端部柱距实际减少了 600 mm，如图 9-16 所示。这是由于山墙内侧一般需设抗风柱，抗风柱需通至屋架上弦或屋面梁上翼缘处，为避免与端部屋架发生矛盾，需在端部让出抗风柱上柱的位置。同时，也和横向变形缝处定位轴线划分相一致，有利于结构构件的协调统一。

2）承重山墙与横向定位轴线的关系

当山墙为砌体承重时，屋面板直接搁置在山墙上，山墙内缘与横向定位轴线的距离，应按砌体的块材类别分别为半块（长）或半块的倍数（长）或墙厚的一半，如图 9-17 所示，以保证构件在墙体上有足够的结构支承长度。

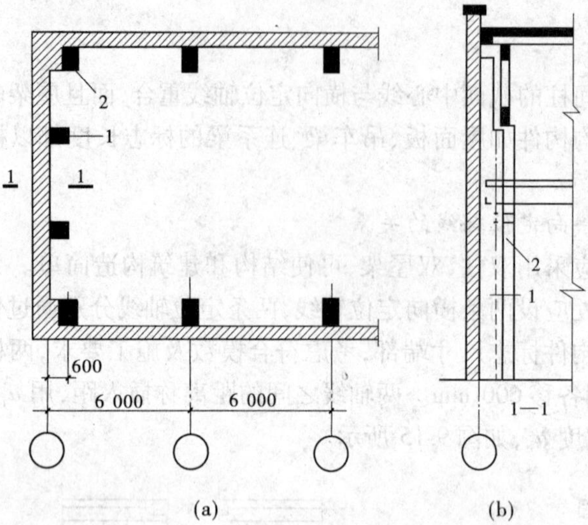

1—抗风柱;2—端部柱

图 9-16　非承重山墙处横向定位轴线

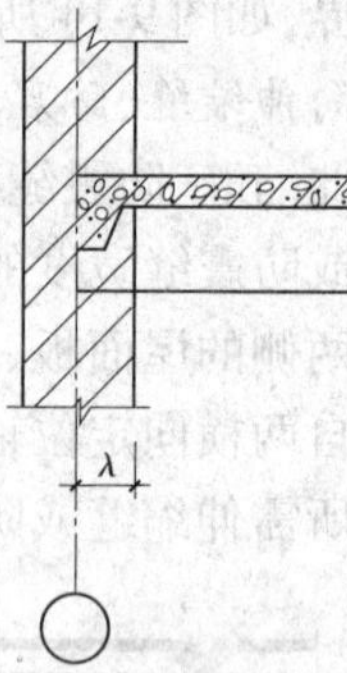

图 9-17　承重山墙与横向定位轴线的关系

（二）纵向定位轴线

纵向定位轴线主要用来标注横向构件如屋架或屋面梁长度的标志尺寸和端部位置，也是大型屋面板边缘的位置。纵向定位轴线的具体位置应使厂房结构和吊车的规格协调，保证吊车与柱之间有足够的安全距离，必要时，还应设置检修吊车的安全走道板。

1. 外墙、边柱与纵向定位轴线的关系

在有吊车的工业建筑中，由于屋架（或屋面梁）和吊车的设计生产制作都是标准化的，吊车规格与工业建筑跨度之间存在一定的关系，设计时应满足此关系。其关系式为：

$$L_k = L - 2e \tag{9-1}$$

式中　L_k——吊车跨度，即吊车两轨道中心线间距离，m；

L——厂房跨度，即两相邻纵向定位轴线间距离，m；

e——吊车轨道中心线至纵向定位轴线间距离，m。

吊车轨道中心线至纵向定位轴线间的距离 e，根据吊车规格和行车安全等因素确定，一般取 750 mm，当吊车起重量大于 50 t 或者为重级工作制需设安全走道板时，取 1 000 mm。由图 9-18 可知 e 的计算公式为：

$$e = h + C_b + B \tag{9-2}$$

式中　h——上柱截面宽度，mm，根据工业建筑高度、跨度、柱距及吊车起重量确定，一般取 400 mm 或 500 mm；

B——吊车桥架端部构造长度，mm，即吊车轨道中心线至吊车端部外缘的距离；

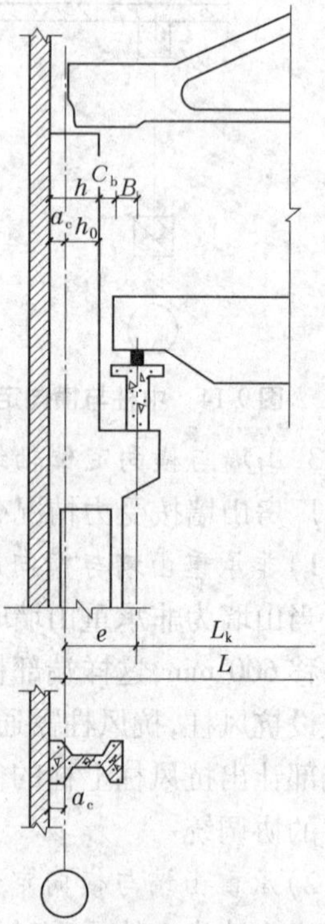

图 9-18　外墙、边柱与纵向定位轴线的关系

C_b——吊车端部外缘至上柱内缘的安全净空尺寸，mm，当吊车起重量 $Q \leqslant 50$ t 时，$C_b \geqslant 80$ mm，当 $Q \geqslant 75$ t 时，$C_b \geqslant 100$ mm，C_b 值主要考虑吊车和柱子的安装误差以及吊车运行中的安全间隙。

由于受吊车起重量、柱距、跨度、是否有走道板等因素的影响，边柱外缘与纵向定位轴线的关系有以下两种情况。

1）封闭结合

若定位轴线与柱子外缘、墙内缘重合，这时屋架上的屋面板与外墙内缘紧紧相靠，称为封闭结合。一般无吊车或只有悬挂式吊车，以及柱距为 6 m，桥式吊车起重量 $Q \leqslant 20$ t/5 t条件下的工业建筑中，采用封闭结合式定位轴线，如图 9-19 所示。

当吊车起重量 $Q \leqslant 20$ t/5 t 时，查现行吊车（中级工作制）规格表知，$B \leqslant 260$ mm，$C_b \geqslant 80$ mm，$h = 400$ mm，$e = 750$ mm，那么 $C_b = e - (h + B) \geqslant 90$ mm，能满足吊车运行所需的安全距离 $C_b \geqslant 80$mm 的要求。

在封闭结合中，屋面板全部采用标准板，不需设补充构件，具有构造简单、施工方便等优点。

2）非封闭结合

所谓非封闭结合，是指该纵向定位轴线与柱子外缘有一定的距离，这种情况下屋面板与墙内缘之间有一段空隙，故称为非封闭结合。一般在柱距为 6 m，吊车起重量 $Q \geqslant 30$ t/5 t的工业建筑中常采用，如图 9-20 所示。

当 $Q \geqslant 30$ t/5 t 时，查现行吊车（中级工作制）规格表知，$B = 300$ mm，$C_b \geqslant 100$ mm，$h = 400$ mm，如不设安全走道板，$e = 750$ mm，那么 $C_b = e - (h + B) = 50$ mm，不能满足吊车运行所需的安全距离 $C_b \geqslant 80$ mm 的要求。从上可以看出，此时采用封闭结合已不能满足安全运行距离的要求，或不能保证吊车规格标准化。解决此问题的办法是仍保持轨道中心线至边柱纵向定位轴线的距离 $e = 750$ mm，将边柱外缘从定位轴线向外移动一定距离，这个距离称为联系尺寸，用 a_c 表示。为了减少构件类型，a_c 值应为 300 mm 或 300 mm 的整数倍数，但是当围护结构为砌体时，联系尺寸可采用 50 mm 或 50 mm 的整数倍数。在设计中，应根据吊车起重量及其相应的 h、B、C_b 三个数值来确定联系尺寸的数值。

在非封闭结合时，按常规布置屋面板只能铺至定位轴线处，与外墙内缘出现了非封闭的构造间隙，需要非标准的补充构件板，如图 9-21 所示。非封闭结合构造复杂，施工较为麻烦，故当因构造需要或吊车起重量大于 50 t 时，e 值宜采用 1 000 mm，做成封闭结合。

2. 中柱与纵向定位轴线的关系

在多跨工业建筑中，中柱有平行等高跨和平行不等高跨两种形式。并且，中柱有设变形缝和不设变形缝两种情况。

1）等高跨中柱与纵向定位轴线的关系

当工业建筑为平行等高跨时，通常设置单柱和一条定位轴线，柱的中心线与纵向定位轴线相重合，如图 9-22（a）所示。此时上柱截面高度 h 一般取 600 mm，以满足屋架或屋面梁的支承长度，且上柱不带牛腿，构造简单。

但当等高跨两侧或一侧的吊车起重量 $Q \geqslant 30$ t/5 t、柱距大于 6 m 或构造要求等原因需设两条轴线时，轴线可按非封闭组合确定，如图 9-22（b）所示。

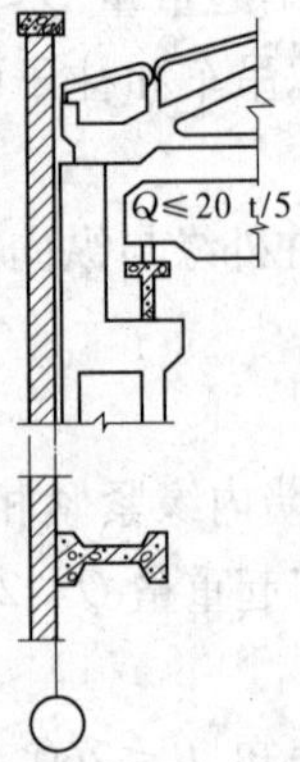

图 9-19　封闭结合

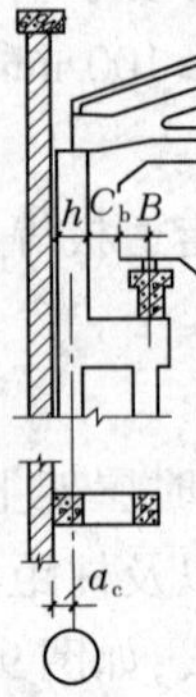

图 9-20　非封闭结合

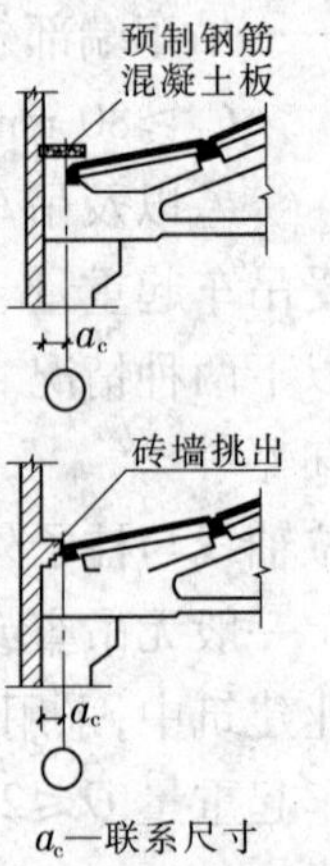

图 9-21　非封闭结合屋面与墙空隙的处理

2）不等高跨（高低跨）中柱与纵向定位轴线的关系

高低跨处不设变形缝时，其柱子一般采用单柱形式。

如果高跨吊车起重量 $Q\leqslant20$ t/5 t，则高跨上柱外缘和封墙内缘与纵向定位轴线相重合，如图 9-23（a）所示，此时设一条定位轴线，高跨为封闭结合。

当高跨吊车起重量较大，如 $Q\geqslant30$ t/5 t 时，其上柱外缘与纵向定位轴线不能重合，应采用两条定位轴线。高跨纵向定位轴线与上柱外缘之间设联系尺寸 a_c；低跨纵向定位轴线与高跨纵向定位轴线之间设插入距 a_i，为简化屋面构造，低跨纵向定位轴线应自上柱外缘、封墙内缘通过，此时插入距 a_i 等于联系尺寸 a_c，如图 9-23（b）所示。

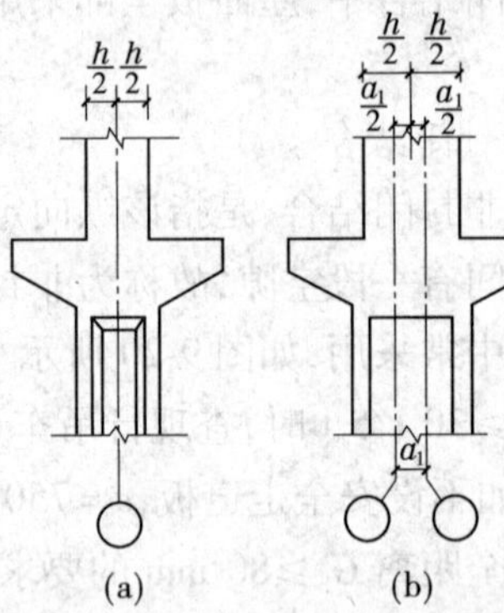

图 9-22　等高跨中柱与纵向定位轴线的关系（无纵向伸缩缝）

当封墙采用墙板结构时，一般设两条纵向定位轴线，有两种处理情况：一是如图 9-23（c）所示，高跨纵向定位轴线与封墙内缘、柱外缘相重合，低跨纵向定位轴线与封墙外缘相

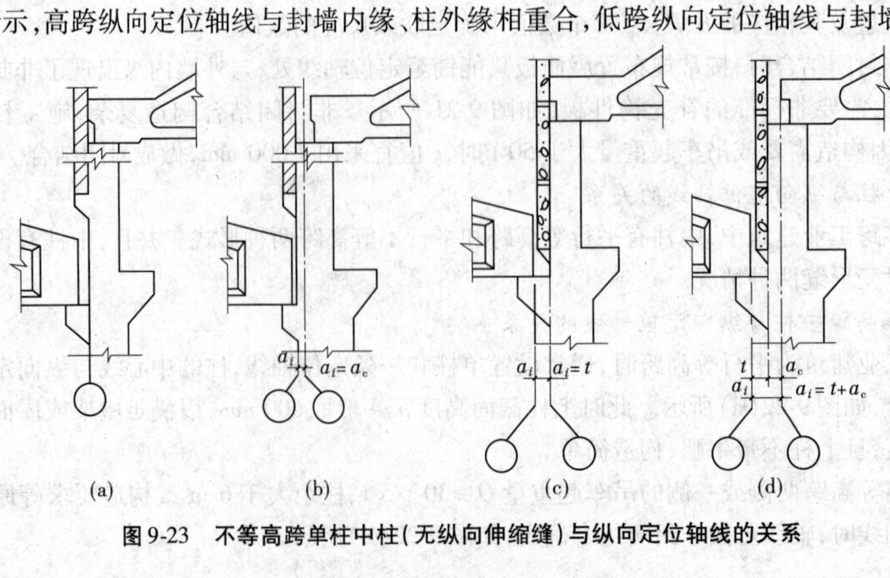

图 9-23　不等高跨单柱中柱（无纵向伸缩缝）与纵向定位轴线的关系

重合，此时，插入距 a_i 等于封墙厚度 t；二是如图 9-23(d) 所示，高跨一侧纵向定位轴线为非封闭结合轴线，低跨纵向定位轴线与封墙的外缘相重合，此时插入距 a_i 等于封墙厚度 t 加联系尺寸 a_c。

3) 纵向伸缩缝、防震缝处柱与纵向定位轴线的关系

当工业厂房宽度较大或高差较大时，沿宽度方向需设置纵向变形缝，以解决横向变形问题。

等高工业厂房设置纵向伸缩缝时，可采用单柱并设两条定位轴线。伸缩缝一侧的屋架或屋面梁搁置在活动支座上，如图 9-24 所示。此时插入距 a_i 等于变形缝宽度 a_e。

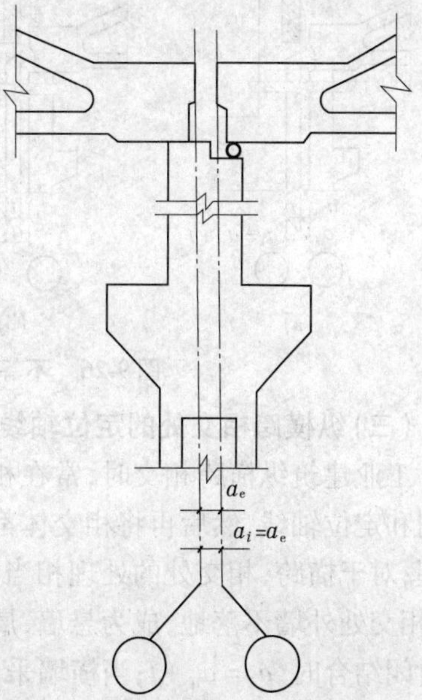

图 9-24　等高跨中柱(有纵向伸缩缝)与纵向定位轴线的关系

不等高工业建筑设置纵向伸缩缝时，一般设置在高低跨处，变形缝处的柱子可采用单柱或双柱形式。当采用单柱处理时，低跨的屋架或屋面梁可搁置在设有活动支座的牛腿上，高低跨处应采用两条纵向定位轴线，其间设插入距 a_i，此时，插入距 a_i 在数值上与伸缩缝宽度 a_e、联系尺寸 a_c、封墙厚度 t 的关系如图 9-25 所示。采用单柱处理，结构简单，吊装工程量少，但柱外形较复杂，制作不便。

当伸缩缝或防震缝处两侧高差悬殊或吊车起重量差异较大时采用双柱处理，此时应采用两条定位轴线，并设插入距 a_i，柱与纵向定位轴线的关系可分别按各自的边柱处理，如图 9-26 所示。此时，高低跨两侧的结构实际是各自独立、自成系统，仅是互相靠拢，以便下部空间相通，有利于组织生产。

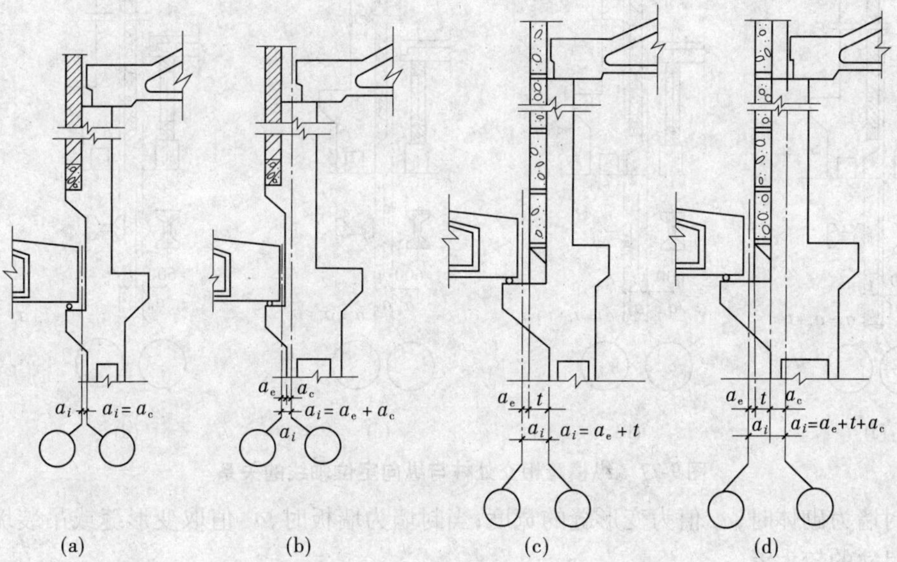

图 9-25　不等高跨单柱(有纵向伸缩缝)中柱与纵向定位轴线的关系

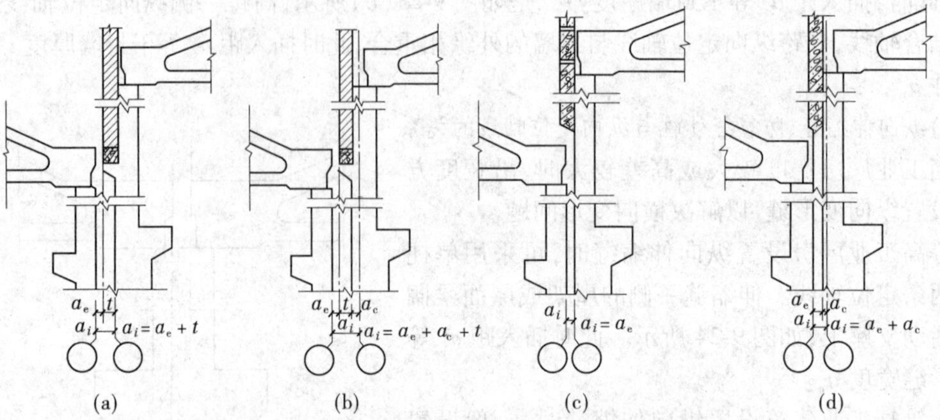

图 9-26　不等高跨中柱双柱与纵向定位轴线的关系

(三)纵横跨相交处的定位轴线

工业建筑纵横跨相交时,常在相交处设变形缝,使纵横跨各自独立。纵横跨应有各自的柱列和定位轴线,然后再将相交体都组合在一起。对于纵跨,相交处的处理相当于山墙处的处理;对于横跨,相交处的处理相当于边柱和外墙处的处理。纵横跨相交处采用双柱单墙处理,相交处外墙不落地,成为悬墙,属于横跨。相交处两条定位轴线间设插入距 a_i,当横墙采用封闭结合时,$a_i = a_e + t$;当横墙采用非封闭结合时,$a_i = a_e + t + a_c$,如图 9-27 所示。

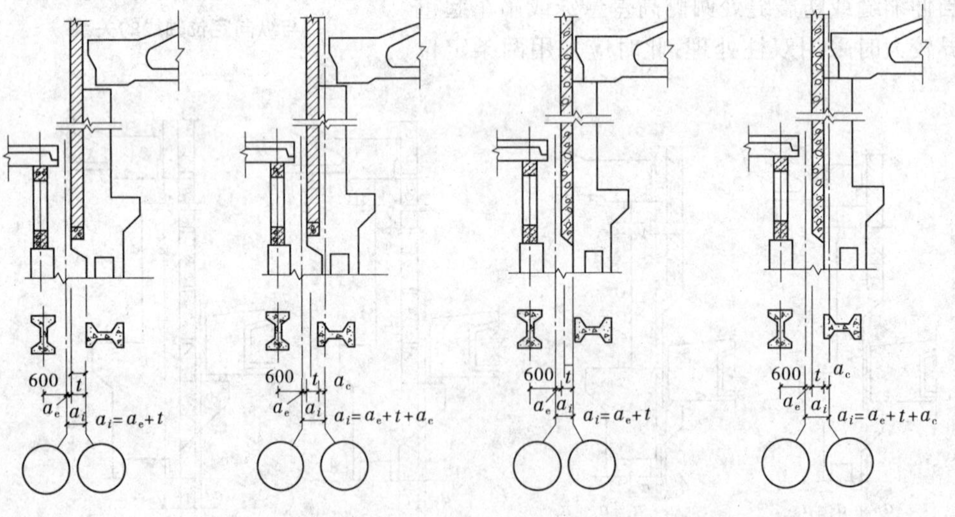

图 9-27　纵横跨相交处柱与纵向定位轴线的关系

当封墙为砌体时,a_e 值为变形缝的宽度;当封墙为墙板时,a_e 值取变形缝或吊装墙板所需净空尺寸的较大者。

有纵横相交跨的工业建筑,其定位轴线编号常以跨数较多部分为准统一编排。

以上所述单层工业建筑定位轴线的定位方法,均为贯彻《建筑模数协调统一标准》(GBJ 2—86)和《厂房建筑模数协调标准》(GBJ 6—86)国家标准,只有这样才能使工业建筑主要构配件的几何尺寸达到标准系列化,有利于工业化生产。

三、单层工业厂房的剖面高度

厂房高度指室内地面(相对标高定为 ±0.000)至柱顶(或倾斜屋盖最低点或下沉式屋架下弦底面)的距离。

(一)柱顶标高的确定

1. 无吊车厂房

无吊车厂房柱顶标高按最大生产设备及其使用、安装、检修时所需净空高度确定,同时兼顾采光和通风,一般不低于 3.9 m。根据《厂房建筑模数协调标准》(GBJ 6—86)的规定,应符合 300 mm 的倍数,如图 9-28 所示。

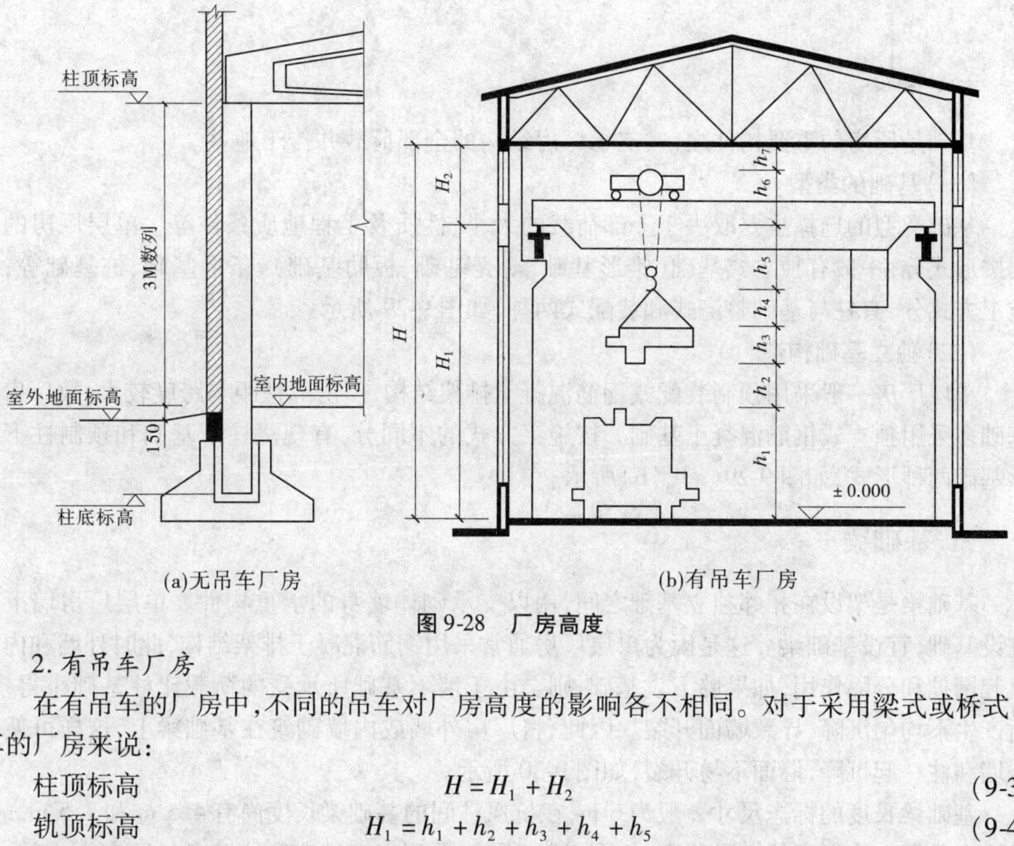

图 9-28 厂房高度

2. 有吊车厂房

在有吊车的厂房中,不同的吊车对厂房高度的影响各不相同。对于采用梁式或桥式吊车的厂房来说:

柱顶标高 $$H = H_1 + H_2 \tag{9-3}$$

轨顶标高 $$H_1 = h_1 + h_2 + h_3 + h_4 + h_5 \tag{9-4}$$

轨顶至柱顶高度 $$H_2 = h_6 + h_7 \tag{9-5}$$

式中 h_1——需跨越的最大设备高度;

h_2——起吊物与跨越物间的安全距离,一般为 400 ~ 500 mm;

h_3——起吊的最大物件高度;

h_4——吊索最小高度,由起吊物件的大小和起吊方式决定,一般大于 1 000 mm;

h_5——吊钩至轨顶面的距离,由吊车规格表中查得;

h_6——轨顶至吊车小车顶面的距离,由吊车规格表中查得;

h_7——小车顶面至屋架下弦底面之间的安全距离,应考虑到屋架的挠度、厂房可能不均匀沉陷等因素,最小尺寸为 220 mm,湿陷黄土地区一般不小于 300 mm,如果屋架下弦悬挂有管线等其他设施时,还需另加必要的尺寸。

根据《厂房建筑模数协调标准》(GBJ 6—86)的规定,柱顶标高 H 应为 300 mm 的倍数。

(二)室内地坪标高的确定

厂房室内地坪的绝对标高是在总平面设计时确定的。室内外高差取 100 ~ 200 mm,常用坡道连接室内外地面。

任务五　单层工业厂房结构构件

单层工业厂房的承重结构由柱、基础、屋架、吊车梁、连系梁、圈梁、基础梁等构件所组成。

一、基础

基础是厂房的重要构件之一,支承厂房结构的全部荷载并传于地基。

(一)基础的类型

基础类型的选择主要取决于上部荷载的大小、性质及工程地质条件等。单层厂房的基础按形式分,一般有独立式基础(锥形基础、薄壳基础、板肋基础)、条形基础、桩基础等;按施工方式分,有柱与基础整浇式和装配式两种,如图 9-29 所示。

(二)独立基础构造

单层厂房一般采用预制装配式钢筋混凝土排架结构,厂房的柱距与跨度较大,故厂房的基础多采用独立式钢筋混凝土基础。按施工方式的不同分,有现浇柱下基础和预制柱下杯形基础两种形式,如图 9-29(a)、(b)所示。

二、基础梁

基础梁是架设在相邻独立基础之间,用以支承砌体墙身的承重构件。单层厂房墙下不宜设基础,宜设基础梁。这是因为单层厂房通常采用钢筋混凝土排架结构,此时外墙和内墙仅起围护和分隔作用,如果墙下设基础,则会由于墙下基础所承受的荷载比柱基础小得多,而产生不均匀沉降,导致墙面开裂。因此,将厂房外墙或内墙砌筑在基础梁上,这样可使内外墙和柱一起沉降,墙面不易开裂,如图 9-30 所示。

基础梁长度的标志尺寸一般为 6 m,在抗风柱间的基础梁长度尚有 4.5 m 和 7.5 m。基础梁多采用上宽下窄的梯形截面,如图 9-31 所示,顶面宽度是按砌体墙身的厚度而定的,梁高则根据柱距而选用。

基础梁的顶面标高通常低于室内地坪 50 mm,以利于厂房大门前能设置坡道;同时也应高于室外地坪 100 mm,以利于墙身防潮并做散水。基础梁一般直接搁置在基础的杯口上,当基础较深时,可采取在基础顶面加设混凝土垫块,或设置高杯口基础,或在柱下部分加设牛腿等措施,如图 9-32 所示,而不采用深置基础梁,增加墙体的工程量的做法。

由于基础梁的埋置较浅,如梁底为密实的土层,则可能因基础下沉而产生反拱现象。寒冷地区还会因土壤冻胀产生反拱作用而破坏基础梁,故在基础梁底部应留 50 ~ 100 mm 的空隙;同时,寒冷地区因热桥效应会使室内热量散失和影响使用。为此,应在基础梁底部及两侧铺设厚度不小于 300 mm 的松散材料,如炉渣、干砂等,如图 9-33 所示。

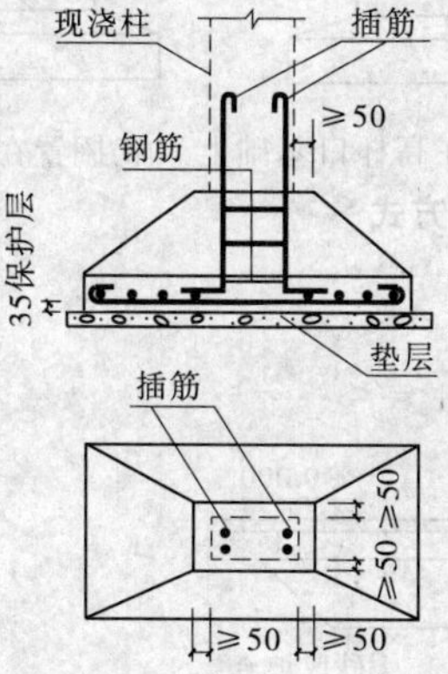

(a)整浇式独立基础

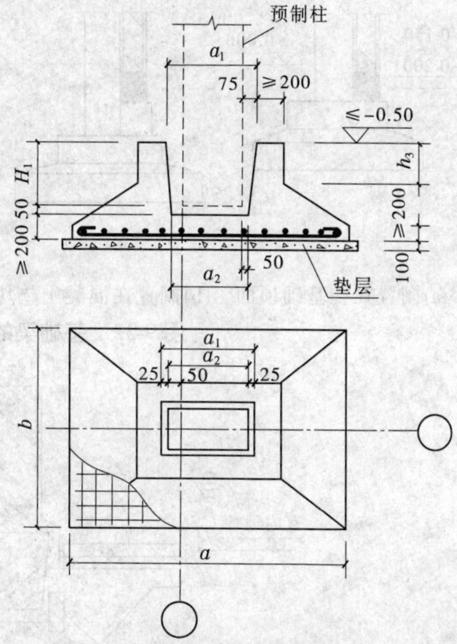

(b)装配式独立基础

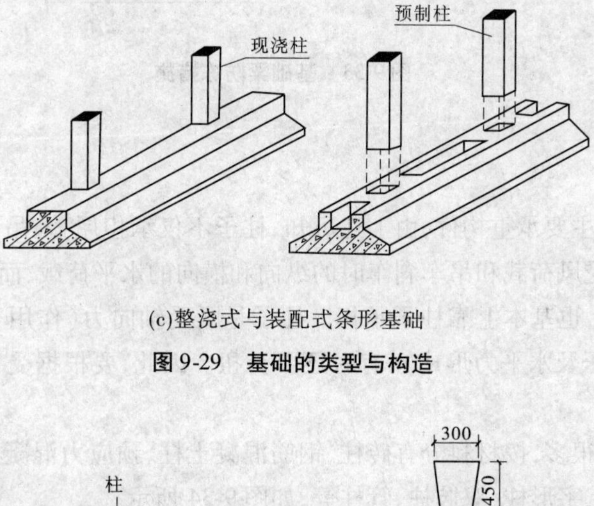

(c)整浇式与装配式条形基础

图 9-29　基础的类型与构造

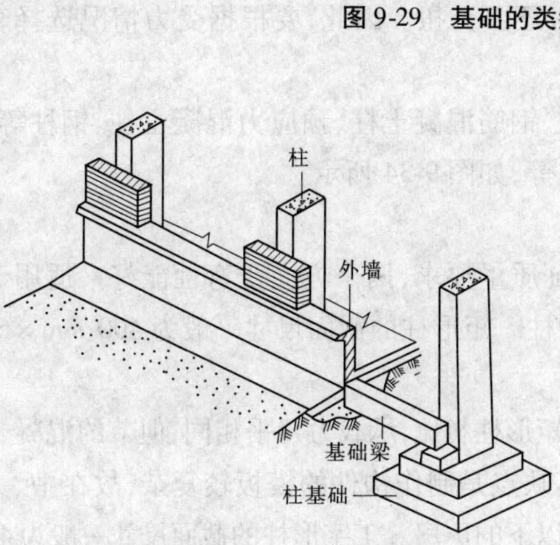

图 9-30　基础梁与基础的连接

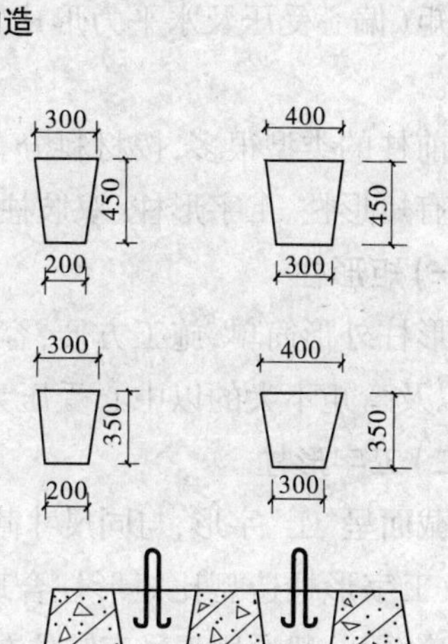

图 9-31　基础梁的截面形式

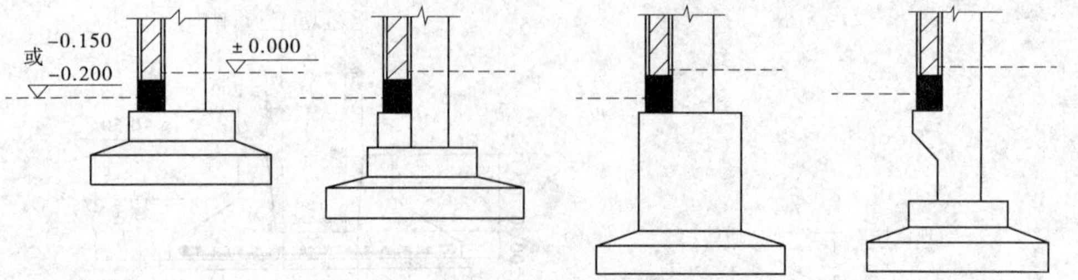

(a)搁置在柱基础顶面 (b)搁置在混凝土垫块上 (c)搁置在高杯口基础上 (d)搁置在柱牛腿上

图 9-32 基础梁的位置与搁置方式

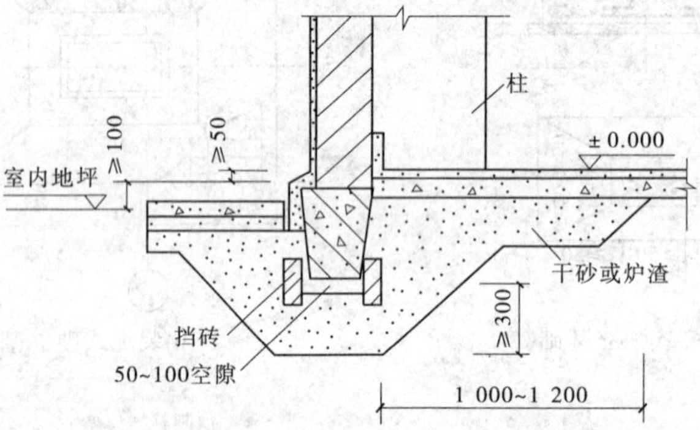

图 9-33 基础梁防冻措施

三、排架柱

柱是厂房中的主要承重构件,由上述可知,柱子不仅承担屋盖、吊车梁及部分外墙的垂直荷载,同时还承受风荷载和吊车刹车时的纵向和横向的水平荷载,而且由地震产生的作用在结构上的地震力,也基本上靠柱子承担。柱子是既受轴向力(作用于轴心的垂直荷载),又受弯矩(偏心受压及水平力形成),有时还要受扭。因此,要根据受力情况选择合理的柱子形式。

目前柱的类型很多,按材料分有砖柱、钢筋混凝土柱、预应力混凝土柱、钢柱等;按截面形式分有矩形柱、工字形柱、双肢柱、管柱等,如图 9-34 所示。

(一)矩形柱

矩形柱外形简单,施工方便,容易保证质量要求,两个方向受弯性能好。适用于中小型厂房,以及弯矩不大的以中心受压为主的柱。矩形柱的截面尺寸一般为 400 mm × 600 mm。

(二)工字形柱

柱截面呈"工"字形,与同尺寸截面的矩形柱相比,承载力几乎相同,但节约混凝土 30% ~ 50%,故工字形柱造型比矩形柱合理。其缺点是制作构件的模板较复杂,故在中、大型厂房应用较广泛,一般适用于吊车吨位在 30 t 以下的厂房。工字形柱的截面尺寸一般为 400 mm × 600 mm、400 mm × 800 mm、500 mm × 1 500 mm 等。工字形截面仅用于柱身,而不得用于柱顶、柱底及牛腿处,如图 9-35 所示。

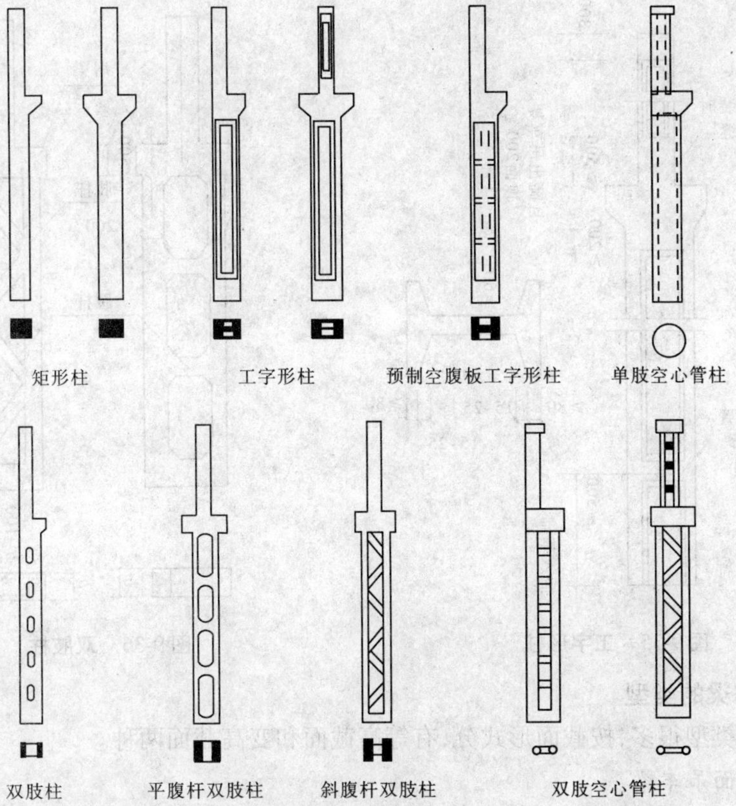

图 9-34　柱子的类型

(三)双肢柱

双肢柱由两根承受轴向力的肢杆和联系两肢的腹杆组成。其腹杆有两种布置形式,一种是平腹杆,另一种是斜腹杆。平腹杆比斜腹杆外形简单,施工方便,腹杆上的长方孔便于布置管道,但受力性能和刚度不如斜腹杆。斜腹杆柱是桁架形式,各杆件基本承受轴向力,弯矩很小,所以材料较省。当柱的长度和荷载都较大,吊车起重量大于 30 t,柱的截面高度大于 1.5 m 时,宜考虑选用双肢柱,如图 9-36 所示。

(四)管柱

管柱有单管柱和双肢管柱两种。单管柱的外形和等截面矩形柱相似,可伸出支承吊车梁的肩梁(牛腿)。双肢管柱的外形类似双肢柱,可分为平腹杆双肢管柱和斜腹杆双肢管柱。钢筋混凝土管柱在工厂预制,可采用机械化方式生产,可在现场拼装,受气候的影响小,但因管的外形是圆的,设置预埋件较困难,与墙的连接也不如其他形式的柱方便。

四、吊车梁

吊车梁是有吊车厂房的重要构件之一。当厂房设有桥式吊车或梁式吊车时,需要在柱牛腿上设置吊车梁,吊车的轮子就在吊车梁上铺设的轨道上运行。吊车梁直接承受吊车起吊时的物件荷载和自重、运行时的动荷载和制动时产生的水平及纵向刹车力,同时还有传递厂房纵向荷载(如山墙上的风荷载),保证厂房纵向刚度和稳定性的作用。

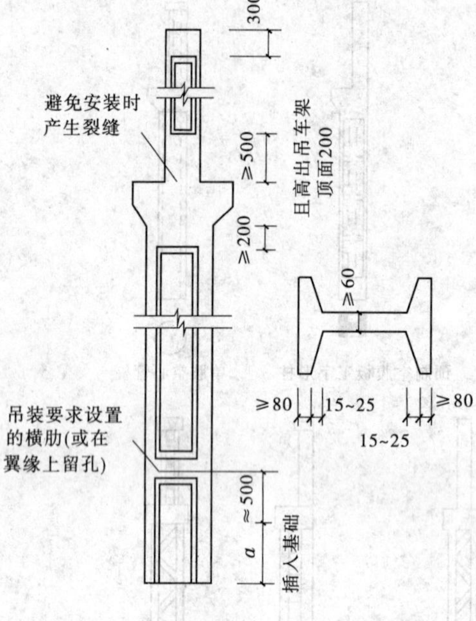

图 9-35　工字形柱

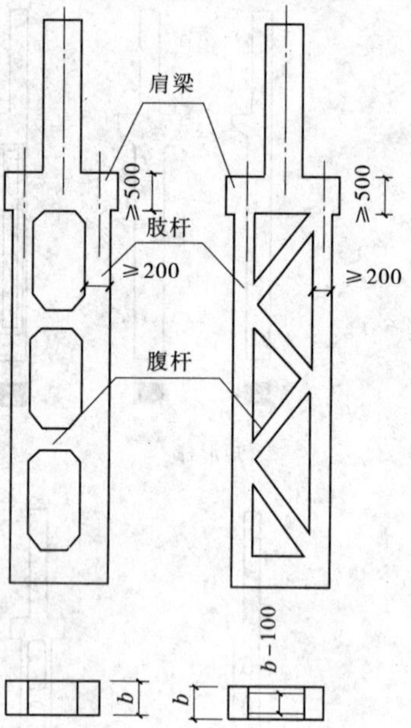

图 9-36　双肢柱

(一)吊车梁的类型

吊车梁的类型很多,按截面形式分,有等高截面和变高截面两种。

1. 等高截面吊车梁

等高截面吊车梁的截面形状常有 T 形和 I 字形。T 形吊车梁的断面为 T 形,上部翼缘较宽,以增加梁的受压面积,也便于固定吊车轨道。这种梁施工简单,制作方便,但自重大,费材料,不甚经济。非预应力钢筋混凝土 T 形吊车梁适用于厂房柱距为 6 m、厂房跨度≤30 m、吊车吨位在 10 t 以下的厂房;预应力钢筋混凝土 T 形吊车梁适用于柱距为 6 m、吊车吨位在 10~30 t 的厂房。I 字形吊车梁腹壁薄,节约材料,自重较轻,如图 9-37 所示。适用于柱

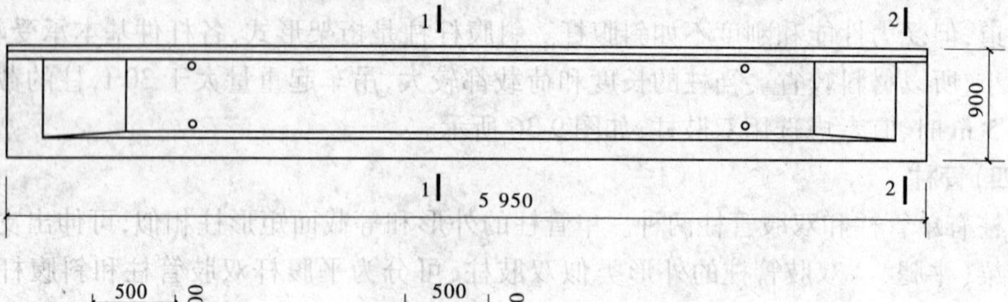

图 9-37　I 字形吊车梁

距为 6 m、跨度为 12 ~33 m、吊车起重量为 5 ~25 t 的厂房。

2. 变高截面吊车梁

变高截面吊车梁有鱼腹式、折线形等形式。鱼腹式较常见。鱼腹式吊车梁腹板薄，外形像鱼腹。由于其外形与弯矩包络图形相近，故能较好地发挥材料的受力性能，且能节约混凝土，减轻自重，但制作相对较复杂，如图 9-38 所示。

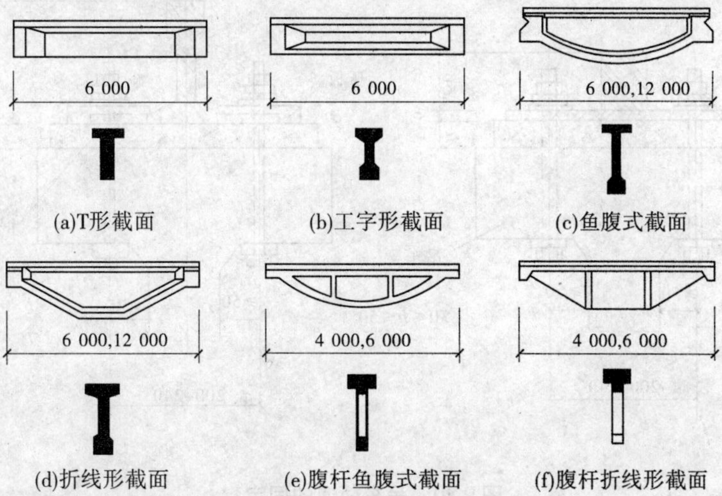

图 9-38　变高截面吊车梁

(二) 吊车梁与柱的连接

吊车梁与柱的连接，多采用焊接连接的方法，如图 9-39 所示。

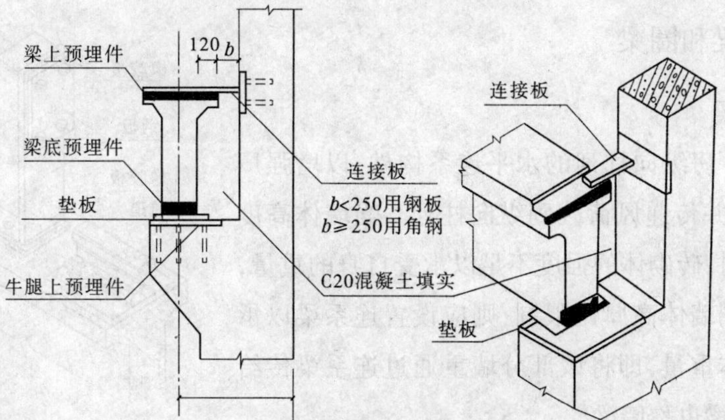

图 9-39　吊车梁与柱的连接

(三) 吊车轨道

吊车轨道分为轻轨、重轨和方钢三种形式，可根据各种吊车的技术规格荐用型号选定。吊车轨道与吊车梁一般采用垫板和螺栓连接的方法，即安装轨道前，先在吊车梁上铺设 30 ~

吊车轨道与吊车梁一般采用垫板和螺栓连接的方法，即安装轨道前，先在吊车梁上铺设 30～50 mm 厚的 C20 细石混凝土垫层并精确找平，然后在垫层上铺设钢垫板（或塑料、橡胶等弹性垫板），垫板上放钢轨，钢轨两侧放固定板（用弹性垫板时不设），钢轨用压板压住，压板与吊车梁用螺栓连接牢固，如图 9-40 所示。

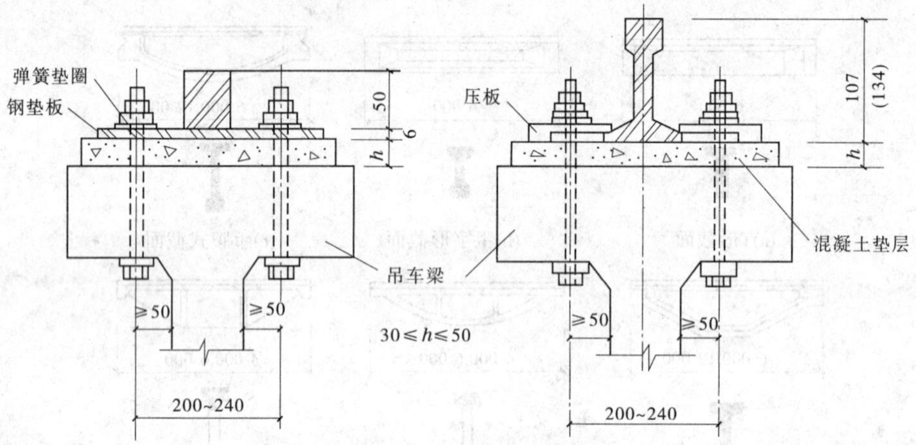

图 9-40　吊车轨道的固定

（四）车挡

车挡一般设在吊车梁尽端，作用是防止吊车撞到山墙上，同时也能限制吊车的运行范围。车挡用钢材制作，上面固定橡胶板，用螺栓固定在吊车梁的翼缘上，如图 9-41 所示。

五、连系梁和圈梁

（一）连系梁

连系梁是厂房纵向柱列的水平连系构件，以增强厂房的纵向刚度，并传递风荷载到纵向柱列。当墙体高度超过一定限度时，砖砌体的强度不足以承受自身的重量，且稳定性也受到墙体高厚比限制，则应设置连系梁以承受其上部的墙体重量，即将该部分墙重通过连系梁传给柱子，所以连系梁也称墙梁。

图 9-41　车挡

连系梁的截面形式有矩形（用于一砖墙厚）和 L 形（用于一砖半墙厚），如图 9-42 所示。连系梁与柱应有可靠的连接，以保证可靠的传力性能。一般在柱的外侧设置钢牛腿或钢筋混凝土牛腿，连系梁搁置在牛腿上。预制连系梁与柱的牛腿可通过螺栓进行连接，也可以通过梁、柱设预埋铁件进行焊接固定。

现浇连系梁通过与柱中预留的锚拉钢筋浇灌在一起进行连接，如图 9-43 所示。

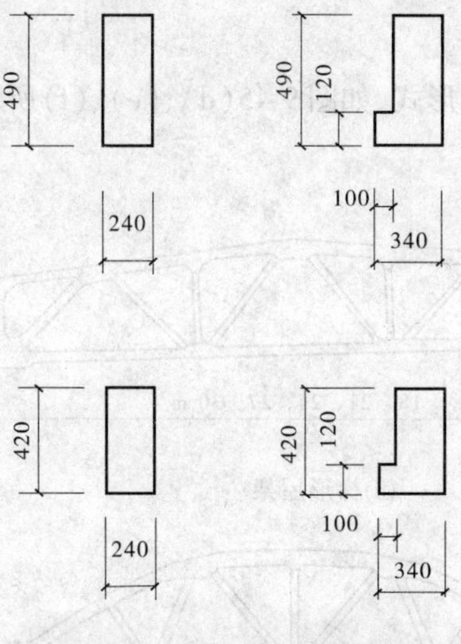

图 9-42　连系梁的截面形式

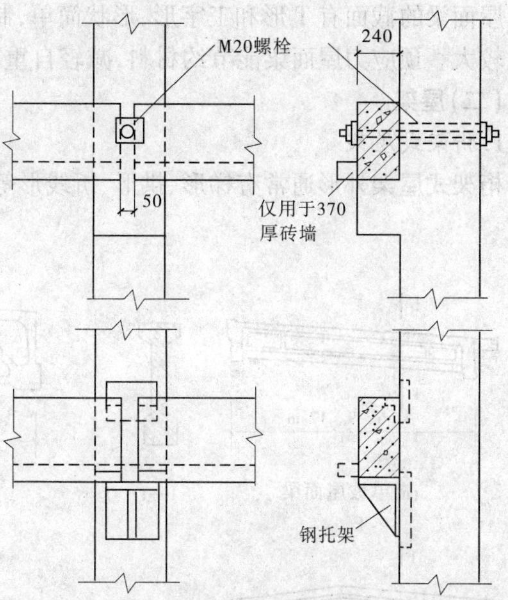

图 9-43　连系梁的连接固定

(二)圈梁

圈梁的作用是将墙体同厂房排架柱、抗风柱等箍在一起,加强厂房结构的整体性和墙身的刚度与稳定性,减少因地基不均匀沉降引起的墙体开裂,提高厂房的抗震能力。圈梁埋置在墙体内,同柱子连接仅起拉结作用,不承受墙体的重量。

圈梁的位置一般应在柱顶设一道,对有桥式吊车的厂房,还应在吊车梁附近增设一道。当厂房很高时,根据厂房刚度的需要,考虑墙体高度及地基情况,还需设多道圈梁。如振动较大的厂房,沿墙每隔 4 m 左右增设一道圈梁。

圈梁一般做成现浇的,通过柱上的预留钢筋与柱浇筑在一起。预制的圈梁可用二次浇筑混凝土使之连成整体,如图 9-44 所示。

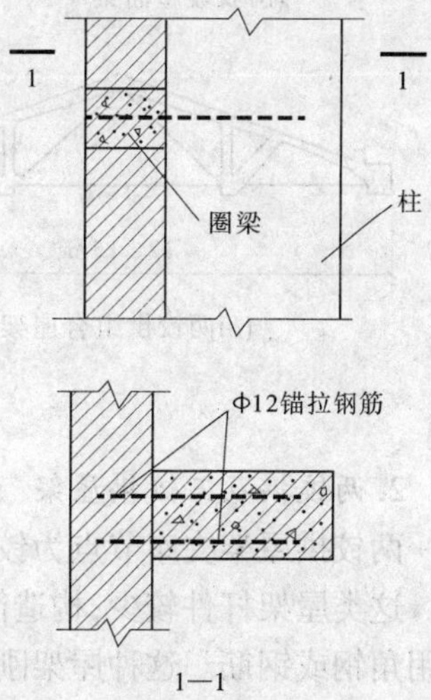

图 9-44　圈梁

六、屋架、屋面梁和托架

屋架或屋面梁是屋盖结构的主要承重构件,直接承受屋面荷载,有的还要承受悬挂吊车、天窗架、管道或生产设备等荷载,对厂房的安全、刚度、耐久性、经济性等起着至关重要的作用。其制作材料有钢筋混凝土、型钢、木材等。

(一)屋面大梁

屋面梁有单坡和双坡两种形式,可用于单坡或双坡屋面。用于单坡屋面的跨度有 6 m、9 m 和 12 m 三种,用于双坡屋面的跨度有 9 m、12 m、15 m 和 18 m 四种,如图 9-45(a)、(b)所示。屋面坡度较平缓,一般为 1/10,适用于卷材防水屋面和非卷材防水屋面。屋面大梁可悬挂 50 kN 以下的吊车。

屋面梁的截面有 T 形和工字形，形状简单，制作方便，梁高小而稳定性好，施工方便，但自重较大。预应力屋面梁能节约材料，减轻自重，用途较广。

（二）屋架

1. 桁架式屋架

桁架式屋架外形通常有梯形、拱形、折线形等几种形式，如图 9-45（d）、（e）、（f）所示。

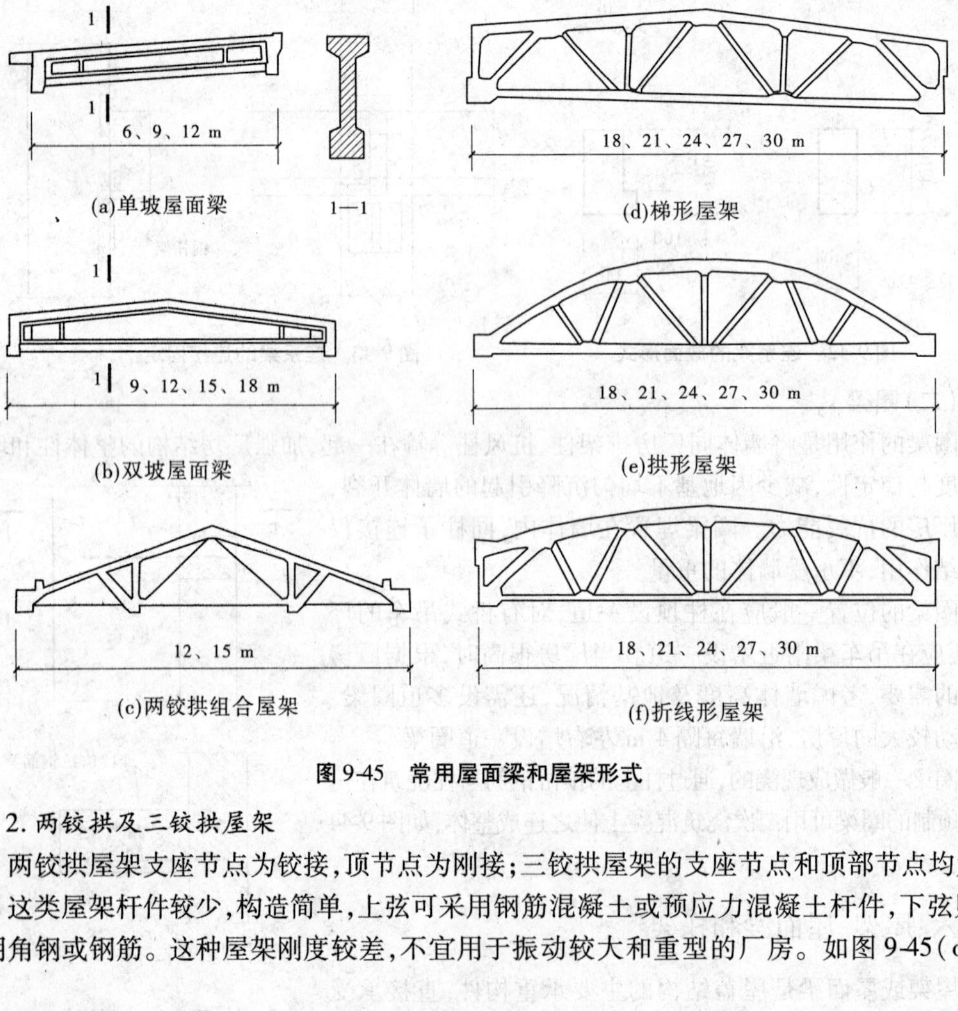

图 9-45　常用屋面梁和屋架形式

2. 两铰拱及三铰拱屋架

两铰拱屋架支座节点为铰接，顶节点为刚接；三铰拱屋架的支座节点和顶部节点均为铰接。这类屋架杆件较少，构造简单，上弦可采用钢筋混凝土或预应力混凝土杆件，下弦则多采用角钢或钢筋。这种屋架刚度较差，不宜用于振动较大和重型的厂房。如图 9-45（c）所示。

钢筋混凝土两铰拱或三角拱屋架适用于屋架间距为 6 m，跨度为 12 m、15 m，屋面坡度为 1/4 的非卷材防水屋面的工业厂房。屋架上可铺设预应力大型屋面板或预应力 F 形屋面板。这种屋架一般用于不大于 100 kN 的中轻级桥式吊车的车间。

（三）托架

当厂房全部或部分柱距为 12 m 或 18 m 时，如果屋架间距仍保持 6 m，需在 12 m 柱距间设置托架来支承中间屋架，通过托架将屋架上的荷载传递给柱子。吊车梁也相应采用 12 m 长。托架有预应力钢筋混凝土托架（见图 9-46）和钢托架两种。

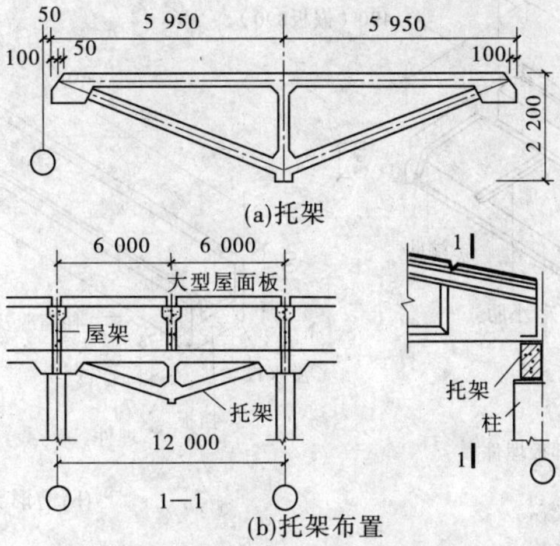

图 9-46　预应力钢筋混凝土托架

七、屋面板和檩条

(一)屋面板

1. 预应力钢筋混凝土屋面板

预应力钢筋混凝土屋面板外形尺寸常用 1.5 m×6.0 m 规格。当柱距为 9 m、12 m 时，也可采用 1.5 m×9.0 m、3.0 m×12.0 m 规格的屋面板。适用于中、大型和振动较大，对屋面刚度要求较高的厂房，如图 9-47 所示。为配合屋架外形尺寸和檐口做法，还有 0.9 m×6.0 m规格的嵌板、檐口板(挑檐长 200 mm 或 400 mm)、槽形天沟板，如图 9-48 所示。

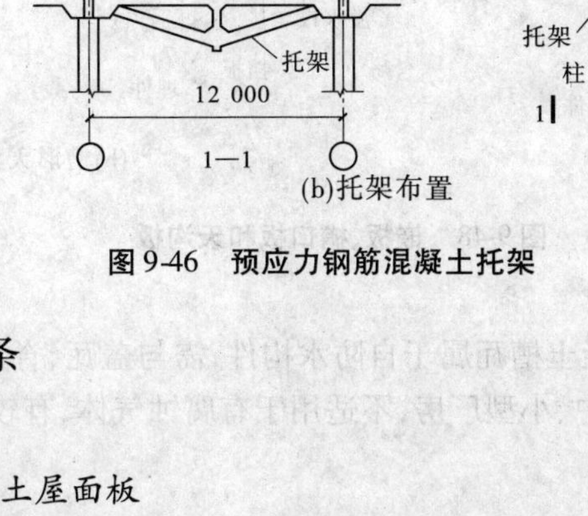

图 9-47　大型屋面板

2. F 形屋面板

F 形屋面板是一种自防水覆盖构件，屋面板三个周边设有挡水反口(挡水条)，纵向板缝间采用挑檐搭接方法，横向板缝用盖瓦盖缝，屋脊处用脊瓦盖缝，如图 9-49 所示。这种屋面板一般用于无保温要求而对屋面刚度及防水要求较高的厂房和辅助建筑，北方地区较少采用。

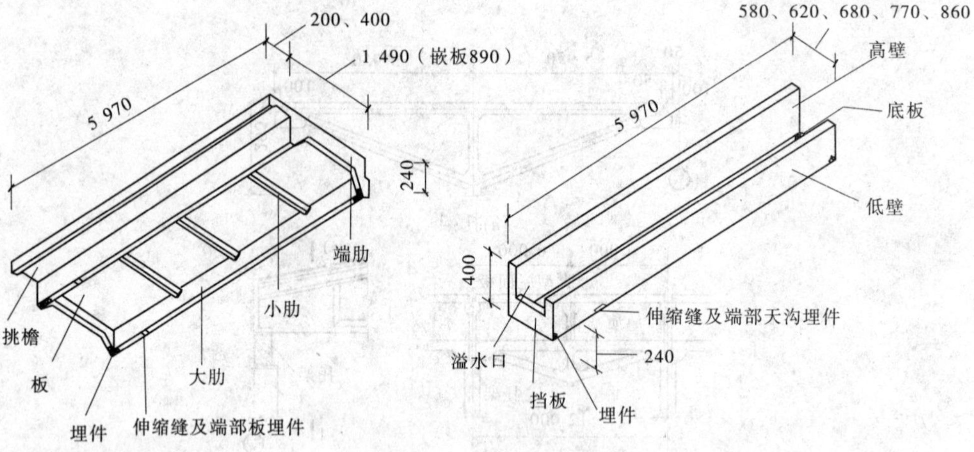

(a)檐口板　　(b)槽形天沟板

图 9-48　嵌板、檐口板和天沟板

3. 钢筋混凝土槽瓦

如图 9-50 所示，钢筋混凝土槽瓦属于自防水构件，需与盖瓦、脊瓦和檩条一起使用。适用于吊车吨位在 10 t 以下的中、小型厂房，不适用于有腐蚀气体、有较大振动、对屋面刚度及隔热要求较高的厂房。

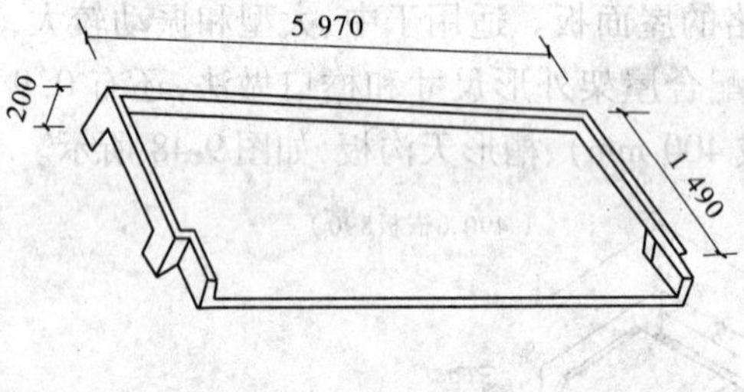

图 9-49　F 形屋面板

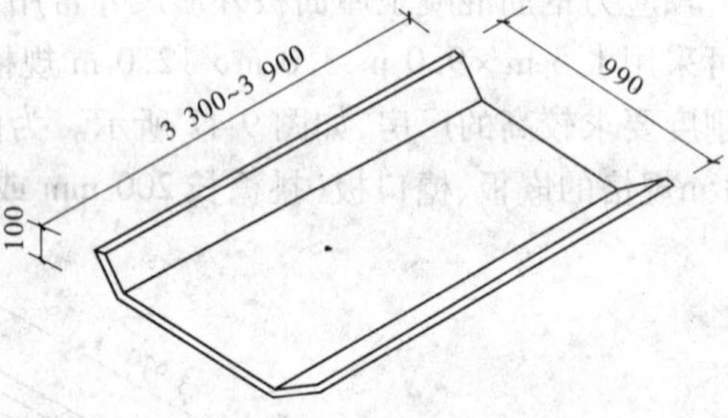

图 9-50　钢筋混凝土槽瓦

(二)檩条

檩条用于有檩体系的屋盖结构中。它起支承槽瓦或小型屋面板的作用，并将屋面荷载传给屋架。常用檩条有倒 L 形和倒 T 形两种形式，如图 9-51 所示。檩条应与屋架上弦连接牢固，以保证厂房纵向刚度，如图 9-52 所示。

八、抗风柱

单层厂房的山墙面积较大，所受到的风荷载也就较大，为了保证山墙的稳定性和刚度，应设钢筋混凝土抗风柱或砌筑成带壁柱山墙。抗风柱一般设在山墙内侧，将风荷载传至基础或屋盖系统再传至纵向列柱。抗风柱的间距以 6 m 为宜，个别可采用 4.5 m 或 7.5 m。钢筋混凝土抗风柱的下端插入基础杯口内，柱上端遇屋架时，将截面高度缩小，柱顶也不得接触屋面板。抗风柱通过一个特制的“弹簧”钢板主要与屋架的上弦铰接连接，如图 9-53 所示。当屋架设有下弦横向水平支撑时，可将抗风柱与屋架下弦连接，作为抗风柱的另一支

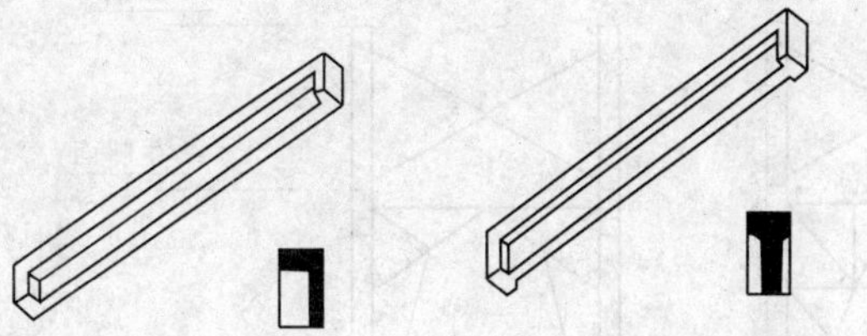

(a)倒L形　　(b)倒T形

图 9-51　**檩条的形式**

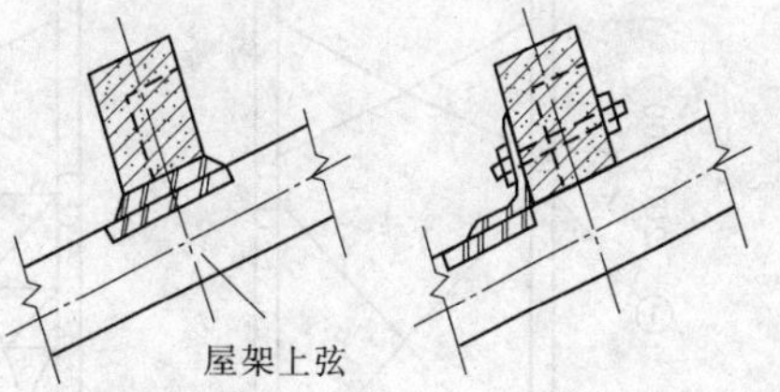

(a)焊接连接　　(b)螺栓连接

图 9-52　**檩条与屋架的连接**

点。“弹簧”钢板连接既能保证抗风柱与屋架在水平方向有可靠的连接，并有效地传递水平风荷载，同时在垂直方向也能保证屋架和抗风柱因不均匀沉降而有相对的竖向位移。

九、支撑系统

单层厂房结构中，支撑有柱间支撑和屋盖支撑两大部分，其作用是保证厂房结构及构件的承载力、稳定性和刚度，并有效地传递水平荷载。

(一)柱间支撑

柱间支撑的作用是加强厂房的纵向刚度和稳定性，承受厂房的纵向力，将吊车的纵向制动力、山墙风荷载、纵向温度力、地震力等传至基础。

柱间支撑在吊车梁以上部分称上柱支撑，以下部分称下柱支撑。柱间支撑一般用钢材制作，其交叉倾角通常为35°～55°，以45°为宜，其形式有交叉式和门架式等，如图 9-54(a)所示。支撑斜杆与柱侧的预埋件焊接连接，其构造如图 9-54(b)所示。

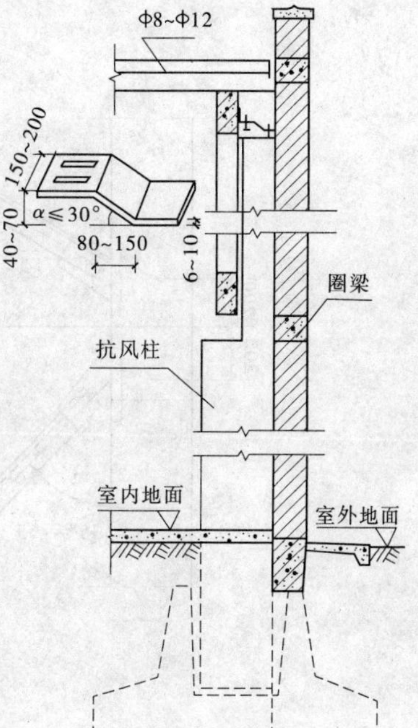

图 9-53　**抗风柱与屋架的上弦连接构造**

(二)屋盖支撑

屋盖支撑的作用是保证屋盖的空间刚度、整体性和稳定性，承受和传递水平荷载(风荷载、吊车制动荷载、地震荷载等)，保证屋盖结构在安装过程中的稳定性。

屋盖支撑按其布置位置可分为上、下弦横向水平支撑，上、下弦纵向水平支撑，垂直支撑和系杆等几种，如图 9-55 所示。

1. 上弦横向水平支撑

上弦横向水平支撑应在屋架上弦平面沿跨度方向全长布置，一般宜设在房屋或横向温度区段的两端第二个柱距内，两道横向水平支撑间的净距不宜大于60 m。其作用是保证屋架上弦的侧向稳定，传递抗风柱作用在屋架上弦的风荷载。

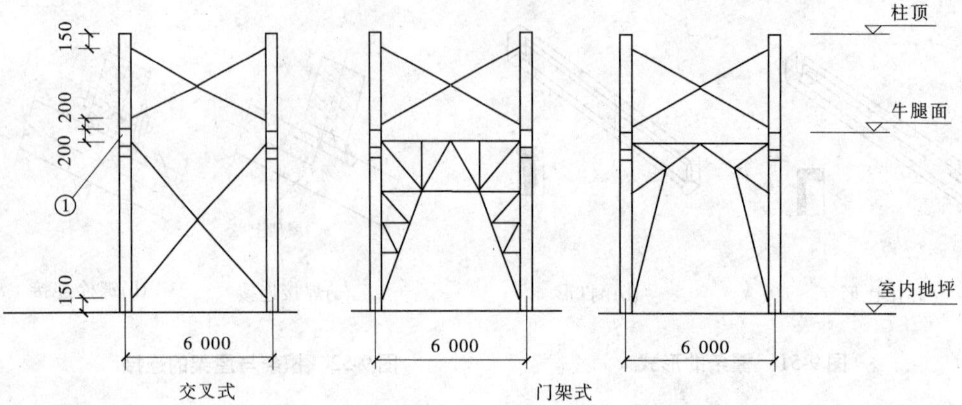

(a)柱间支撑形式

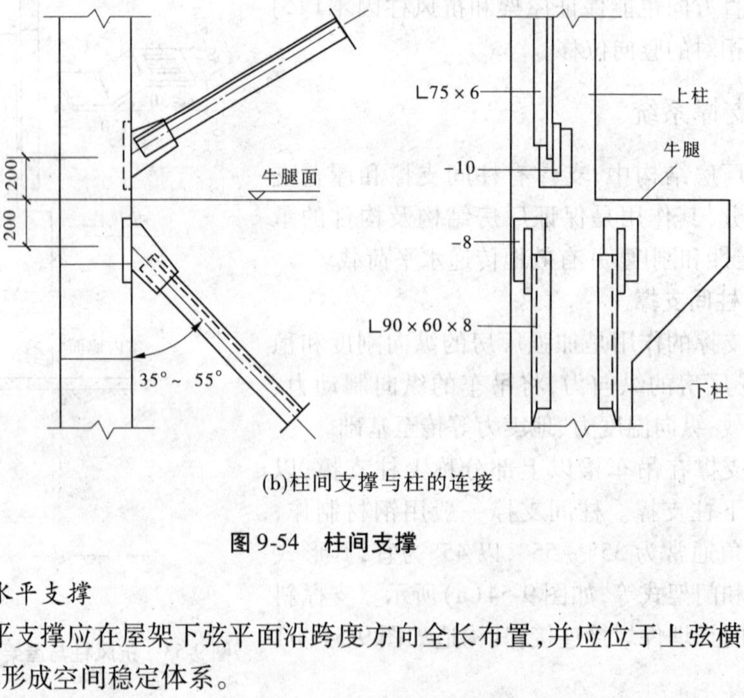

(b)柱间支撑与柱的连接

图 9-54　柱间支撑

2. 下弦横向水平支撑

下弦横向水平支撑应在屋架下弦平面沿跨度方向全长布置,并应位于上弦横向水平支撑同一开间内,以形成空间稳定体系。

3. 上、下弦纵向水平支撑

上、下弦纵向水平支撑应设在屋架上、下弦端节间,并沿柱距方向全长布置。可与上、下弦横向水平支撑组成封闭体系,提高房屋的刚度,并可承受、分布和传递吊车横向水平制动力。

4. 垂直支撑

垂直支撑应设在两榀屋架和天窗架对应的竖直腹杆(或斜腹杆)间,并应与上、下弦横向水平支撑位于同一开间。其沿跨度方向设置的位置和数量须结合屋架的形式和跨度确定,一般在屋架跨中或支座的垂直平面内设置。它是上弦横向水平支撑的支撑结构,将承受上弦横向水平支撑桁架传来的水平力,并将其传递给柱顶或柱间支撑。垂直支撑的主要作用是使相邻两屋架形成几何不变的空间体系,以保证屋架在使用和安装时的侧向稳定。

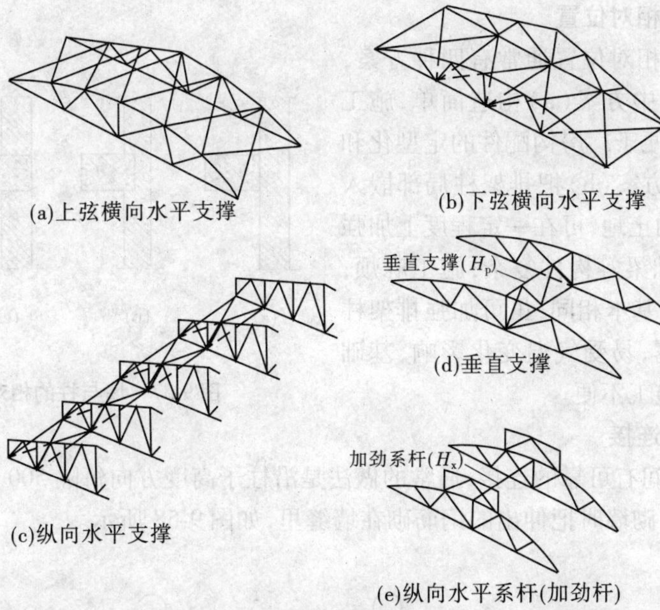

图 9-55　屋盖支撑

5. 系杆

纵向水平系杆(加劲杆)一般应设在屋架支座节点处,上、下弦中间节点处,垂直支撑平面内的屋架上、下弦节点处,并应沿厂房的纵向通长设置,以保证未设支撑屋架的侧向稳定。

任务六　单层工业厂房的外墙

单层厂房的外墙按其材料不同可分为砖墙、砌块墙、板材墙、轻质板材墙等;按其承重形式可分为承重墙、承自重墙和填充墙等。

当单层厂房的跨度及高度不大,且没有或只有较小的起重运输设备时,可采用承重砌体墙直接承担屋盖与起重运输设备等荷载。

当单层工业厂房跨度及高度较大、起重运输设备较重时,通常由钢筋混凝土或钢排架柱来承担屋盖与起重运输设备等荷载,而外墙仅起围护作用,这种围护墙称为承自重墙;某些高大厂房的上部墙体及厂房高低跨交接处的墙体,采用支承在与排架柱连接的墙梁上,这种墙称为填充墙。承自重墙和填充墙是厂房外墙的主要形式,如图 9-56 所示。

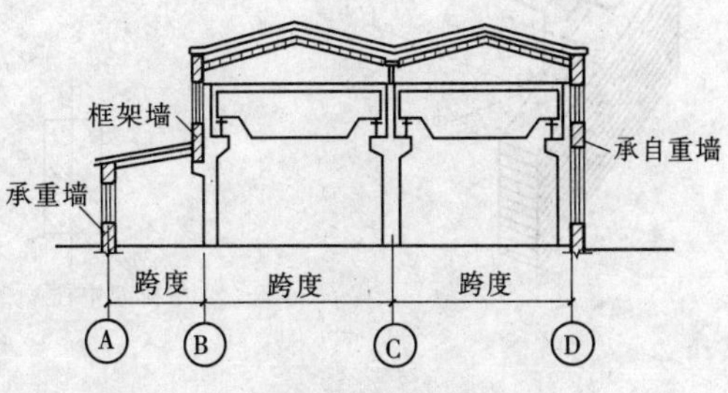

图 9-56　外墙的类型

一、砖墙及砌块墙

单层工业厂房通常为装配式钢筋混凝土排架结构,其墙体只起围护作用,主要采用承自重墙和填充墙的形式。

(一)墙与柱的相对位置

排架柱与墙的相对位置通常有四种方案，如图 9-57 所示。其中方案(a)构造简单，施工方便，热工性能好，便于厂房构配件的定型化和统一化，采用较多；方案(b)把排架柱局部嵌入墙内，比前者稍节约土地，可在一定程度上加强柱列的刚度，但基础梁等构件复杂，施工麻烦；方案(c)和方案(d)基本相同，虽可加强排架柱的刚度，但结构外露，易受气温变化影响，基础梁等构件复杂化，施工不便。

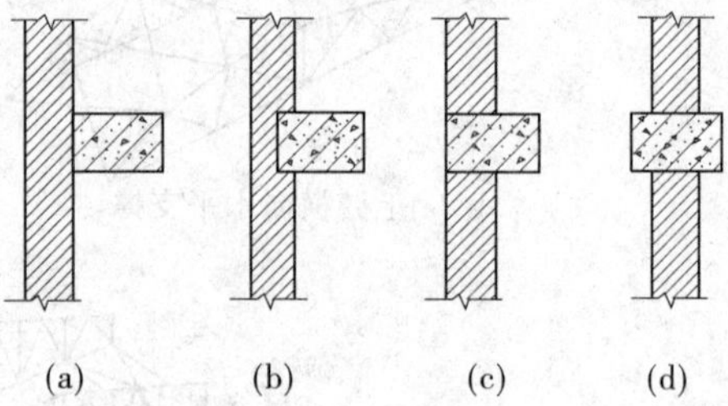

图 9-57　墙与柱的相对位置

(二)墙与柱的连接

为使墙与柱之间有可靠的连接，通常的做法是沿柱子高度方向每隔 500～600 mm 预埋伸出两根Φ6 钢筋，砌墙时把伸出的钢筋砌在墙缝里，如图 9-58 所示。

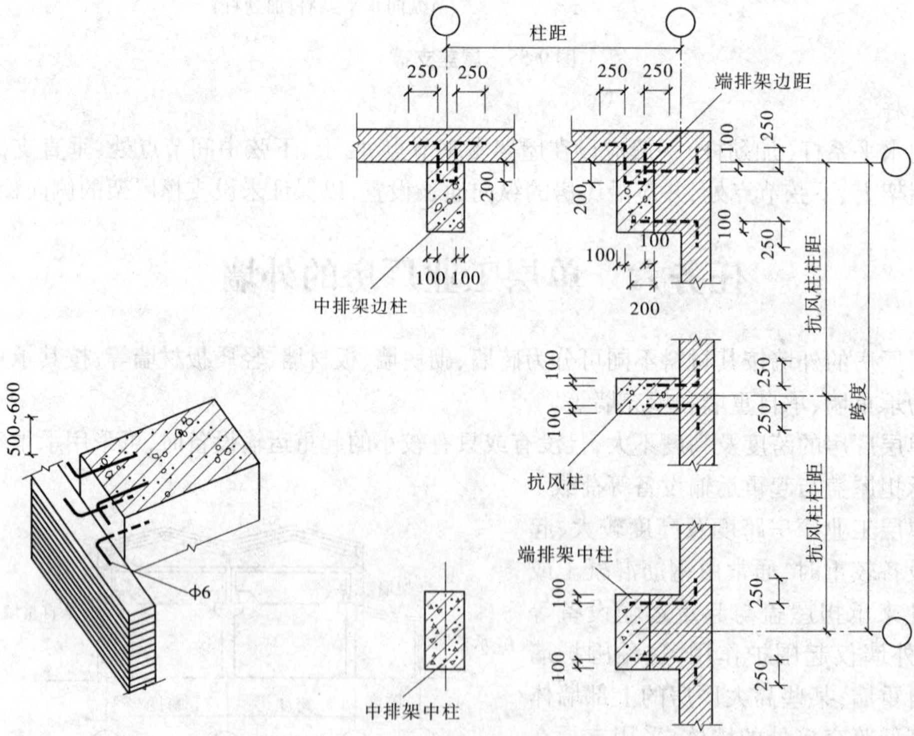

图 9-58　墙与柱的连接

(三)墙与屋架的连接

屋架的上、下弦或屋面梁可采用预埋钢筋与墙体拉接，屋架的腹杆也可通过预埋钢筋与墙拉接，但当预埋钢筋不方便时，可在腹杆预埋钢板焊接钢筋与墙体拉接，如图 9-59 所示。

(四)纵向女儿墙与屋面板的连接

纵向女儿墙是纵向外墙高出屋面的部分，其厚度一般不小于 240 mm，高度应满足安全

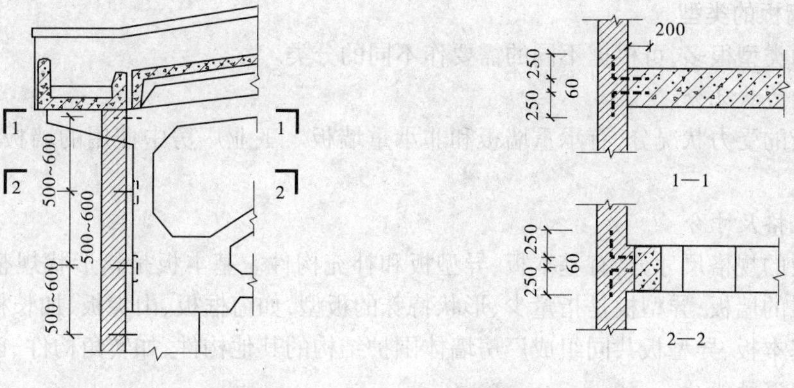

图 9-59　墙与屋架的连接

和抗震的要求。在非地震区,宜设置高度 1 m 左右的女儿墙或护栏;在地震区或受振动影响较大的厂房,女儿墙高度不应超过 500 mm,并设钢筋混凝土压顶。

为保证纵向女儿墙的稳定性,在墙与屋面板之间常采用钢筋拉结,即在屋面板横向缝内放置一根Φ 12 钢筋(长度为板宽度加上纵墙一半和两头弯钩的长度),与在屋面板纵缝内及纵向外墙中各放置的一根Φ 12 钢筋(长 1 000 mm)相连接,拉结构造如图 9-60 所示。

(五)山墙与屋面板的连接

为保证山墙的稳定性和抗风要求,除与抗风柱及端柱拉结外,在非地震区,一般还应在山墙上部沿屋面设置 2 根Φ 8 钢筋于墙中,并在屋面板的板缝中嵌入一根Φ 12(长 1 000 mm)钢筋与山墙中钢筋拉结,如图 9-61 所示。

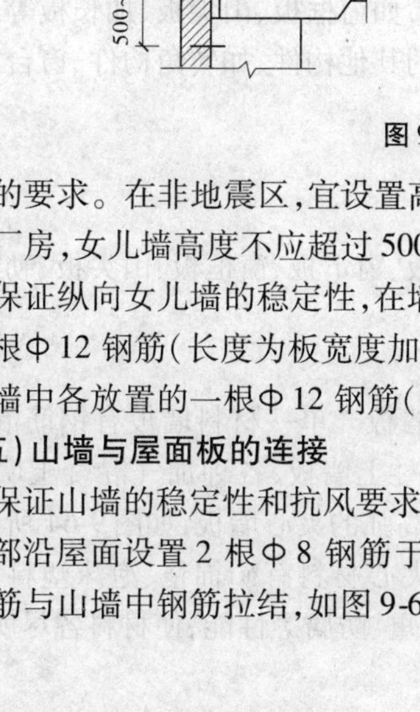

图 9-60　纵向女儿墙与屋面板的连接

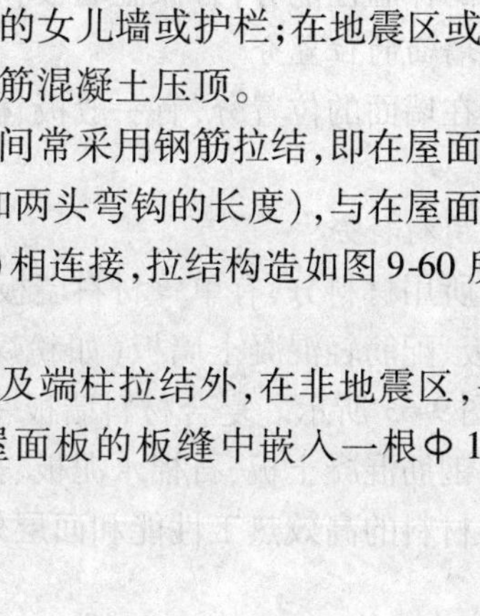

图 9-61　山墙与屋面板的连接

二、大型板材墙

板材墙能充分地利用工业废料,不占用农田,是工业厂房用墙的发展趋势。而大型板材墙可成倍地提高工作效率,加快建设速度,同时它还具有良好的抗震性能。因此,大型板材墙是我国工业建筑应优先采用的外墙类型之一。

(一)墙板的类型

墙板的类型很多,可根据不同的需要作不同的分类。

1. 按受力状况分

按墙板的受力状况分,有承重墙板和非承重墙板。工业厂房中使用的墙板一般为非承重墙板。

2. 按规格尺寸分

按墙板的规格尺寸分,有基本板、异型板和补充构件。基本板是指形状规整、量大面广的基本形式的墙板;异型板是指量少、形状特殊的板型,如窗框板、山尖板、加长板等;补充构件是指与基本板、异型板共同组成厂房墙体围护结构的其他构件,如转角构件、窗台板等。

3. 按保温性能分

按墙板的保温性能分,有保温墙板和非保温墙板。

4. 按在墙面的位置分

按墙板在墙面的位置分,有一般板、檐下板、窗上板、窗下板、窗框板、山尖板、勒脚板、女儿墙板等。

5. 按所用材料分

按墙板所用材料分,有单一材料墙板和复合材料墙板。单一材料墙板有钢筋混凝土槽形板、空心板、配筋轻混凝土墙板(如粉煤灰硅酸盐混凝土墙板、各种加气混凝土墙板)等,如图9-62、图9-63所示。复合材料墙板一般做成轻质高强的夹心墙板,如图9-64所示,其面板有预应力钢筋混凝土板、石棉水泥板、普通钢板等,夹心材料有矿棉毡、泡沫塑料等,充分发挥了心层材料的高效热工性能和面层外壳材料的承重、防腐等性能,使材料各尽所长。

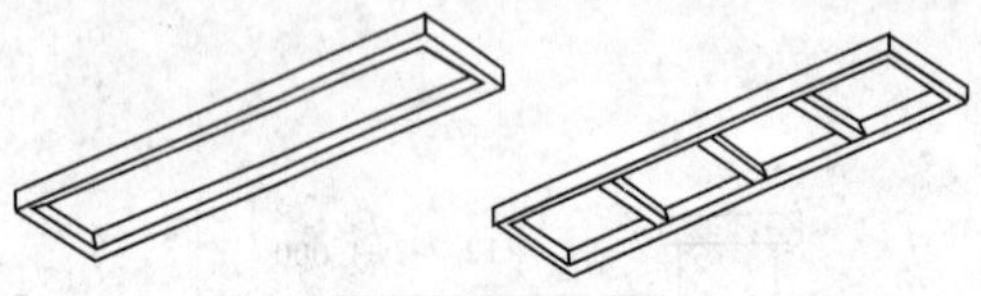

(a)槽形板

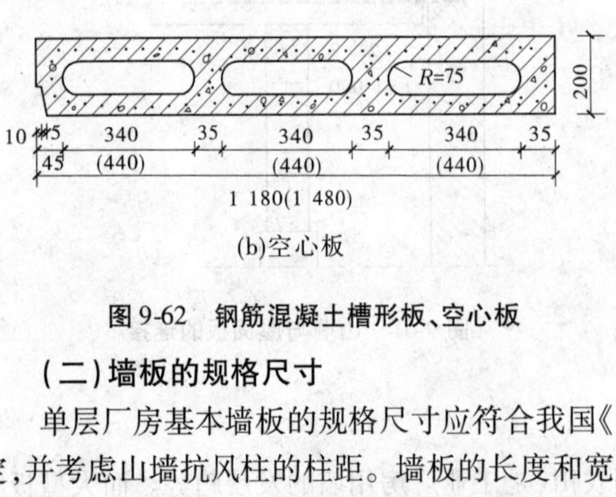

(b)空心板

图9-62 钢筋混凝土槽形板、空心板

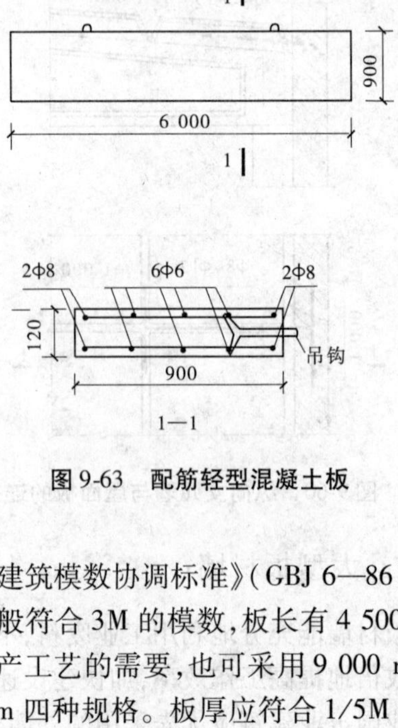

图9-63 配筋轻型混凝土板

(二)墙板的规格尺寸

单层厂房基本墙板的规格尺寸应符合我国《厂房建筑模数协调标准》(GBJ 6—86)的规定,并考虑山墙抗风柱的柱距。墙板的长度和宽度一般符合3M的模数,板长有4 500 mm、6 000 mm、7 500 mm、12 000 mm等规格,有时根据生产工艺的需要,也可采用9 000 mm的板长。板宽有900 mm、1 200 mm、1 500 mm、1 800 mm四种规格。板厚应符合1/5M模数,并按结构计算确定。

(三)墙板的布置

墙板在墙面上的布置方式可分为横向布置、竖向布置和混合布置三种类型。最广泛采用的是横向布置,其次是混合布置,竖向布置采用较少。

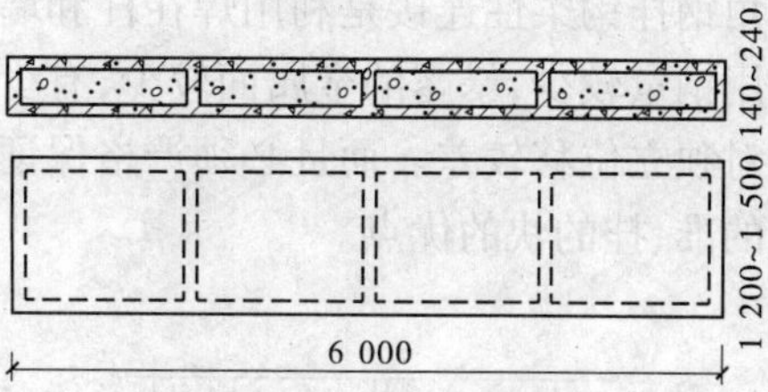

图 9-64 组合墙板

横向布置时板型少,以柱距为板长,制作、安装与板缝处理均较方便。山墙墙板布置与侧墙相同,山尖部位可布置成台阶形、人字形、折线形等,如图 9-65 所示。台阶形山尖异型板少,但连接用钢量较多,人字形则相反,折线形介于两者之间。

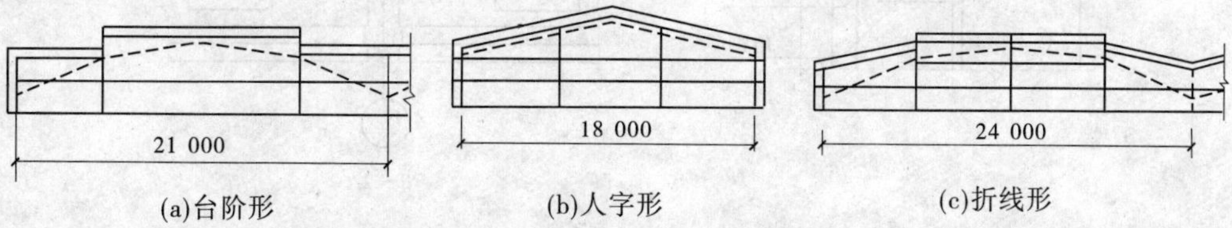

图 9-65 山墙山尖墙板布置

(四)墙板与柱的连接

板柱连接应安全可靠,便于制作、安装和检修。一般分为柔性连接和刚性连接两类。

1. 柔性连接

柔性连接的特点是,墙板与厂房骨架以及板与板之间在一定范围内可相对独立位移,能较好地适应振动引起的变形。设计烈度高于 7 度的地震区宜用此法连接墙板。

柔性连接的构造形式一般有螺栓挂钩柔性连接、角钢挂钩柔性连接和压条柔性连接。

螺栓挂钩柔性连接是在水平方向用螺栓挂钩将板柱拉结在一起的连接方式,如图 9-66 所示。一般在竖直方向每隔 3 ~4 块板用柱上的钢支托支承竖向的墙板荷载。这种连接方式的优点是安装时一般无焊接作业,维修换件也较容易,但用钢量较多,暴露的零件较多,在腐蚀性环境中必须严加防护。

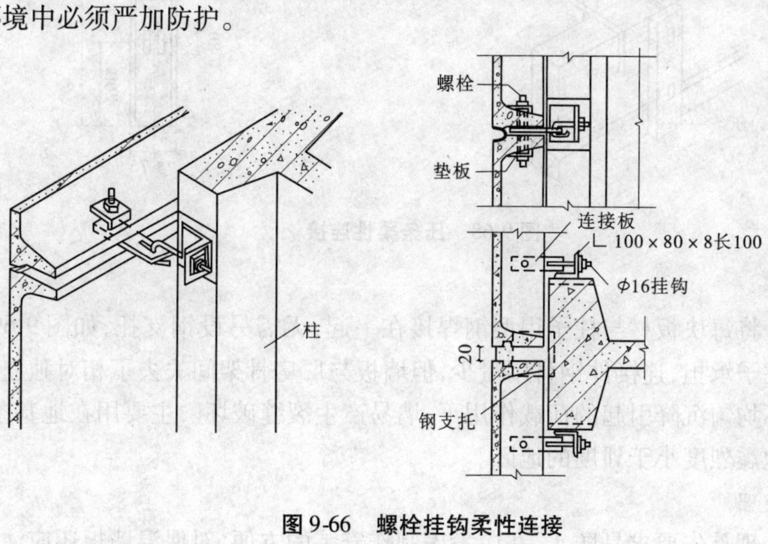

图 9-66 螺栓挂钩柔性连接

角钢挂钩柔性连接是利用焊在柱和墙板上的角钢相互搭挂连接,如图9-67所示。其优点是用钢量较少,暴露的金属面较少,有少许焊接作业,施工方便快捷,但墙板与厂房骨架间的相对独立位移较差。而且必须严格保证预埋件的位置及板材的安装位置,否则,就不能实现挂的准、挂的快的优点。

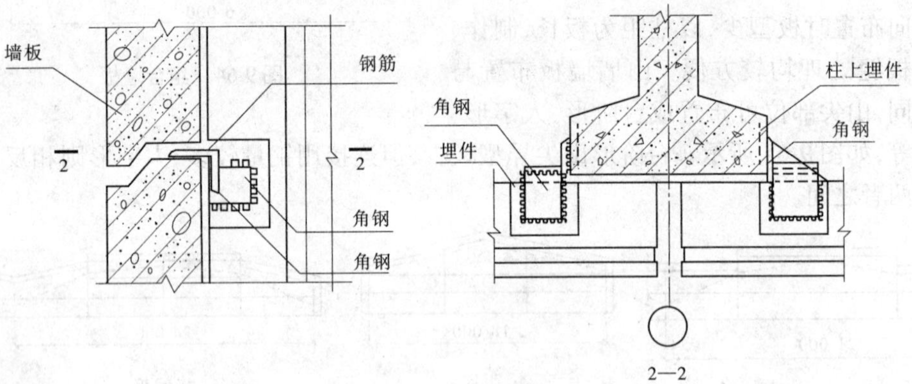

图9-67　角钢挂钩柔性连接

压条柔性连接是在柱上预埋或焊接螺栓,利用压条和螺母将两块墙板压紧固定在柱上,再将螺母和螺栓焊牢,如图9-68所示。其优点是墙板上不需另做预埋件,构造简单,省钢材,竖缝密封性好,抗震性能好,但对施工精度要求高,施工程序多,不易检查和维修。

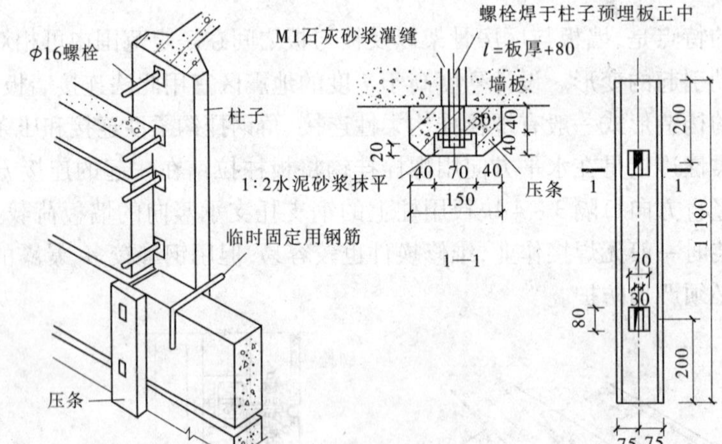

图9-68　压条柔性连接

2. 刚性连接

刚性连接是将每块板材与柱子用型钢焊接在一起,无需另设钢支托,如图9-69所示,墙板自重完全由柱子承担,连接件钢材用量少,但墙板与厂房骨架间失去了相对独立位移的条件。在振动和不均匀沉降引起的荷载作用下,墙易产生裂缝破坏。主要用在地基条件较好,振动影响小和地震烈度小于Ⅶ度的地区。

3. 板缝的处理

对板缝的处理首先要求是防水,并应考虑制作安装的方便,对保温墙板还应注意满足保温要求。根据不同的情况，可以做成各种形式。水平缝可做成平口缝、高低错口缝、企口缝等。综合考虑制作、施工以及防止雨水的重力和风力渗透等因素，错口缝是比较理想的，故广泛采用这种形式。水平缝构造如图 9-70所示。垂直缝可做成直缝、喇叭缝、单腔缝、双腔缝等，如图 9-71 所示。

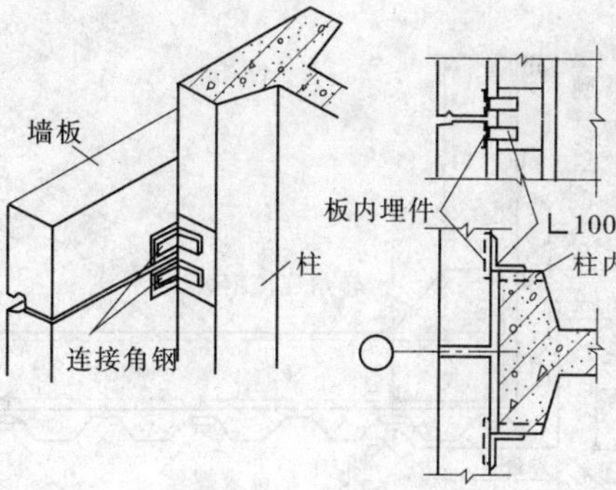

图 9-69　刚性连接

墙板在勒脚、转角、檐口、高低跨交接处及门窗洞口等特殊部位，均应作相应的构造处理，以确保其正常发挥围护功能。

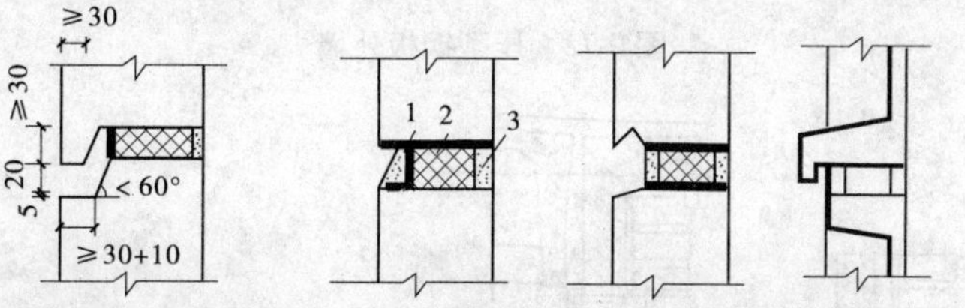

(a)外侧开敞式高低缝　(b)平缝　(c)有滴水的平缝

图 9-70　墙板水平缝构造

1—油膏；2—保温材料；3—水泥砂浆

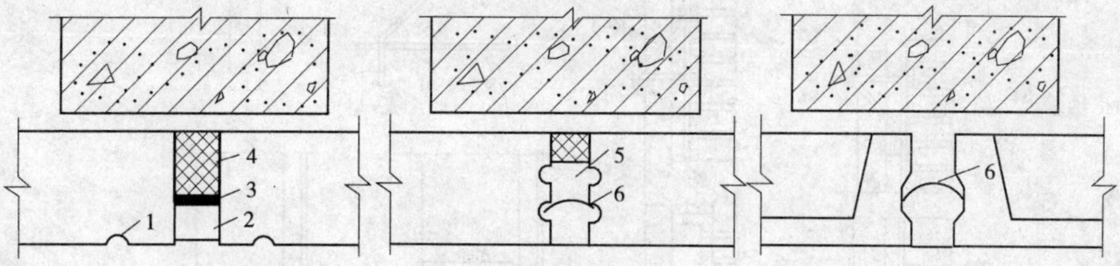

(a)　(b)　(c)

图 9-71　墙板垂直缝构造

1—截水沟；2—水泥砂浆或塑料砂浆；3—油膏；4—保温材料；5—垂直空腔；6—塑料挡雨板

三、轻质板材墙

在单层工业厂房中，石棉水泥波瓦、塑料外墙板、金属外墙板等轻质板材墙的使用日益广泛。这种墙板除传递风荷载外，不承受其他荷载，墙自重由厂房骨架承担。

它们的构造基本相同。目前我国采用较多的轻质板材墙是压型钢板外墙和波纹石棉水泥瓦外墙，如图 9-72 和图 9-73 所示。

石棉水泥波瓦墙板通常是悬挂在柱子之间的横梁上，横梁一般为 T 形或 L 形断面的钢筋混凝土预制构件，其长度应与柱距相适应，两端搁置在柱子的牛腿上，通过预埋件与柱子焊接牢固。横梁的间距应与瓦长相适应，瓦板与横梁的连接可采用螺栓与铁卡子将两者夹紧，瓦缝上下搭接不小于 100 mm，左右搭接为一个瓦垄，瓦板应顺主导风向搭接。由于石棉水泥波瓦是一种脆性材料，为避免碰撞损坏，墙角、门洞和勒脚等部位常采用砌筑墙或钢筋

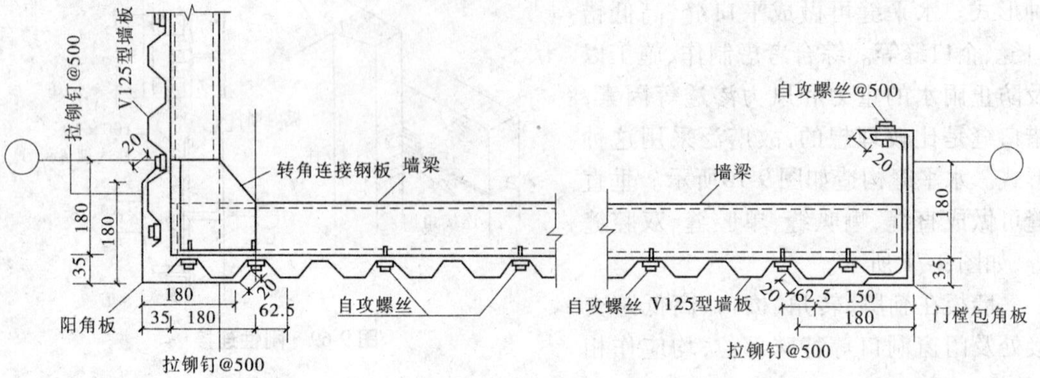

图 9-72　压型钢板外墙

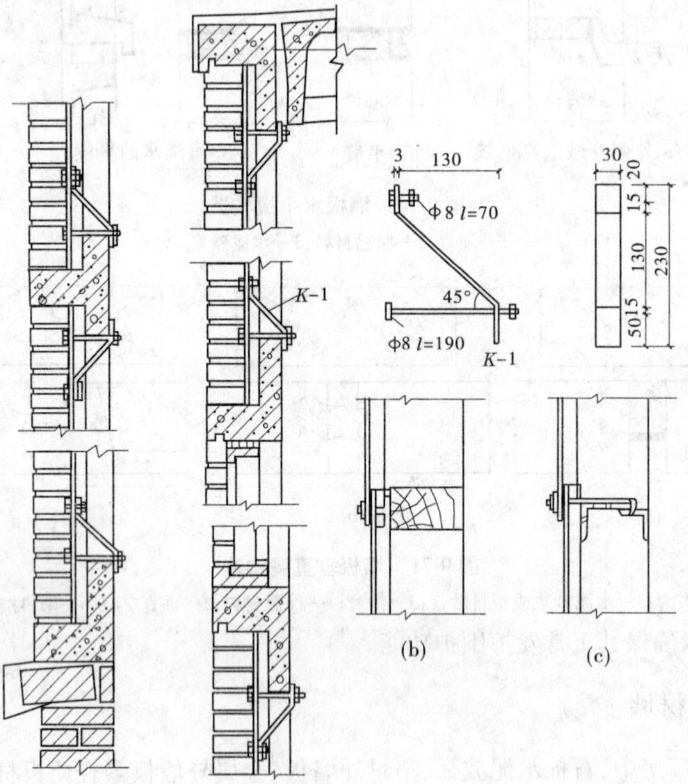

图 9-73　石棉水泥波瓦墙板连接构造

混凝土墙板予以保护。

石棉水泥波瓦墙板具有自重轻、造价低、施工简便的优点。多用于南方中小型热加工车间、防爆车间和仓库。对于高温、高湿和有强烈振动的车间不宜采用。

四、开敞式外墙

在我国南方炎热地区，为使厂房达到良好的散热效果，一些热加工车间常采用开敞式或半开敞式外墙。开敞式外墙通常是在下部设矮墙，上部的开敞口设置挡雨板。这种外墙的主要特点是既能通风又能防雨，其外墙构造主要就是挡雨板的构造，常用的有以下几种。

(一)石棉水泥波瓦挡雨板

如图 9-74 所示，其基本构件有型钢支架(或钢筋支架)、型钢檩条、中波石棉水泥波瓦挡雨板和防溅板。挡雨板的垂直间距视车间挡雨要求与飘雨角而定。这种挡雨板重量轻，施工方便，拆装灵活，但石棉水泥波瓦脆性大，易受损坏，适用于一般的热加工车间。

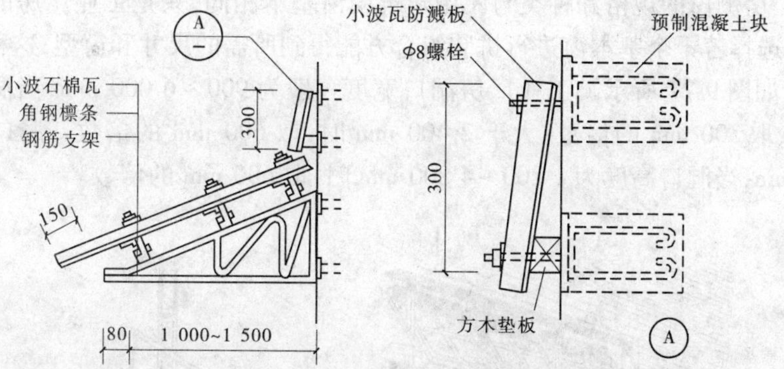

图 9-74　石棉水泥波瓦挡雨板

(二)钢筋混凝土挡雨板

钢筋混凝土挡雨板分为有支架钢筋混凝土挡雨板和无支架钢筋混凝土挡雨板。一般适用于高温车间。

如图 9-75 所示为有支架钢筋混凝土挡雨板，其基本构件有支架、挡雨板和防溅板。挡雨板直接放置在支架上，支架固定在柱子上，挡雨板与支架、支架与柱子均通过预埋件焊接固定。其特点是自重大，耐久性好。

如图 9-76 所示为无支架钢筋混凝土挡雨板，是直接将挡雨板固定在柱距之间，挡雨板与柱子通过角钢与预埋件焊接连接。其特点是构件少，构造简单，但风大雨多时飘雨多。

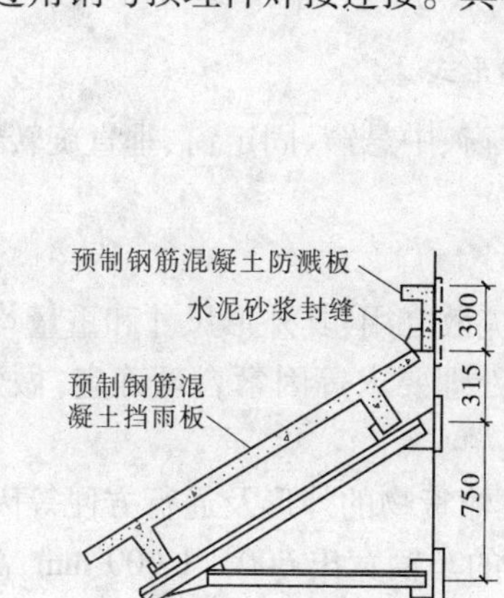

图 9-75　有支架钢筋混凝土挡雨板

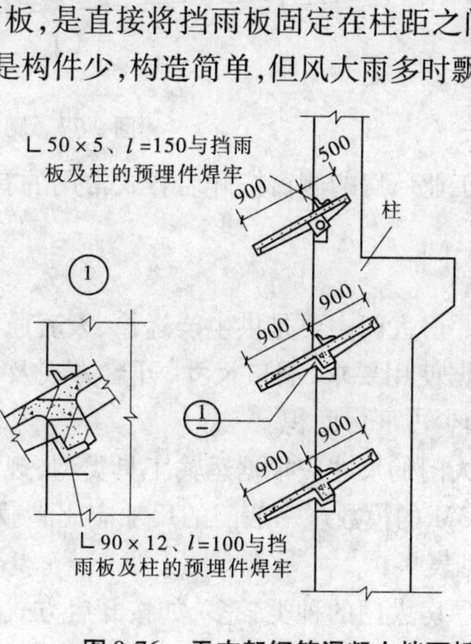

图 9-76　无支架钢筋混凝土挡雨板

任务七　单层工业厂房的侧窗与大门

一、侧窗

单层工业厂房的侧窗主要是作采光和通风之用，同时对于不同生产工艺的厂房，如有爆炸危险车间、恒温恒湿车间、洁净车间等，其侧窗还应满足泄压、保温隔热、防尘等一些特殊要求。工业厂房侧窗的规格和种类与民用建筑用窗基本相同，只是工业厂房的侧窗面积往往较大，必须选择若干个基本窗进行拼装组合方能得到所需的尺寸和窗型，这种窗一般称为拼框组合窗，如图 9-77 所示。工业厂房洞口宽度一般为 900 ~ 6 000 mm，当洞口宽度小于 2 400 mm 时，取 300 mm 的倍数；大于 2 400 mm 时，取 600 mm 的倍数。洞口高度一般为 900 ~ 4 800 mm，当洞口高度为 1 200 ~ 4 800 mm 时，取 600 mm 的倍数。

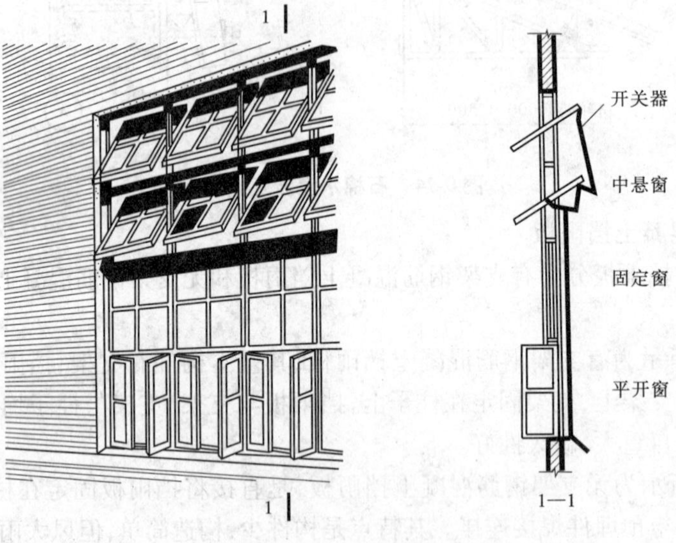

图 9-77　侧窗组合形式

单层工业厂房的侧窗按开启方式常用的有平开窗、中悬窗、固定窗、垂直旋转窗等。

二、大门

工业厂房大门主要是供生产运输、人流通行及疏散之用，其外形尺寸和重量均较大。选择时应根据使用要求、洞口尺寸、开启方式及构造处理要求等因素合理确定，做到适用、经济、耐久和少占厂房面积。

厂房大门的尺寸应根据运输工具类型、规格、运输货物的外形及通行方便等因素来确定且应符合 3M 的模数。一般门的尺寸应比满载货物的车辆宽出 600 ~ 1 000 mm，高出 400 ~ 600 mm，见表 9-1。

工业厂房大门的种类较多，如按开启方式有平开门、推拉门、折叠门、升降门、上翻门、卷帘门等，如图 9-78 所示。

表 9-1　厂房大门参考尺寸　　（单位：mm）

运输工具	洞口宽							洞口高
	2 100	2 100	3 000	3 300	3 600	3 900	4 200 4 500	
3 t 矿车								2 100
电瓶车								2 400
轻型卡车								2 700
中型卡车								3 000
重型卡车								3 900
汽车 起重机								4 200
火车							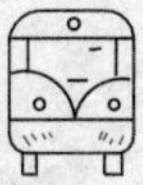	5 100 5 400

（一）平开门

平开门由门扇、铰链及门框组成。门洞口尺寸一般不宜大于 3.6 m×3.6 m，门扇可用木、钢或钢木组合而成。门框有钢筋混凝土和砌体两种，如图 9-79 所示。当门洞宽度大于 3 m 时，采用钢筋混凝土门框，在安装铰链处预埋铁件。洞口较小时可采用砖砌门框，墙内砌入有预埋铁件的混凝土块，砌块的数量和位置应与门扇上铰链的位置相适应。一般每个门扇设两个铰链。如图 9-80 所示为钢木平开大门示例。

（二）推拉门

推拉门由门扇、导轨、地槽、滑轮及门框组成。门扇可采用钢板门、钢木门、空腹薄壁钢门等。每个门扇的宽度不大于 1.8 m，根据门洞的大小，可做成单轨双扇、双轨双扇、多轨多扇等形式，常用单轨双扇，如图 9-81 所示。

推拉门支承的方式有上挂式和下滑式两种。当门扇高度小于 4 m 时，用上挂式，即门扇通过滑轮挂在洞口上方的导轨上。当门扇高度大于 4 m 时，多用下滑式，在门洞上下均设导轨，门扇沿上下导轨推拉，下面的导轨承受门扇的重量。推拉门位于墙外时，需设雨篷，长度应大于导轨长度，出挑宽度应使滑轮不受雨淋，如图 9-82 所示。

（三）折叠门

折叠门有侧挂式、侧悬式和中悬式三种。侧挂式折叠门用普通铰链，靠框的门扇如为平开门，在其侧面只挂一扇门，只适用于较小的门洞。侧悬式和中悬式折叠门，在洞口上方有导轨，在门扇间除下部用铰链连接外，门扇顶部还装有带滑轮的铰链，下部装地槽滑轮，适用于较大的门洞。侧悬式折叠门是把铰链安装在门扇侧边，开关较灵活，中悬式折叠门是把铰

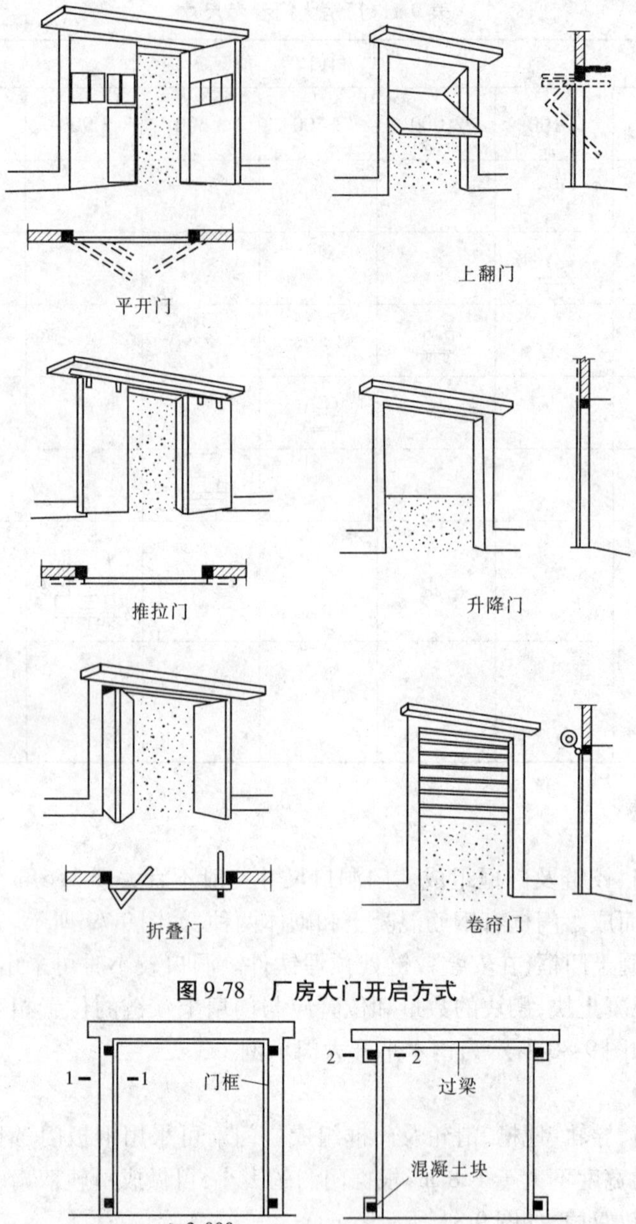

图 9-78　厂房大门开启方式

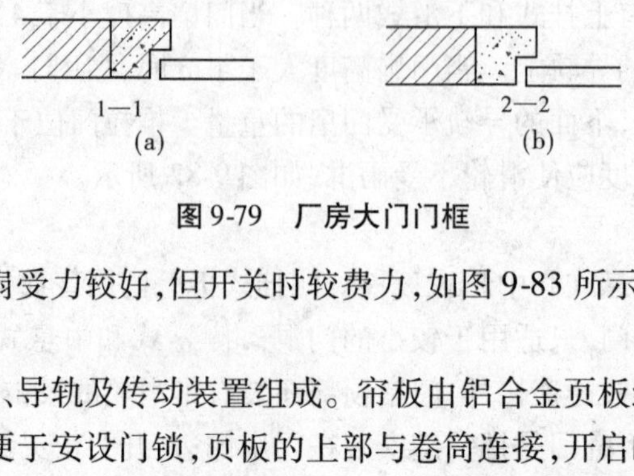

图 9-79　厂房大门门框

链安装在门扇中部，门扇受力较好，但开关时较费力，如图 9-83 所示。

(四)卷帘门

卷帘门主要由帘板、导轨及传动装置组成。帘板由铝合金页板组成，页板的下部采用钢板和角钢增强刚度，并便于安设门锁，页板的上部与卷筒连接，开启时，页板沿着门洞两侧的

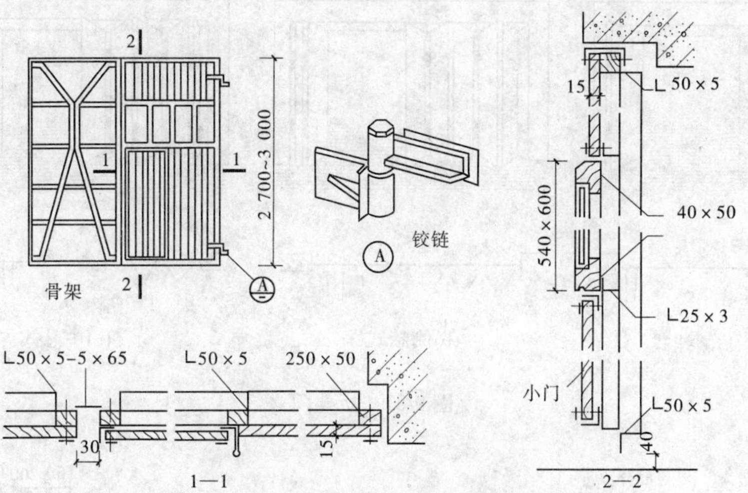

图 9-80 钢木平开大门示例

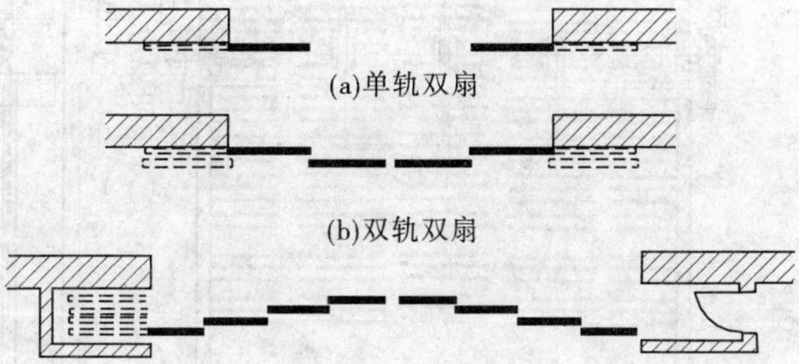

(a)单轨双扇

(b)双轨双扇

(c)多轨多扇

图 9-81 推拉门布置形式

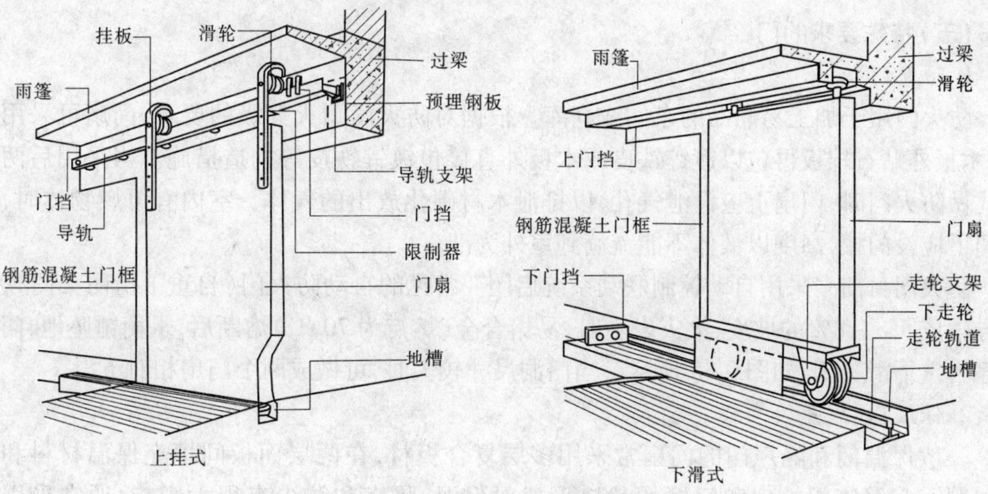

图 9-82 推拉门构造

导轨上升并卷在卷筒上。门洞的上部安设传动装置，传动装置分手动和电动两种。如图 9-84所示为电动式卷帘门构造。

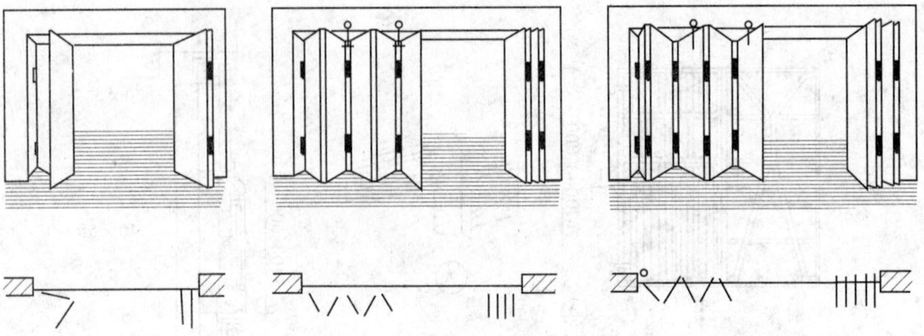

(a)侧挂式　　(b)侧悬式　　(c)中悬式

图 9-83　折叠门

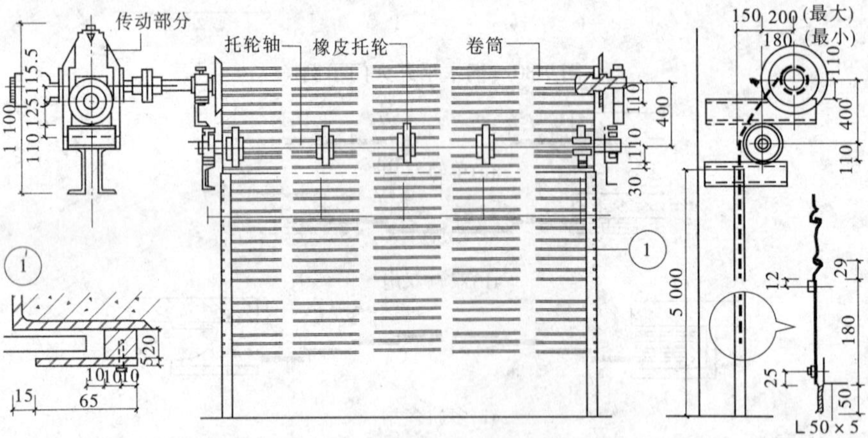

图 9-84　电动式卷帘门构造

(五)特殊要求的门

1. 防火门

防火门用于加工易燃品的车间或仓库。根据对防火门耐火等级的要求,门扇可采用钢板、木板外贴石棉板再包以镀锌铁皮或木板外直接包镀锌铁皮等构造措施。当采用后两种方式做防火门时,门扇上应设泄气孔,以排泄木材碳化放出的气体。室内有可燃物体时,防火门下应设门槛,高度以液体不能流淌到室外为准。

防火门目前多采用自动控制联动系统启闭。常见的自动防火门(自重下滑防火门),门上导轨成5% ~8%的坡度,火灾发生时,易熔合金(熔点为70 ℃)熔断后,平衡锤坠地,门扇依靠自重下滑关闭,如图 9-85 所示。当门洞尺寸较大时,可做成两个门扇相对下滑。

2. 保温门、隔声门

一般保温门和隔声门的门扇常采用多层复合板材,在两层面板间填充保温材料和吸声材料。门缝密闭处理和门框的裁口形式对保温、隔声和防尘有很大影响,通常采用在门缝内粘贴具有弹性和压缩性的填缝材料,如橡胶管、海绵橡胶条、泡沫塑料条等。门边裁口可做成斜面,既可使门关闭紧密,又可避免由于门扇胀缩而引起的缝隙不密合,如图 9-86所示。

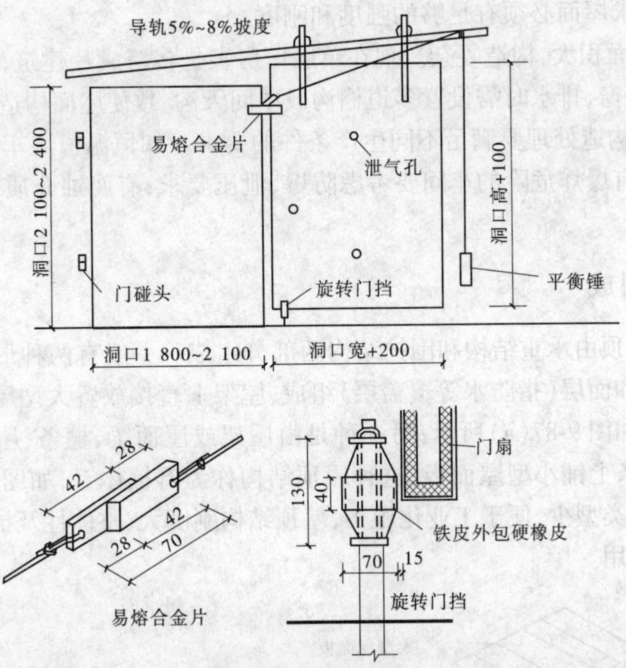

图 9-85 自动防火门

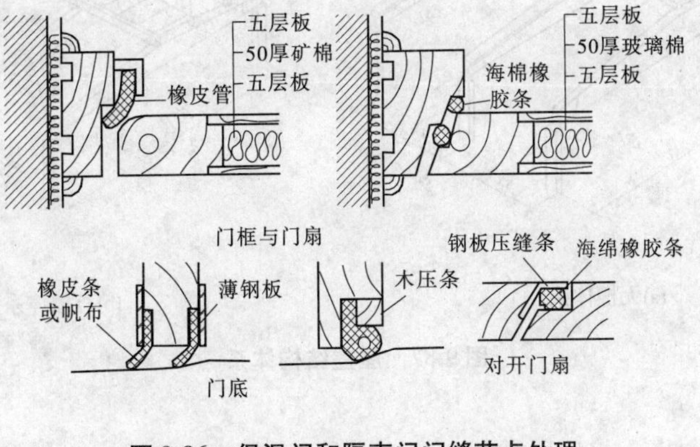

图 9-86 保温门和隔声门门缝节点处理

任务八 单层工业厂房的屋面

单层厂房的屋顶起着围护与承重双重作用,构造处理和要求上与民用建筑基本相同,设计时应满足防水、排水、保温、隔热等要求,其中防水处理是屋面构造处理的重点。根据生产工艺的需要,工业厂房的屋顶上通常设置天窗,起通风和采光的作用。

一、单层厂房屋面的特点

单层厂房屋面与民用建筑屋面相比,其特点主要有以下方面:

(1)厂房屋面承受振动荷载的影响较大。由于生产加工的需要,厂房内往往需设置吊车和大型设备,而吊车产生的冲击荷载及设备运行时产生的机械振动引起的振动荷载对屋面的影响较大，要求屋面必须有足够的强度和刚度。

(2)厂房屋面面积大，构造复杂。现在单层厂房多是多跨成片建筑，有时跨间出现高差或设各种形式的天窗，排水时需设置多道檐沟或中间天沟，致使屋面构造复杂。

(3)厂房屋面构造处理要满足不同生产条件的要求。如恒温恒湿车间保温隔热要求比一般民用建筑高；有爆炸危险的车间要考虑防爆、泄压要求；有腐蚀介质的车间要考虑防腐的要求等。

二、屋顶的组成

单层厂房的屋顶由承重结构和围护结构两部分组成。一般有两种形式，一种是由屋架或屋面梁、屋面板和面层(指防水等覆盖层)组成，屋架上直接放置大型屋面板，这种屋顶结构称为无檩体系，如图 9-87(a)所示；另一种是由屋架或屋面梁、檩条、屋面板和面层组成，屋架上放檩条，檩条上铺小型屋面板，这种屋顶结构称为有檩体系，如图 9-87(b)所示。无檩体系的屋顶构件类型少，便于工业化施工，屋顶结构刚度大，整体性及抗震性能好，目前在工程中得到广泛应用。

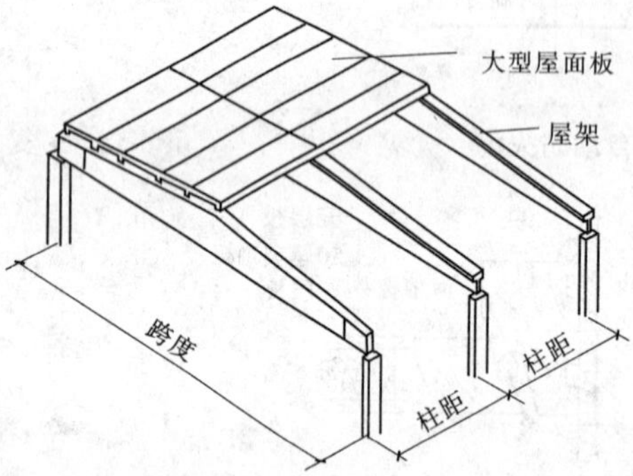

(a)无檩体系

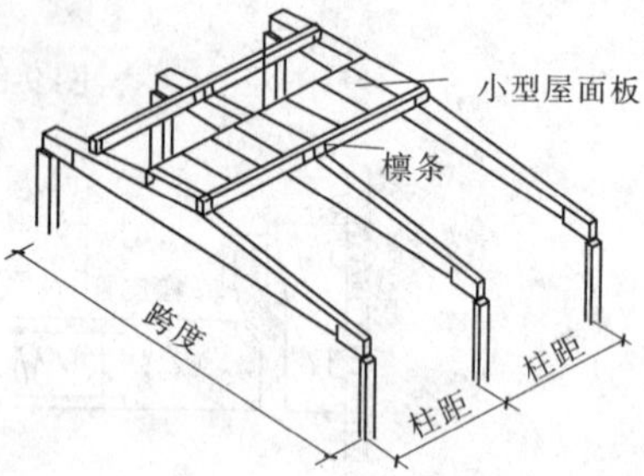

(b)有檩体系

图 9-87　屋盖结构体系

三、屋面排水

(一)无组织排水

无组织排水是让雨水顺着屋面坡度通过檐口自由落下，也叫自由落水，如图 9-88 所示。其特点是排水通畅，构造简单，节省投资。常用于降雨量小的地区和屋面坡长较小、高度较低的厂房，尤其适合易积灰及有腐蚀介质的屋面，但寒冷地区采暖厂房及在生产中有热量散出的车间，易在屋檐处结冰，拉坏檐口，故应谨慎用之。

(二)有组织排水

1. 有组织外排水

有组织外排水是将雨水管设置在墙外，把汇集到檐口天沟的雨水经过雨水斗由雨水管直接排到室外地面或排水沟中，如图 9-89 所示。其特点是排水快，排水量大，造价低，维修方便。适用于降雨量大的非寒冷地区。

当厂房纵向长度在 100 m 以内时，高低跨天沟或平行跨天沟可不设室内雨水管，仅在两

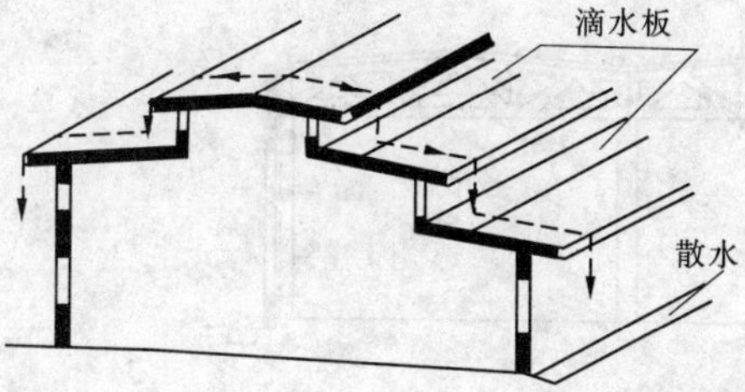

图 9-88　无组织排水

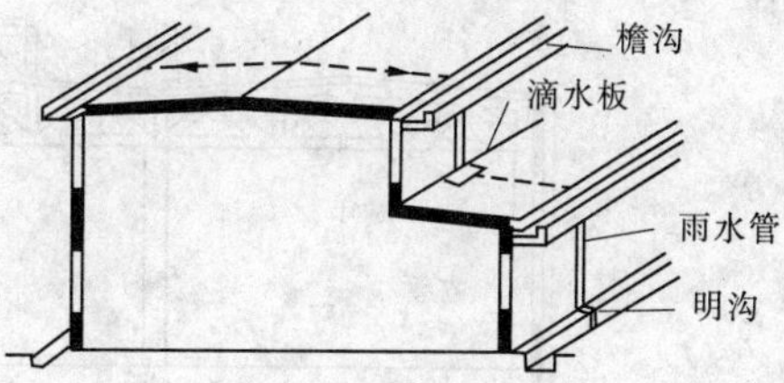

图 9-89　有组织外排水

端山墙外设雨水口和落水管，天沟板过墙伸至山墙外侧，这种排水方式称为长天沟外排水，如图 9-90 所示。

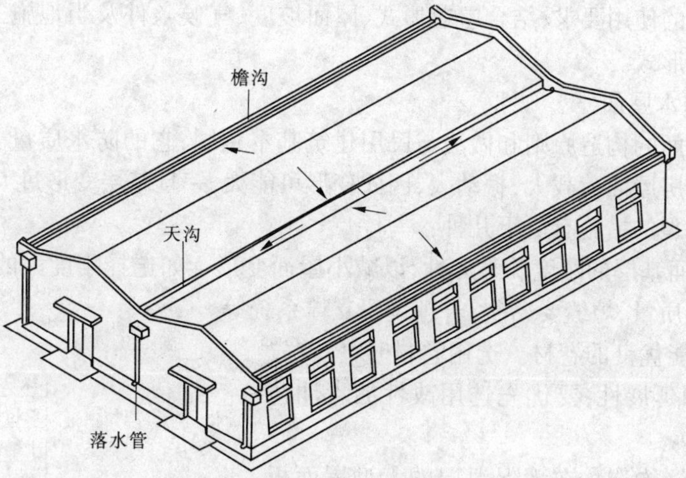

图 9-90　长天沟外排水

2. 有组织内排水

有组织内排水就是将雨水管设在室内，把汇集到天沟内的雨水经落水管排至室内地下管网，再排至室外排水管道，如图 9-91 所示。其特点是雨水管不易被冻裂，但管道设置较多，容易与其他工业管线冲突，造价高，施工和维修麻烦。有时为了减少室内地下排水管的数量，可采用内排与外排相结合的方式，称为内落外排式，如图 9-92 所示。

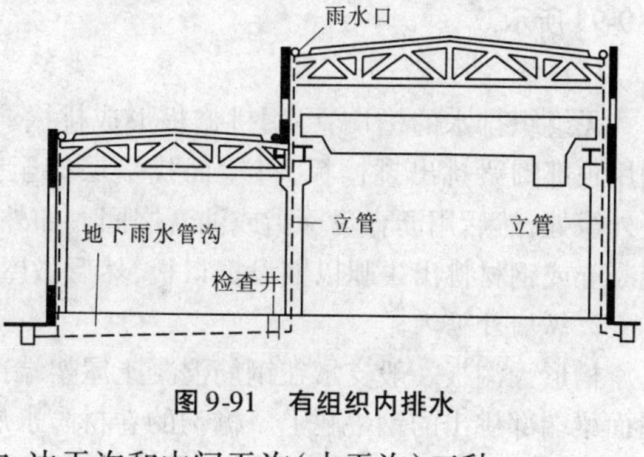

图 9-91　有组织内排水

天沟按形成方式不同有钢筋混凝土槽形天沟和直接在钢筋混凝土屋面板上形成的自然天沟两种。按位置不同分有檐沟、边天沟和中间天沟（内天沟）三种。

为使天沟内的雨雪水顺利流向低处的雨水斗，沟底应分段设置坡度，一般为 0.5% ~ 1%，最大不宜超过 2%，一般用焦渣混凝土找坡，然后用水泥砂浆抹面。槽形天沟的分水线与沟壁顶面的高差应不小于 50 mm，以防雨水出槽而导致渗漏。天沟的单坡长度不宜超过 20 m，以利于排水。

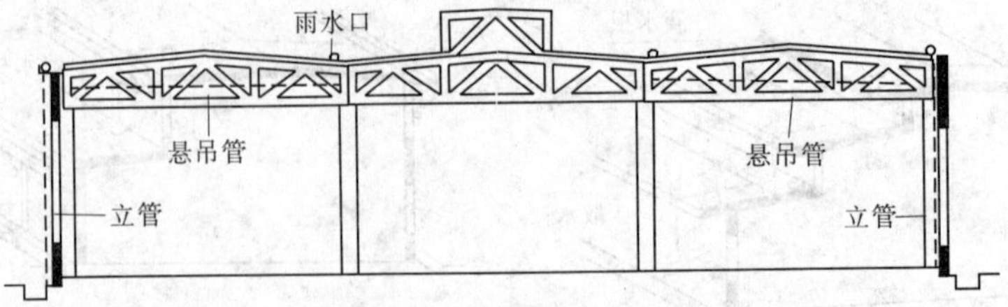

图 9-92　内落外排式

四、屋面防水

单层厂房的屋面防水主要有卷材防水、钢筋混凝土构件自防水和波形瓦(板)防水等类型。应根据厂房的使用要求,结合屋盖形式、屋面坡度、气候条件及当地施工经验等因素来选择合适的防水形式。

(一)卷材防水屋面

卷材防水屋面的构造原则和做法与民用建筑基本相同,它的防水质量关键在于基层和防水层。由于厂房屋面荷载大,振动大,因此变形可能大,一旦基层变形过大,易引起卷材拉裂。防止卷材拉裂的措施有以下几种:

(1)增强屋面基层的刚度和整体性,以减小屋面变形。如选择刚度大的板型,保证屋面板与屋架的焊接质量,填缝要密实,合理设置支撑系统等。

(2)选用性能优良的卷材。选用卷材时,应首先考虑其耐久性和延展性,要优先选用改性沥青油毡等新型防水卷材。

(3)改进接缝构造。在无保温层的大型屋面板上铺贴油毡防水卷材时,先将找平层沿横缝处做出分隔缝,缝中用油膏填充,缝上先干铺宽为 300 mm 左右的油毡条作为缓冲层,然后再铺油毡防水层,如图 9-93 所示。

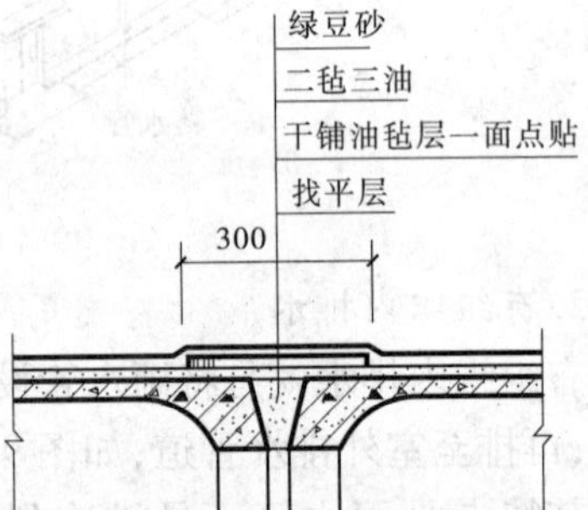

图 9-93　无保温(隔热)层的屋面板横缝处卷材防水处理

1. 挑檐

无组织排水的檐口,可用挑檐板形成挑檐,也可利用顶部圈梁挑出挑檐板,将屋面找平层抹至挑檐板外缘处,然后用沥青玛琋脂或油膏嵌固。如外挑尺寸较大,可在屋架或屋面梁端部用钢筋混凝土或钢材挑出牛腿以铺设檐口板,然后做屋面防水层,如图 9-94 所示。

2. 纵墙外檐沟

槽形天沟板一般支承在钢筋混凝土屋架端部挑出的水平挑梁上或钢屋架、钢筋混凝土屋面梁端部挑出的钢牛腿上。檐沟的卷材防水层除与屋面相同外,在防水层底应加铺一层卷材。雨水口周围应附加玻璃布两层,如图 9-95 所示。

3. 纵墙内檐沟

纵墙内檐沟有两种做法:一种是在屋架或屋面梁端部搁置天沟板;另一种是不用天沟板,直接在屋面板上垫置排水沟。在雨水口处的屋面板上留洞或打洞安装水盘和雨水口,如图 9-96 所示。

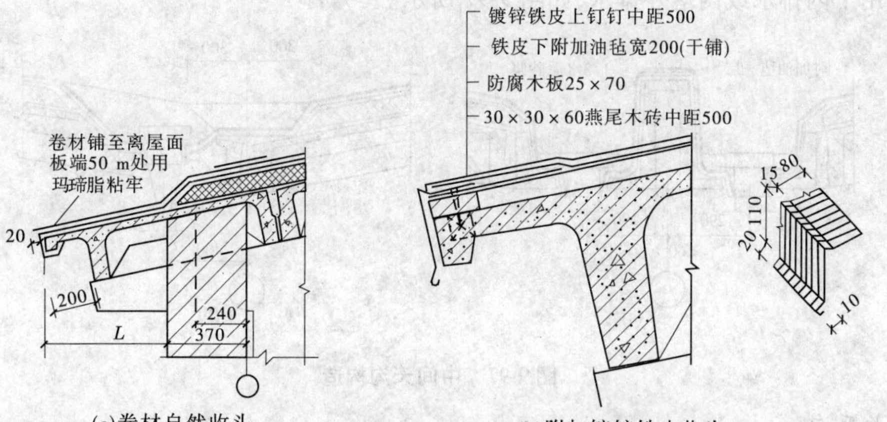

(a)卷材自然收头　　(b)附加镀锌铁皮收头

图 9-94　挑檐构造

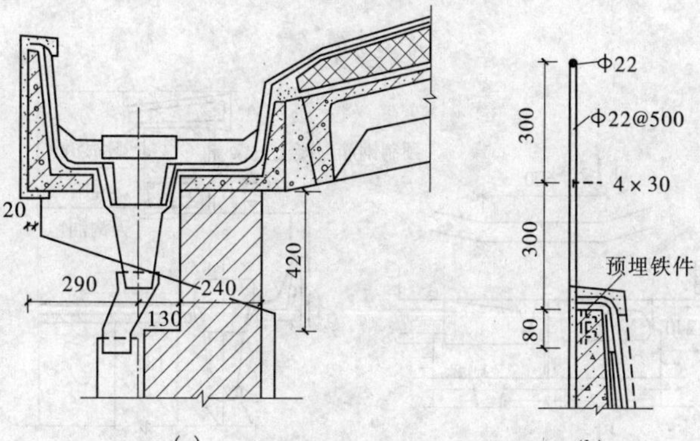

(a)　　(b)

图 9-95　纵墙外檐沟构造

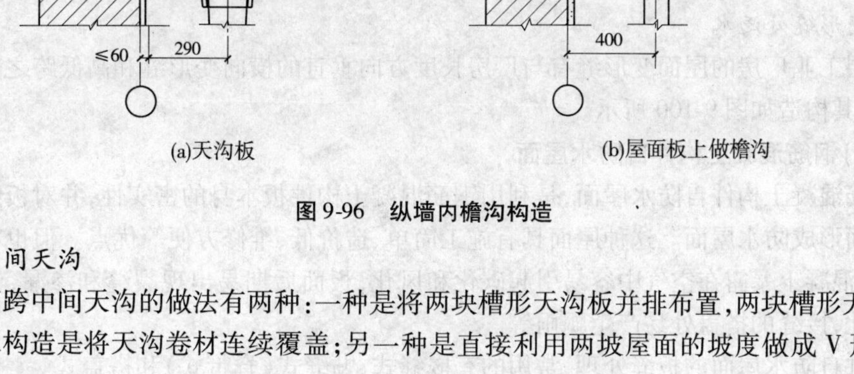

(a)天沟板　　(b)屋面板上做檐沟

图 9-96　纵墙内檐沟构造

4. 中间天沟

等高跨中间天沟的做法有两种：一种是将两块槽形天沟板并排布置，两块槽形天沟板缝处的防水构造是将天沟卷材连续覆盖；另一种是直接利用两坡屋面的坡度做成 V 形“自然天沟”,用于内排水或内落外排水,如图 9-97 所示。

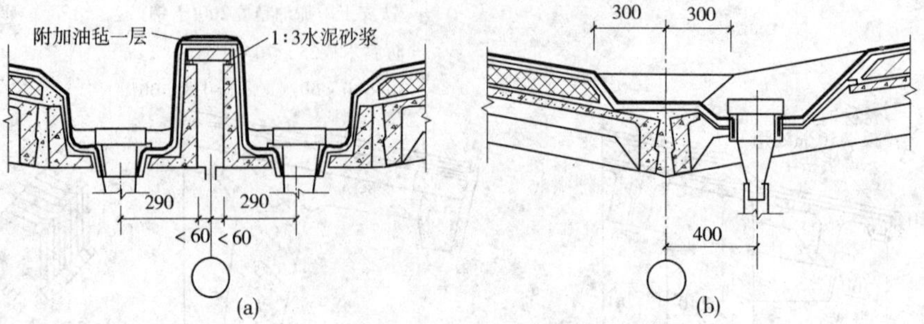

图 9-97　中间天沟构造

5. 长天沟

当采用长天沟外排水时,必须在山墙上留出洞口,天沟板伸出山墙,该洞口可兼作溢水口用,洞口的上方应设置预制钢筋混凝土过梁。这种做法构造简单,造价较低,且减少渗透,如图 9-98 所示。

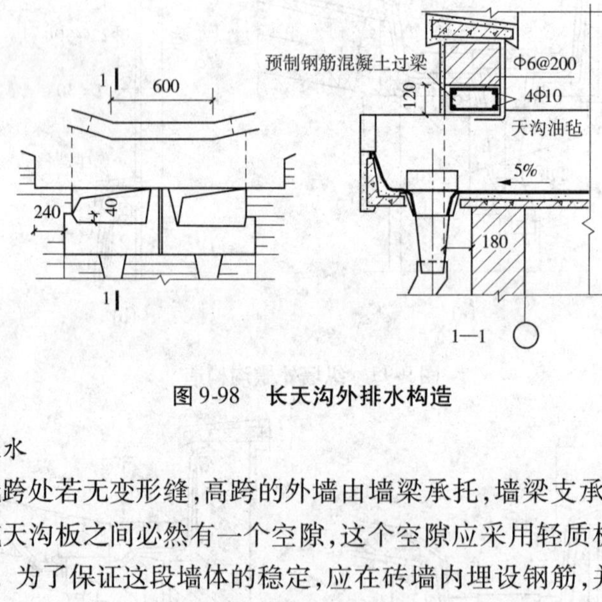

图 9-98　长天沟外排水构造

6. 高低跨处泛水

厂房平行高低跨处若无变形缝,高跨的外墙由墙梁承托,墙梁支承在柱的牛腿上,牛腿至低跨的屋面板或天沟板之间必然有一个空隙,这个空隙应采用轻质板材或较薄的砖墙封嵌,并做泛水处理。为了保证这段墙体的稳定,应在砖墙内埋设钢筋,并将两端与柱的埋件焊接,如图 9-99 所示。

7. 变形缝处泛水

单层工业厂房的屋面变形缝有与厂房长度方向垂直的横向变形缝和高低跨之间的纵向变形缝,其构造如图 9-100 所示。

(二)钢筋混凝土构件自防水屋面

钢筋混凝土构件自防水屋面,是利用钢筋混凝土构件板本身的密实性,并对板缝进行防水处理而形成防水屋面。这种屋面具有施工简单、造价低、维修方便等优点。但也存在一些缺点,如混凝土暴露在空气中容易引起碳化和风化,板面后期易出现裂缝和渗漏,油膏和涂料易老化,接缝的搭盖处易产生飘雨等。

构件自防水屋面的板缝处理,常用的有嵌缝式、贴缝式(脊带式)和搭盖式。

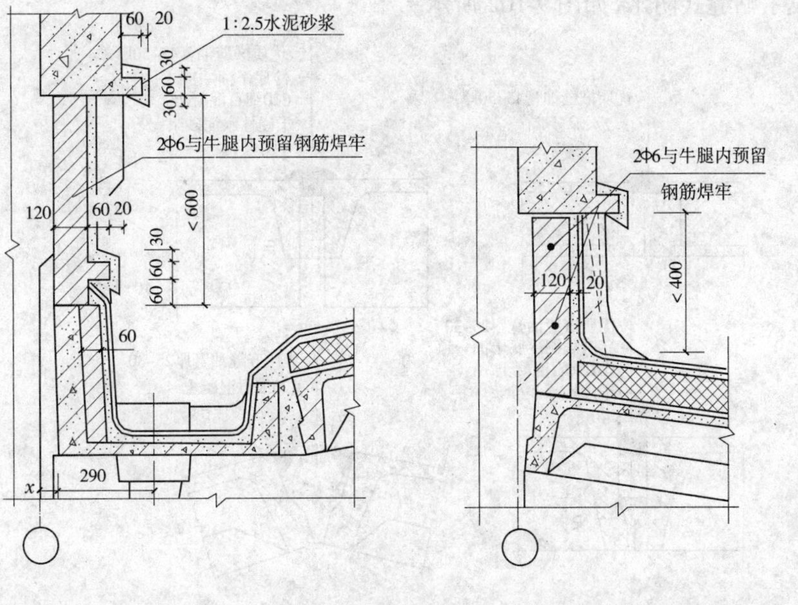

(a)有天沟　　　(b)无天沟

图 9-99　高低跨处泛水构造

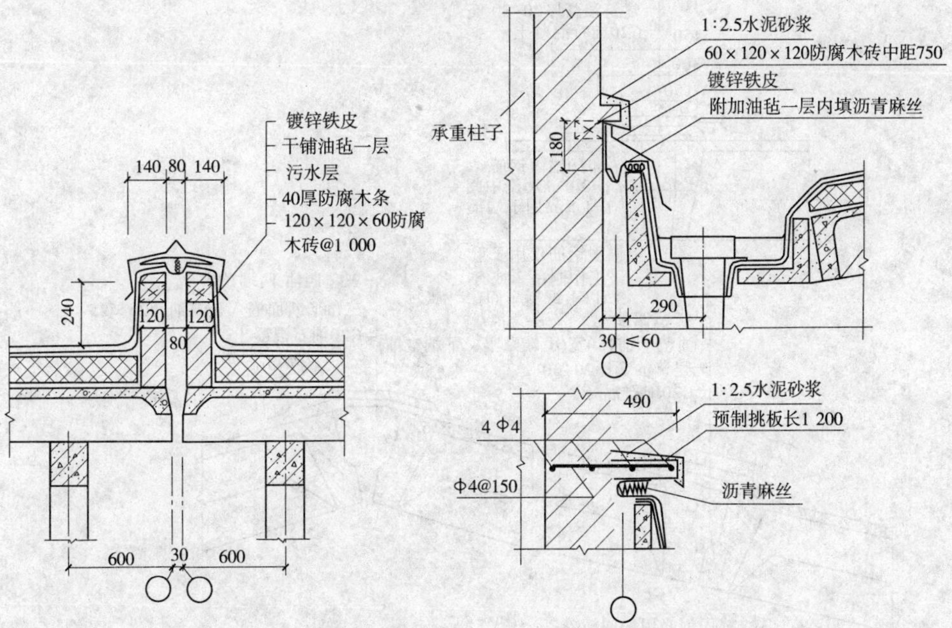

(a)横向变形缝　　　(b)高低跨处变形缝

图 9-100　变形缝处泛水构造

1. 嵌缝式、贴缝式防水

嵌缝式构件自防水是利用钢筋混凝土大型屋面板作防水层，板缝嵌油膏防水的屋面，如图 9-101 所示。为提高防水效果，可在油膏嵌缝的基础上，再粘贴油毡或玻璃布等卷材作防水层，便构成了贴缝式防水，如图 9-102 所示。

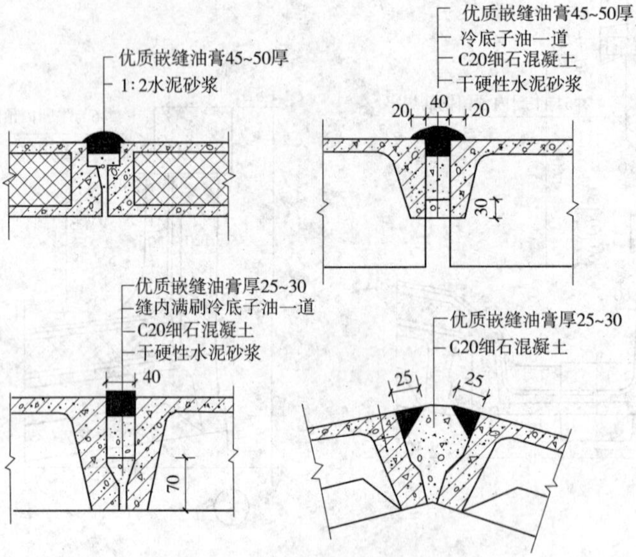

图 9-101　嵌缝式构件自防水构造

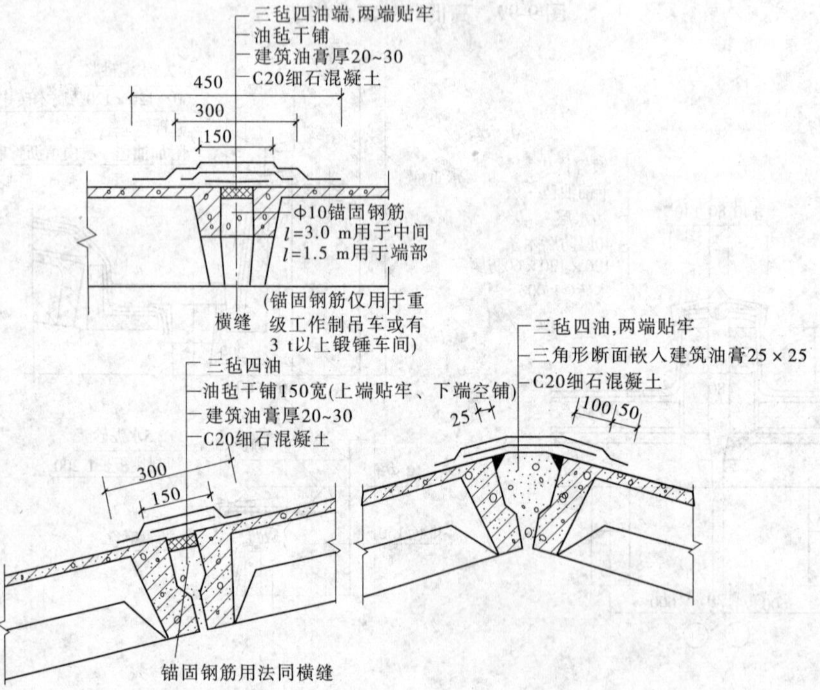

图 9-102　贴缝式构件自防水构造

2. 搭盖式防水

搭盖式防水是用 F 形屋面板上下搭盖，盖住纵缝，用盖瓦、脊瓦覆盖横缝和脊缝，如图 9-103所示。这种屋面板安装简便，但是板型复杂，不便制作，盖瓦受振动易滑脱，屋面易渗漏。接缝处需进行防水处理,可用水泥砂浆嵌缝,但不能在缝内填满砂浆,以免引起爬水。

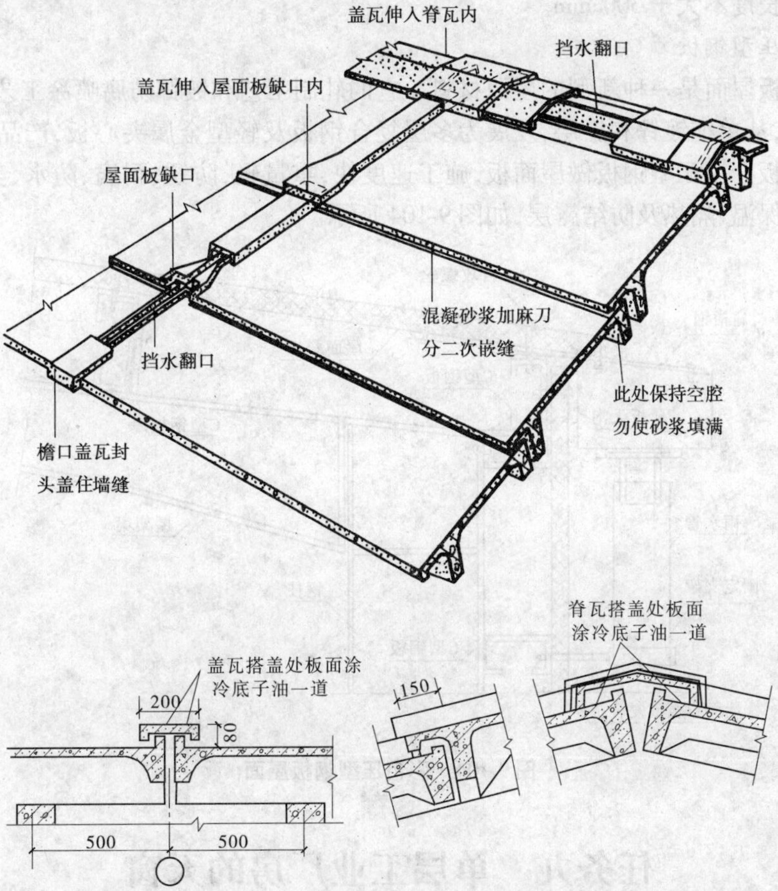

图 9-103　F 形屋面板搭盖式防水

(三)波形瓦(板)防水屋面

波形瓦(板)防水屋面常用的有石棉水泥波瓦、镀锌铁皮波瓦、钢丝网水泥波瓦和压型钢板等。这种屋面具有重量轻、施工简便、防火性能好等优点。

1. 石棉水泥波瓦屋面

石棉水泥波瓦屋面的优点是重量轻,施工简便;其缺点是易脆裂、耐久性和保温隔热性差。主要用于一些仓库及对室内温度要求不高的厂房中。

石棉水泥波瓦规格有大波瓦、中波瓦和小波瓦三种。在厂房中常采用大波瓦。石棉水泥波瓦直接铺设在檩条上,檩条间距应与石棉瓦的规格相适应,一般是一块瓦跨三根檩条。檩条有木檩条、钢筋混凝土檩条、钢檩条和轻钢檩条等。石棉水泥波瓦与檩条的固定要牢固,但石棉水泥波瓦较脆,对温湿度收缩及振动的适应力差,所以不能固定太紧,要留有其变位的余地。其做法是用挂钩固定,用卡钩保证定位,同时挂钩也是柔性连接,允许少量位移。为了不限制石棉水泥波瓦的变位,一块瓦上挂钩数量不超过 2 个,挂钩的位置应设在石棉水泥波瓦的波峰上,以免漏水,并应预先钻孔,孔径比挂钩直径大 2 ~ 3 mm,以利变形和安装。瓦面与挂钩螺丝间设橡皮垫圈。镀锌卡钩可免去钻孔、漏水等缺点,但不如挂钩连接牢固。因此,除檐口、屋脊等部位外,其余最好用卡钩与檩条连接。石棉水泥波瓦横向搭接一个半波，搭接方向应顺主导风向，以防风和保证瓦的稳定。瓦的上下搭接长度不小于 200 mm。檐口处挑出长度不大于 300 mm。

2. 彩色压型钢板

压型钢板屋面是一种新型的屋面材料。它的轧制工艺和镀锌防腐喷涂工艺进行了不断改进和革新，从单纯镀锌和涂层，发展为多层复合钢板及轻型金属夹心板，产品规格也由短板发展为长板。用压型钢板做屋面板，施工速度快，重量轻，防锈、耐腐、防水、美观，根据需要也可设置保温、隔热及防结露层，如图 9-104 所示。

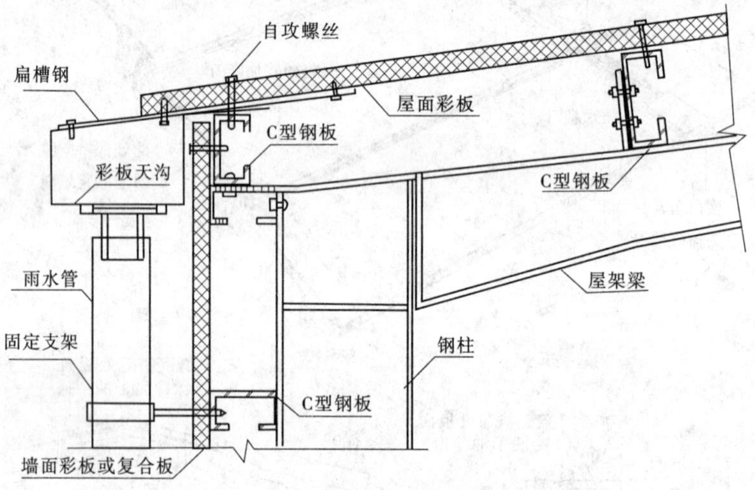

图 9-104　彩色压型钢板屋面

任务九　单层工业厂房的天窗

在大跨度或多跨的单层工业厂房中，为满足天然采光和自然通风的要求，在屋顶部位设置各种形式的天窗，这些天窗按功能可分为采光天窗和通风天窗两大类，但是大部分天窗同时兼有采光和通风双重作用。主要用做采光的天窗有矩形天窗、锯齿形天窗、平天窗、三角形天窗、M 形天窗等。主要用做通风的天窗有矩形通风天窗、纵向或横向下沉式天窗、井式天窗等，如图 9-105 所示。

一、矩形天窗

矩形天窗主要由天窗架、天窗扇、天窗屋面板、天窗侧板及天窗端壁等构件组成，如图 9-106所示。

为了获得良好的采光效率，矩形天窗的宽度 b 宜等于厂房跨 L 的 1/3 ~ 1/2，天窗高宽比 h/b 为 0.3 左右，相邻两天窗的轴线间距 L_0 不宜大于工作面至天窗下缘高度 H 的 4 倍，如图 9-107 所示。

矩形天窗沿厂房纵向设置（见图 9-108），在厂房端部和变形缝两侧的第一个柱间常不设天窗，这是为了简化构造，同时作为屋面检修和消防的通道。每段天窗的端部设置上天窗屋面的消防检修梯，如图 9-106 所示。

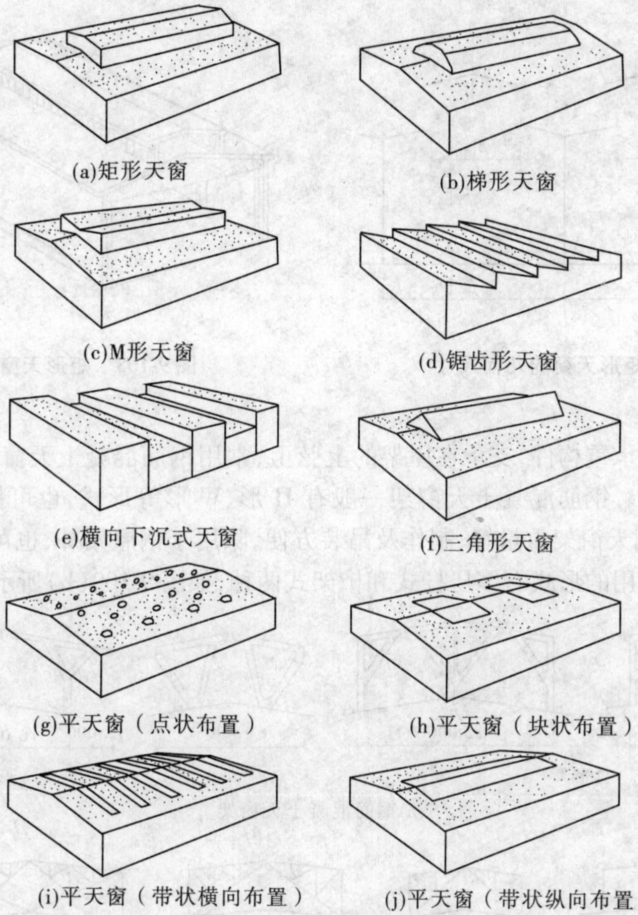

图 9-105　天窗的形式

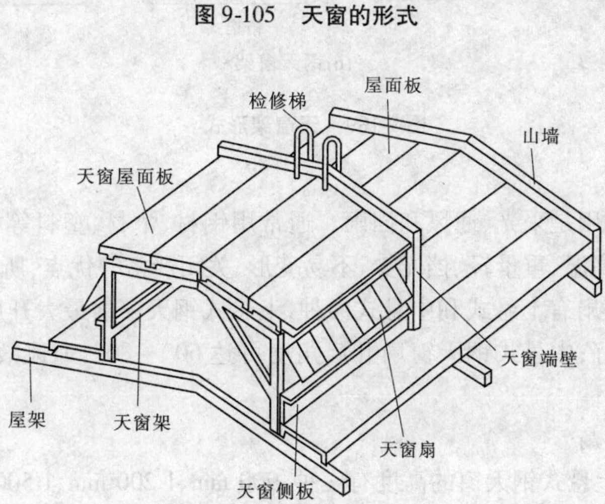

图 9-106　矩形天窗的组成

矩形天窗构造简单,采光均匀,防雨效果好,窗扇开启时可作通风之用,故应用较广泛。但其构件类型多,自重大,造价高。

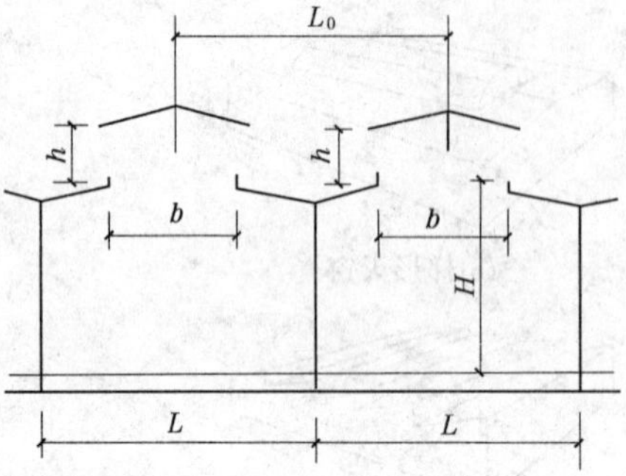

图 9-107　矩形天窗的几何尺寸

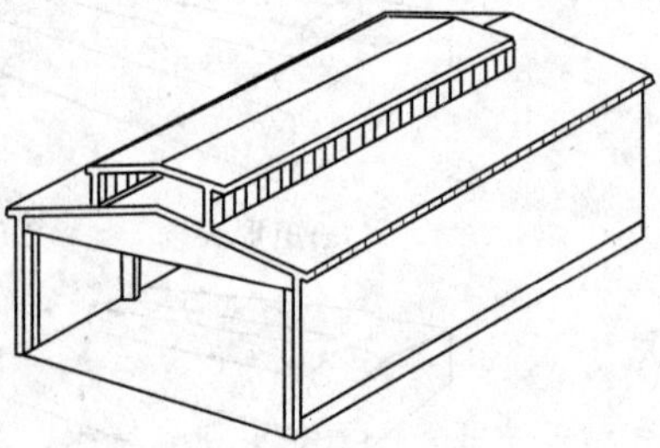

图 9-108　矩形天窗

(一)天窗架

天窗架是天窗的承重构件,支承在屋架的上弦上,常用钢筋混凝土天窗架和钢天窗架,一般与屋架材料一致。钢筋混凝土天窗架一般有 Π 形、W 形等形式,也可做成双 Y 形,如图 9-109(a)所示。钢天窗架重量轻、制作及吊装方便,除用于钢屋架外,也可用于钢筋混凝土屋架。钢天窗架常用的形式有多压杆式和桁架式两种,如图 9-109(b)所示。

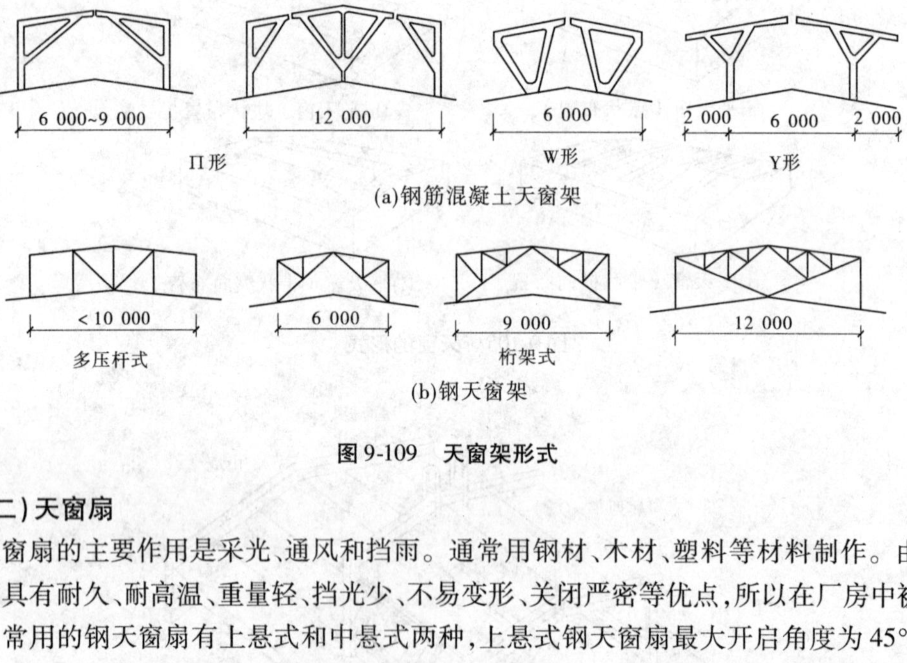

图 9-109　天窗架形式

(二)天窗扇

天窗扇的主要作用是采光、通风和挡雨。通常用钢材、木材、塑料等材料制作。由于钢天窗扇具有耐久、耐高温、重量轻、挡光少、不易变形、关闭严密等优点,所以在厂房中被广泛应用。常用的钢天窗扇有上悬式和中悬式两种,上悬式钢天窗扇最大开启角度为 45°,通风效果差,但防雨效果好;中悬式钢天窗扇开启角度可达 60°～80°,通风效果好,但防雨效果较差。

1. 上悬式钢天窗扇

我国 J815 定型上悬式钢天窗的高度有三种:900 mm、1 200 mm、1 500 mm。根据需要可以组合出不同的高度。上悬式钢天窗扇可通长布置也可分段布置。通长天窗扇由两个端部固定窗扇和若干个中间开启窗扇连接而成。分段天窗扇是在每个柱距内分别设置天窗扇,其特点是开启及关闭灵活,但窗扇用钢量多。

上悬式钢天窗其开启扇之间均设固定扇,起窗框的作用,固定扇的后侧宜设置倾斜的挡雨扇，以防止雨水从开启扇两侧飘入。

2. 中悬式钢天窗扇

中悬式钢天窗扇因受天窗架的阻挡只能分段设置，一个柱距内仅设一樘窗扇。我国定型产品的中悬式钢天窗的高度有三种：900 mm、1 200 mm 和 1500 mm，可按需要进行组合。窗扇转轴固定在两侧的竖框上。

（三）天窗侧板

在天窗扇下部需设置天窗侧板，其作用是防止雨水溅入车间及防止因屋面积雪挡住天窗扇，影响其开启。从屋面至侧板顶面的高度一般为 300 mm，积雪较深的地区，可增高至 500 mm。侧板的种类较多，当屋盖采用无檩体系时，常采用钢筋混凝土槽形板或小型平板；当屋盖采用有檩体系时，常采用石棉瓦、压型钢板等轻质材料。侧板与屋面交接处应做好防水处理，侧板是否设置保温层应与屋面一致，如图 9-110 所示。

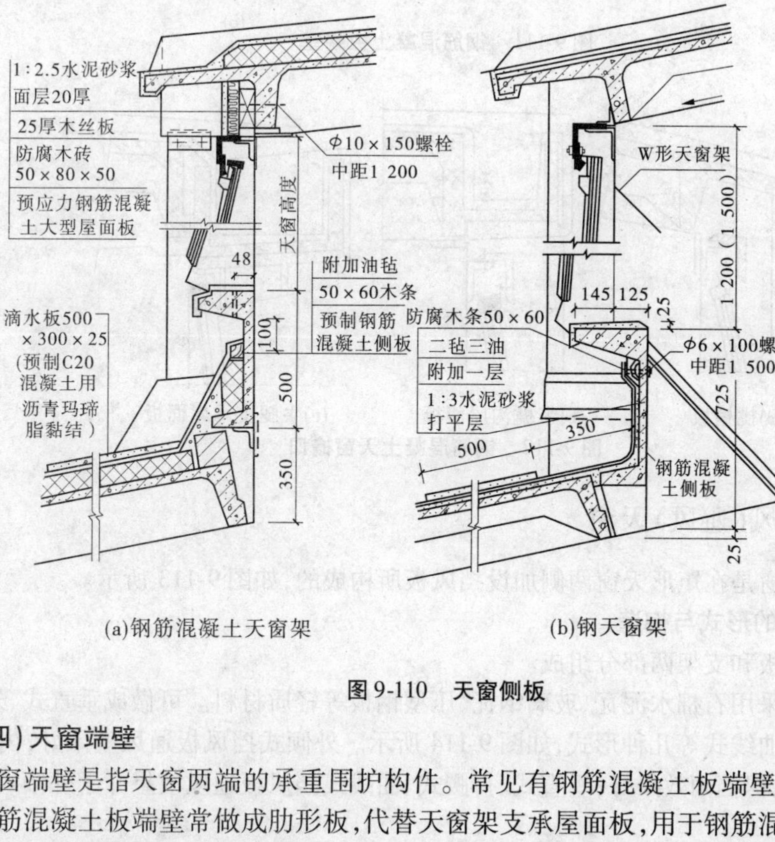

图 9-110　天窗侧板

（四）天窗端壁

天窗端壁是指天窗两端的承重围护构件。常见有钢筋混凝土板端壁和石棉水泥瓦端壁。钢筋混凝土板端壁常做成肋形板，代替天窗架支承屋面板，用于钢筋混凝土屋架。石棉水泥瓦端壁是用钢天窗架外挂石棉水泥瓦构成，多用于钢屋架。端壁板及天窗架与屋架的连接均通过预埋铁件焊接，如图 9-111 所示。

（五）天窗屋面及檐口

天窗屋面的构造通常与厂房屋面构造相同。由于天窗宽度和高度一般较小，故通常采用无组织排水，天窗檐口由带挑檐的屋面板形成，挑出长度为 300～500 mm。檐口的下部厂房屋面上须铺设滴水板，以保护厂房屋面。雨水量多的地区或天窗高度和宽度较大时，应采用有组织排水。一般可采用带檐沟的屋面板或天窗架的钢牛腿上铺设槽形天沟板，以及屋面板的挑檐下悬挂镀锌铁皮或石棉水泥檐沟等三种做法，如图 9-112 所示。

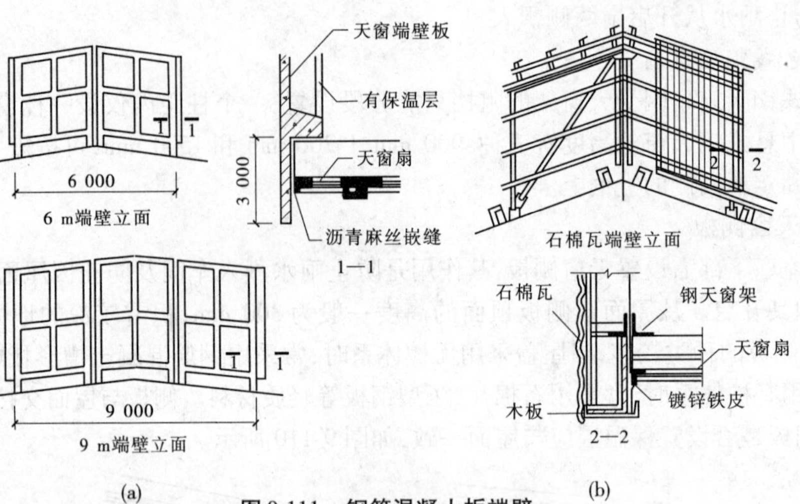

图 9-111 钢筋混凝土板端壁

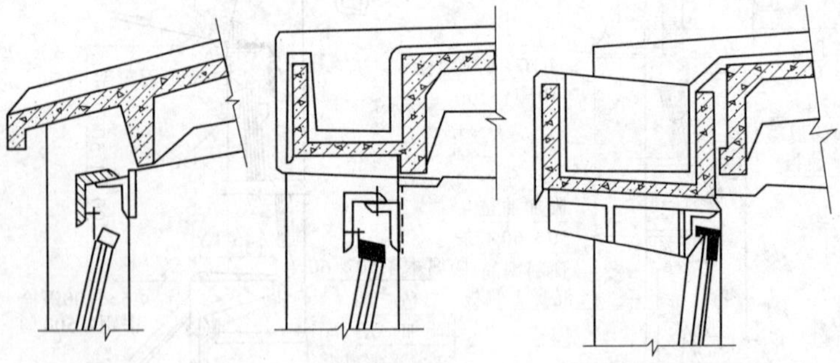

(a)挑檐板 (b)带檐沟屋面板 (c)牛腿支承屋面板

图 9-112 钢筋混凝土天窗檐口

二、矩形通风(避风)天窗

矩形通风天窗是在矩形天窗两侧加设挡风板所构成的,如图 9-113 所示。

(一)挡风板的形式与构造

挡风板由面板和支架两部分组成。

面板材料常采用石棉水泥瓦、玻璃钢瓦、压型钢板等轻质材料。可做成垂直式、外倾式、内倾式、折腰式、曲线式等几种形式,如图 9-114 所示。外倾式挡风板通风效果好;内倾式挡风板通风效果差,但挡雨效果好;垂直式、折腰式、曲线式挡风板通风效果介于外倾式和内倾式之间。

挡风板是固定在支架上的,支架的材料主要采用型钢及钢筋混凝土。支架按结构的受力方式可分为立柱式(包括直立柱和斜立柱)和悬挑式两种。

1. 立柱式支架

立柱式支架是将型钢及钢筋混凝土立柱支承在屋面板纵肋的柱墩上,并用支撑与天窗架连接,因此结构受力合理,常用于屋面为无檩体系的大型屋面板类的屋盖,如图 9-115 所示。当屋面为有檩体系时,立柱可支承在檩条上,但该构造处理复杂,很少采用。

2. 悬挑式支架

悬挑式支架固定在天窗架上,屋面不承受挡风板的荷载,因此挡风板与天窗之间的距离

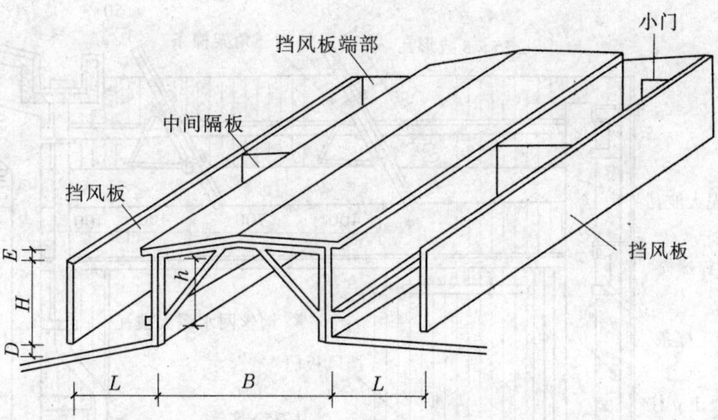

图 9-113　矩形通风天窗的组成

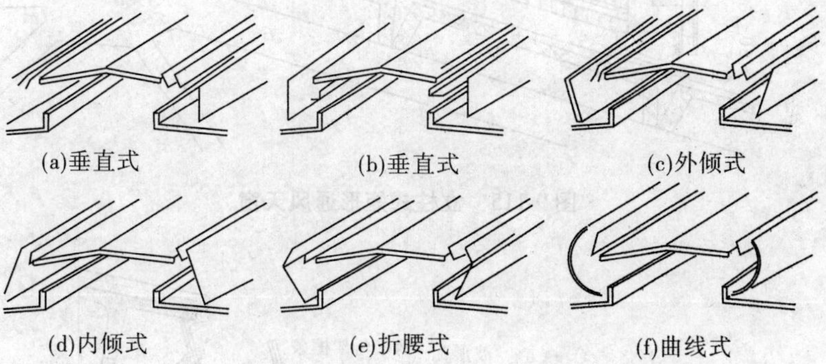

图 9-114　挡风板形式

可较灵活,且屋面防水不受立柱的影响,适应性广,但增加了天窗架的荷载,且对抗震不利,如图 9-116 所示。

(二)挡雨设施

矩形通风天窗常用于热加工车间,为了提高通风效果,除寒冷地区外,一般不设窗扇,但必须安装挡雨设施,以防雨水飘入室内。天窗口的挡雨方式可分为大挑檐挡雨、水平口设挡雨片和垂直口设挡雨板三种,如图 9-117 所示。

挡雨构造形式和挡雨角的大小,都会影响天窗的通风效果。确定挡雨角时既要满足防雨要求,也要考虑通风需要。由于有挡风板的天窗口处于负压区,这时挡雨角可比无挡风板的窗口大 10°左右,一般按 35°~45°选用;风雨较大地区按 30°~35°选用;防雨要求较高的车间及有台风暴雨地区,挡雨角应酌情减小,或使排风区完全处于遮挡区内。

挡雨片可采用石棉瓦、钢丝网水泥板、钢筋混凝土板、薄钢板、瓦楞铁等。当通风天窗还有采光要求时,宜采用透光较好的材料制作,如铅丝玻璃、钢化玻璃、玻璃钢波形瓦等。

三、下沉式天窗

下沉式天窗是在拟设置天窗的部位,把屋面板下移铺在屋架的下弦上,利用屋架上下弦之间的空间构成天窗,从而取消了天窗架和挡风板系统。其特点是不增加厂房高度及屋面

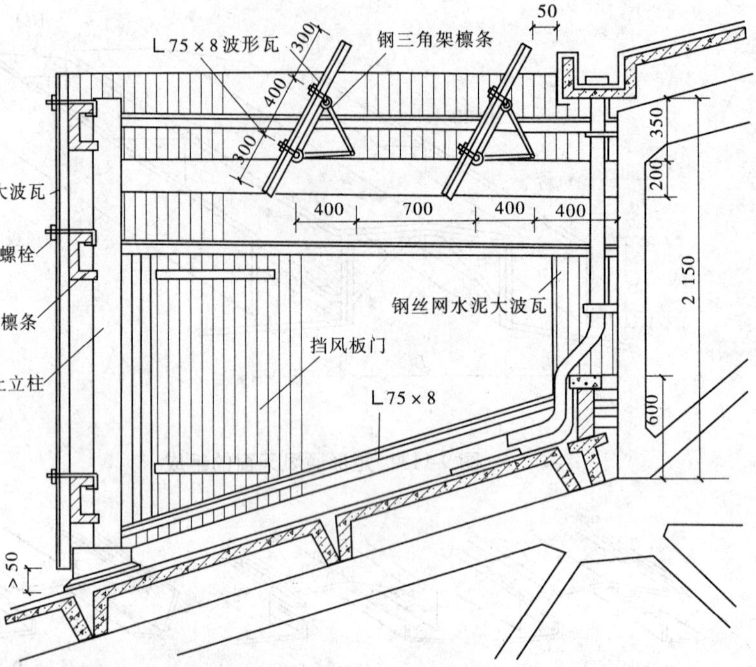

图 9-115　立柱式矩形通风天窗

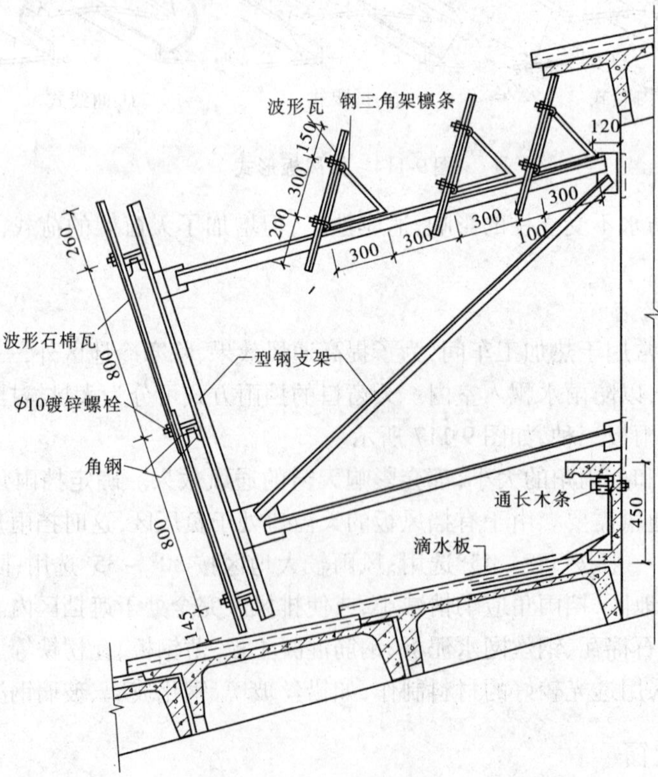

图 9-116　悬挑式矩形通风天窗

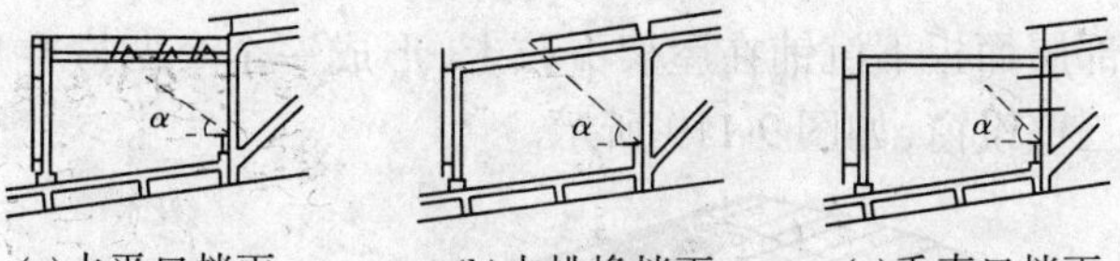

(a)水平口挡雨　　(b)大挑檐挡雨　　(c)垂直口挡雨

图 9-117　挡雨设施

荷载,但增加了构造和施工的复杂程度。

(一)下沉式天窗的类型

根据其下沉的部位不同可分为纵向下沉、横向下沉和井式下沉三种类型。

1. 纵向下沉式天窗

纵向下沉式天窗是将屋面板沿纵向通长下沉,使屋面形成一条或几条纵向凹槽,并在凹槽的两侧设窗而形成的。根据其下沉位置的不同,分为两侧下沉式天窗、中凹型天窗和双凹型天窗三种类型。其中两侧下沉式天窗采光效果较好,双凹型天窗次之,中凹型天窗采光效果较差,如图 9-118 所示。

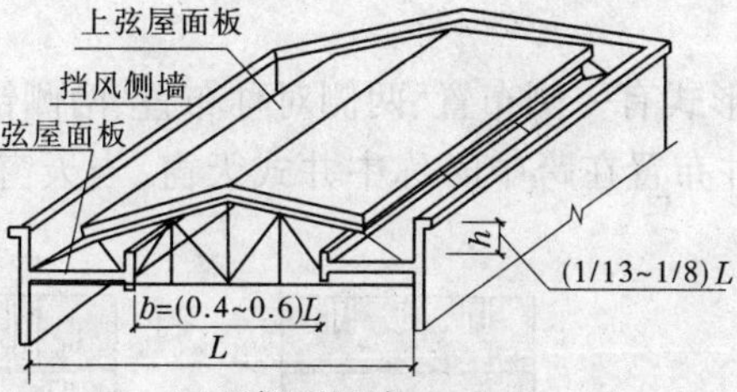

(a)两侧下沉式

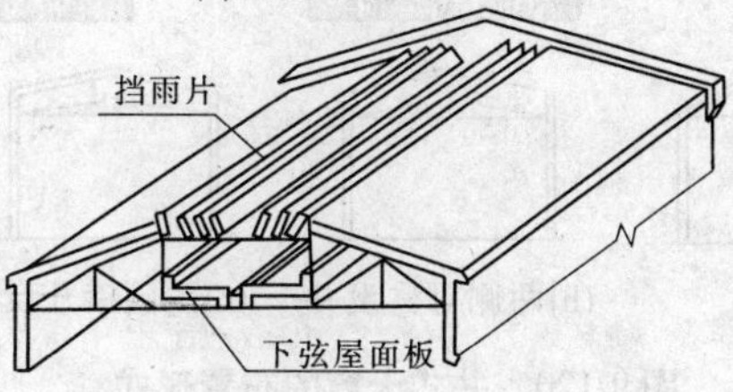

(b)中凹型

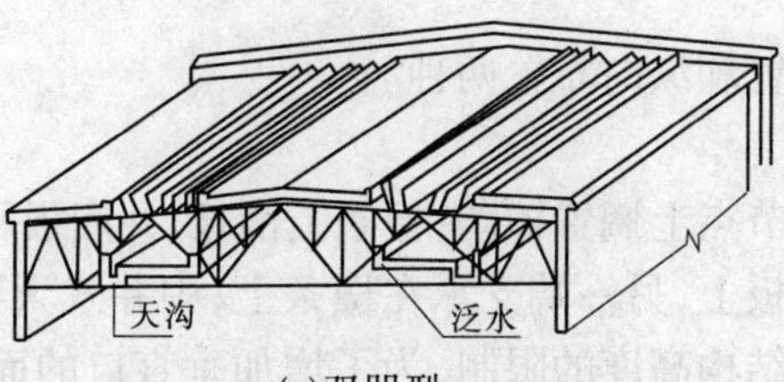

(c)双凹型

图 9-118　纵向下沉式天窗

2. 横向下沉式天窗

横向下沉式天窗是将一个柱距内整跨屋面板全部下沉布置在屋架的下弦上,使屋面板形成几条横向凹槽,并在凹槽的两侧设窗而形成的。其特点是采光均匀,效果好,防水、排水容易,但清灰扫雪不便,纵向刚度差,避风性能差。

3. 井式天窗

井式天窗是将局部屋面板下沉铺在屋架下弦上，形成一个个凹嵌在屋架空间的井状天窗。可在井的四壁或三壁设窗，如图 9-119 所示。

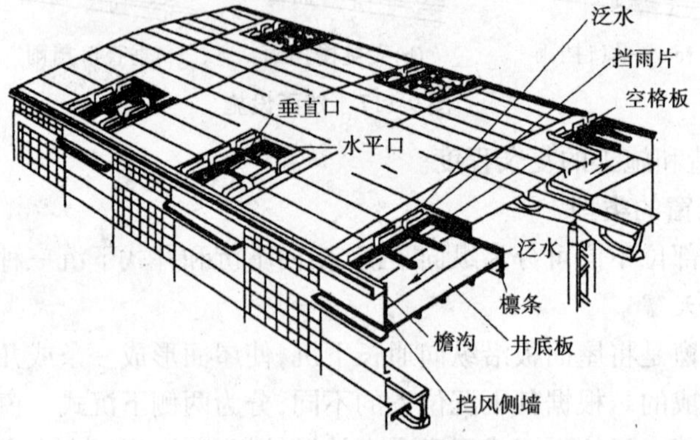

图 9-119　井式天窗组成

(二) 井式天窗构造

1. 布置形式

井式天窗的基本布置形式有一侧布置、两侧对称布置、两侧错开布置、跨中布置等几种，如图 9-120 所示。当天窗井布置在跨中时称中井式天窗，当天窗井布置在一侧或两侧时称边井式天窗。

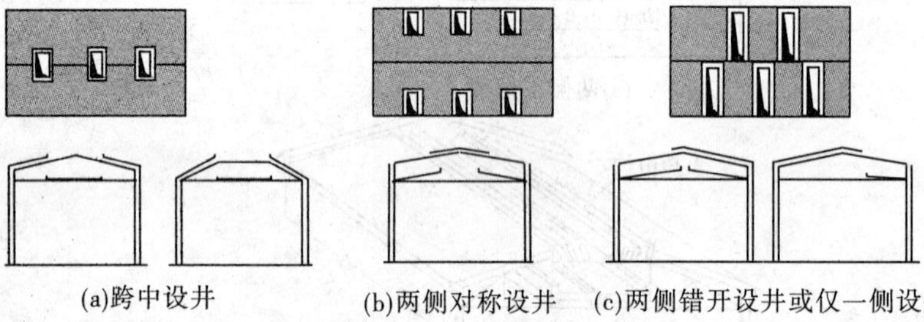

图 9-120　井式天窗的布置形式

2. 井底板的布置

井底板的布置有横向布置和纵向布置两种。

1) 横向布置

横向布置即在屋架下弦节点上搁置檩条，檩条上铺板，井底板平行于屋架布置。边井式天窗井底板一端支承在天沟板上，另一端支承在檩条上；中井式天窗两端均支承在檩条上。井式天窗垂直口高度受屋架结构高度的限制，为了增加垂直口的面积，可采用下卧式檩条、槽形檩条或 L 形檩条，以降低板的标高，增大净空高度，而且槽形和 L 形檩条的上部还可兼起泛水的作用。

2) 纵向布置

纵向布置即井底板两端直接支承在屋架的下弦上，垂直于屋架布置，如图 9-121 所示。纵向布置省去了檩条并可增加天窗垂直口的净空高度，但铺板时有些板的板端与屋架腹杆相碰，为了便于布置，井底板可做成卡口板或出肋板，如图 9-122 所示。也可做成 F 形板，由 F 形板的纵肋支承在屋架下弦节点上。

为方便于檩条和井底板的搁置，屋架一般采用双竖杆屋架、无竖杆屋架或全竖杆屋架，如图 9-123 所示。

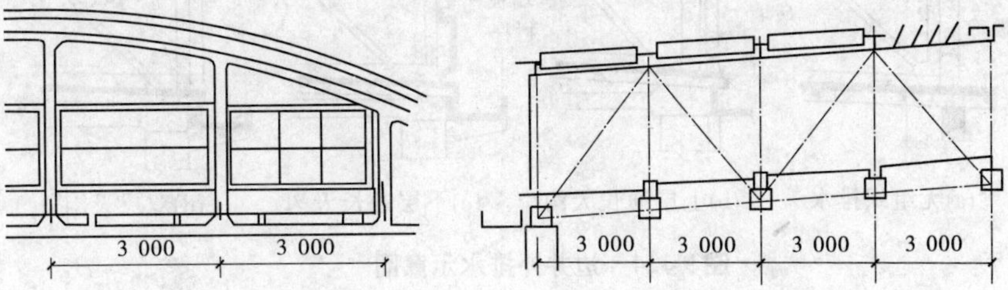

(a)　　　　(b)

图 9-121　井底板纵向布置

(a)卡口板　　　　(b)出肋板

图 9-122　井底板纵向布置的两种形式

类型	双竖杆屋架	无竖杆屋架	全竖杆屋架
平行弦			
梯形		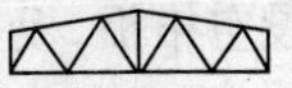	
拱形		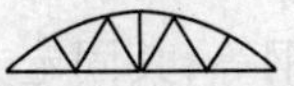	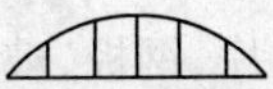
折线形		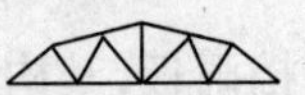	
三角形			

图 9-123　用于井式天窗的屋架形式

3. 排水方式

井式天窗因屋架上下弦分别铺有屋面板，排水处理较复杂，排水方式有边井式外排水和连跨内排水两种。

1) 边井式外排水

边井式外排水有无组织外排水、单层天沟外排水和双层天沟外排水等几种形式，如图 9-124所示。其中单层天沟外排水无论天沟设在上层还是下层，均设成通长天沟；双层天沟外排水一般为上层屋面设通长或间断天沟，下层井底板外设通长天沟。

2) 连跨内排水

相邻两跨布置井式天窗时，出现内排水，处理方式一般有上下屋面均设通长天沟或下层设通长天沟，上层设间断式天沟等几种，如图 9-125 所示。

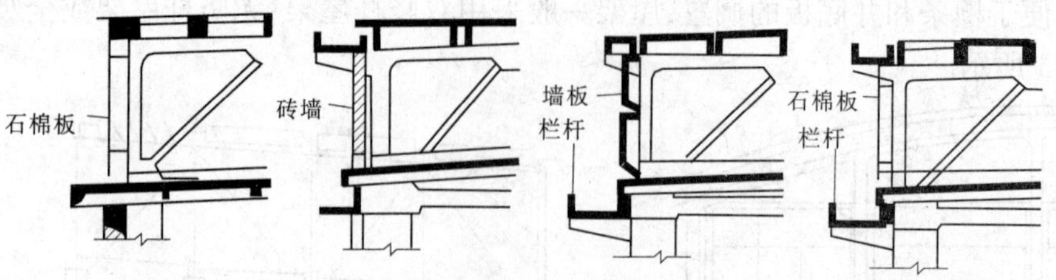

(a)无组织排水 (b)上层通长天沟 (c)下层通长天沟 (d)双层天沟

图 9-124 边井外排水示意图

4. 挡雨设施

不采暖厂房的井式天窗往往不设窗扇而做成开敞式，为避免雨水飘入室内，井式天窗常在井口处设置挡雨设施。挡雨设施的构造形式一般有以下三种。

1)井上口挑檐

井口纵向以多放一块屋面板形成挑檐，横向则由相邻屋面板加长挑出而成。也可在井口设檩条，镶边板放在檩条上形成挑檐。

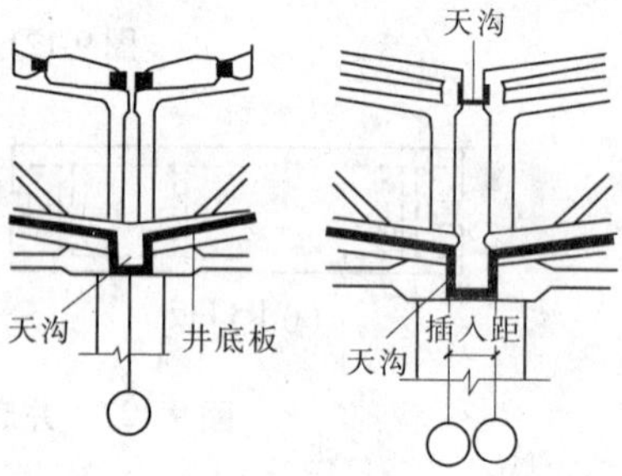

(a)下层通长天沟 (b)上下通长天沟

图 9-125 连跨内排水示意图

2)水平口设挡雨片

当水平井口不大时，可在井口设空格板，板上装置挡雨片。空格板是将大型屋面板的大部分板面去掉，保留边肋和两端少量的板，将挡雨片固定在空格板的边肋上。挡雨片可采用石棉瓦、钢丝网水泥片、钢板、玻璃钢等，其固定方法有插槽法和焊接法两种。

3)垂直口设挡雨板

垂直口处一般设置一层或两层挡雨板，其构造与开敞式厂房设置挡雨板相同，常用钢支架支承石棉瓦或钢丝网水泥瓦挡雨板，既便于通风，又能防雨。

5. 窗扇设置

有采暖要求的厂房，需在井口处设置窗扇。窗扇可在垂直口设置，也可在水平口设置，前者使用较多。

垂直口设置窗扇时，窗扇一般做成矩形或平行四边形两种形式。平行四边形窗扇与屋架上弦平行，制作麻烦，玻璃切割不规整，用料浪费。矩形窗扇沿屋架坡度斜挂，两端空隙用板材封闭，开启时窗扇受扭，影响耐久性。窗扇的开启方式可采用上悬式或中悬式，一般纵向垂直口成矩形，二者均可采用；横向垂直口因有屋架腹杆的阻挡，只能选用上悬式窗扇。

水平口可设置中悬式窗扇，窗扇支承在空格板或檩条上；也可设水平推拉式窗扇，窗扇沿井口边的导轨启闭。

6. 泛水

井口周围应做 150 ~ 200 mm 高的泛水，为防止雨水流入车间，在井底板的边缘也应设泛水，高度不应小于 300 mm，如图 9-126 所示。

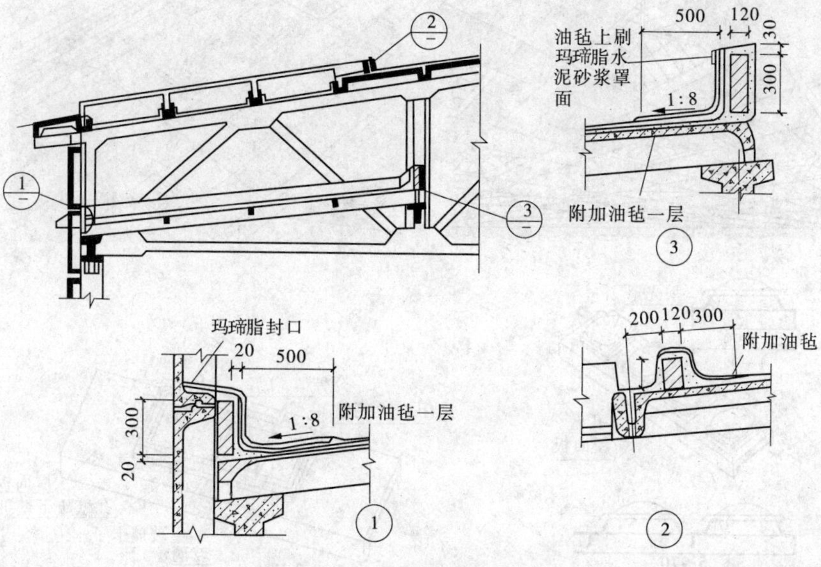

图 9-126 井式天窗泛水构造

四、平天窗

平天窗是指在建筑物顶部的对空天窗，是在屋面板上开孔，然后设置透光材料所形成的。与其他采光天窗相比，具有采光效率高、布置灵活、构造简单、造价经济等优点。其缺点是易产生眩光，玻璃易积尘，损坏易伤人，需另采取通风措施。适用于一般冷加工车间。

（一）平天窗的类型

平天窗的类型通常有采光罩、采光板和采光带三种。

1. 采光罩

采光罩是在屋面板上开孔设置锥形或弧形的透光材料，如玻璃罩或玻璃钢罩，如图 9-127所示。

2. 采光板

采光板是在屋面板上开孔设置平板透光材料，如图 9-128 所示。

3. 采光带

采光带是在屋面横向或纵向通长的孔洞上设置平板透光材料，如图 9-129 所示。

（二）平天窗的构造

平天窗的类型很多，但其构造要点是基本相同的，即井壁、横档、透光材料的选择及搭接、安全防护、防眩光、通风措施等。

1. 井壁构造

平天窗采光口四周的边框称为井壁。它主要采用钢筋混凝土制作，可与屋面板整体现浇也可预制装配。井壁一般高出屋面 150 ~ 250 mm，但应大于积雪深度。可做成垂直和倾斜两种形式，后者采光效果较好。

1）整浇井壁

整浇井壁如图 9-130（a）所示，井壁与屋面板整体制作，若车间要求保温，则应采用双层

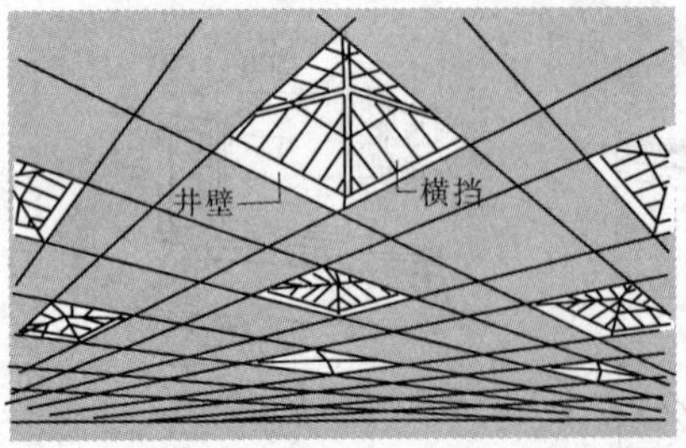

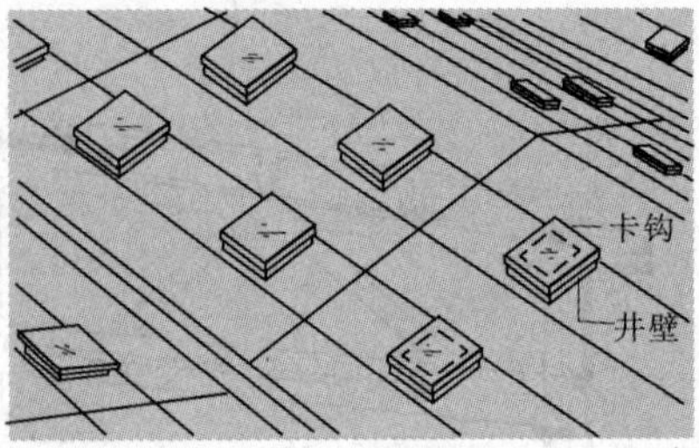

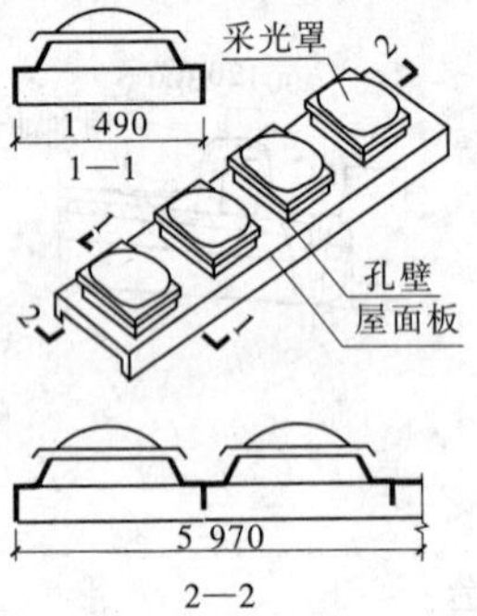

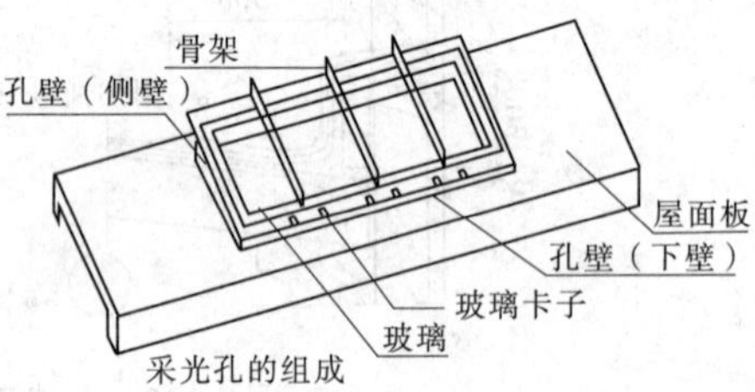

图 9-127　采光罩　　　　**图 9-128　采光板**

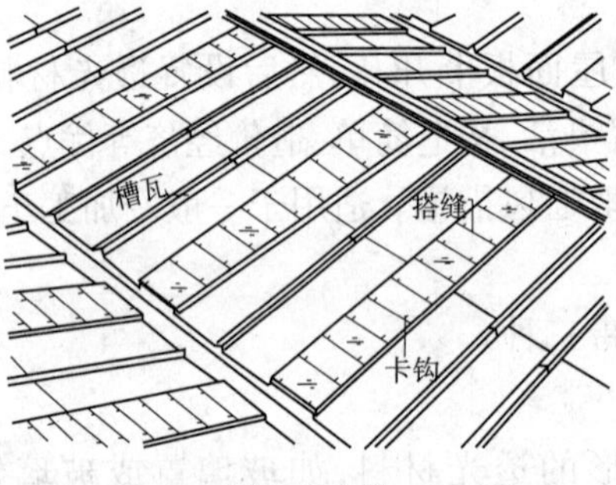

(a)横向采光带

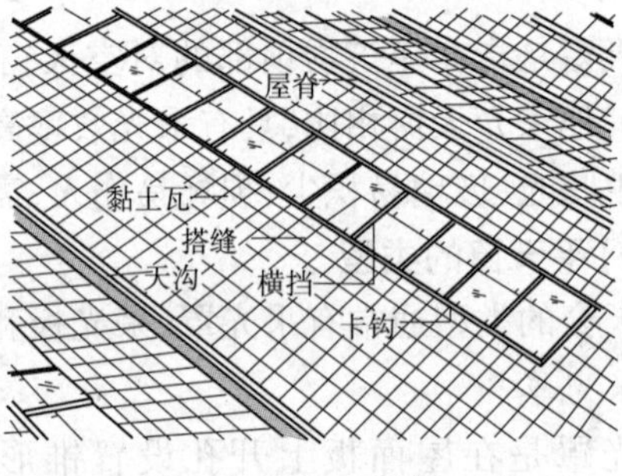

(b)纵向采光带

图 9-129　采光带

透光材料，两层材料间所形成的封闭空间具有保温性能。透光材料与井壁均用油膏黏结。由于室内蒸气及上层透光材料内表面温度达到露点而产生凝结水时，凝结水可通过排水沟排至屋面。透光材料容易下滑，可将金属卡钩用木螺钉固定于井壁内的预埋木块上，使透光材料被卡住。非保温整浇井壁只需设单层透光材料。

2）预制井壁

预制井壁如图 9-130（b）所示，是将预制屋面板与预制井壁的预埋件焊接成整体，透光材料与井壁用油膏黏结，金属卡钩固定于井壁的预埋木块上，再安设透光材料。由于未设排水沟，适用于不产生凝结水的厂房。若透光材料下表面会产生凝结水，则井壁应设排水沟。

2. 玻璃连接构造

平天窗的透光材料主要采用玻璃，当采用两块及以上时，玻璃之间沿排水方向必须搭接，搭接长度不小于 100 mm。构造形式有卡钩不封口搭接、水泥砂浆封口搭接、绳索或塑料管封口搭接、油膏或油灰封口搭接等，如图 9-131 所示。

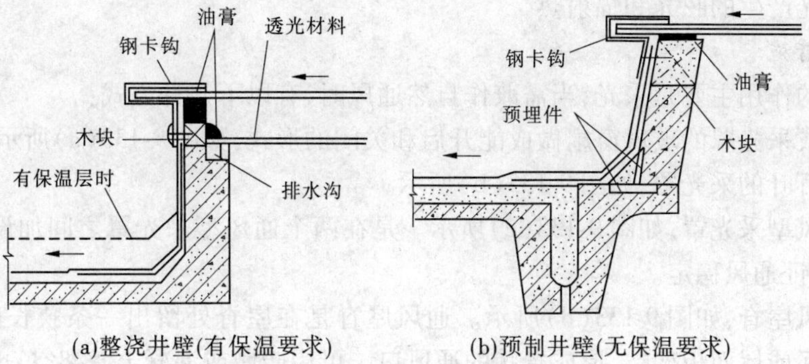

图 9-130　钢筋混凝土井壁构造

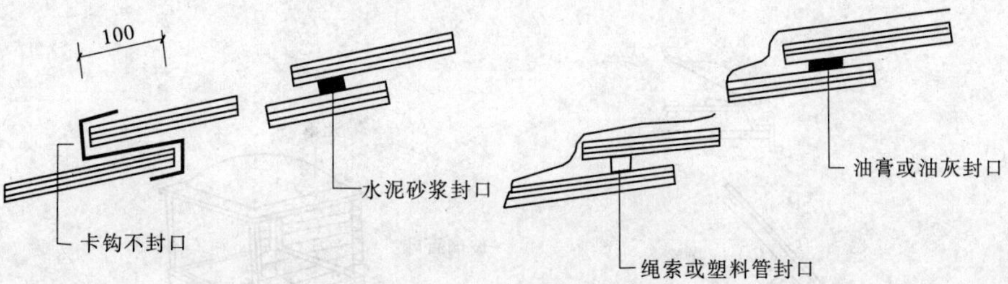

图 9-131　上下玻璃搭接构造

平天窗沿厂房纵向设两块及以上玻璃时,玻璃之间设横挡加以连接。横挡起支承和固定玻璃的作用,可用型钢或钢筋混凝土等材料制作。玻璃与横挡之间均用油膏黏结,并应做好防水处理。

3. 安全防护

透光材料可采用安全玻璃。从安全性能看,可考虑选择钢化玻璃、夹层玻璃、夹丝玻璃等,因为此种玻璃破碎后,碎片不会坠落伤人。当采用普通平板玻璃或磨砂玻璃等非安全玻璃时,玻璃破碎后会坠落伤人,故需设安全防护设施。

通常做法是在玻璃下面设置安全网,如镀锌铁丝安全网等。安全网固定在井壁的挂钩上或横挡上,如图 9-132 所示。

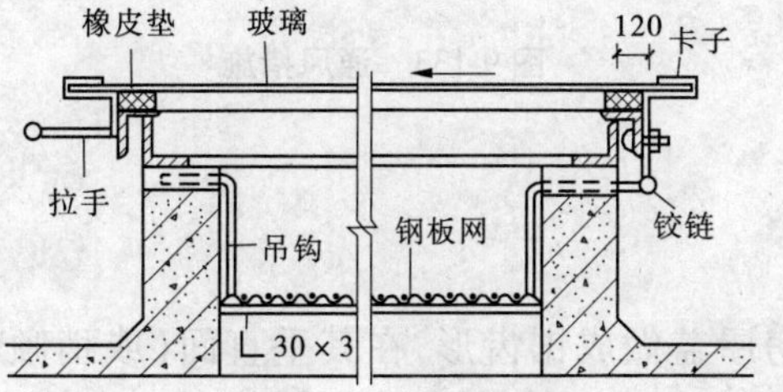

图 9-132　安全网构造

4. 防辐射和眩光措施

平天窗受阳光直射的强度高,时间长,易产生眩光。从热工性能方面来看,可考虑选择吸热玻璃、反射玻璃、中空玻璃等,以减少太阳的辐射热。对于眩光的防止可采用磨砂玻璃、乳白玻璃等,其本身就可以避免眩光。当采用普通平板玻璃时,可在玻璃下方设遮阳格片来避免直射阳光产生的眩光和辐射热。

5. 通风措施

平天窗的作用主要是采光，当需兼作自然通风时，有以下几种方式：

采光板或采光罩的玻璃窗扇做成能开启和关闭的形式，如图 9-133(a)所示。

带通风百叶的采光罩，如图 9-133(b)所示。

组合通风型采光罩，如图 9-133(c)所示。是在两个通风型采光罩之间加设波形石棉挡风侧板，可保证通风稳定。

设置通风屋脊，如图 9-133(d)所示。通风屋脊是在屋脊处留出一条狭长的喉口，然后将此处的脊瓦或屋面板架空，形成脊状的通风口。可用砖墩或混凝土墩架空，也可用钢筋混凝土或钢支架支承架空。

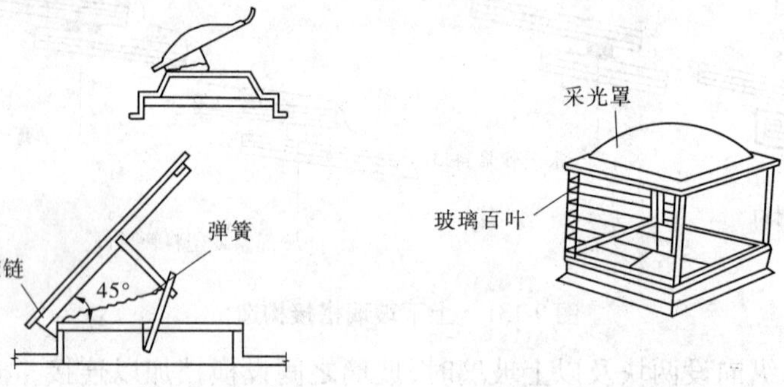

(a)开启型窗扇　　(b)通风型

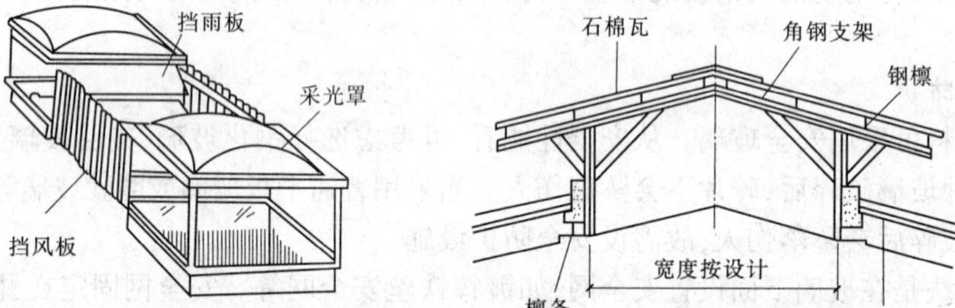

(c)组合通风型　　(d)通风屋脊

图 9-133　通风措施

五、其他形式天窗

(一)锯齿形天窗

锯齿形天窗是将厂房屋盖做成锯齿形，在其垂直面(或稍倾斜)设置采光、通风口，如图 9-134所示。具有采光效率高、光线稳定等特点。多用于要求光线稳定和需要调节温湿度的厂房，如纺织、精密机械等类型的单层厂房。

(二)梯形天窗

梯形天窗的构造与矩形天窗类似，但外形有所不同。梯形天窗的两侧采光面与水平面倾斜，一般成60°角，如图 9-135 所示。其采光效率比矩形天窗高 60%，但均匀性较差，并有大量直射阳光，防雨性能也较差，国外常用，国内较少采用。

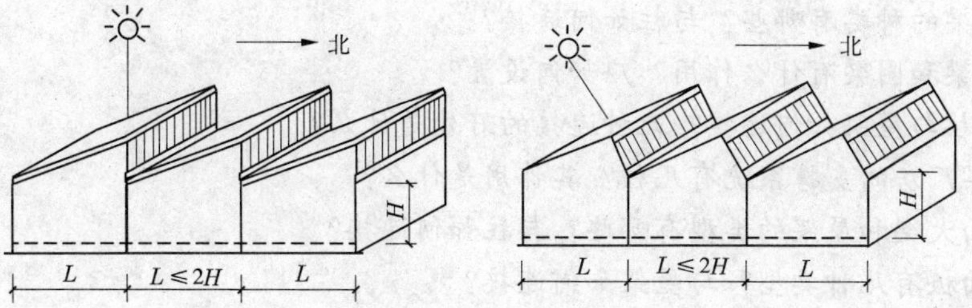

图 9-134　锯齿形天窗

(三)M 形天窗

M 形天窗构造也与矩形天窗类似,它是将矩形天窗的顶盖向内倾斜而成,如图 9-136 所示。倾斜的顶盖便于疏导气流及增强光线的反射,故其通风、采光效率均比矩形天窗高,但排水处理较复杂。

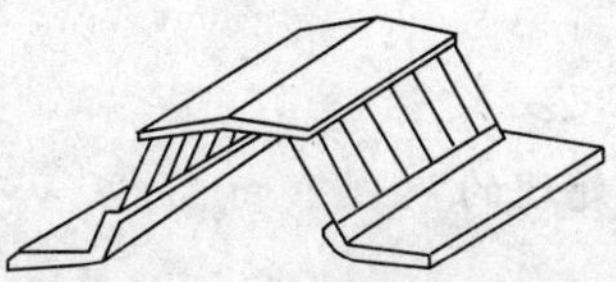

图 9-135　梯形天窗

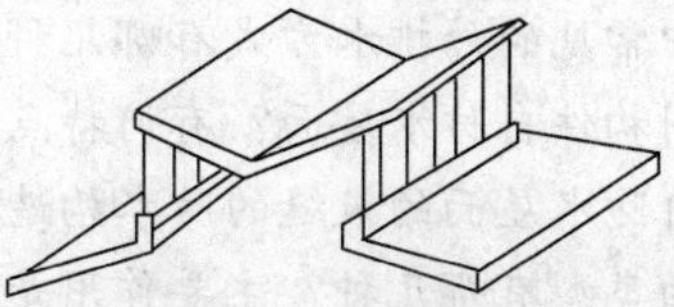

图 9-136　M 形天窗

(四)三角形天窗

三角形天窗与采光带类似,但其外形有所不同。如图 9-137 所示,三角形天窗的玻璃顶盖呈三角形,通常与水平面成 30°~45°角,宽度较宽(一般为 3~6 m),需设置天窗架,常采用钢天窗架。其采光效率高,但照度的均匀性比平天窗差,构造也复杂一些。

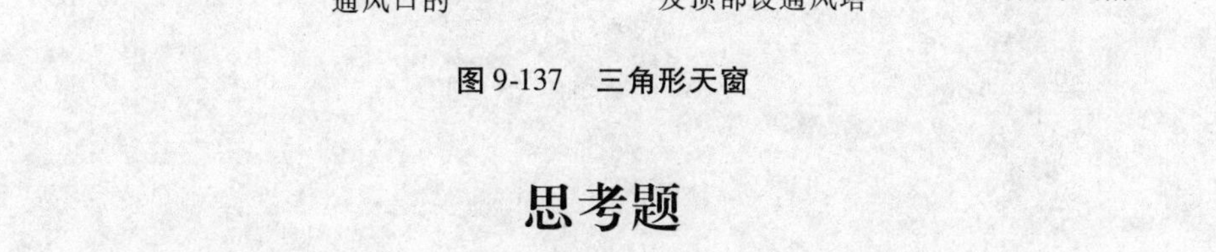

(a)单纯采光的　(b)天窗檐口下带通风口的　(c)端部设通风百叶及顶部设通风塔　(d)顶部设有通风机的风帽

图 9-137　三角形天窗

思考题

1. 工业建筑按其用途、层数、生产状况分别有哪几种类型?
2. 定位轴线的定义是什么? 横向定位轴线与纵向定位轴线有什么区别?
3. 封闭结合定位轴线和非封闭结合定位轴线的定义和区别是什么?
4. 排架结构单层工业厂房由哪些构件组成?
5. 画图说明杯形基础的构造特点?
6. 基础梁起什么作用? 搁置时应满足什么要求? 搁置方式有哪些?

7. 吊车梁的种类有哪些？与柱如何连接？
8. 连系梁和圈梁有什么作用？应如何设置？
9. 抗风柱与屋架如何连接？此种连接的好处是什么？
10. 单层厂房的支撑系统有几种？其作用是什么？
11. 屋面大梁和屋架的类型有哪些？与柱如何连接？
12. 屋面板有几种类型？与屋架如何连接？
13. 什么情况下采用托架？
14. 单层厂房外墙与柱的位置关系有哪几种？
15. 单层厂房外墙与柱是如何连接的？
16. 大型板材墙与柱的连接方法有哪些？各有何特点？
17. 单层厂房屋面与民用建筑有什么不同之处？
18. 屋盖体系中的有檩体系和无檩体系有何区别？
19. 厂房中常见的外排水方式有哪几种？
20. 什么叫构件自防水屋面？有何特点？
21. 构件自防水屋面的板缝的防水构造是怎样处理的？
22. 天窗的类型有哪几种？主要作用是什么？
23. 钢筋混凝土矩形天窗由哪几部分组成？
24. 矩形通风天窗的挡雨设施有哪几种？绘其剖面图加以说明。
25. 井式天窗主要由哪几部分组成？井底板的布置方式有哪些？
26. 平天窗的类型和特点是什么？解决平天窗通风的方式有哪些？

参 考 文 献

[1] 同济大学,西安建筑科技大学,东南大学,等. 房屋建筑学[M]. 4 版. 北京:中国建筑工业出版社,2006.

[2] 王万江,金少蓉,周振伦. 房屋建筑学[M]. 重庆:重庆大学出版社,2003.

[3] 孙玉红. 房屋建筑构造[M]. 北京:机械工业出版社,2003.

[4] 方志云,龚建飞. 工业建筑[M]. 北京:高等教育出版社,1986.

[5] 孙鲁,甘佩兰. 建筑构造[M]. 北京:高等教育出版社,2000.

[6] 裴刚,沈粤,扈媛. 房屋建筑学[M]. 广州:华南理工大学出版社,2002.

[7] 金虹. 房屋建筑学[M]. 北京:科学出版社,2002.

[8] 陈保胜. 建筑构造资料集(下)[M]. 北京:中国建筑工业出版社,1994.

[9] 中国建筑工业出版社. 现行建筑设计规范大全(厂房建筑模数协调标准)[M]. 北京:中国建筑工业出版社,1999.

[10] 中华人民共和国建设部. 建筑设计资料集(9)[M]. 北京:中国建筑工业出版社,1997.

[11] 中华人民共和国建设部. 建筑设计资料集(10)[M]. 北京:中国建筑工业出版社,1998.

[12] 中华人民共和国建设部. 工程建设标准强制性条文(房屋建筑部分)[M]. 北京:中国建筑工业出版社,2000.

[13] 中华人民共和国建设部. 工程建设标准强制性条文(房屋建筑部分)辅导教材[M]. 北京:中国计划出版社,2000.

[14] 王崇杰,岳勇,崔艳秋. 房屋建筑学[M]. 北京:中国建筑工业出版社,1997.

[15] 赵研. 建筑构造[M]. 北京:中国建筑工业出版社,2007.

[16] 袁雪峰,张海梅. 房屋建筑学[M]. 3 版. 北京:科学出版社,2006.

[17] 陈送财,刘保军. 房屋建筑学[M]. 北京:中国水利水电出版社,2007.

[18] 李祯祥. 房屋建筑学[M]. 北京:中国建筑工业出版社,1995.

[19] 赵研. 房屋建筑学[M]. 北京:高等教育出版社,2005.

[20] 张振安. 建筑概论[M]. 郑州:黄河水利出版社,2002.

[21] 韩慧娟. 房屋构造[M]. 北京:中国环境科学出版社,1998.

[22] 全国职业高中建筑类专业教材编写组. 建筑构造[M]. 北京:高等教育出版社,1995.

[23] 中华人民共和国住房和城乡建设部. GB 50007—2011. 建筑地基基础设计规范[S]. 北京:中国建筑工业出版社,2011.